微弱信号检测技术及系统

王海燕　申晓红　董海涛　编著

电子工业出版社
Publishing House of Electronics Industry
北京·BEIJING

内 容 简 介

本书以水声微弱信号检测系统为主线进行教学内容设计与编排，以水中弱小目标自主检测为应用背景，突出系统的总体概念，从不同的角度揭示微弱信号检测的机理并给出实现方法。教材内容共分 5 部分，12 个章节，包含微弱信号检测的基本概念及基础理论、滤波理论、经典检测方法、其他检测方法以及微弱信号检测系统设计。本书旨在令学生掌握微弱信号检测技术及系统必备的基础理论知识，体会和领悟系统的设计方法与设计原则，使学生初步具备解决实际问题的能力。

本书可作为兵器科学与技术、信息与通信工程、检测技术与自动化装置、机械电子工程、水声工程等相关专业的研究生和高年级本科生的教材，也可供有关声呐、雷达、通信、医学、生命科学、故障诊断等领域专业工程技术人员自学参考。

图书在版编目（CIP）数据

微弱信号检测技术及系统 / 王海燕，申晓红，董海涛编著. -- 北京：电子工业出版社，2025. 7. -- ISBN 978-7-121-49346-1

Ⅰ. TN911.23

中国国家版本馆 CIP 数据核字第 2024YK6156 号

责任编辑：孟　宇
印　　刷：三河市华成印务有限公司
装　　订：三河市华成印务有限公司
出版发行：电子工业出版社
　　　　　北京市海淀区万寿路 173 信箱　　邮编：100036
开　　本：787×1092　1/16　印张：20.25　　字数：518 千字
版　　次：2025 年 7 月第 1 版
印　　次：2025 年 7 月第 1 次印刷
定　　价：79.80 元

凡所购买电子工业出版社图书有缺损问题，请向购买书店调换。若书店售缺，请与本社发行部联系，联系及邮购电话：（010）88254888，88258888。

质量投诉请发邮件至 zlts@phei.com.cn，盗版侵权举报请发邮件至 dbqq@phei.com.cn。

本书咨询联系方式：mengyu@phei.com.cn。

前　言

　　21世纪是海洋的世纪，海洋已经成为大国地缘战略竞争和军事竞争的主战场，在维护国家主权、安全、发展利益中的地位更加突出。党的二十大报告指出"发展海洋经济，保护海洋生态环境，加快建设海洋强国""教育、科技、人才是全面建设社会主义现代化国家的基础性、战略性支撑"。强化海洋教育，为海洋强国建设提供人才支撑，是推动海洋强国重大部署与科教兴国战略、人才强国战略、创新驱动发展战略的深度融合，是落实立德树人根本任务，担当为党育人、为国育才神圣使命，更是全面推进中华民族伟大复兴的时代命题。

　　坚持自立自强、提升海洋科技创新水平，需要重视培养高质量的本科生、研究生投身海洋科技领域工作，需要坚持培育具有"红色烙印、蓝色情怀"的"总师型"人才导向，为加快建设海洋强国培养人才、贡献力量。作者在海洋科技领域从教三十五年，一直致力于水下微弱信号检测技术领域的科学研究和人才培养，带领团队调研了国内外相关人才培养课程体系，研究了美国Steven M. Kay著的《统计信号处理基础——估计与检测理论》以及赵书杰编著的《信号检测与估计理论》等文献，结合团队积累的科研成果与前沿技术发展态势，深化教育教学改革，逐步优化完善教学内容与架构，层层迭代，于近期完成了本书的撰写工作。

　　微弱信号检测技术是指应用电子学、信息论、计算机、物理学以及数学等方法，研究被测信号和噪声（或干扰）的统计特性及其差别，并采用一系列相应的信号处理方法和手段，从包含噪声或干扰的接收信号中检测出有用微弱信号的理论方法和技术，广泛应用于声呐、雷达、通信、医学、生命科学、故障诊断等领域。

　　本书以水中弱小目标自主检测为应用背景，分五个部分介绍微弱信号检测技术的理论方法及系统设计。书中所讲的微弱信号检测理论属统计判决的范畴，主要是以似然比检测方法为基础。在本书第1章概论中详细给出了教材章节安排及教学建议，其中标注*的部分章节内容涉及的知识面广，限于篇幅写得比较简要，适合于研究生学习。

　　本书介绍的微弱信号检测技术是指一门研究如何提高信噪比、获取接收信号中信号与噪声（或干扰）差异大的特征量，或者是改变接收信号观测样本分布、获取信号与噪声（或干扰）差异大的特征量的方法和技术。第一部分首先介绍微弱信号检测的基本概念及基础理论。通过分析检测性能与信噪比、概率分布之间的关系，得出提高检测性能的本质就是通过平移、压缩或者变换等改变检验统计量概率分布的形状，增大检验统计量概率分布的区分度，并减小分布的方差。然后介绍水中弱小目标辐射噪声和主动回波信号的特点，环境噪声及干扰的特点，给出了信号、干扰的模型及特征。第二部分介绍提高信噪比的滤波理论及方法，包括：时域滤波（匹配、相关/相干、时域平均）、频域滤波、空域滤波、基于时间反转的信道滤波等。第三部分介绍经典的微弱信号统计检测方法，包括高斯背景中确定接收信号的检测、高斯信号的检测、时变背景条件下的恒虚警检测等。第四部分介绍两种新的检测理论及方法，包括非线性随机共振的信号检测和高阶统计量的信号检测，前者是利用噪声、非线性系统以及周期信号的共振效应以提高输出增益，进而增强微弱信号的检测性能；后者则是根据信号与噪声/干扰在不同投影域的表现形式不同，将其投影到信号能量聚集的域来进行微弱信号检测。最后，第五部分从工程应用的角度出发，以长期无人值守的水声检测系统为例，介绍系列实用的轻量化预警检测方法，并给出水声微弱信号检测系统的参数设计以及低噪声接收机设计方法，形成从基础理论到方法创新再到工程实现的完整技术体系，为从事相关领域研究的学生提供系统的知识框架和实践指导。

本书首次从不同角度对微弱信号检测的理论及方法进行系统介绍，同时设计一定的习题，为相关专业的学生提供微弱信号检测系统设计的思路与实现方法。本书内容既包含理论分析，也注重实际系统中的微弱信号检测的工程实现。希望本书能够帮助学生深入理解微弱信号检测的原理并开拓思路，聚焦我国新时期海洋强国发展培养人才，在提升海洋科技自主创新能力、跟踪与探索海洋，以及创新立业等方面打下坚实的基础。

作者王海燕教授对全书的架构进行了系统设计，并完成了各部分重要章节的内容编写与审定；申晓红教授重点完成了第二部分滤波理论下微弱信号检测方法的内容；董海涛副教授重点完成了第四部分微弱信号检测方法的内容。

在本书的撰写出版过程中，相敬林教授对本书的内容设计与重要章节给予了指导，在此表示衷心的感谢。此外，还要感谢电子工业出版社，特别是孟宇编辑对本书按期高质量出版给予的大力支持。

王海燕　申晓红　董海涛

2025 年 3 月

于西北工业大学

目　　录

第1章　概论 ·· 1

1.1　微弱信号检测的基本概念及检测系统的组成 ····································· 1

1.2　微弱信号检测的特点 ·· 2

1.3　本书各章节安排及教学建议 ·· 3

习题 ·· 4

第2章　信号统计检测的基本理论 ··· 5

2.1　信号统计检测的基本模型 ··· 5

2.1.1　二元假设检验 ·· 5

2.1.2　似然比检验 ··· 5

2.1.3　二元信号统计检测的模型 ··· 7

2.2　判决准则 ··· 8

2.2.1　贝叶斯准则 ··· 9

2.2.2　最小错误概率准则 ·· 13

2.2.3　最大似然准则 ·· 14

2.2.4　极小化极大准则 ··· 14

2.2.5　奈曼-皮尔逊准则 ·· 15

2.3　信号统计检测的性能讨论 ·· 17

2.3.1　二元统计检测的一般步骤 ··· 17

2.3.2　检验统计量 ·· 18

2.3.3　检测性能与信噪比的关系 ··· 19

2.3.4　接收机工作特性在不同准则下的解 ··· 20

2.3.5　检测性能与检验统计量、概率分布之间的关系 ··································· 21

2.4　蒙特卡罗性能评估 ·· 23

习题 ·· 24

第3章　信号、干扰的模型及特征 ·· 26

3.1　接收机观测样本模型 ·· 26

3.2　水声信道的模型与特征 ··· 27

3.3　检测中信号的模型与特征 ·· 29

3.3.1　常用主动检测系统发射信号与特征 ··· 29

3.3.2　主动检测中目标回波信号的模型与特征 ·· 32

3.3.3　被动检测中舰船辐射声信号的模型与特征 ··· 37

3.4　检测中噪声及干扰的模型与特征 ·· 39

3.4.1 海洋环境噪声的特征 ·· 39

3.4.2 舰船、潜艇、鱼雷的自噪声 ··· 41

3.4.3 海洋中的混响特征 ··· 41

3.4.4 目标检测中典型噪声模型 ·· 45

3.5 观测样本的表示方法及信噪比定义 ··· 51

3.5.1 解析信号 ··· 52

3.5.2 窄带信号的复数表示 ·· 54

3.5.3 信号的数字表示 ·· 56

3.5.4 微弱信号检测的信噪比及信噪比增益 ······································ 60

3.6 微弱信号检测的内容体系 ·· 61

习题 ··· 62

第4章 微弱信号检测的时域滤波 ·· 64

4.1 匹配滤波器 ·· 64

4.1.1 最大输出信噪比模型 ·· 64

4.1.2 白噪声背景下的匹配滤波器 ·· 65

4.1.3 白噪声背景下匹配滤波器的信噪比增益 ···································· 66

4.1.4 色噪声背景下的广义匹配滤波器 ··· 66

4.1.5 匹配滤波器的检测性能 ··· 68

4.1.6 匹配滤波器的适应性 ·· 70

4.1.7 两种常用主动发射信号匹配滤波器的输出特性 ························· 71

4.2 相关滤波器 ·· 74

4.2.1 自相关滤波器与互相关滤波器 ··· 74

4.2.2 相关滤波器与匹配滤波器的关系 ··· 76

4.2.3 相关函数的估计方法 ·· 78

4.2.4 相关函数的算法实现 ·· 79

4.3 相干滤波器 ·· 80

4.3.1 相干滤波器的工作原理 ··· 81

4.3.2 低通滤波与积分器之间的关系 ··· 82

4.4 梳状滤波器——时域同步平均 ·· 83

4.4.1 白噪声时域同步平均滤波器的信噪比增益 ·································· 84

4.4.2 色噪声时域同步平均滤波器的信噪比增益 ·································· 85

4.4.3 时域同步平均滤波器的频域描述 ··· 86

4.4.4 时域同步平均与谱分析的区别 ··· 88

4.4.5 信号周期的估计 ·· 89

*4.5 维纳滤波器与自适应滤波器 ·· 89

4.5.1 最小均方误差的维纳滤波器 ·· 90

4.5.2 自适应滤波器 ··· 91

4.5.3 最小均方自适应滤波算法 ·· 94

4.5.4 基于最小均方算法的自适应谱线增强器 ···································· 95

习题 ··· 96

第5章　微弱信号检测的其他域滤波 ··· 97

5.1　频域滤波——傅里叶变换 ·· 97

5.1.1　离散傅里叶变换 ··· 98

5.1.2　线性调频Z变换 ··· 99

5.1.3　离散傅里叶变换频域滤波的信噪比增益 ·· 102

*5.2　空域滤波——波束形成 ··· 104

5.2.1　波束形成的基本原理 ·· 105

5.2.2　线列阵波束的形成 ·· 106

5.2.3　环形阵与多波束 ··· 110

5.2.4　基于最小均方算法的空域窄带波束的形成 ·· 112

5.2.5　空域滤波的信噪比增益 ·· 112

*5.3　空时信道滤波——时间反转 ·· 115

5.3.1　时间反转聚焦的基本概念 ·· 116

5.3.2　时间反转的信噪比增益 ·· 118

习题 ··· 120

第6章　高斯背景中确知信号的检测 ··· 121

6.1　带限高斯白噪声中确知信号的检测 ·· 121

6.1.1　最佳接收机的设计 ·· 121

6.1.2　最佳接收机的检测性能 ·· 123

6.2　高斯白噪声中具有未知参量信号的广义似然比检测 ·· 126

6.2.1　广义似然比方法原理 ·· 126

6.2.2　高斯白噪声中未知到达时间信号的检测 ·· 127

6.2.3　高斯白噪声中幅度未知信号的检测 ··· 129

6.2.4　高斯白噪声中单频信号的检测 ·· 131

6.2.5　周期图谱估计对单频信号的检测性能 ·· 137

6.3　舰船辐射噪声的线谱检测方法 ··· 141

6.3.1　随机过程和随机序列的功率谱 ·· 141

6.3.2　经典功率谱的估计方法 ·· 143

6.3.3　舰船辐射噪声包络谱的获取 ··· 150

6.3.4　线谱检测中谱峰的获取方法 ··· 151

6.3.5　干扰背景的平滑处理 ·· 152

习题 ··· 155

第7章　高斯背景中随机信号的检测 ··· 156

7.1　高斯分布信号方差已知的检测 ··· 156

7.1.1　带限白谱信号的检测 ·· 156

7.1.2　非白不相关信号的检测 ·· 158

7.1.3　非白相关信号的检测 ·· 160

7.2 高斯分布信号方差未知的检测 ··· 163
7.2.1 信号方差频域估计与最佳接收 ······································ 163
7.2.2 带限白谱的预选滤波器的输出信噪比 ······························ 165
7.2.3 任意谱预选滤波器的输出信噪比 ···································· 166
7.2.4 积分器的信噪比增益 ·· 167
7.2.5 实用能量检测器的检测性能 ·· 170
习题 ·· 173

*第8章 时变高斯背景的恒虚警检测 ··· 174
8.1 高斯分布时变背景中的恒虚警门限 ······································ 174
8.1.1 高斯分布随机过程的归一化方法及点估计 ···························· 175
8.1.2 方差已知时均值的置信区间估计 ···································· 175
8.1.3 方差未知时均值的置信区间估计 ···································· 177
8.1.4 Neyman-Pearson 准则自动门限与上置信限的关系 ···················· 177
8.2 慢时变背景中的时域自动门限形成技术 ·································· 178
8.2.1 均匀加权平均与指数加权平均 ······································ 179
8.2.2 连续滑动平均与自动门限 ·· 179
8.3 混响背景中浮动门限恒虚警检测及性能 ·································· 181
8.3.1 混响自回归模型 ·· 181
8.3.2 预白化匹配滤波 ·· 182
8.3.3 自适应浮动门限检测 ·· 182
8.3.4 检测性能分析 ·· 184
习题 ·· 186

*第9章 广义匹配随机共振检测理论与方法 ··································· 188
9.1 随机共振的基本理论 ·· 188
9.1.1 随机共振的内涵与模型 ·· 188
9.1.2 双稳态随机共振系统 ·· 189
9.1.3 绝热近似理论 ·· 191
9.1.4 线性响应理论 ·· 194
9.2 噪声增强的随机共振检测理论：添加噪声增强次优检测器 "上界" ·········· 197
9.3 广义匹配随机共振检测理论模型：多自由度的动态非线性滤波器 ·········· 199
9.4 过阻尼双稳态匹配随机共振的微弱信号增强检测方法 ······················ 201
9.4.1 双稳态随机共振系统的数值求解 ···································· 201
9.4.2 动态过阻尼双稳态匹配随机共振的线谱增强检测方法 ·················· 204
9.4.3 基于峰值信噪比的匹配随机共振甚低频线谱优化检测方法 ·············· 208
9.4.4 非高斯脉冲噪声下的匹配随机共振检测性能分析 ······················ 209
习题 ·· 217

第10章 基于高阶统计量的信号检测 ··· 218
10.1 高阶矩和高阶累积量的概念 ·· 218

10.1.1　单个随机变量的高阶矩和高阶累积量 ································· 218

10.1.2　多个随机变量的高阶矩和高阶累积量 ································· 219

10.1.3　平稳随机过程的高阶矩和高阶累积量 ································· 219

10.2　高斯随机过程的高阶矩和高阶累积量 ······································· 220

10.2.1　单个变量的高阶矩和高阶累积量 ···································· 220

10.2.2　高斯随机过程的高阶矩和高阶累积量 ································· 221

10.3　高阶矩谱和高阶累积量谱 ·· 222

10.3.1　高阶矩谱和高阶累积量谱的概念 ····································· 222

10.3.2　双谱的性质 ··· 223

10.3.3　双谱估计方法 ·· 224

10.3.4　累积量谱的一维切片 ·· 225

10.3.5　1½谱的估计方法与对噪声的抑制 ····································· 226

10.4　基于高阶累积量谱的信号检测 ·· 227

10.4.1　双谱的信号检测模型 ·· 228

10.4.2　双谱估计的信号检测性能仿真 ·· 230

10.5　基于高阶矩的信号检测 ·· 233

10.5.1　三阶矩的信号检测模型 ··· 234

10.5.2　三阶矩的检测性能仿真 ··· 236

习题 ··· 238

第 11 章　预警（值更）轻量化检测方法 ··· 239

11.1　时变背景带限信号的检测 ·· 239

11.2　二项检测方法 ··· 240

11.2.1　二项检测方法的原理 ··· 240

11.2.2　二项检测与双门限的关系 ··· 241

11.3　过零检测方法 ··· 243

11.3.1　过零检测方法的原理 ··· 243

11.3.2　时变背景的过零检测方法 ··· 247

11.4　极性相关方法 ··· 247

11.5　强随机脉冲干扰的符合检测方法 ·· 248

11.6　序列检测 ··· 249

11.7　检测系统平均功耗与预警检测可靠性的关系 ···································· 251

习题 ··· 252

第 12 章　水声微弱信号检测系统的设计 ··· 253

12.1　声呐参数与声呐方程 ··· 253

12.1.1　声呐参数 ··· 253

12.1.2　主动声呐方程 ··· 257

12.1.3　被动声呐方程 ··· 257

12.1.4　应用声呐方程的说明 ··· 258

12.2　水声检测系统总体设计与参数计算 ·· 258

12.2.1 两种主动声呐方程的选择 ······················· 258
12.2.2 信号接收机的分类与构成 ······················· 260
12.2.3 主动回声检测的声源级计算 ····················· 261
12.2.4 主动声呐的空化现象与近场效应 ················· 262
12.2.5 被动声检测的声源谱级计算 ····················· 264
12.2.6 海洋环境噪声级与混响级的计算 ················· 266
12.2.7 回声强度级的计算 ····························· 269
12.2.8 接收机检测阈和门限值 ························· 272
12.2.9 接收机灵敏度的计算 ··························· 274
12.3 水声低噪声接收机的电路设计 ························· 274
12.3.1 放大器的概述 ································· 274
12.3.2 放大器的噪声指标与噪声特性 ··················· 275
12.3.3 放大器的有源器件选择 ························· 276
12.3.4 常用的晶体管放大电路 ························· 278
12.3.5 负反馈运算放大器电路 ························· 279
12.3.6 接收机的阻抗匹配 ····························· 281
12.3.7 低噪声接收机的电源与接地 ····················· 284
12.4 接收机的频带选择与增益控制 ························· 286
12.4.1 水声最佳工作频率 ····························· 286
12.4.2 接收机的通频带 ······························· 289
12.4.3 接收机常用有源滤波器的设计 ··················· 290
12.4.4 两类常用有源滤波器电路的拓扑结构 ············· 293
12.4.5 接收机自动增益控制电路的原理及指标 ··········· 295
12.4.6 接收机自动增益控制电路的实现方式 ············· 297
12.4.7 典型水声低功耗接收机的自动增益控制电路设计 ··· 299
习题 ··· 303

附录 A 一些常用随机变量的分布 ······················· 304

附录 B 检测中常用随机过程的特征 ····················· 310

参考文献 ··· 314

第1章 概　　论

微弱信号检测技术是现代高新电子信息技术领域的重要研究方向，主要用于测量和识别那些非常微小或难以察觉的信号，如提高声呐对水下安静型弱小目标的探测发现能力、微弱生物医学信号的监测诊断能力、机械设备早期故障的预示预警能力等，应用范围遍及声、光、电、磁等众多技术领域。学习"微弱信号检测技术"这门课程，不仅需要学生掌握微弱信号检测的基础理论及方法，更要求学生具备系统的思考意识和设计理念，提高学生解决实际问题的能力和自主创新能力。

本章以水下探测为应用背景，概述了微弱信号检测基本概念及检测系统的组成，分析了本书所讨论微弱信号检测的特点，，并给出了本教材的章节安排及教学建议。

1.1　微弱信号检测的基本概念及检测系统的组成

检测在国际通用计量学基本名词中是指示某些特殊量的存在但无需指示量值的过程。信号检测是指对判断信号是否存在。检测技术是指为了对被观测量进行定性判决或定量测量所采用的理论方法和技术措施。本书常用到以下几个基本概念。

信号（Signal）：载荷信息的函数，表示为一段时间函数或波形。如被动检测中目标产生的信号（舰船的辐射噪声、舰船磁场、舰船水压场的通过特性等），主动检测中目标的回波信号、通信中的传输信号等。

信号与信息是两个密不可分又完全不同的概念，信号是运载信息的载体，没有信息，信号将毫无意义；而信息则是知识等用于交流的消息抽象代名词，没有载体运载信息，信息也将毫无意义。

噪声（Noise）：与信号无关的一些影响检测性能的因素，表示为一段时间函数或波形。如海洋环境噪声、地磁扰动、水中波浪以及由元器件产生的热噪声等。

干扰（Interfere）：与信号有关的一些影响检测性能的因素，表示为一段时间函数或波形。如水声中的混响干扰、多径干扰以及各种人为的故意干扰等。

观测样本（Observed Sample）：接收机接收到的时间函数，也称为**接收信号（Received Signal）**。有目标时观测样本包含信号与噪声之和，或信号与噪声和干扰之和；无目标时观测样本为噪声。对观测样本进行采样后得到的数字信号称为**接收数据（Received Data）**。

微弱信号（Weak Signal）：微弱信号有两个方面的含义，其一是指有用信号的幅度相对于噪声或干扰来说十分微弱；其二是指有用信号幅度绝对值极小，如检测 μV、nV、pV 等量级的电压信号。这两种情况既有联系又有区别，本书主要讨论前一种情况，即研究如何从强噪声或干扰背景中检测有用信号。

在微弱信号检测系统中，通常是通过相应的传感器将各种微弱的被测量信号，如弱光、弱磁、弱声、小位移、小电容、微流量、微压力、微振动和微温差等，转换为微电流或低电压，再经放大器放大其幅值以期反映被测量的大小。由于在微弱信号检测系统中被测量的信号很微弱，传感器的本底噪声、放大电路及测量仪器的固有噪声以及外界的干扰噪声往往远大于信号的幅值；同时，放大被测信号的过程也放大了噪声，而且必然还会附加一些额外的噪声，例如，放大器的内部固有噪声和各种外部干扰的影响，因此只靠放大是不能把微弱信号检测出来的。只有在有效地抑制噪声的条件下增大微弱信号的幅值或微弱信号特征量与噪声的差值，才能检测出有用信号。

检测系统（Detecting System）：检测系统是为了实现检测目的所研制的所有硬件与软件的总和。本书讨论的检测系统分为被动检测系统和主动检测系统两种基本类型。

被动检测系统的组成如图 1.1.1 所示，被动检测系统直接接收被检测的物理量或检测目标所引起的物理信号，该系统包括接收传感器或阵列、低噪声预处理机、数模转换（A/D）、信号处理（DSP）及判决执行系统。

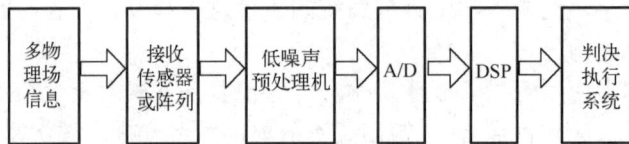

图 1.1.1　被动检测系统的组成

主动检测系统的组成如图 1.1.2 所示，主动检测系统的工作原理有所不同，通常由系统本身辐射某种物理信号，用来产生被检测的物理量或信号，达到检测的目的，除了包括被动检测的模块，还包括信号产生的模块，如波形发生器、功率放大器以及发射传感器或阵列等模块。

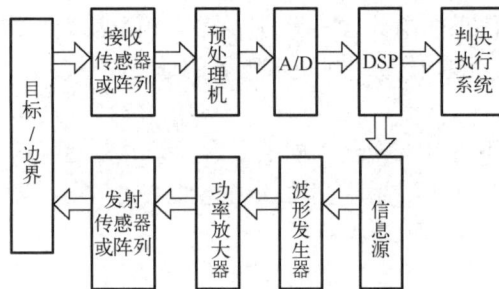

图 1.1.2　主动检测系统的组成

1.2　微弱信号检测的特点

实现微弱信号检测主要采用以下三条途径：① 研制适合微弱信号检测所需要的低噪声器件或其他满足特殊要求的器件；② 降低传感器与处理机的固有噪声；③ 采用信号处理的方法，尽可能地增大接收信号检验特征量中信号与干扰或噪声的差异。这三种途径都很重要，而且都在取得迅速的发展，如低噪声晶体管、场效应管与运算放大器等器件研制（本书不做讨论）；关于构成低噪声接收机的理论基础与设计技术将在第 12 章中介绍；在信号处理理论迅速发展的条件下，第三种途径变得非常活跃，而且在许多实际信号检测问题中外部物理场干扰成为主要干扰，所以在强噪声背景或干扰中检测微弱信号的基本原理和技术将是本书讨论的主要问题。

本书所研究的微弱信号检测具有两个特点，一是在较低的信噪比下检测信号；二是检测具有实时性。本书不同于一般的检测技术，注重的不是传感原理、检测理论，而是如何抑制噪声和干扰，尽可能降低其所能达到的最低检测信噪比，因此从某种程度上可以说，本书研究的微弱信号检测是一门研究如何提高信噪比，获取接收信号中信号与噪声或干扰差异大的特征量，或者是改变接收信号观测样本分布从而获取信号与噪声或干扰差异大的特征量的方法和技术。另外，在工程实际中所获得的接收信号的持续时间或采样得到的接收数据长度往往会受到限制，这种在较短数据长度下的微弱信号实时检测在诸如通信、雷达、声呐、地震、工业测量、机械系统实时监控等领域有着广泛的需求，因此，降低接收机算法的复杂度，提高检测速度，最大限度满足现场实时监测和故障诊断的要求也是微弱信号检测的一个特点。这些技术特点共同构成了本书微弱信号检测方法的独特价值和应用优势。

1.3　本书各章节安排及教学建议

本书分为 5 个部分介绍微弱信号检测方法及系统，具体章节安排如下。

第一部分：基本概念及基础理论（第 1 章～第 3 章）。

第 1 章介绍微弱信号检测基本概念及检测系统的组成与特点。第 2 章介绍信号统计检测的基本理论，包括信号统计检测基本模型及几种判决准则，并讨论了信号统计检测的性能和提高检测性能的基本思想与方法。第 3 章介绍信号、干扰的模型及特征，首先以水声信号检测为例，建立接收信号的模型；然后分析信号的模型及特征、干扰的模型及特征、信道的模型及特征，本章内容是滤波器选择、检测方法选择的基础。

第二部分：滤波理论——提高信噪比（第 4、5 章）。

信号检测的性能在很大程度上取决于接收系统的输出信噪比，因此，如何提高接收系统的输出信噪比成为微弱信号检测工作者致力追求的目标。滤波是提高接收机输出信噪比的重要手段，根据噪声或干扰的特性，滤波器的种类不同。本书按时域滤波、频域滤波、空域滤波、空时信道滤波等类分别介绍。第 4 章介绍时域滤波，首先介绍最大输出信噪比准则的匹配滤波器，以及与其相关的相关、相干滤波器，积分器与低通滤波器的关系；然后介绍最小均方误差准则的维纳滤波器及其自适应实现；最后介绍梳状滤波器。第 5 章介绍微弱信号检测的其他域滤波方法，包括频域滤波、空域滤波和空时信道滤波。

第三部分：经典检测方法（第 6 章～第 8 章）。

第 6 章介绍高斯背景下对确定信号的检测，包括确知信号的检测、确定性随机信号的广义似然比检测、舰船辐射噪声的线谱检测。第 7 章介绍在高斯分布干扰中对高斯分布随机信号的检测方法。第 8 章介绍时变高斯背景的恒虚警检测。

第四部分：其他检测方法（第 9、10 章）。

由于实际微弱信号检测应用的背景噪声多变，尤其是当干扰噪声非平稳，信号未知的情况下，经典的检测方法的性能很难满足需求。那么对检测理论进行进一步研究，发展新的检测理论、推出新的检测方法，提高检测器在复杂环境和低信噪比环境下的检测性能，是信号检测工作者致力追求的目标。第 9 章从非线性滤波角度介绍广义匹配随机共振检测理论与方法，阐述匹配随机共振检测理论本质内涵，并以动态过阻尼双稳系统为原型详细介绍匹配随机共振检测方法，实现对复杂非高斯噪声下检测性能的提升。第 10 章介绍基于高阶统计量的信号检测方法，是一种选择信号与噪声干扰差异大的特征量进行检测的方法，首先给出高斯过程的齐次高阶矩和大于 2 的高阶累积量恒等于零、其谱也恒等于零的特性分析，然后进一步分析三阶矩及三阶累积量谱的检测性能。

第五部分：微弱信号检测系统设计——长期无人值守的水声小型检测系统设计（第11、12章）。

第11章介绍预警（值更）轻量化检测方法，如长期无人值守的水声小型检测系统的预警检测方法，侧重于在实际水下小尺度无人系统中的应用。第12章介绍水声微弱信号检测系统设计，以水声信号检测系统为例，介绍长期无人值守检测系统的参数设计和硬件设计。

本书标注*的部分章节内容，涉及的知识面广，限于篇幅写得比较简要，适合于研究生学习。

习　　题

1. 简述微弱信号的含义。
2. 简述检测技术及微弱信号检测技术的异同点。
3. 简述噪声和干扰的异同点。
4. 简述提高微弱信号检测性能的基本途径。

第 2 章 信号统计检测的基本理论

统计检测理论是基于信号与噪声统计特性的差异信息来建立最佳判决规则的数学理论，主要解决在受噪声干扰的观测中信号有无的判别问题。其数学基础就是统计判决理论，又称假设检验理论。可以将信号检测问题转化为数理统计中的假设检验问题。以声呐或雷达检测系统为例，对于目标有无的检测判别可以考虑目标存在或不存在，选用两个假设建立二元假设检验的信号统计检测基本模型。而在检测过程中，由于噪声的存在及观察样本数或样本长度的限制，不可避免地会产生判决错误，如何尽可能地减少这些错误即是统计检测基本理论所关注的核心问题。

本章以二元假设检验中最佳的贝叶斯准则，以及声呐、雷达中常用的 N-P 准则为核心介绍统计检测的基本理论，通过分析检测性能与信噪比之间的关系，以及检验统计量及其概率分布对检测性能的影响，得出提高检测性能的本质就是通过平移、压缩或者变换等改变检验统计量概率分布的形状，增大检验统计量概率分布的区分度，并减小分布的方差。

2.1 信号统计检测的基本模型

2.1.1 二元假设检验

二元假设检验是统计检测理论的基础。二元假设检验也称为"双择一"假设检验，也就是只考虑目标存在或不存在两种情况。通常会把检测问题看成在两种假设 H_0 和 H_1 中进行选择，其中 H_0 称为 0 假设，表示只有噪声；H_1 称为备选假设或 1 假设，表示存在信号。

假设信号为 $s(t)$，噪声为 $n(t)$，则二元假设检验问题的接收信号可表示为

$$\begin{cases} H_0 : x(t) = n(t) \\ H_1 : x(t) = s(t) + n(t) \end{cases} \tag{2.1.1}$$

在实际情况中，可根据接收机对 $x(t)$ 的一次或多次观测，来判断哪个假设能够成立，这就是假设检验。

对于更一般的情况，输出可能是 M 个假设 $H_0, H_1, \cdots, H_{M-1}$ 中的一个，称为多元假设检验，或"多择一"假设检验。一般在模式识别中通常会采用多元假设检验，在本书中只对二元假设检验进行讨论。

2.1.2 似然比检验

考虑二元假设检验的问题，对于式（2.1.1）表述的接收信号，肯定希望在进行判决时错误判决的可能性越小越好。直观地，如果在一次观测中，x 中包含信号 s 的可能比不包含 s 的可能性大，就应当选择 H_1，反之就应当选择 H_0。即可用比较条件概率 $P(H_0 | x)$ 和 $P(H_1 | x)$ 的方法进行判决，当 $P(H_0 | x) < P(H_1 | x)$ 时，选择 H_1；当 $P(H_0 | x) \geqslant P(H_1 | x)$ 时，选择 H_0。

$P(H_0 | x)$ 和 $P(H_1 | x)$ 都称为后验概率，因此这种方法也被称为最大后验概率准则。

若取 n 个观测值 $\boldsymbol{x} = [x_1, x_2 \cdots x_n]^{\mathrm{T}}$，则信号存在和不存在对应的后验概率分别为 $P(H_1 | \boldsymbol{x})$ 和 $P(H_0 | \boldsymbol{x})$，则**最大后验概率检测准则**为

$$\begin{cases} P(H_0 | \boldsymbol{x}) \geq P(H_1 | \boldsymbol{x}), & \text{判决为} H_0 \text{成立} \\ P(H_0 | \boldsymbol{x}) < P(H_1 | \boldsymbol{x}), & \text{判决为} H_1 \text{成立} \end{cases}$$

或写成

$$\frac{P(H_1 | \boldsymbol{x})}{P(H_0 | \boldsymbol{x})} \underset{H_0}{\overset{H_1}{\gtrless}} 1 \tag{2.1.2}$$

在实际应用中，后验概率是先获得观测然后判决，这对于检测系统的设计人员来说是很难获得的，因此在检测系统的设计中通常采用先验概率。若用 $p(H_1)$ 和 $p(H_0)$ 分别表示目标有或无的先验概率，则根据概率乘法公式 $P(H_1 | \boldsymbol{x}) = \dfrac{P(\boldsymbol{x} | H_1)P(H_1)}{P(\boldsymbol{x})}$ 和 $P(H_0 | \boldsymbol{x}) = \dfrac{P(\boldsymbol{x} | H_0)P(H_0)}{P(\boldsymbol{x})}$ 可将（2.1.2）式变换为

$$\frac{P(\boldsymbol{x} | H_1)}{P(\boldsymbol{x} | H_0)} \underset{H_0}{\overset{H_1}{\gtrless}} \frac{P(H_1)}{P(H_0)} \tag{2.1.3}$$

先验概率一般可根据一些先前的观测或者经验得到。

若用 $p(\boldsymbol{x} | H_1)$ 和 $p(\boldsymbol{x} | H_0)$ 分别表示目标有无时 x 的条件概率密度函数，也称为似然函数，则（2.1.3）式可表示为

$$\frac{p(\boldsymbol{x} | H_1)}{p(\boldsymbol{x} | H_0)} \underset{H_0}{\overset{H_1}{\gtrless}} \frac{P(H_1)}{P(H_0)} \tag{2.1.4}$$

其比值 $\lambda(\boldsymbol{x}) \overset{\text{def}}{=} \dfrac{p(\boldsymbol{x} | H_1)}{p(\boldsymbol{x} | H_0)}$ 称为**似然比函数**（Likelihood Ratio Function），$\lambda_0 \overset{\text{def}}{=} \dfrac{P(H_0)}{P(H_1)}$ 称为**似然比检测门限**（Likelihood Ratio Detection Shreshold）。

似然比检验的判决式可表示为

$$\lambda(\boldsymbol{x}) \underset{H_0}{\overset{H_1}{\gtrless}} \lambda_0 \tag{2.1.5}$$

似然比函数 $\lambda(\boldsymbol{x})$ 在二元假设检验中具有重要作用，因为在似然比检验中所有的处理过程都需要计算似然比函数，并且似然比函数不受先验概率的影响。$\lambda(\boldsymbol{x})$ 是观测数据 $\boldsymbol{x}$ 的函数，可以是线性或非线性函数，可以作为检验统计量。似然比检验判决式在通常情况下是可以简化的。首先如果似然比函数 $\lambda(\boldsymbol{x})$ 含有指数表达式，可以对似然比检验判决式的两边分别取自然对数，这样就可以去掉 $\lambda(\boldsymbol{x})$ 中的指数形式，使判决式得到简化，即

$$\ln \lambda(\boldsymbol{x}) \underset{H_0}{\overset{H_1}{\gtrless}} \ln \lambda_0 \tag{2.1.6}$$

通常也称为对数似然比检验，在此基础上还可以通过数学运算做进一步简化，这对判决的效果来说是完全等价的。

2.1.3　二元信号统计检测的模型

二元信号统计检测理论的基本模型如图 2.1.1 所示。

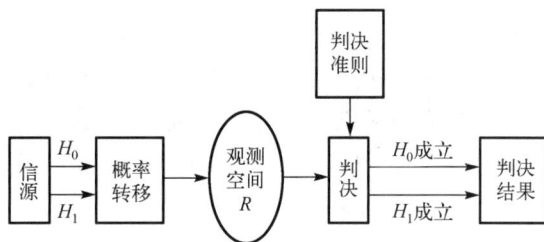

图 2.1.1　二元信号统计检测理论的基本模型

信源：信源在某一时间段输出 H_0 假设的一种信号，而在另一时间段可能输出另一种 H_1 假设的信号。

概率转移：在信源输出的其中一个假设为真的基础上，把噪声干扰背景中的假设为真的信号以一定的概率关系映射到观测空间中。

观测空间 R：在信源输出不同信号状态下，在噪声干扰背景中，由概率转移所生成的全部可能观测量的集合。对于二元信号，观测可以是一维随机观测信号 $(\boldsymbol{x}|H_j)$ $(j=0,1)$，也可以是 N 维随机观测矢量 $(\boldsymbol{x}|H_j)$ $(j=0,1)$，以下以一个观测值为例来论述统计检测的基本理论，多个观测值的结果类同。

判决准则：统计检测的任务是根据观测量落在观测空间中的位置，依据某种判决准则推断信号属于哪种状态。判决准则使观测空间中的每个点都对应着一个相应的假设 H_j $(j=0,1)$。不同的准则对应不同的性能，该部分内容在 2.2 节中讲解。

判决：判决是对观测空间 R 进行划分，对于二元信号，是把整个观测空间 R 划分为 R_0 和 R_1 两个子空间，并满足 $R=R_0\bigcup R_1$，$R_0\bigcap R_1=\phi$（空集），子空间 R_0 和 R_1 称为判决域。如果观测空间中的某个观测量 $(\boldsymbol{x}|H_j)$ $(j=0,1)$ 落入 $\mathbb{R}_0$，就判假设 H_0 成立，否则就判假设 H_1 成立，如图 2.1.2 所示。

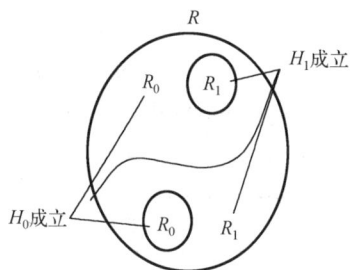

图 2.1.2　二元检测的判决域

判决结果：在二元信号的情况下，信源有两种可能的输出分别记为假设 H_0 和假设 H_1。在噪声干扰背景中，信源的输出信号经过概率转移，以一定的概率映射到整个观测空间 R 中，生成观测量 $(\boldsymbol{x}|H_0)$ 和 $(\boldsymbol{x}|H_1)$。当根据判决规则将观测空间 R 划分为 R_0 和 R_1 两个判决域后，若观测量 $(\boldsymbol{x}|H_0)$ 落在 R_0 域，从而判决假设 H_0 成立，计这一结果为 $(H_0|H_0)$；若观测量 $(\boldsymbol{x}|H_0)$ 落在 R_1 域，从而判决假设 H_1 成立，则有 $(H_1|H_0)$。类似地，若观测量为 $(\boldsymbol{x}|H_1)$，则判决结果可能为 $(H_1|H_1)$，也可能为 $(H_0|H_1)$。也就是说，在二元信号的情况下，共有 4 种可能的判决结果，其中两种判决结果是正确的，而另外两种判决结果是错误的。为了表示方便，统一记为 $(H_i|H_j)$ $(i,j=0,1)$，其含义是假设 H_j 为真的条件下，判决 H_i 成立的结果。

判决概率：对应每一种判决结果 $(H_i|H_j)$ $(i,j=0,1)$，有相应的判决概率 $P(H_i|H_j)$，其含义为，在假设 H_j 为真的条件下，判决假设 H_i 成立的概率。在假设 H_j 为真的条件下，观测

量 $(x|H_j)$ 的概率密度函数为 $p(x|H_j)$，由于观测量 $(x|H_j)$ 落在 R_i 域判决假设 H_i 成立，所以判决概率 $P(H_i|H_j)$ 可以表示为

$$P(H_i|H_j) = \int_{R_i} p(x|H_j)\mathrm{d}x, \quad i,j = 0,1 \tag{2.1.6}$$

其中两个是正确判决的概率，两个是错误判决的概率。显然，在观测量 $(x|H_j)$ 的概率密度函数 $p(x|H_j)$ 确定的情况下，判决概率 $P(H_i|H_j)$ 的大小与判决域 $R_i(i=0,1)$ 的划分有关。就判决概率而言，希望正确判决的概率尽可能大，而错误判决的概率尽可能小，这就涉及判决域 $R_i(i=0,1)$ 的正确划分的问题。二元检测的判决域划分与判决概率如图 2.1.3 所示。

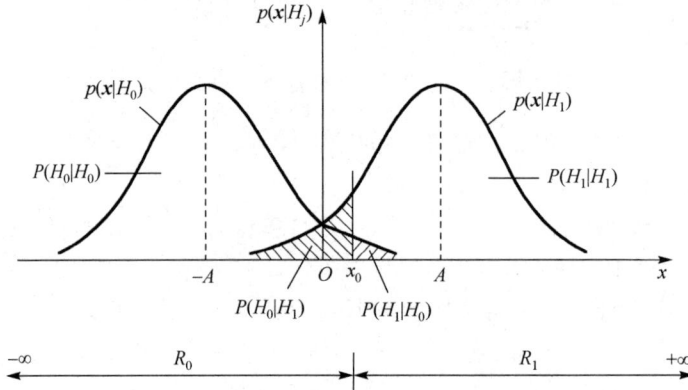

图 2.1.3　二元检测的判决域划分与判决概率

代价因子：不同的判决所付出的代价一般是不一样的，为此赋予每种可能的判决一个代价，用代价因子 c_{ij}（$i,j = 0, 1$）表示假设 H_j 为真时，判决假设 H_i 成立所付出的代价。为了具有一般性，正确判决也付出代价，但满足 $c_{10} > c_{00}$，$c_{01} > c_{11}$。

二元信号检测的判决结果、判决概率及所付出的代价如表 2.1.1 所示。

表 2.1.1　二元信号判决结果、判决概率及所付出的代价

假设	判决结果	判决概率	代价因子
H_0	H_0（正确）	$P_C = P(H_0\|H_0) = \int_0^{\lambda_0} p[\lambda(x)\|H_0]\mathrm{d}\lambda(x) = \int_{R_0} p(x\|H_0)\mathrm{d}x$	c_{00}
	H_1（虚警）	$P_F = P(H_1\|H_0) = \int_{\lambda_0}^{\infty} p[\lambda(x)\|H_0]\mathrm{d}\lambda(x) = \int_{R_1} p(x\|H_0)\mathrm{d}x$	c_{10}
H_1	H_1（正确）	$P_D = P(H_1\|H_1) = \int_{\lambda_0}^{\infty} p[\lambda(x)\|H_1]\mathrm{d}\lambda(x) = \int_{R_1} p(x\|H_1)\mathrm{d}x$	c_{11}
	H_0（漏报）	$P_M = P(H_0\|H_1) = \int_0^{\lambda_0} p[\lambda(x)\|H_1]\mathrm{d}\lambda(x) = \int_{R_0} p(x\|H_1)\mathrm{d}x$	c_{01}

2.2　判决准则

判决准则信号的统计检测理论中常用的判决准则如下。

贝叶斯准则（Bayes Criterion）（平均风险最小准则）：假设 H_j 的先验概率已知，各种判决代价因子 c_{ij} 给定的情况下，使平均代价 C 最小的准则。

最小错误概率准则（Minimum Mean Probability of Error Criterion）：假设 H_j 的先验概率已知，$c_{00} = c_{11} = 0$，$c_{10} = c_{01} = 1$ 的情况下，使平均代价 C 最小的准则。

最大似然准则（Maximum Likelihood Criterion）：适合于先验概率不知道，也无法指定代价的条件，门限为 1 的准则。

极小化极大准则（Minimax Criterion）：H_j 的先验概率未知，各种判决代价因子 c_{ij} 给定的情况下，使平均代价 C 最小的准则。

N-P 准则（Neymann-Pearson Criterion，N-P）：H_j 的先验概率未知，各种判决代价因子 c_{ij} 无法给定，在虚警概率 $P(H_1 | H_0) = \alpha$ 的约束条件下，使检测概率 $P(H_1 | H_1)$ 最大的准则。

这些准则都可以归结为不同条件下的贝叶斯准则，也称为派生贝叶斯准则。在声呐或雷达的信号检测中，通常先验概率未知，各种判决代价因子也无法给定，常采用 N-P 准则。在本书中仅讨论二元信号统计检测的贝叶斯准则和 N-P 准则。

2.2.1 贝叶斯准则

贝叶斯准则是平均代价最小的准则，首先给出平均代价 C 的表达式；然后求出使平均代价 C 最小时观测空间 R 的划分方法，从而得到贝叶斯准则判决表示式。

（1）平均代价 C 的表示

对于假设 H_j 为真而判决假设 H_i 成立（$i, j = 0,1$）的情况，判决概率为 $P(H_i | H_j)$，代价因子为 c_{ij}。于是在假设 H_j 为真时判决所付出的条件平均代价为

$$C(H_j) = \sum_{i=0}^{1} c_{ij} P(H_i | H_j), j = 0,1$$

假设 H_j 出现的先验概率为 $P(H_j)$，则判决所付出的总平均代价（又称平均风险）为

$$C = P(H_0)C(H_0) + P(H_1)C(H_1) = \sum_{j=0}^{1} \sum_{i=0}^{1} c_{ij} P(H_j) P(H_i | H_j) \tag{2.2.1}$$

根据二元信号统计检测的模型的判决概率有

$$P(H_i | H_j) = \int_{R_i} p(\boldsymbol{x} | H_j) \mathrm{d}\boldsymbol{x}$$

所以，平均代价 C 可以表示为

$$\begin{aligned}
C &= \sum_{j=0}^{1} \sum_{i=0}^{1} c_{ij} P(H_j) \int_{R_i} p(\boldsymbol{x} | H_j) \mathrm{d}\boldsymbol{x} \\
&= c_{00} P(H_0) \int_{R_0} p(\boldsymbol{x} | H_0) \mathrm{d}\boldsymbol{x} + c_{10} P(H_0) \int_{R_1} p(\boldsymbol{x} | H_0) \mathrm{d}\boldsymbol{x} + \\
&\quad c_{01} P(H_1) \int_{R_0} p(\boldsymbol{x} | H_1) \mathrm{d}\boldsymbol{x} + c_{11} P(H_1) \int_{R_1} p(\boldsymbol{x} | H_1) \mathrm{d}\boldsymbol{x}
\end{aligned} \tag{2.2.2}$$

因为观测空间 R 划分为 R_0 域和 R_1 域，且满足 $R = R_0 \bigcup R_1$，$R_0 \bigcap R_1 = \phi$（空集），又因为对于整个观测空间有 $\int_R p(\boldsymbol{x} | H_j) \mathrm{d}\boldsymbol{x} = 1$，所以式（2.2.2）中的 R_1 域的积分项可表示为

$$\begin{aligned}
\int_{R_1} p(\boldsymbol{x} | H_j) \mathrm{d}\boldsymbol{x} &= \int_R p(\boldsymbol{x} | H_j) \mathrm{d}\boldsymbol{x} - \int_{R_0} p(\boldsymbol{x} | H_j) \mathrm{d}\boldsymbol{x} \\
&= 1 - \int_{R_0} p(\boldsymbol{x} | H_j) \mathrm{d}\boldsymbol{x}
\end{aligned} \tag{2.2.3}$$

这样，平均代价 C 可表示为

$$C = c_{00}P(H_0)\int_{R_0} p(\boldsymbol{x}|H_0)\mathrm{d}\boldsymbol{x} + c_{10}P(H_0) - c_{00}P(H_0)\int_{R_0} p(\boldsymbol{x}|H_0)\mathrm{d}\boldsymbol{x} +$$

$$c_{01}P(H_1)\int_{R_0} p(\boldsymbol{x}|H_1)\mathrm{d}\boldsymbol{x} + c_{11}P(H_1) - c_{11}P(H_1)\int_{R_0} p(\boldsymbol{x}|H_1)\mathrm{d}\boldsymbol{x} \qquad (2.2.4)$$

$$= c_{10}P(H_0) + c_{11}P(H_1) + \int_{R_0} [(P(H_1)(c_{01}-c_{11})p(\boldsymbol{x}|H_1)) -$$

$$(P(H_0)(c_{10}-c_{00})p(\boldsymbol{x}|H_0))]\mathrm{d}\boldsymbol{x}$$

（2）贝叶斯准则的判决表示式

式（2.2.4）中的第一项和第二项是固定平均代价的分量，无论观测空间 R 怎么划分，都不影响平均代价 C 的值；因为代价因子 $c_{ij,i\neq j} > c_{jj}$，概率密度函数 $p(x|H_j) \geq 0$，所以式（2.2.4）中的被积函数是两个正项函数之差，在某些 x 值处被积函数可能取正值，而在另外一些 x 值处被积函数又可能取负值，因此式中的积分项是平均代价的可变部分，它的正负受积分域 R_0 域的控制。根据贝叶斯准则，应使平均代价 C 最小，为此，我们把凡是使被积函数取负值的那些 x 值都划分给 R_0 域，而把其余的 x 值划分为 R_1 域，以保证平均代价最小。至于使被积函数为零的那些 x 值划分为 R_0 域，还是划分给 R_1 域是一样的，因为这不影响平均代价，但是为了统一起见，这样的 x 值我们都划分给 R_1 域。这样，H_0 成立的判决域 R_0 可以这样来确定，即把所有满足

$$P(H_1)(c_{01}-c_{11})p(\boldsymbol{x}|H_1) < P(H_0)(c_{10}-c_{00})p(\boldsymbol{x}|H_0) \qquad (2.2.5)$$

的 x 值划分为 R_0 域，判决假设 H_0 成立；否则，把满足式（2.2.5）的 x 值划归 R_1 域，判决假设 H_1 成立。于是，将式（2.2.5）改写，得到贝叶斯准则判决表示式

$$\frac{p(\boldsymbol{x}|H_1)}{p(\boldsymbol{x}|H_0)} \underset{H_0}{\overset{H_1}{\gtrless}} \frac{P(H_0)(c_{10}-c_{00})}{P(H_1)(c_{01}-c_{11})} \qquad (2.2.6)$$

定义贝叶斯准则的似然比检测门限为 $\eta \overset{\mathrm{def}}{=} \dfrac{P(H_0)(c_{10}-c_{00})}{P(H_1)(c_{01}-c_{11})}$，则由贝叶斯准则得到的似然比检验为

$$\lambda(\boldsymbol{x}) \underset{H_0}{\overset{H_1}{\gtrless}} \eta \qquad (2.2.7)$$

例 2.1 在二元数字通信系统中，假设为 H_1 时，信源输出常值正电压 A，假设为 H_0 时，信源输出零电平；信号在通信信道传输过程中叠加了高斯白噪声 $n(t)$；每种信号的持续时间为 $(0,T)$；在接收端对接收到的信号 $x(t)$ 在 $(0,T)$ 观测时间内进行了 N 次独立采样，样本为 $x_k (k=1,2,\cdots,N)$。已知噪声样本 n_k 是均值为零，方差是 σ_n^2 的高斯噪声。

（1）建立信号检测系统的信号模型。

（2）若发送信号的先验概率 $P(H_0)$、$P(H_1)$ 已知，各种代价因子 c_{ij} 给定，确定似然比检验的判决表达式。

（3）计算判决概率 $P(H_1|H_0)$ 和 $P(H_1|H_1)$。

解 （1）信号检测系统的信号模型：在两个假设下，接收信号分别为

$$H_0 : x(t) = n(t), \quad 0 \leq t \leq T$$

$$H_1 : x(t) = A + n(t), \quad 0 \leqslant t \leqslant T, A > 0$$

经 $(0,T)$ 时间内 N 次独立采样后，获得

$$H_0 : x_k = n_k, \quad k = 1, 2, \cdots, N$$

$$H_1 : x_k = A + n_k, \quad k = 1, 2, \cdots, N$$

式中，$A > 0$，$n_k \sim N\left(0, \sigma_n^2\right)$，且 $x_k (k = 1, 2, \cdots, N)$ 之间相互统计独立（白噪声）。这就是该信号检测系统的信号模型。对 N 个独立样本 x_k 进行处理后，与检测门限进行比较，就可以做出信号是属于哪个状态的判决。

（2）似然比检验的判决表达式：噪声样本 $n_k \sim N\left(0, \sigma_n^2\right)$，其概率密度函数为 $p(n_k) = \left(\dfrac{1}{2\pi\sigma_n^2}\right)^{\frac{1}{2}} \exp\left(-\dfrac{n_k^2}{2\sigma_n^2}\right)$。这样，在两个假设下，观测信号样本 x_k 的概率密度函数分别为

$$p(x_k \mid H_0) = \left(\frac{1}{2\pi\sigma_n^2}\right)^{\frac{1}{2}} \exp\left(-\frac{x_k^2}{2\sigma_n^2}\right)$$

$$p(x_k \mid H_1) = \left(\frac{1}{2\pi\sigma_n^2}\right)^{\frac{1}{2}} \exp\left[-\frac{(x_k - A)^2}{2\sigma_n^2}\right]$$

在考虑 N 次采样时，两个假设的观测信号样本 $x_k (k = 1, 2, \cdots, N)$ 之间各自是独立同分布，所以两个假设下 N 维观测矢量的概率密度函数分别为

$$p(\boldsymbol{x} \mid H_0) = \prod_{k=1}^{N} p(x_k \mid H_0) = \left(\frac{1}{2\pi\sigma_n^2}\right)^{\frac{N}{2}} \exp\left(-\sum_{k=1}^{N} \frac{x_k^2}{2\sigma_n^2}\right)$$

$$p(\boldsymbol{x} \mid H_1) = \prod_{k=1}^{N} p(x_k \mid H_1) = \left(\frac{1}{2\pi\sigma_n^2}\right)^{\frac{N}{2}} \exp\left[-\sum_{k=1}^{N} \frac{(x_k - A)^2}{2\sigma_n^2}\right]$$

这样，似然比函数 $\lambda(\boldsymbol{x})$ 为

$$\lambda(\boldsymbol{x}) = \frac{p(\boldsymbol{x} \mid H_1)}{p(\boldsymbol{x} \mid H_0)} = \exp\left(\frac{A}{\sigma_n^2} \sum_{k=1}^{N} x_k - \frac{NA^2}{2\sigma_n^2}\right)$$

于是，似然比检验的判决表达式为

$$\exp\left(\frac{A}{\sigma_n^2} \sum_{k=1}^{N} x_k - \frac{NA^2}{2\sigma_n^2}\right) \underset{H_0}{\overset{H_1}{\gtrless}} \frac{P(H_0)(c_{10} - c_{00})}{P(H_1)(c_{01} - c_{11})}$$

令 $\eta = \dfrac{P(H_0)(c_{10} - c_{00})}{P(H_1)(c_{01} - c_{11})}$，则

$$\exp\left(\frac{A}{\sigma_n^2} \sum_{k=1}^{N} x_k - \frac{NA^2}{2\sigma_n^2}\right) \underset{H_0}{\overset{H_1}{\gtrless}} \eta$$

两边取自然对数，得

$$\frac{A}{\sigma_n^2}\sum_{k=1}^{N}x_k-\frac{NA^2}{2\sigma_n^2}\mathop{\gtrless}_{H_0}^{H_1}\ln\eta$$

进一步化简整理为

$$l(\boldsymbol{x})\stackrel{\text{def}}{=}\frac{1}{N}\sum_{k=1}^{N}x_k\mathop{\gtrless}_{H_0}^{H_1}\frac{\sigma_n^2}{NA}\ln\eta+\frac{A}{2}\stackrel{\text{def}}{=}\gamma$$

其中检验统计量 $l(\boldsymbol{x})=\dfrac{1}{N}\sum\limits_{k=1}^{N}x_k$ 是观测信号 $x_k(k=1,2,\cdots,N)$ 求和取平均的结果，即它是 $x_k(k=1,2,\ldots,N)$ 的函数，是一个随机变量。这样信号检测的判决表达式由似然比检验的形式，简化为检验统计量 $l(\boldsymbol{x})$ 与检验门限 γ 相比较做出判决的形式。

（3）计算判决概率 $P\left(H_i\middle|H_j\right)$：由判决表示式的最简形式 $l(\boldsymbol{x})\mathop{\gtrless}_{H_0}^{H_1}\gamma$ 可以得到判决概率为 $P(H_1|H_0)=\displaystyle\int_{\gamma}^{\infty}p(l|H_0)\mathrm{d}l$，因此应该先求得检验统计量 $l(\boldsymbol{x})$ 在两个假设下的概率密度函数 $p(l|H_0)$ 和 $p(l|H_1)$，然后根据判决式在相应区间的积分来求得 $P\left(H_i\middle|H_j\right)$。

在假设 H_0 下，样本 $x_k=n_k,k=1,2,\cdots,N$，由于 $n_k\sim N\left(0,\sigma_n^2\right)$，且各样本之间相互统计独立，所以样本 $x_k\sim N\left(0,\sigma_n^2\right)$，且相互统计独立。类似地，在假设 H_0 下，$x_k\sim N\left(A,\sigma_n^2\right)$，且相互统计独立。这就是说，无论在假设 H_0 下，还是在假设 H_1 下，样本 $x_k(k=1,2,\cdots,N)$ 都是相互统计独立的高斯随机变量，而检验统计量 $l(\boldsymbol{x})$ 是这些样本之和的 $1/N$，所以 $l(\boldsymbol{x})$ 在各假设下都服从高斯分布。这样，只要求出各假设下 $l(\boldsymbol{x})$ 的均值 $E(l|H_j)$ 和方差 $\mathrm{Var}(l|H_j)$，就能得到它的概率密度函数 $p(l|H_j),j=0,1$。

在假设 H_0 下，$l(\boldsymbol{x})$ 的均值为

$$E\left(l|H_0\right)=E\left[\frac{1}{N}\sum_{k=1}^{N}(x_k|H_0)\right]=E\left[\frac{1}{N}\sum_{k=1}^{N}n_k\right]=0$$

$l(\boldsymbol{x})$ 的方差为

$$\mathrm{Var}\left(l|H_0\right)=E\left[\left(\frac{1}{N}\sum_{k=1}^{N}(x_k|H_0)-E(l|H_0)\right)^2\right]=E\left[\left(\frac{1}{N}\sum_{k=1}^{N}n_k\right)^2\right]=\frac{1}{N}\sigma_n^2$$

类似地，在假设 H_1 下，$l(\boldsymbol{x})$ 的均值为

$$E\left(l|H_1\right)=E\left[\frac{1}{N}\sum_{k=1}^{N}(x_k|H_1)\right]=E\left[\frac{1}{N}\sum_{k=1}^{N}(A+n_k)\right]=A$$

$l(\boldsymbol{x})$ 的方差为

$$\mathrm{Var}\left(l|H_1\right)=E\left[\left(\frac{1}{N}\sum_{k=1}^{N}(x_k|H_1)-E(l|H_1)\right)^2\right]=E\left[\left(\frac{1}{N}\sum_{k=1}^{N}(A+n_k)-A\right)^2\right]$$

$$=E\left[\left(\frac{1}{N}\sum_{k=1}^{N}n_k\right)^2\right]=\frac{1}{N}\sigma_n^2$$

这样有

$$\left(l\middle|H_0\right)\sim N\left(0,\frac{1}{N}\sigma_n^2\right)$$

$$\left(l\middle|H_1\right)\sim N\left(A,\frac{1}{N}\sigma_n^2\right)$$

即在假设 H_0 下，检验统计量 $l(\boldsymbol{x})$ 的概率密度函数 $p\left(l\middle|H_0\right)$ 为

$$p\left(l\middle|H_0\right)=\left(\frac{N}{2\pi\sigma_n^2}\right)^{\frac{1}{2}}\exp\left[-\frac{Nl^2}{2\sigma_n^2}\right]$$

而在假设 H_1 下，检验统计量 $l(\boldsymbol{x})$ 的概率密度函数 $p\left(l\middle|H_1\right)$ 为

$$p\left(l\middle|H_1\right)=\left(\frac{N}{2\pi\sigma_n^2}\right)^{\frac{1}{2}}\exp\left[-\frac{N(l-A)^2}{2\sigma_n^2}\right]$$

因为判决概率 $P(H_1\,|\,H_0)$ 表示假设 H_0 为真时判决假设 H_1 成立的概率，所以根据判决表示式，$l(\boldsymbol{x})\geqslant\gamma$ 判决 H_1 成立，有

$$
\begin{aligned}
P\left(H_1\,|\,H_0\right) &= \int_\gamma^\infty p(l\,|\,H_0)\mathrm{d}l \\
&= \int_{\frac{\sigma_n^2}{NA}\ln\eta+\frac{A}{2}}^\infty \left(\frac{N}{2\pi\sigma_n^2}\right)^{\frac{1}{2}}\exp\left(-\frac{Nl^2}{2\sigma_n^2}\right)\mathrm{d}l \\
&= \int_{\frac{\sigma_n}{\sqrt{NA}}\ln\eta+\frac{\sqrt{N}A}{2\sigma_n}}^\infty \left(\frac{1}{2\pi}\right)^{\frac{1}{2}}\exp\left(-\frac{t^2}{2}\right)\mathrm{d}t \\
&= Q[\ln\eta/d+d/2]
\end{aligned}
$$

式中，$d^2=\dfrac{NA^2}{\sigma_n^2}$ 是功率信噪比，$Q[x]=\displaystyle\int_x^\infty\left(\frac{1}{2\pi}\right)^{\frac{1}{2}}\exp\left(-\frac{t^2}{2}\right)\mathrm{d}t$ 是标准高斯分布从 x 到 $+\infty$ 的右尾积分，表示超过给定值 x 的概率。

类似地，判决概率 $P(H_1\,|\,H_1)$ 为

$$
\begin{aligned}
P\left(H_1\middle|H_1\right) &= \int_\gamma^\infty p(l\,|\,H_1)\mathrm{d}l \\
&= \int_{\frac{\sigma_n^2}{NA}\ln\eta+\frac{A}{2}}^\infty \left(\frac{N}{2\pi\sigma_n^2}\right)^{1/2}\exp\left(-\frac{N(l-A)^2}{2\sigma_n^2}\right)\mathrm{d}l \\
&= \int_{\frac{\sigma_n}{\sqrt{NA}}\ln\eta-\frac{\sqrt{N}A}{2\sigma_n}}^\infty \left(\frac{1}{2\pi}\right)^{1/2}\exp\left(-\frac{u^2}{2}\right)\mathrm{d}u \\
&= Q[\ln\eta/d-d/2]
\end{aligned}
$$

2.2.2　最小错误概率准则

在通信系统中，通常认为正确判决不付出代价，而错误判决付出代价相同，即

$c_{00} = c_{11} = 0$，$c_{01} = c_{10} = 1$，这时式（2.2.2）的平均代价可以简化为

$$C = P(H_0)P(H_1 \mid H_0) + P(H_1)P(H_0 \mid H_1) \tag{2.2.8}$$

这时，平均代价 C 也就是平均错误概率 P_e，使平均代价最小也就是使平均错误概率最小。

$$\begin{aligned} P_e &= P(H_0)P(H_1 \mid H_0) + P(H_1)P(H_0 \mid H_1) \\ &= P(H_0)\int_{R_1} p(\boldsymbol{x} \mid H_0)\mathrm{d}\boldsymbol{x} + P(H_1)\int_{R_0} p(\boldsymbol{x} \mid H_1)\mathrm{d}\boldsymbol{x} \\ &= P(H_0) + \int_{R_0}[P(H_1)p(\boldsymbol{x} \mid H_1) - P(H_0)p(\boldsymbol{x} \mid H_0)]\mathrm{d}\boldsymbol{x} \end{aligned} \tag{2.2.9}$$

为了使 P_e 最小，将所有满足条件的 x 值划分为 R_0 域，判决假设 H_0 成立；把其余的 x 值划分为 R_1 域，判决假设 H_1 成立。于是得出最小错误概率准则的判决表达式为

$$\lambda(\boldsymbol{x}) = \frac{p(\boldsymbol{x} \mid H_1)}{p(\boldsymbol{x} \mid H_0)} \underset{H_0}{\overset{H_1}{\gtrless}} \frac{P(H_0)}{P(H_1)} = \eta \tag{2.2.10}$$

这种判决形式可以看成贝叶斯准则的一个特例，与前面提到的最大后验准则是等价的。从更一般的角度来看，当代价因子满足 $c_{10} - c_{00} = c_{01} - c_{11}$ 时上式同样成立。

2.2.3　最大似然准则

在既不知道先验概率，又无法指定代价的条件下，可以直接比较似然函数来进行判决

$$\lambda(\boldsymbol{x}) = \frac{p(\boldsymbol{x} \mid H_1)}{p(\boldsymbol{x} \mid H_0)} \underset{H_0}{\overset{H_1}{\gtrless}} 1 \tag{2.2.11}$$

对比式（2.2.10）可以看出，这是当 $P(H_0) = P(H_1)$ 时的最小错误概率准则的特例，因此也可以认为等先验概率下的最小平均错误概率准则就是最大似然准则。

2.2.4　极小化极大准则

极小化极大准则是在已经给定代价因子 c_{ij}，但无法确定先验概率先验 $P(H_j)$ 的条件下的一种信号检测准则。该准则的含义是，在上述条件下可以避免可能产生的过分大的代价，使极大可能代价极小。

为了便于表示，我们对两类错误判决概率及先验概率做如下定义

$$P_F \overset{\mathrm{def}}{=} P(H_1 \mid H_0) = \int_{R_1} p(\boldsymbol{x} \mid H_0)\mathrm{d}\boldsymbol{x} = 1 - \int_{R_0} p(\boldsymbol{x} \mid H_0)\mathrm{d}\boldsymbol{x}$$

$$P_M \overset{\mathrm{def}}{=} P(H_0 \mid H_1) = \int_{R_0} p(\boldsymbol{x} \mid H_1)\mathrm{d}\boldsymbol{x}$$

$$P_1 \overset{\mathrm{def}}{=} P(H_1) = 1 - P(H_0) \overset{\mathrm{def}}{=} 1 - P_0$$

因为似然比检测门限计算公式与先验概率有关，所以可以写成 P_1 的函数 $\lambda_0 = \lambda_0(P_1)$。此时两类错误判决概率 P_F 和 P_M 也是 P_1 的函数，可以记为 $P_F(P_1)$ 和 $P_M(P_1)$，则贝叶斯平均代价也可以表示为 P_1 的函数

$$\begin{aligned} C(P_1) &= c_{10}(1 - P_1) + c_{11}P_1 + P_1(c_{01} - c_{11})P_F(P_1) - (1 - P_1)(c_{10} - c_{00})[1 - P_F(P_1)] \\ &= c_{00} + (c_{10} - c_{00})P_F(P_1) + P_1[(c_{11} - c_{00}) + (c_{01} - c_{11})P_M(P_1) + (c_{10} - c_{00})P_F(P_1)] \end{aligned} \tag{2.2.12}$$

一般情况下，最小平均代价 $C_{\min}$ 对 P_1 的曲线具有上凸的形状。可以证明，当似然比函数 $\lambda(\boldsymbol{x})$ 是严格单调的概率分布随机变量时，贝叶斯平均代价是 P_1 的严格上凸函数，如图 2.2.1 的曲线 a。

为避免产生上述过分大的代价，人们猜测当先验概率 $P_1 = P_{1g}^*$ 时，使该点处的 $C(P_1, P_{1g}^*)$，是一条与 $C_{\min}$ 水平相切的直线，如图 2.2.1 中水平切线 c。虽然该处贝叶斯准则的最小平均代价最大，为 $C_{\min\max}$，但是这是平均最小代价上凸函数的最大值，可以使由于未知先验概率 P_1 而可能产生的极大平均代价极小。也就是如果猜测先验概率 P_{1g}^*，那么无论实际的先验概率为多大，平均代价都等于 $C_{\min\max}$，不会产生过分大的代价。

为求出极小化极大准则应满足的条件，即为了求得 P_{1g}^* 可将式(2.2.11)对 P_1 求偏导，并令结果等于零

$$\frac{\partial C(P_1, P_{1g})}{\partial P_1}\Big|_{P_{1g}=P_{1g}^*} = 0 \tag{2.2.13}$$

图 2.2.1 平均代价 C 与 P_1 的关系曲线

从而得到

$$(c_{11} - c_{00}) + (c_{01} - c_{11})P_M(P_{1g}^*) - (c_{10} - c_{00})P_F(P_{1g}^*) = 0 \tag{2.2.14}$$

此即为极小化极大准则的极小化极大方程。解此方程即可得 P_{1g}^* 和似然比检测门限 η^*。此时的平均代价为

$$C(P_{1g}^*) = c_{00} + (c_{10} - c_{00})P_F(P_{1g}^*) \tag{2.2.15}$$

如果代价因子 $c_{00} = c_{11} = 0$，则极小极大方程为

$$c_{01}P_M(P_{1g}^*) - c_{10}P_F(P_{1g}^*) = 0 \tag{2.2.16}$$

此时平均代价为

$$C(P_{1g}^*) = C_{10}P_F(P_{1g}^*) \tag{2.2.17}$$

进一步，如果 $c_{00} = c_{11} = 0, c_{01} = c_{10} = 1$，则

$$P_M(P_{1g}^*) = P_F(P_{1g}^*) \tag{2.2.18}$$

这时极小化极大代价就是平均错误概率 $P_F(P_{1g}^*)$。

2.2.5 奈曼-皮尔逊准则

在声呐和雷达的信号检测问题中常会遇到这种情况，既不能预知先验概率 $P(H_j)$，也无法对各种判决结果给定代价因子 c_{ij}，而此时，人们最关心的是判决概率，希望错误判决概率 $P(H_1|H_0)$ 尽可能小，而正确判决概率 $P(H_1|H_1)$ 尽可能大。但是当信噪比一定的条件下，增大正确判决概率 $P(H_1|H_1)$，会导致错误判决概率 $P(H_1|H_0)$ 随之增大。此时常采用 N-P 准则：在虚警概率 $P_F = P(H_1|H_0) = \alpha$ 的约束条件下，使正确检测概率 $P_D = P(H_1|H_1)$ 最大。

（1）N-P 准则的判决表示式

根据上述分析，利用 N-P 准则求条件极值

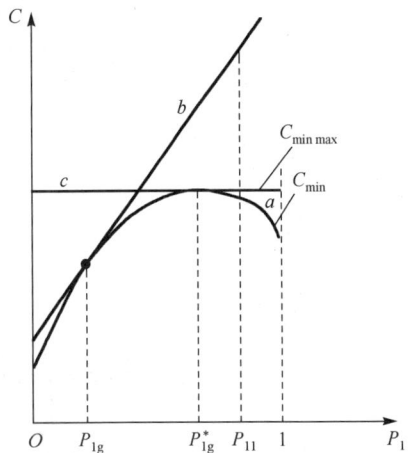

$$\max \quad P_D = P(H_1|H_1) \qquad \text{或} \qquad \min \quad P_M = P(H_0|H_1) = 1 - P(H_1|H_1)$$
$$\text{s.t.} \quad P_F = P(H_1|H_0) = \alpha \qquad\quad \text{s.t.} \quad P_F = P(H_1|H_0) = \alpha \tag{2.2.19}$$

拉格朗日乘子法是求条件极值的常用方法，设拉格朗日乘子为 $\mu(\mu \geq 0)$，构造目标函数

$$\min J = P_M + \mu[P_F - \alpha]$$
$$= \int_{R_0} p(\boldsymbol{x}|H_1)\mathrm{d}\boldsymbol{x} + \mu\left[\int_{R_1} p(\boldsymbol{x}|H_0)\mathrm{d}\boldsymbol{x} - \alpha\right] \tag{2.2.20}$$

变化积分域可得

$$\min J = \int_{R_0} p(\boldsymbol{x}|H_1)\mathrm{d}\boldsymbol{x} + \mu\left[1 - \int_{R_0} p(\boldsymbol{x}|H_0)\mathrm{d}\boldsymbol{x} - \alpha\right]$$
$$= \mu(1-\alpha) + \int_{R_0}\left[p(\boldsymbol{x}|H_1) - \mu p(\boldsymbol{x}|H_0)\right]\mathrm{d}\boldsymbol{x} \tag{2.2.21}$$

因为 $\mu \geq 0$，所以 J 中的第一项为非负的，要使 J 达到最小，只要把式（2.2.21）中使被积函数项为负的 x 值划归 R_0 域，判决 H_0 成立即可，否则划归 R_1 域，判决 H_1 成立，即

$$p(\boldsymbol{x}|H_1) \mathop{\gtrless}\limits_{H_0}^{H_1} \mu p(\boldsymbol{x}|H_0) \tag{2.2.22}$$

可以写成似然比检验的形式为

$$\lambda(x) = \frac{p(\boldsymbol{x}|H_1)}{p(\boldsymbol{x}|H_0)} \mathop{\gtrless}\limits_{H_0}^{H_1} \mu \tag{2.2.23}$$

为了满足 $P_F = P(H_1 | H_0) = \alpha$ 的约束，选择 μ 使

$$P(H_1 | H_0) = \int_{R_1} p(x|H_0)\mathrm{d}x = \int_{\mu}^{\infty} p(\lambda|H_0)\mathrm{d}\lambda = \alpha \tag{2.2.24}$$

对于给定的 α 和 μ 可以由式（2.2.24）解出。因为 $0 \leq \alpha \leq 1$，$\lambda(x) = \frac{p(\boldsymbol{x}|H_1)}{p(\boldsymbol{x}|H_0)} \geq 0$，$p[\lambda(\boldsymbol{x})] \geq 0$，所以由式（2.2.24）解出的 μ 必满足 $\mu \geq 0$。

（2）似然比检测门限 μ 的作用

类似式（2.2.24），正确检测概率可以表示为 $P(H_1|H_1) = \int_{\mu}^{\infty} p(\lambda|H_1)\mathrm{d}\lambda$，漏检概率为 $P(H_0|H_1) = \int_{0}^{\mu} p(\lambda|H_1)\mathrm{d}\lambda$。显然，$\mu$ 增大，$P(H_0|H_1)$ 增大，$P(H_1|H_0)$ 减小；相反，μ 减小，$P(H_1|H_0)$ 增大，$P(H_0|H_1)$ 减小。这也说明改变 μ 就能调整判决域 R_0 和 R_1。

（3）与贝叶斯准则的关系

在贝叶斯准则中，令 $P(H_1)(c_{01} - c_{11}) = 1$，$P(H_0)(c_{10} - c_{00}) = \mu$，就变成 N-P 准则。

例 2.2　在声呐信号检测中，当假设为 H_1 时有目标，信源输出信号 1；当假设为 H_0 时无目标，信源输出信号 0。接收信号是叠加在均值为 0、方差为 1 的高斯噪声背景上的。试构造一个虚警概率为 10% 的奈曼皮尔逊接收机。

解：在假设 H_0 和假设 H_1 下，若 x 表示接收信号，n 为高斯噪声，$n \sim N(0,1)$，则接收信号为

$$H_0 : x = n$$
$$H_1 : x = 1 + n$$

在两种假设下，x 的概率密度函数分别为

$$p\left(\boldsymbol{x}\big|H_0\right) = \left(\frac{1}{2\pi}\right)^{\frac{1}{2}} \exp\left(-\frac{\boldsymbol{x}^2}{2}\right)$$

$$p\left(\boldsymbol{x}\big|H_1\right) = \left(\frac{1}{2\pi}\right)^{\frac{1}{2}} \exp\left[-\frac{(\boldsymbol{x}-1)^2}{2}\right]$$

似然比检验为 $\lambda(\boldsymbol{x}) = \dfrac{p\left(\boldsymbol{x}\big|H_1\right)}{p\left(\boldsymbol{x}\big|H_0\right)} = \exp\left(\boldsymbol{x}-\dfrac{1}{2}\right) \underset{H_0}{\overset{H_1}{\gtrless}} \eta$。化简为 $\boldsymbol{x} \underset{H_0}{\overset{H_1}{\gtrless}} \ln\eta + \dfrac{1}{2} \overset{\text{def}}{=} \gamma(\eta)$。

根据该判决表示式，检验统计量 $l(x) = x$。当约束条件为虚警概率 $P_F = 0.1$ 时，有

$$P_F = P(H_1\big|H_0) = \int_{\gamma(\eta)}^{\infty} p(l\big|H_0)\mathrm{d}l$$

$$= \int_{\gamma(\eta)}^{\infty} \left(\frac{1}{2\pi}\right)^{\frac{1}{2}} \exp\left(-\frac{l^2}{2}\right)\mathrm{d}l = 0.1$$

解得 $\gamma(\eta) = 1.29$，进而有 $\eta = 2.2$。此时，检测概率为

$$P_D = P(H_1\big|H_1) = \int_{\gamma(\eta)}^{\infty} p(l\big|H_1)\mathrm{d}l$$

$$= \int_{1.29}^{\infty} \left(\frac{1}{2\pi}\right)^{\frac{1}{2}} \exp\left[-\frac{(l-1)^2}{2}\right]\mathrm{d}l = 0.386$$

判决域及判决概率 $P(H_1 | H_0)$ 和 $P(H_1 | H_1)$，如图 2.2.2 所示。

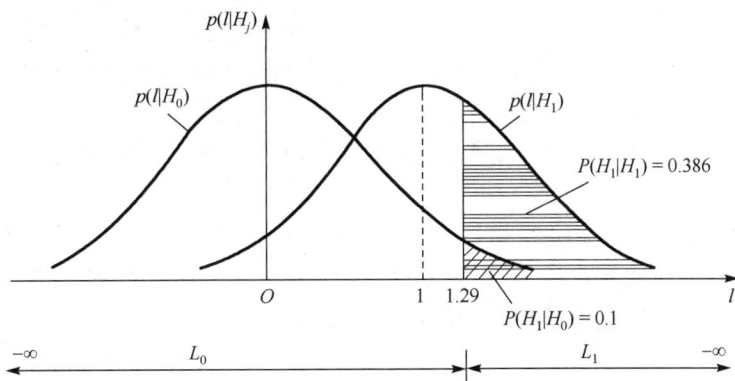

图 2.2.2　检测概率与虚警概率关系

2.3 信号统计检测的性能讨论

2.3.1 二元统计检测的一般步骤

通过以上分析，二元统计检测的一般步骤如下。

（1）根据接收的数据，计算统计量似然比 $\lambda(\boldsymbol{x}) = \dfrac{p(\boldsymbol{x}|H_1)}{p(\boldsymbol{x}|H_0)}$。

（2）根据不同的判决准则确定检测门限 η，不同的判决准则对应不同的检测门限：

贝叶斯准则：$\eta = \dfrac{P(H_0)}{P(H_1)} \cdot \dfrac{c_{10} - c_{00}}{c_{01} - c_{11}}$。

最小错误概率准则：$\eta = \dfrac{P(H_0)}{P(H_1)}$。

最大似然准则：$\eta = 1$。

奈曼–皮尔逊准则：门限由方程 $\displaystyle\int_{\eta}^{\infty} p(\lambda|H_0)\,\mathrm{d}\lambda = P_F$ 确定。

极大极小准则：门限由下述方程确定

$$(c_{11} - c_{00}) + (c_{10} - c_{00})\int_{\eta}^{\infty} p(\lambda|H_0)\,\mathrm{d}\lambda = (c_{01} - c_{11})\int_{0}^{\eta} p(\lambda|H_1)\,\mathrm{d}\lambda$$

（3）按判决准则 $\begin{cases} \lambda > \eta & \text{，判决为有目标} \\ \lambda < \eta & \text{，判决为无目标} \end{cases}$ 做出判决。

2.3.2　检验统计量

在似然比检验中，$\lambda(\boldsymbol{x}) = \dfrac{p(\boldsymbol{x}|H_1)}{p(\boldsymbol{x}|H_0)}$，其中 $p(\boldsymbol{x}|H_1)$ 和 $p(\boldsymbol{x}|H_0)$ 是 N 维随机观测矢量 $\boldsymbol{x}$ 的两个条件概率密度函数。从定义可以看出 $\lambda(\boldsymbol{x})$ 具有以下特性。

（1）不论 $\boldsymbol{x}$ 的值是取正还是取负，也不论 $\boldsymbol{x}$ 的维数是多少，$\lambda(\boldsymbol{x})$ 都是非负的一维变量；

（2）$\lambda(\boldsymbol{x})$ 不依赖于假设先验概率 $P(H_j)$，也与代价因子 c_{ij} 无关。也就是说，对于不同的先验概率和代价因子的情况，似然比函数 $\lambda(\boldsymbol{x})$ 的计算结构是一样的，这种 $\lambda(\boldsymbol{x})$ 计算的不变性具有重要的实际意义，适用于不同的先验概率 $P(H_j)$ 和不同的代价因子 c_{ij} 的最佳信号检测。由于 $\lambda(\boldsymbol{x})$ 是随机观测量 $\boldsymbol{x}$ 的函数，所以 $\lambda(\boldsymbol{x})$ 是随机变量函数；又因为 $\lambda(\boldsymbol{x})$ 与似然比门限 η 比较，可以做出是 H_0 成立还是 H_1 成立的判决，所以，似然比函数 $\lambda(\boldsymbol{x})$ 是一个检验统计量。

似然比检测规则的化简：如果似然比函数 $\lambda(\boldsymbol{x})$ 含有指数表示式，由于自然对数是单值函数，所以可以对似然比检验判决式的两边分别取自然对数，这样就可以去掉 $\lambda(\boldsymbol{x})$ 指数形式，使判决式得到简化。化简后信号检测的判决表达式为

$$\ln \lambda(\boldsymbol{x}) \underset{H_0}{\overset{H_1}{\lessgtr}} \ln \eta \tag{2.3.1}$$

通常称为对数似然比检验。此外，还可以对对数似然比检验判决式或者对数似然比检验式进行分子与分母相约、移项、乘系数等运算，使判决表示式的左边是观测量 $\boldsymbol{x}$ 的最简函数 $l(\boldsymbol{x})$，判决表示式的右边是与先验概率 $P(H_j)$、代价因子 c_{ij} 等有关的某个常数 γ。这样，化简后的判决表示式为

$$l(\boldsymbol{x}) \underset{H_0}{\overset{H_1}{\gtrless}} \gamma \quad \text{或} \quad l(\boldsymbol{x}) \underset{H_0}{\overset{H_1}{\lessgtr}} \gamma \tag{2.3.2}$$

$l(\boldsymbol{x})$ 称为检验统计量，γ 为检验门限。把检验统计量 $l(\boldsymbol{x})$ 化简为观测量 $\boldsymbol{x}$ 的最简形式的目的，是为了使检测系统更容易实现，同时带来性能分析的方便。

2.3.3　检测性能与信噪比的关系

由例题 2.1 可知在高斯噪声背景下若取检验统计量

$$l(\boldsymbol{x}) = \frac{1}{N}\sum_{k=1}^{N} x_k \tag{2.3.3}$$

则在 H_0 和 H_1 假设条件下检验统计量的概率密度函数分别服从如下分布

$$l(\boldsymbol{x}\,|\,H_0) \sim N\!\left(0, \frac{1}{N}\sigma_n^2\right) \tag{2.3.4a}$$

$$l(\boldsymbol{x}\,|\,H_1) \sim N\!\left(A, \frac{1}{N}\sigma_n^2\right) \tag{2.3.4b}$$

若取检测门限为 $\gamma = \dfrac{\sigma_n^2}{NA}\ln\eta + \dfrac{A}{2}$，则虚警概率和检测概率分别为

$$
\begin{aligned}
P_F = P(H_1|H_0) &= \int_{\gamma}^{\infty} p(l|H_0)\mathrm{d}l \\
&= \int_{\frac{\sigma_n^2}{NA}\ln\eta + \frac{A}{2}}^{\infty} \left(\frac{N}{2\pi\sigma_n^2}\right)^{\frac{1}{2}} \exp\!\left(-\frac{Nl^2}{2\sigma_n^2}\right)\mathrm{d}l \\
&= \int_{\frac{\sigma_n}{\sqrt{N}A}\ln\eta + \frac{\sqrt{N}A}{2\sigma_n}}^{\infty} \left(\frac{1}{2\pi}\right)^{\frac{1}{2}} \exp\!\left(-\frac{\mu^2}{2}\right)\mathrm{d}\mu \\
&= Q[\ln\eta/d + d/2]
\end{aligned}
\tag{2.3.5a}
$$

$$
\begin{aligned}
P_D = P(H_1|H_1) &= \int_{\gamma}^{\infty} p(l|H_1)\mathrm{d}l \\
&= \int_{\frac{\sigma_n^2}{NA}\ln\eta + \frac{A}{2}}^{\infty} \left(\frac{N}{2\pi\sigma_n^2}\right)^{\frac{1}{2}} \exp\!\left(-\frac{N(l-A)^2}{2\sigma_n^2}\right)\mathrm{d}l \\
&= \int_{\frac{\sigma_n}{\sqrt{N}A}\ln\eta - \frac{\sqrt{N}A}{2\sigma_n}}^{\infty} \left(\frac{1}{2\pi}\right)^{\frac{1}{2}} \exp\!\left(-\frac{\mu^2}{2}\right)\mathrm{d}\mu \\
&= Q[\ln\eta/d - d/2] = Q[Q^{-1}(P(H_1|H_0)) - d]
\end{aligned}
\tag{2.3.5b}
$$

式中，功率信噪比 $d^2 = \dfrac{NA^2}{\sigma_n^2}$，幅度信噪比 $d = \dfrac{\sqrt{N}A}{\sigma_n}$。

因为 $Q(x) = \displaystyle\int_{x}^{\infty}\left(\frac{1}{2\pi}\right)^{\frac{1}{2}}\exp\!\left(-\frac{t^2}{2}\right)\mathrm{d}t$ 是单调递减函数存在反函数，用 $Q^{-1}[\cdot]$ 表示，所以可以把 $P(H_1|H_1)$ 与 $P(H_1|H_0)$ 直接联系起来。由 $P_F = P(H_1|H_0)$ 式求得 $\ln\eta/d = Q^{-1}(P(H_1|H_0)) - d/2$。结果说明，对于给定的虚警概率 $P_F = P(H_1|H_0)$，正确检测概率

$P_D = P(H_1 | H_1)$ 随功率信噪比 $d^2 = \dfrac{NA^2}{\sigma_n^2}$ 单调增加。

利用参数 η 和 d 把 P_D 和 P_F 联系起来用图形表示，就得到如图 2.3.1 所示的 $P_D \sim P_F$ 曲线。这些曲线反映了高斯噪声背景下信号检测的性能，通常称为接收机工作特性（Receiver Operating Characteristic，ROC）曲线。若将图 2.3.1 中的改为 P_D 和 d 的关系，而 P_F 作为参变量，则检测特性曲线如图 2.3.2 所示。

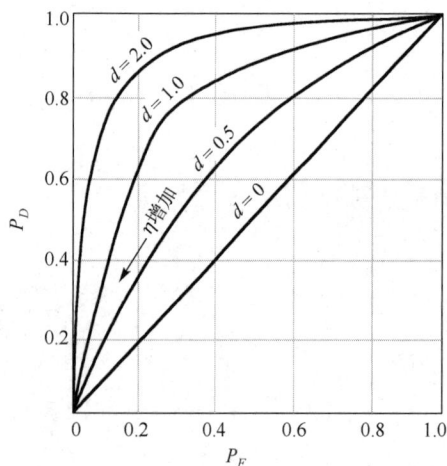

图 2.3.1　接收机工作特性（ROC）曲线　　　图 2.3.2　检测概率 P_D 与信噪比 d 的关系

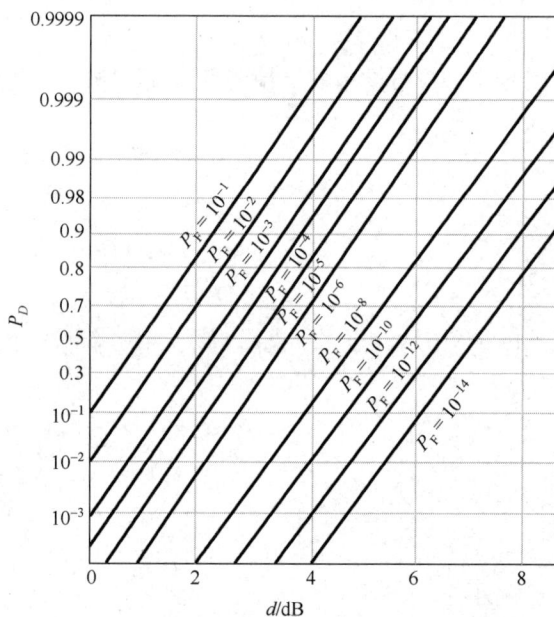

观察图 2.3.1 的 ROC 曲线，对于不同的信噪比 d 有不同的 $P_D \sim P_F$ 曲线，它们都通过两点 $(P_D, P_F) = (0, 0)$ 和 $(P_D, P_F) = (1, 1)$，这两点分别对应当检测门限 $\eta = \infty$ 和 $\eta = 0$ 时的判决概率，这是因为似然比函数 $\lambda(x)$ 超过无穷大门限 $\eta = \infty$ 是不可能的事件，所以判决概率 P_D 和 P_F 都等于 0；而似然比函数 $\lambda(x) \geqslant 0$，因此 $\lambda(x)$ 超过检测门限 $\eta = 0$ 是必然事件，且判决概率 P_D 和 P_F 都等于 1。如果似然比函数 $\lambda(x)$ 是连续随机变量，则当 η 变化时 P_D 和 P_F 均会随之变化，其规律为随着 η 增大，这两种判决概率将会减小。

从 ROC 曲线中可看出，检测性能随着信噪比的提高而变好，因此可以说微弱信号检测是研究如何提高信噪比的论题。

2.3.4　接收机工作特性在不同准则下的解

ROC 曲线在统计信号检测中非常重要，可以说检测系统的 ROC 是似然比检验性能的完整描述，具有全面性、直观性和理论完备性。它不仅是评价检测算法性能的"黄金标准"，还为系统设计提供了从阈值优化到算法选择的科学依据。无论是在雷达、声呐、通信还是机器学习领域，ROC 分析均是连接理论假设与实际工程的关键工具。通过深入理解 ROC 曲线的生成原理与解读方法，工程师能够更高效地权衡系统性能，逼近理论最优极限。

下面分别讨论接收机工作特性在不同准则下的解，其对应关系如图 2.3.3 所示。

（1）在贝叶斯准则、最小平均错误概率准则下，先根据先验知识可求出似然比检测门限 η，

以 η 为斜率的直线与信噪比 d 的曲线相切，如当 $d=d_1$ 时切点为 a，该切点所对应 P_F 和 P_D 的就是当 $d=d_1$ 时的两种判决概率。

（2）在极小化极大准则下，求解的条件是满足极小化极大方程，将 $P_M(P_{1g}^*)=1-P_D(P_{1g}^*)$ 代入式（2.2.13），可得方程

$$(c_{01}-c_{11})P_D(P_{1g}^*)+(c_{11}-c_{00})P_F(P_{1g}^*)-c_{01}+c_{00}=0 \qquad (2.3.6)$$

式（2.3.6）是 $P_F \sim P_D$ 平面上的一条直线方程，当 $d=d_1$ 时，该直线与 $d=d_1$ 的工作特性曲线相交于点 b，则点 b 所对应的 P_F 和 P_D 就是这时极小化极大准则对应的两种判决概率。

（3）对于奈曼-皮尔逊准则，给定了约束条件 $P_F=\alpha$，则其解为 $P_F=\alpha$ 的直线与 $d=d_1$ 工作特性曲线的交点 c，该点对应的就是 $P_F=\alpha$ 约束下，信噪比 $d=d_1$ 时的判决概率 P_D。

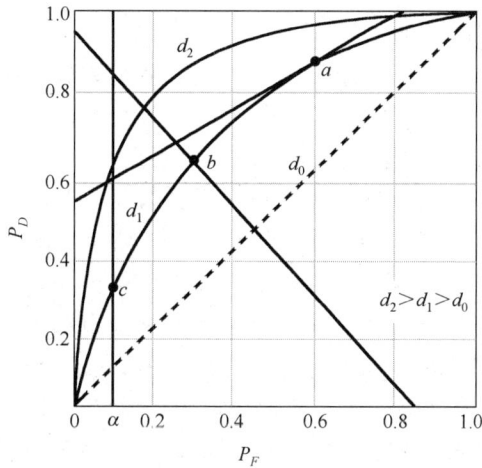

图 2.3.3　接收机工作特性在不同准则下的解

2.3.5　检测性能与检验统计量、概率分布之间的关系

给出检测性能与信噪比、检测门限 γ，以及概率密度函数之间的关系如图 2.3.4 所示。由图 2.3.4 中可看出，当检验统计量一定时，其概率分布一定，图中双阴影部分的面积为虚警概率，阴影部分的面积为检测概率。由 N-P 准则可知，当检验统计量的概率密度函数已知时，由虚警概率（双阴影部分的面积）可以确定检测门限值，由检测门限值确定检测概率。

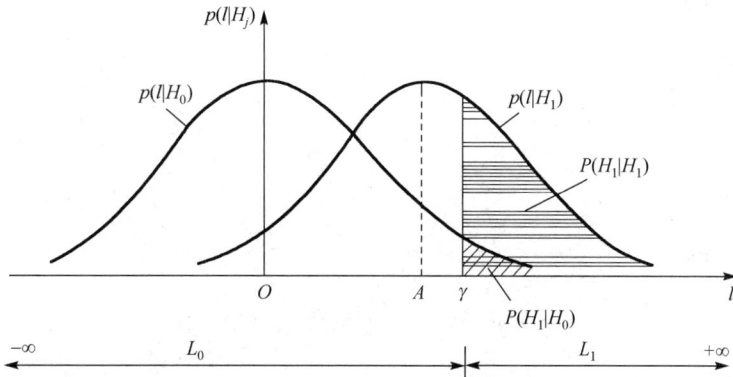

图 2.3.4　判决概率 $P(H_1|H_0)$ 和 $P(H_1|H_1)$ 示意图

如何提高检测方法的性能是一个需要被不断研究的论题，那么下面直观地分析可能影响检测性能（功效）的依赖关系。

（1）信噪比：前面 2.3.3 节已经说明了检测性能会随着信噪比的提高而变好，增大 H_1 假设下的均值，即增大信号的能量（A）值，减小噪声的能量，从而提高信噪比 A^2 / σ_n^2；延长观测时间，通过多次采样提高信噪比。例如，对于高斯白噪声条件下的微弱信号来说，检验统计量选择 $l(\boldsymbol{x}) = \dfrac{1}{N} \sum\limits_{k=1}^{N} x_k$，其方差为 σ_n^2 / N，即通过求平均来改变检验统计量概率分布方差的参数，从而改变门限值 $\gamma = \dfrac{\sigma_n^2}{NA} \ln \eta + \dfrac{A}{2}$，提升检测性能。

（2）检验统计量概率分布的区分度：检验统计量在 H_0 和 H_1 下的分布差异决定了检测性能功效，差异越显著，拒绝 H_0 的概率越高。如在均值检验中，若真实均值与 H_0 的假设值差距大，则检验统计量的分布偏移更明显，功效更高。我们也会选择信号与噪声干扰差异大的特征量，如针对干扰背景为高斯分布而信号不服从高斯分布的检测时选择高阶统计量，利用高斯随机过程的高阶统计量为零的特性，可以提高检测性能。

（3）分布的长拖尾效应：拒绝域的设定依赖于原假设分布的尾部概率，如 N-P 准则下虚警概率 P_F 决定门限 γ 的取值，那么分布拖尾越"轻"，极端值越罕见，检测性能就相对好。这种情况在实际中经常是由于噪声分布并不是理想的高斯分布，如 α 稳定分布噪声下的信号检测。这时就需要通过一些非线性的方法，如通过匹配随机共振的方法对观测的样本进行非线性滤波，改变概率分布的形状，减小分布的拖尾效应，提高检测性能。

（4）样本量对置信水平的影响：大样本量可以使检验统计量分布更集中，从而减小方差，提高置信水平，因此在对检测性能的蒙特卡罗性能评估中通常对样本量有要求，这在 2.4 节中会有专门的讨论。

那么根据上述分析，检测性能直接由检验统计量在 H_0 和 H_1 下的分布差异决定。正确选择检验统计量及其对应的概率分布模型，合理设置拒绝域，并通过增加样本量或优化实验设计扩大分布差异，是提高检测性能的核心。三者关系可概括为：

$$检测性能 \propto \frac{检验统计量在 H_0 和 H_1 下的差异}{分布方差}$$

而提高检测性能的方法（线性或非线性），从本质上来说都是通过平移、压缩或者变换等方式改变概率分布的形状，其示意图如图 2.3.5 所示。

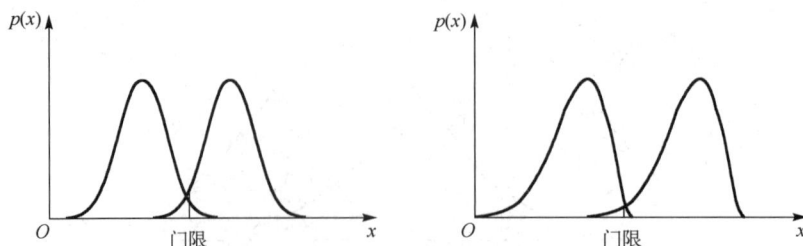

图 2.3.5 改变概率分布提高检测概率示意图

2.4　蒙特卡罗性能评估

当无法通过解析方法或者闭合形式的数值计算方法来确定随机变量超过某一给定值的概率时，需要借助蒙特卡罗计算机模拟实验。即计算一个随机变量或一个统计量 T 超过某个门限 γ 的概率 $P\{T > \gamma\}$。

例如，如果观察到数据集 $\{x[0], x[1], \cdots, x[N-1]\}$，$x[n] \sim N\left(0, \sigma^2\right)$，且 $x[n]$ 独立同分布。

容易证明此时统计量 $T = \dfrac{1}{N} \sum\limits_{n=0}^{N-1} x[n] \sim N\left(0, \dfrac{\sigma^2}{N}\right)$，其超过门限 γ 的概率为

$$P\{T > \gamma\} = Q\left[\frac{\gamma}{\sqrt{\sigma^2/N}}\right]$$

然而，却不能使用解析的方法，也不能用数值计算的方法计算概率，那么就可以按如下方法使用计算机模拟来确定 $P\{T > \gamma\}$。

数据产生的过程如下。

（1）产生 N 个独立的 $N\left(0, \sigma^2\right)$ $N\left(0, \sigma^2\right)$ 随机变量。

（2）对随机变量的现实计算 $T = \dfrac{1}{N} \sum\limits_{n=0}^{N-1} x[n]$。

（3）重复过程 M 次，以便产生 T 的 M 个现实 $\{T_1, T_2, \cdots, T_M\}$。

概率计算的过程如下。

（1）对 T_i 超过 γ 的次数计数，称为 M_γ。

（2）用 $\hat{P} = \dfrac{M_\gamma}{M}$ 估计概率 $P_r\{T > \gamma\}$。

注意，这个概率实际上是一个估计概率，因而用了一个"帽子" $\hat{P}$。M 的选择（也就是现实数）将影响结果，以至于 M_γ 应该逐步增大，直到计算的概率出现收敛。如果真实概率较小，那么 M_γ 可能相当大。例如，如果 $P\{T > \gamma\} = 10^{-6}$，那么 $M = 10^{-6}$ 个现实中将只有一次超过门限，在这种情况下，M_γ 必须远大于 10^{-6} 才能保证精确地估计概率。已证明，如果希望对于 $100(1-\alpha)\%$ 的置信水平，相对误差的绝对值为

$$\varepsilon = \frac{|\hat{P} - P|}{P}$$

则选择的 M 应该满足

$$M \geqslant \frac{[Q^{-1}(\alpha/2)]^2(1-P)}{\varepsilon^2 P}$$

其中：P 是被估计的概率。

为了使用蒙特卡罗现实 $\{T_1, T_2, \cdots, T_M\}$ 来确定 $P\{T > \gamma\}$，对现实提出一定的要求是合理的，现实 $\{T_1, T_2, \cdots, T_M\}$ 是从独立的随机变量中得到的。随机变量 T_i 一般不必是高斯的，只要求满足独立同分布（IID）即可。例如，如果希望确定 $P\{T > 1\}$，这个概率 P 为 0.16，要求对于 95%

的置信水平，相对误差的绝对值为 $\varepsilon = 0.01(1\%)$，那么

$$M \geq \frac{[Q^{-1}(0.025)]^2(1-0.16)}{(0.01)^2 0.16} \approx 2 \times 10^5$$

当这种方法不可行时，可以采用重要采样（Importance Sampling）来减小计算量。

习　题

1．在二元数字通信系统中，当假设为 H_1 时，信源输出为常值正电压 A，当假设为 H_0 时，信源输出为零电平；信号在通信信道传输过程中叠加了高斯噪声 $n(t)$；每种信号的持续时间为 $(0,T)$；在接收端对接收到的信号 $x(t)$ 在 $(0,T)$ 时间内进行了 N 次独立采样，样本为 $x_k(k=1,2,\cdots,N)$。已知噪声样本 n_k 是均值为零、方差为 σ_n^2 的高斯噪声。

（1）试建立信号检测系统的信号模型。

（2）若似然比检测门限 η 已知，确定似然比检测的判决表示式。

（3）计算判决概率 $P(H_1|H_0)$ 和 $P(H_1|H_1)$。

2．证明二元信号统计检测的贝叶斯平均代价 C 可以表示为

$$C = c_{00} + (c_{10} - c_{00})P(H_1|H_0) + P(H_1)[(c_{11} - c_{00}) + (c_{01} - c_{11})P(H_0|H_1) - (c_{10} - c_{00})P(H_1|H_0)]$$

3．考虑二元确知信号的检测问题。若两个假设下的观察信号分别为

$$H_0 : x_k = n_k, k=1,2$$
$$H_1 : x_1 = s_1 + n_1$$
$$x_2 = s_2 + n_2$$

其中，s_1 和 s_2 为确知信号，且满足 $s_1 > 0, s_2 > 0$；已知观察噪声 $n_k \sim N(0,\sigma_n^2)$，且两次观察相互统计独立；设似然比检测门限为 η。

（1）求采用贝叶斯准则时的最佳判决式。

（2）求判决概率 $P(H_1|H_0)$ 和 $P(H_1|H_1)$ 的计算式。

4．两个假设下的观测信号分别为

$$H_0 : x_k = n_k, k=1,2,\cdots N$$
$$H_1 : x_k = s_k + n_k, k=1,2,\cdots N$$

其中，$s_k(k=1,2,\cdots,N)$ 是确知信号，但各 s_k 的值可以是不同的；各次观测噪声 n_k 是均值为零、方差为 σ_n^2 的独立同分布高斯噪声；设似然比检测门限 η 已知。

（1）求采用贝叶斯准则时的最佳判决式，并将其化简为最简形式，检验统计量记为 $l(x)$。

（2）画出检测器的结构；根据检验统计量 $l(x)$，说明检测器是一种相关检测器。

（3）研究检测器的性能，求判决概率 $P(H_1|H_0)$ 和 $P(H_1|H_1)$ 的计算式。

（4）若 $s_k = s(k=1,2,\cdots,N)$，求判决表示式，画出检测器的结构，分析检测器的性能。

5．在一般二元信号检测中，两个假设下的观测信号分别为

$$H_0 : x_k = s_0 + n_k, k=1,2,\cdots N$$
$$H_1 : x_k = s_1 + n_k, k=1,2,\cdots N$$

其中，s_0 和 s_1 为确知信号，且满足 $s_1 > s_0$；观测噪声 $n_k \sim N(0,\sigma_n^2)$，且 N 次观测相互统计独

立；似然比检测门限为 η 。

（1）求贝叶斯判决表示式。

（2）研究其检测性能。

（3）如果约定 $s_1 > 0$ ，且满足 $s_1 > |s_0|$ ，那么如何设计信号 s_0 才能获得最好的检测性能？

6．在二元信号检测中，若两个假设下的观测信号分别为

$$H_0 : x = r_1$$
$$H_1 : x = r_1^2 + r_2^2$$

其中，r_1 和 r_2 是独立同分布的高斯随机变量，其均值为零，方差为 1，若似然比检测门限为 η ，求贝叶斯判决表示式。

7．设二元信号检测中，两个假设下观测信号 x 的概率密度函数分别为

$$p(x|H_0) = \begin{cases} \dfrac{1}{2} - \dfrac{1}{4}|x|, & -2 \leqslant x \leqslant 2 \\ 0, & \text{其他} \end{cases}$$

和

$$p(x|H_1) = \begin{cases} 1 - |x|, & -1 \leqslant x \leqslant 1 \\ 0, & \text{其他} \end{cases}$$

已知先验概率 $P(H_1) = 0.6$ ，代价因子 $c_{ij} = 1 - \delta_{ij}(i,j = 0,1)$ 。

（1）求采用最小平均错误概率准则的判决式。

（2）求最小平均错误概率 P_e 。

8．考虑二元信号的检测问题，若两个假设下观测信号的概率密度函数分别为

$$p(x|H_0) = \frac{1}{2}\exp(-|x|) \text{ 和 } p(x|H_1) = \left(\frac{1}{2\pi}\right)^{1/2}\exp\left(-\frac{x^2}{2}\right)$$

（1）若似然比检测门限为 η ，试建立信号检测的判决表示式。

（2）设代价因子 $c_{00} = c_{11} = 0$ ，$c_{01} = c_{10} = 1$ ，若先验概率 $P(H_1) = 3/4$ ，试求采用贝叶斯准则时的判决概率 $P(H_1|H_0)$ 和 $P(H_1|H_1)$ 。

（3）设代价因子同（2），试求采用极小化极大准则的检测性能。

若约束条件为判决概率 $P(H_1|H_0) = 0.2$ ，试求采用奈曼-皮尔逊准则的检测性能。

9．简述微弱信号检测技术的特点以及主要思路。

第3章 信号、干扰的模型及特征

在微弱信号检测系统中，目标信号往往被强噪声及干扰淹没，因此噪声与干扰特性就是限制系统信号检测性能的决定性因素。若要实现有效的微弱信号检测，则需要了解并掌握信号、噪声和干扰的统计特征，并基于这些特征设计相应的信号处理算法，从而实现从强干扰背景噪声中检测出微弱信号的目的。本章以水中目标检测为应用背景，首先建立了二元假设检验下接收机观测样本模型，然后对水下舰船主、被动声信号检测中信号的特征、水声信道特征以及噪声及干扰的特征进行分析并建模，最后给出微弱信号检测的内容体系以及观测数据的表达方式。通过系统性地分析信号传播环境与噪声特性，有助于设计更具针对性的检测算法，提升实际系统中的微弱信号检测性能。

3.1 接收机观测样本模型

接收机观测到的样本数据可能为背景噪声（H_0 假设），也可能为信号与噪声或干扰（H_1 假设），依据观测到的数据判断是否存在目标信号，是一个典型二元假设检验问题。接收机得到的观测样本可表示为

$$\begin{cases} H_0 : x(t) = n(t) \\ H_1 : x(t) = s(t) \otimes h(t) + n(t) \end{cases} \tag{3.1.1}$$

其中，假设 H_0 和 H_1 分别表示信号不存在和存在；$x(t)$ 为接收机输入端观测到的数据样本；$s(t)$ 为信号；$h(t)$ 为信道冲激响应函数；$n(t)$ 为加性噪声或干扰样本，如无特别说明，本书均假设其服从高斯分布。

信号 $s(t)$ 的特点：对于主动检测系统来说，$s(t)$ 为发送信号的数据样本，由于信道冲激响应函数 $h(t)$ 的影响，此时的检测系统为高斯背景中参数未知的确定信号的检测问题（第 6 章讲解）；对于被动检测系统来说 $s(t)$ 为目标辐射噪声的样本，若假设其服从高斯分布，则此时的检测系统为高斯背景检测高斯信号的检测问题（第 7 章讲解）。

信道冲激响应 $h(t)$ 的特点：主动检测系统包含往返双向信道及目标反射系数；由于水声信号的频率较低，水流及接收机与目标之间的相对运动引起的多普勒效应，不但要考虑多普勒频移而且还要考虑多普勒展缩；水声信道的冲激响应是时变空变的。本书为了简化观测样本模型，如无特别说明，通常假设 $h(t) = 1$。

噪声或混响干扰 $n(t)$ 的特点：主动检测系统中 $n(t)$ 可能是海洋环境噪声，也可能是混响干扰，取决于噪声与混响级的大小；海洋环境噪声在较短的观测时间内假设是时不变的，但在一定长度的时间内是时变的，对于一定服役时间的微弱信号检测装置来说，若采用 N-P 准则需要考虑噪声的时变特性，因此需要进行恒虚警检测（第 8 章讲解）；混响是时变的，在接收机中需要采取一定的增益控制对其进行抑制（第 11 章讲解）。

由于 $n(t)$ 是随机过程，因此 $x(t)$ 也是随机过程。从第 2 章的分析可知，从观测样本 $x(t)$ 中判断是否含有信号 $s(t)$ 的工作，当信噪比较高时十分有把握；但当信噪比较低或信道冲激响

应复杂时，十分困难。为此本书以水声主动和被动信号检测为例，分别介绍信道 $h(t)$ 特征与模型；主动检测系统中常用的发射信号 $s(t)$、目标的反射特性 K、被动检测装置中舰船辐射噪声信号 $s(t)$ 的特征；噪声或干扰 $n(t)$ 的特征；最后介绍接收到的观测数据 $x(t)$ 的表示形式。

3.2　水声信道的模型与特征

无论是主动检测系统还是被动检测系统，信号均受信道传输的影响，水声信道的特性与水中声速、海面和海底特性有关。海水中的平均声速为 $c = 1500\text{m/s}$，然而海水中的声速是温度、深度、盐度的函数，水中声速是不均匀的，实测南海某海域声速随海深的变化曲线如图 3.2.1 所示。

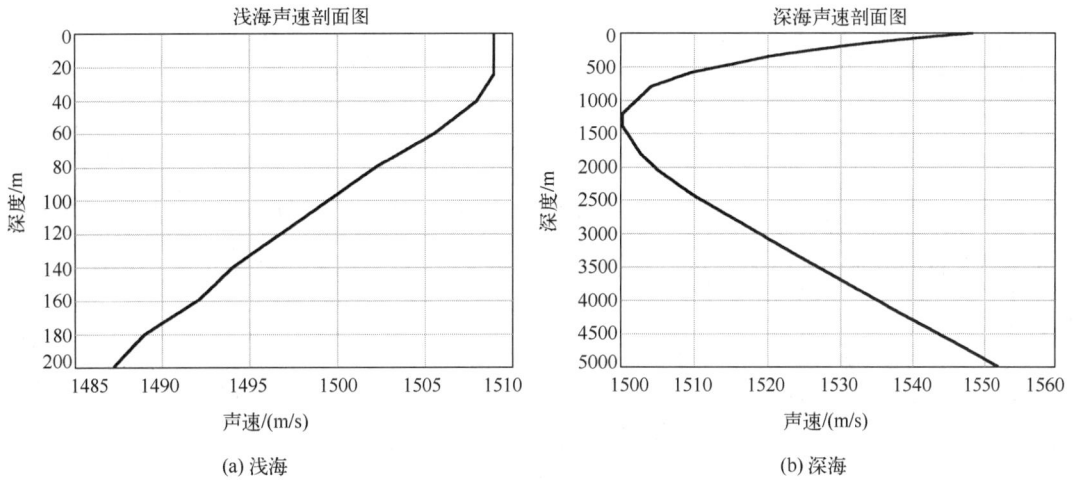

(a) 浅海　　　　　　　　　　　　　　　(b) 深海

图 3.2.1　海洋典型声速梯度

声在海水中传播时声线不但受声速的影响向声速小的方向弯曲，而且还受海面、海底反射的影响。发射点及接收点位置、海绵风浪及海底地质参数如表 3.2.1 所示，采用 BELLHOP 声场计算模型得到声线的传播轨迹如图 3.2.2 所示。

表 3.2.1　参数设置

参数	浅海近程水声信道	深海远程水声信道
发/收端布深	30m/120m	1000m/1000m
发/收端距离	10km	100km
接收端运动	静止；水平 0.2m/s	静止
海况	3 级	3 级
声速剖面	实测声速	Munk 声速
海底特性	深度 200m，泥沙	深度 5000m，泥沙

从图 3.2.2 可看出，信道的多径传播特性，声速随温度变化较大，海洋中不同季节、同一天中的不同时间温度都会发生变化，声传播曲线也会发生相应的变化，即水声信道具有时变、空变的特点。

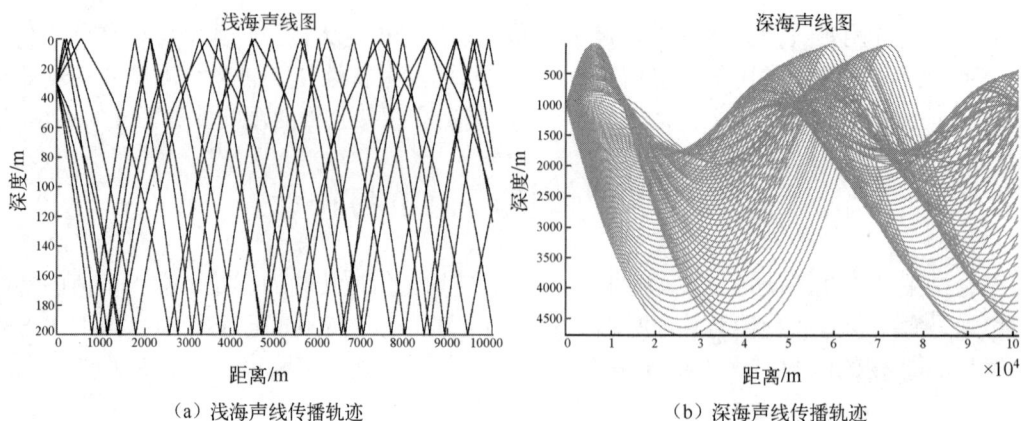

（a）浅海声线传播轨迹　　　　（b）深海声线传播轨迹

图 3.2.2　浅海与深海的声线传播轨迹

假设目标与检测装置之间匀速运动（$\alpha = 0$），则信道的宽带时变冲击响应可表示为

$$h(t,\tau) = \sum_{p=1}^{N_p} A_p \delta \left[\tau - \left(\tau_p - \beta_p t \right) \right] \tag{3.2.1}$$

其中，N_p 为信道在采样点上可分离出的独立路径数，A_p、τ_p、β_p 分别为接收到的每条路径的幅值、时间延迟、多普勒尺度，且 $\beta_p = 2v_p / \left(c + v_p \right)$，$v_p$ 为第 p 条路径的径向速度，c 为水中声速。

主动及被动检测装置中的信息传输过程如图 3.2.3 所示。其中 $s(t)$ 在主动检测系统中为检测装置发射的信号，在被动检测系统中为目标辐射的信号；$h_{12}(t)$ 为检测装置到目标的信道，$h_{21}(t)$ 为目标到检测装置的信道，K 为目标的反射系数。由式（3.2.1）给出的信道模型可得到，主动检测装置接收到的观测样本数据可表示为

$$x(t) = K \cdot s(t) \otimes h_{12}(t) \otimes h_{21}(t) + n(t) \tag{3.2.2}$$

被动检测装置接收到的观测样本数据可表示为

$$x(t) = s(t) \otimes h_{21}(t) + n(t) \tag{3.2.3}$$

对于式（3.1.1）中的 $h(t)$，在不同的检测系统有不同的表示，如被动检测系统中的 $h(t) = h_{21}(t)$，主动检测系统中的 $h(t) = Kh_{12}(t) \otimes h_{21}(t)$。

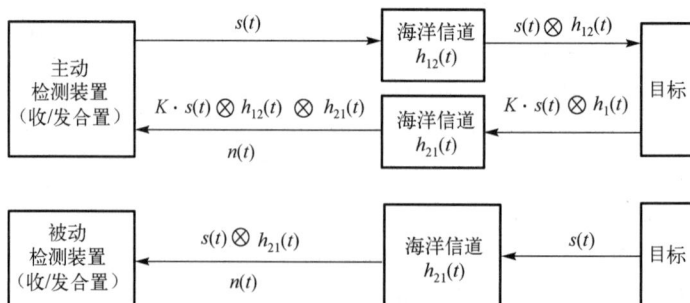

图 3.2.3　主动及被动检测装置的信号传输过程

3.3　检测中信号的模型与特征

本节介绍主动检测系统常用的发射信号 $s(t)$ 的特征、接收信号 $r(t) = s(t) \otimes h(t)$ 的模型及特征，以及被动检测系统中接收信号的模型及特征。

3.3.1　常用主动检测系统发射信号与特征

大多数水声检测装置在探测目标时，常采用单频脉冲（CWP）、线性调频脉冲（LFM）、编码调相脉冲（PCM）等，以及它们的组合。这些常用的信号各有特征，可针对不同条件和要求给予选择，本节分别介绍这些常用发射信号的时域及频域特征。

3.3.1.1　单频脉冲信号

水声目标检测中最常用的一种信号或称余弦波脉冲信号（简称 CWP），其复数形式是

$$s(t) = \frac{1}{\sqrt{T}} \text{rect}\left(\frac{t}{T}\right) e^{j2\pi f_0 t} \quad -\frac{T}{2} \leqslant t \leqslant \frac{T}{2} \tag{3.3.1}$$

T 是方波包络宽度，f_0 是载频频率，Woodward 函数 $s(t)$。相应的复数频谱是

$$U(f) = \sqrt{T} \, \text{sinc}[\pi(f - f_0)T] \tag{3.3.2}$$

图 3.3.1 是 CWP 信号的波形图和频谱图。

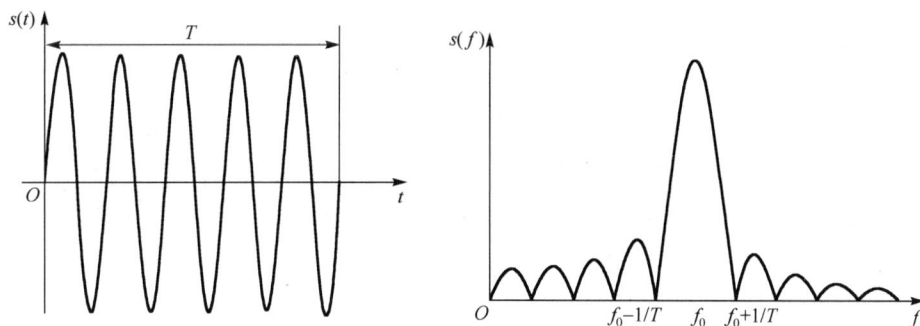

图 3.3.1　CWP 信号的波形图和频谱图

若取 CWP 频域幅值降低到最大值的一半对应的带宽 $B = 1/T$，时间带宽积为 $TB = 1$。通常取其有效值，即 CWP 信号的有效持续时间 $T_e = T$，有效带宽 $B_e = R^2(0) / \int |R(\tau)|^2 \, d\tau = 3/(2T)$，其时间带宽乘积是 $T_e B_e = 1.5$。

若式（3.3.2）取高斯包络，其波形复数形式为

$$s(t) = (2a)^{\frac{1}{4}} e^{-\pi a t^2} e^{j2\pi f_0 t} \tag{3.3.3}$$

其中 $a = 1/(2\pi\sigma^2)$，其频谱是

$$S(f) = \left(\frac{2}{a}\right)^{\frac{1}{4}} e^{-\frac{\pi}{a}(f - f_0)^2} \tag{3.3.4}$$

若定义 $s(t)$ 和 $S(f)$ 最大值的一半为信号的持续时间 T 和带宽 B，则 $T = 2\sqrt{\dfrac{\ln 2}{\pi}}/\sqrt{a}$，

$B = 2\sqrt{\dfrac{a\ln 2}{\pi}} \cong 1/T$。

3.3.1.2 线性调频信号

线性调频信号的时域表示式为

$$s(t) = \text{rect}\left(\frac{t}{T}\right)\exp\left(\mathrm{j}2\pi\left(f_0 t + \frac{1}{2}Mt^2\right)\right) \quad, \ -\frac{T}{2} \leqslant t \leqslant \frac{T}{2} \tag{3.3.5}$$

其中，f_0 为载波频率，M 为线性调频指数，瞬时频率为 S/QN，频率调制宽度 $W = |M|T$，这里假设 $W/2 < f_0$。

$s(t)$ 傅里叶变换为

$$
\begin{aligned}
S(f) &= \int_{-\frac{T}{2}}^{\frac{T}{2}} \exp\left(\mathrm{j}2\pi\left(f_0 t + \frac{1}{2}Mt^2\right)\right)\cdot\exp(-\mathrm{j}2\pi f t)\mathrm{d}t \\
&= \exp\left(-\mathrm{j}\pi\frac{(f_0-f)^2}{M}\right)\int_{-\frac{T}{2}}^{\frac{T}{2}}\exp\left(\mathrm{j}\pi M\left(t+\frac{f_0-f}{M}\right)^2\right)\mathrm{d}t \\
&\overset{x=t+\frac{f_0-f}{M}}{=} \exp\left(-\mathrm{j}\pi\frac{(f_0-f)^2}{M}\right)\int_{\frac{f_0-f}{M}-\frac{T}{2}}^{\frac{f_0-f}{M}+\frac{T}{2}}\exp(\mathrm{j}\pi M x^2)\mathrm{d}x \\
&\overset{z=\sqrt{|M|}x}{=} \frac{1}{\sqrt{|M|}}\exp\left(-j\pi\frac{(f_0-f)^2}{M}\right)\int_{\frac{f_0-f}{\sqrt{|M|}}-\sqrt{|M|}\frac{T}{2}}^{\frac{f_0-f}{\sqrt{|M|}}+\sqrt{|M|}\frac{T}{2}}\exp(\mathrm{j}\pi z^2)\mathrm{d}z \\
&= \frac{1}{\sqrt{|M|}}\exp\left(-\mathrm{j}\pi\frac{(f_0-f)^2}{M}\right)\left\{\left[C\left(\frac{f_0-f}{\sqrt{|M|}}+\sqrt{|M|}\frac{T}{2}\right)-C\left(\frac{f_0-f}{\sqrt{|M|}}-\sqrt{|M|}\frac{T}{2}\right)\right]+\right. \\
&\quad\left. \mathrm{j}\left[S\left(\frac{f_0-f}{\sqrt{|M|}}+\sqrt{|M|}\frac{T}{2}\right)-S\left(\frac{f_0-f}{\sqrt{|M|}}-\sqrt{|M|}\frac{T}{2}\right)\right]\right\}
\end{aligned}
\tag{3.3.6}
$$

其中，菲涅尔积分 $C(x) = \int_0^x \cos(\pi t^2)\mathrm{d}t$，$S(x) = \int_0^x \sin(\pi t^2)\mathrm{d}t$。

图 3.3.2 是 LFM 信号的波形和频谱图。当 $BT = MT^2 \gg 1$（通常认为 $BT > 20$）时，线性调频信号可以认为是矩形信号。

同样，以高斯包络代替式（3.3.5）的矩形包络，信号形式是

$$s(t) = (2a)^{\frac{1}{4}}\mathrm{e}^{-\pi a t^2}\mathrm{e}^{\mathrm{j}2\pi\left(f_0 t + \frac{1}{2}Mt^2\right)} \tag{3.3.7}$$

令 $k = -\pi M$，$\sigma^2 = 1/(2\pi a)$，相应的谱为

$$S(f) = (2b)^{\frac{1}{4}}\mathrm{e}^{-\pi b(f-f_0)^2}\exp\left\{\mathrm{j}\left[\frac{1}{2}\mathrm{tg}^{-1}p - \pi bp(f-f_0)^2\right]\right\} \tag{3.3.8}$$

其中：$b = \dfrac{a}{a^2 + M^2}$ ，　$p = M / a$ 。

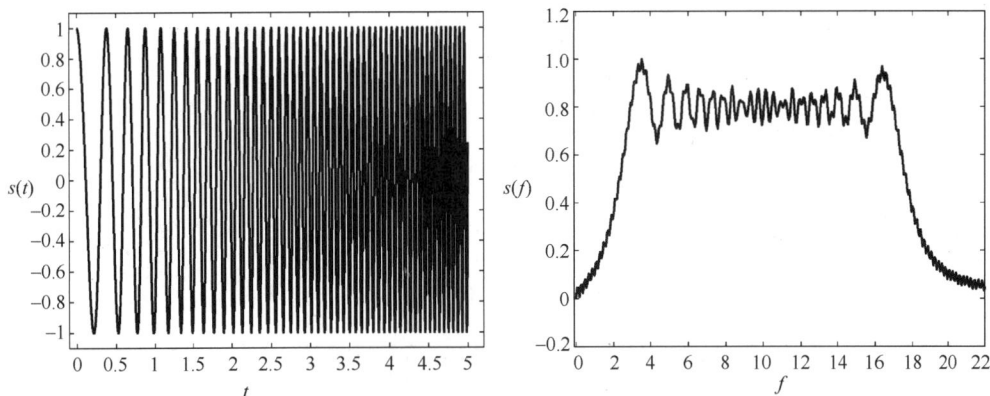

图 3.3.2　LFM 信号的波形图和频谱图

3.3.1.3　编码调相信号

编码调相信号（PCM）的复数形式是

$$s(t) = c(t)\mathrm{e}^{\mathrm{j}2\pi f_0 t} \qquad\qquad (3.3.9)$$

其中相位编码波形为

$$c(t) = \frac{1}{\sqrt{T}} \sum_{k=0}^{N-1} \mathrm{rect}\left(\frac{t - k\Delta - \Delta/2}{\Delta}\right) \exp[\mathrm{j}\theta_k] \qquad\qquad (3.3.10)$$

其中：Δ 是码元宽度，N 是码长（码元数），信号长度 $T = N\Delta$ ；θ_k 表示码元的相位，当 θ_k 在 $0 \sim 2\pi$ 内取 n 个不同值时，$c(t)$ 称为多相码，常用的是 $n = 2$ 的双相码，即 θ_k 取 θ_0 或 θ_1 。注意：$c(t)$ 的时间中心不在 $t = 0$ 处。

双相码就是常用的二进制相位码，当 $\theta_0 = 0$ ，$\theta_1 = \pi$ 时，是二进制倒相码，此时有

$$c(t) = \frac{1}{\sqrt{T}} \sum_{k=0}^{N-1} q_k \mathrm{rect}\left[\frac{t - (k + 1/2)\Delta}{\Delta}\right] \qquad\qquad (3.3.11)$$

式中：$q_k = \mathrm{e}^{\mathrm{j}\theta_k} = 1$ （或为 -1 ）。

二进制 PCM 信号式（3.3.11）可看成实数形式，即

$$
\begin{aligned}
s_e(t) &= \mathrm{Re}\{s(t)\} \\
&= \frac{1}{\sqrt{T}} \sum_{k=0}^{N-1} \mathrm{rect}\left[\frac{t - (k + 1/2)\Delta}{\Delta}\right][\sin\theta_k \cos(2\pi f_0 t) - \sin\theta_k \sin(2\pi f_0 t)]
\end{aligned}
$$

若取 $\theta = \theta_0 + \theta_1$ ，$\theta_k = q_k\theta / 2$ ，则

$$s_e(t) = \frac{1}{\sqrt{T}} \mathrm{rect}\left[\frac{t - T/2}{T}\right]\left[\cos\frac{\theta}{2}\cos(2\pi f_0 t) - c(t)\sin(2\pi f_0 t)\right] \qquad\qquad (3.3.12)$$

若 $\theta_0 = 0$ ，$\theta_1 = \pi$ ，则编码调相信号即通信中的相移键控——PSK 信号，即

$$s(t) = \frac{1}{\sqrt{T}} \sum_{k=0}^{N-1} q_k \text{rect}\left(\frac{t-(k+1/2)\Delta}{\Delta}\right) e^{j2\pi f_0 t} \tag{3.3.13}$$

PCM 信号主要特征决定于 $c(t)$，并可根据信息要求设计必要的编码波形 $c(t)$。为此可写出 $c(t)$ 的频谱形式，即

$$C(f) = \frac{\sqrt{T}}{N} \sin c(\pi f \Delta) e^{-j\pi f \Delta} \sum_{k=0}^{N-1} q_k e^{-j2\pi k f \Delta} \tag{3.3.14}$$

$$|C(f)|^2 = \frac{T}{N^2} \sin c^2 (\pi f \Delta) \left[1 + \frac{2}{\pi} \sum_{n=0}^{N-1} c_n \cos(2\pi n f)\Delta\right] \tag{3.3.15}$$

式中 $c_n = \sum_{k=0}^{N-n-1} q_k q_{n+k}$。可见 $C(f)$ 的最大谱宽与长为 Δ 的方波谱宽相同，这也是 PCM 信号的带宽 $B = 1/\Delta$，一般情况下，$1/T \leqslant B \leqslant 1/\Delta$。

图 3.3.3 分别是二进制编码波形 $c(t)$ 和对应的 CMP 信号时域、频域波形。

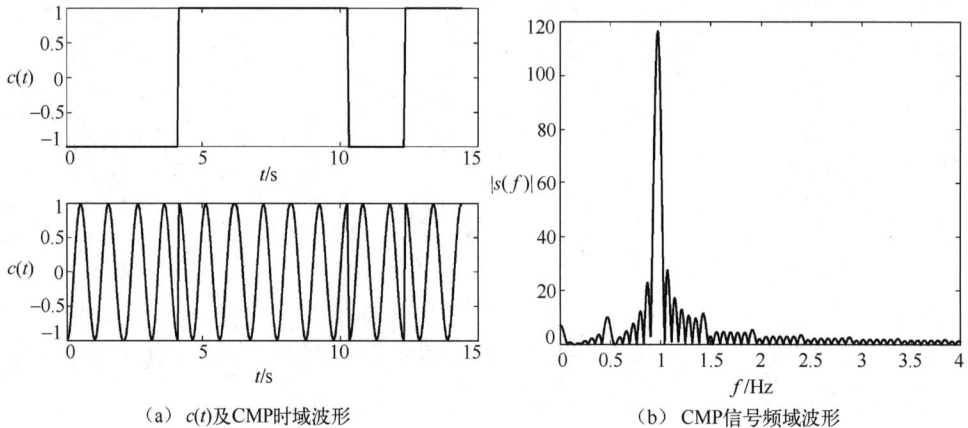

（a）$c(t)$ 及 CMP 时域波形 　　　　　（b）CMP 信号频域波形

图 3.3.3　二进制编码波形 $c(t)$ 及对应的 CMP 信号时域、频域波形

3.3.2　主动检测中目标回波信号的模型与特征

目标回波：声波在传播过程中遇到目标（障碍物）时会产生散射声波，返回声源方向那部分声波称为目标回波。它是散射波的一部分，是入射波与目标相互作用产生的，携带目标的某些特征信息。

目标回波由目标镜反射、目标散射、目标再辐射和环绕波等几部分组成。对于曲率半径大于波长的目标，回波基本由镜反射过程产生，与垂直入射点相邻的目标表面产生相干反射回声；对于目标表面不规则（如棱角、边缘和小凸起物），曲率半径小于波长，回波由散射过程产生；在入射声波的激励下，目标的某些固有振动模式被激发，向周围介质辐射声波，称之为非镜反射回波；当声波入射到空腔壳体时，折射到空腔内的声波通过多次折射，某次折射后恰好在返回声源的方向上的声波称为环绕波。为了定量描述目标对声信号的反射能力，在声呐方程中定义了目标强度。

目标强度：将距离目标声学中心 1m 处，由目标反射回来的声强 I_r 与入射到目标的声强 I_i

之比的对数再乘以 10，即 $TS = 10\log \dfrac{I_r}{I_i}\bigg|_{r=1}$ 。

3.3.2.1　典型目标的目标强度

潜艇的目标强度：潜艇的目标强度的平均值 TS = 25dB,如图 3.3.4 所示，且与方位、频率、脉冲宽度、深度和距离有关。

随方位的变化：潜艇目标强度与方位角关系曲线呈"蝴蝶形"如图 3.3.5 所示，具有如下特点：在艇的舷侧正横方向上目标强度值最大，在 12～40dB 之间，平均值为 25dB，由艇壳的镜反射引起；在艇首和艇尾方向，目标强度最小，约为 10～15dB，由艇壳和尾流的遮蔽效应引起；在艇首和艇尾 20° 附近，比相邻区域高出 1～3dB，可能是由潜艇的舱室结构的内反射产生的；在其他方向上呈圆形，由潜艇的复杂结构及附属物产生散射的多种叠加。

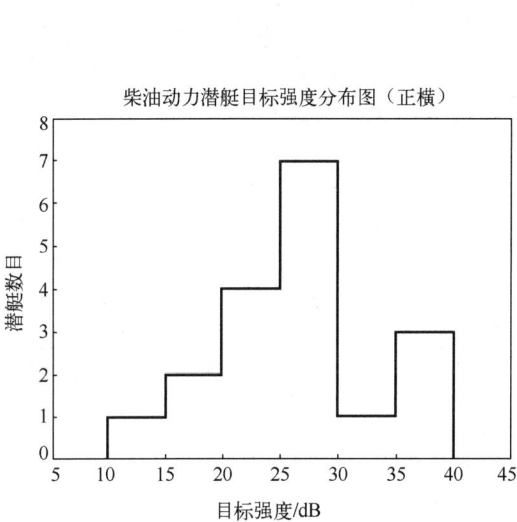

图 3.3.4　潜艇正横方向目标强度直方图（18 艘）　　　　图 3.3.5　潜艇目标强度随方位的变化

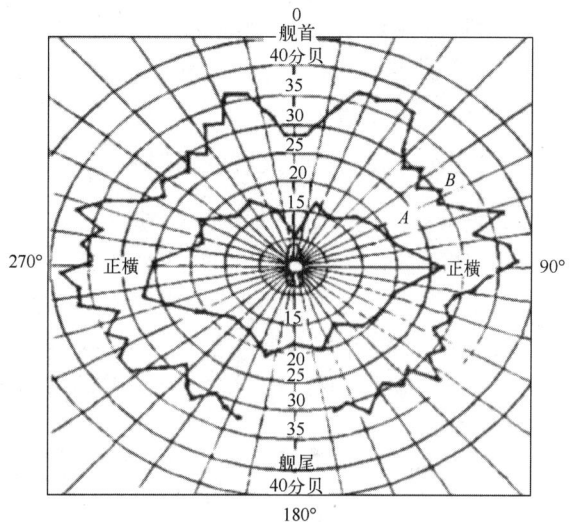

随距离的变化：近距离处潜艇目标强度测量值有可能小于远距离处的目标强度测量值：当使用指向性声呐在近处进行目标强度测量时，由于指向性的关系，声束不能照射到目标的全部；某些几何形状比较复杂物体的回声随距离衰减的规律不同于点源声场。

鱼雷和水雷的目标强度：若将鱼雷和水雷视为带平头或圆头的圆柱体，该圆柱体的半径为 a，柱长为 L，入射声波的波长为 λ，则在正横方位上圆柱形物体的目标强度为

$$TS = 10\lg \frac{aL^2}{2\lambda} \tag{3.3.16}$$

单个鱼体的目标强度：若鱼体的长度为 L（cm），则单个鱼体的目标强度为

$$TS_s = -75 + 10\lg L \tag{3.3.17}$$

鱼群的目标强度：若鱼群的个数为 N，则该群鱼的总目标强度为

$$TS = TS_s + 10\lg N \tag{3.3.18}$$

3.3.2.2　体积目标回波的特征

体积目标回波的脉冲展宽：目标回波是由整个目标表面上的反射体和散射体产生的，整个物体表面都对回波有贡献。由于传播路径不同，因此目标表面不同部分产生回波到达接收点在时间上有先有后，扩大了回声信号的脉冲宽度。

如图 3.3.6 所示，平面波以掠射角 θ 入射到长为 L 的目标上，在收发合置条件下，回波脉冲将比入射脉冲展宽，即

$$\Delta \tau = \frac{2L\cos\theta}{c} \tag{3.3.19}$$

在窄脉冲入射下，目标为许多散射体组成的复杂目标，回声脉冲展宽明显；若回声主要过程是镜反射，回声脉冲展宽可以忽略。例如，潜艇目标若在正横方向，则回波展宽仅为 10ms；若在首尾方位，则回波展宽为 100ms。

体积目标回波包络不规则性：回声包络是不规则的，特别当镜反射不起主要作用时更是如此，其具体原因是：目标上各散射体的散射波互相叠加干涉引起的。另外，在目标回声中，还可能有个别的亮点，是由目标上某些部位产生镜反射引起的，如潜艇的指挥台。

3.3.2.2　运动点目标回波的特征

如果被检测的目标是规则运动的点目标，那么回波信号不但与发射信号的形式有关，而且还与目标的运动参量有关，这些运动参量直接影响检测性能。

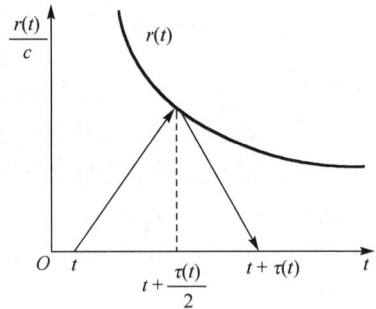

图 3.3.7 表示回波时间与目标距离的变化关系。假设 c 为信号在介质中传播的速度，$r(t)$ 为目标的瞬时相对距离变化规律，若 t 时刻发射脉冲信号 $\delta(t)$，将在 $t+\tau(t)$ 时刻接收到 $t+\tau(t)/2$ 时刻目标反射的回波。由于目标在运动，则回波到达时间为

$$\tau(t) = \frac{2}{c}r\left(t - \frac{\tau(t)}{2}\right) \tag{3.3.20}$$

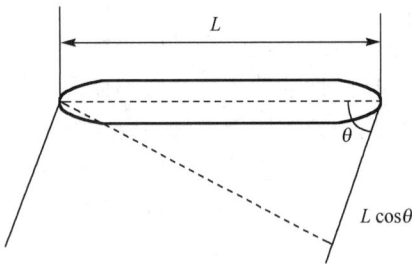

图 3.3.6　目标回波时间展宽示意图　　　　图 3.3.7　回波时间与目标距离的变化关系

若主动检测装置发射的信号为

$$s_T(t) = \begin{cases} s(t), & 0 \leq t \leq T \\ 0, & 其他 \end{cases} \tag{3.3.21}$$

若回波时间中心为 τ_0，此时目标与检测装置的相对运动速度为 v_0，加速度为 a_0，则可以证明目标回波信号可以表示为

$$r(t) = \begin{cases} Ks[k(t)(t-\tau_0)] & \tau_0 \leqslant t \leqslant \dfrac{T}{k(t)} + \tau_0 \\ 0 & \text{其他} \end{cases} \tag{3.3.22}$$

其中

$$k(t) = (1-\beta) - \alpha(t-\tau_0) \tag{3.3.22a}$$

$$\beta = \frac{2v_0}{c+v_0} \approx \frac{2v_0}{c} \tag{3.3.22b}$$

$$\alpha = \frac{c^2 v_0}{(c+v_0)^3} \tag{3.3.22c}$$

为了分析回波信号的变化特征，具体假设发射信号为

$$s(t) = A(t)e^{j[2\pi f_0 t + \theta(t)]} = s_c(t)e^{j2\pi f_0 t} \tag{3.3.23}$$

则回波信号为

$$r(t) = KA_r(t)e^{j[2\pi f_0 t + \theta_r(t)]} = r_c e^{j2\pi f_0 t} \tag{3.3.24}$$

其中

$$A_r(t) = KA(k(t)(t-\tau_0))$$

$$\theta_r(t) = \theta(k(t)(t-\tau_0)) + 2\pi f_0 [(k(t)-1)(t-\tau_0) + \tau_0]$$

对比式（3.3.23）和式（3.3.24）可知，目标回波信号仅由相对运动引起的变化有幅度、频率、相位、及持续时间。例如，若发射信号为单频填充的方波信号（CWP），$A(t) = (1/\sqrt{T})\text{rect}(1/T)$，$\theta(t) = 0$，则回波信号为

$$A_r(t) = \frac{1}{T}\sqrt{(1-\beta) - \alpha(t-\tau_0)}\,\text{rect}\left(\frac{1}{T}[(1-\beta)(t-\tau_0) - \alpha(t-\tau_0)^2]\right)$$

$$\theta_r(t) = 2\pi f_0 [-(\beta - 2\alpha\tau_0)t - \alpha t^2] + 2\pi f_0 [\alpha\tau_0^2 - (1-\beta)\tau_0]$$

可见调制方波在宽度上和幅度上都受到压缩或展宽，而调制波本身增加了一个常数相位 $\theta_0 = 2\pi f_0 \left[\alpha\tau_0^2 - (1-\beta)\tau_0\right]$、频移 $\varphi_0 = f_0 \left[-(\beta - 2\alpha\tau_0)t\right]$ 以及调制系数为 kf_0 的调制项。

进一步解释运动造成目标回波的变化情况，将回波压缩原理示意如图 3.3.8 所示，压缩倍数取 $1/k(t)$。图 3.3.8 中曲线 1 是发射波形（宽为 OT、周期为 $T_c = 1/f_0$ 的单频波），曲线 2 是 $1/k(t)$（若该值大于 1，则该曲线在曲线 1 上方），曲线 3 是回波波形（宽为 $O'T'$）。两种情况是：图 3.3.8（a）是匀速运动目标（$k(t) = k_0$）情况，故曲线 2 平行于基线 OT，回波只产生一个 $(k_0-1)/T_c$ 的频移及压缩；图 3.3.8（b）是匀加速运动目标情况 $\left[k(t) = k_0 - \alpha(t-\tau_0)\right]$，曲线 2 是双曲线形状，故回波周期是 $T_c'(t) = T_c/[k(t)-1]$，这意味着，回波是线性时间频率调制波。由此可见，只有匀速运动目标，其回波才和发射信号一样是简单信号（即 $T'B' \approx TB \approx 1$）。由于目标有加速度，回波将使简单的发射信号变成复杂信号（即 $T'B' > TB \approx 1$）。从波形信息上讲，发射载波并不包含任何信息，但目标运动信息却通过载波的变化（移动和调制）在回波中被反映出来。

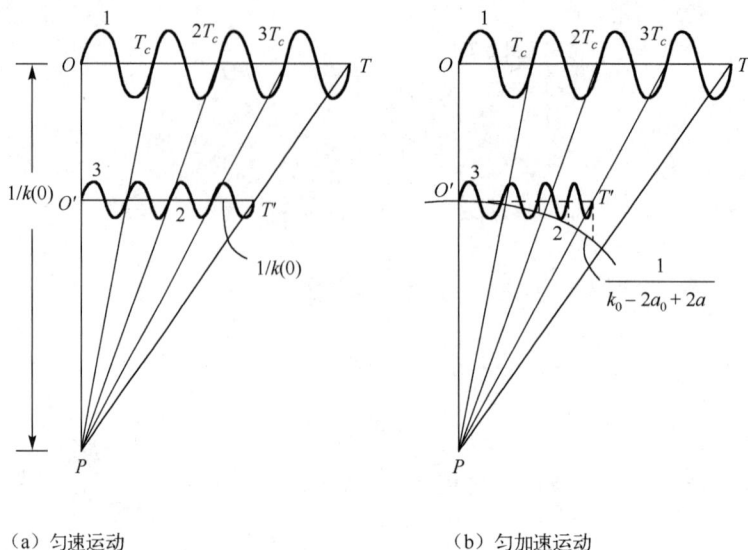

（a）匀速运动　　　　　　　　　　（b）匀加速运动

图 3.3.8　运动对目标回波信号的影响

本书主要讨论目标与检测装置之间匀速运动（$\alpha = 0$）和无运动（$\beta = 0$）两种情况，若发射信号为 $s_T(t) = u_c(t)\mathrm{e}^{j2\pi f_0 t}$，则当 $\alpha = 0$ 时回波信号为

$$r_c(t) = \sqrt{k(t)}u_c(k(t-\tau))\exp[\mathrm{j}2\pi\varphi_0(t-\tau_0)] \tag{3.3.25}$$

其中

$$k = 1 - \beta$$

$$\varphi_0 = -\beta f_0 \approx -\frac{2v_0}{c}f_0$$

$$\tau_0 = 2r_0 / c$$

若目标速度 $v \ll c$ 以致 $\beta \ll 1$，可忽略式（3.3.25）中运动对包络的影响，而有

$$r(t) \approx u_c(t-\tau_0)\exp[\mathrm{j}2\pi\varphi_0(t-\tau_0)] \tag{3.3.26}$$

若目标无运动（$\beta = 0$），则有

$$r(t) = s_T(t-\tau_0) = u_c(t)\mathrm{e}^{\mathrm{j}2\pi f_0(t-\tau_0)} \tag{3.3.27}$$

这就是一般无失真的窄带回波信号，除一个固定延迟 τ_0 和频移 φ_0 外，与发射波形无任何信息畸变，因此可以用与发射波形的互相关法来有效检测目标信息。

窄带波形条件：$v \ll c$ 条件暗示着运动对目标回波在整个回波时间（即信号长度 T）内，其最高频率成分的相位变化不超过 $\pi/2$。这就是说，在 T 时间内，目标位置变化 $|\Delta_r| \approx vT$，相位变化 $\Delta_\theta = 2\pi(2|\Delta_r| / \lambda)$。因此，运动对回波复包络影响可忽略的条件是运动点目标的**窄带波形条件**

$$TB < c / 8v \tag{3.3.28}$$

例如，当目标速度是 $v = 15\,\mathrm{m/s}$ 时，波形窄带条件应是 $TB = 10$，而对于当 $v = 1.5\,\mathrm{m/s}$ 时，窄带波形条件是 $TB = 100$。

同样分析可以得出，目标加速度运动对回波复包络影响可忽略的条件是

$$T^2 B < \frac{c}{5\alpha_0} \qquad (3.3.29)$$

由于窄带信号的目标分辨率低，因此水声检测中的大多数目标可以看成"点"目标，目标回波中的接收信号与发射信号相似，此时的目标回波检测问题可建模为：在噪声或混响背景中检测确定性随机信号的问题，这样的信号检测理论和算法的研究已经成熟，各种最优的检测方法将在第 6 章给出。对于宽带来说，目标的回波信号是发射波形与目标散射相函数的卷积。对于不同的目标，其散射相函数是不同的；即使对于同一个目标，随着目标姿态的变化，其散射相函数也是不同的。从信号处理的角度来看，相应的目标检测是噪声或混响背景中未知信号的检测问题。特别是，由于回波波形很难用简单的参数模型进行描述，因此导致检测问题必须采用非参数检测方法，这是信号检测中难度较大的一类问题。

3.3.3　被动检测中舰船辐射声信号的模型与特征

舰船、潜艇和鱼雷等水中目标在航行过程中会向海水辐射噪声，并向四周传播形成辐射的噪声场，检测装置利用目标的辐射声信号对其是否存在进行检测。因为在海战中，先感知到对方目标者就获得了战场的主动权，所以研究目标辐射噪声的特性、实现在更低的信噪比下对目标的检测是信号处理工作者一直致力于研究的内容。

舰船在运动时，主机和辅机都在工作，会造成船体各结构部件振动并发出噪声。根据它们的性质和作用范围，噪声源可分为三大类：机械噪声、螺旋桨噪声和水动力噪声。

（1）机械噪声：航行或作业舰船上的各种机械振动，包括主机、辅机，空调设备等，是通过船体向水中辐射而形成的噪声。机械噪声是舰船辐射噪声低频段的主要成分，舰船机械噪声为强线谱与弱连续谱的迭加，与舰船航行状态及机械工作状态密切相关，一般复杂、多变。

（2）螺旋桨噪声：由螺旋桨上或其附近的空化、旋转声及"唱音"等组成。螺旋桨空化噪声是舰船辐射噪声高频段的主要成分，并且为连续谱，其典型频谱如图 3.3.9 所示，该频谱特点为：在高频段，谱级随频率以 6dB/Oct 斜率下降；在低频段，谱级随频率增高而增高；谱峰（100Hz～1000Hz）随航速和深度而变化，当航速增加和深度变浅时，谱峰向低频方向移动。这是由于在高航速、浅深度情况下，易产生空化气泡，产生低频噪声，使谱峰向低频方向移动。螺旋桨噪声在船首和船尾方向比正横方向小；在船首和船尾方向成 30° 角度内，指向性凹进去，船首方向比船尾方向凹进略多些。

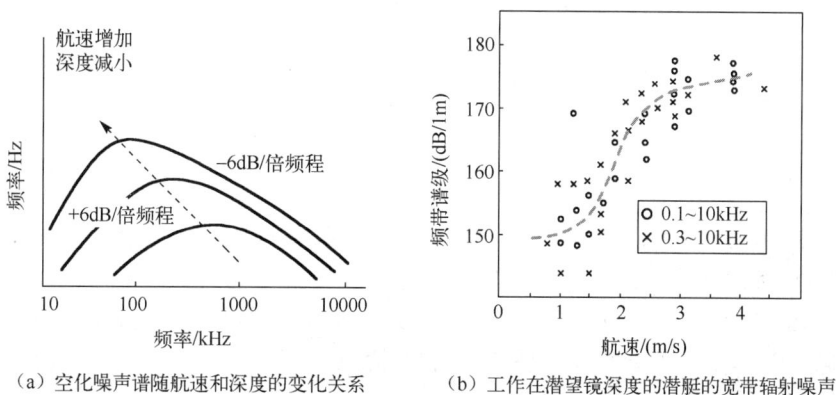

（a）空化噪声谱随航速和深度的变化关系　　　（b）工作在潜望镜深度的潜艇的宽带辐射噪声

图 3.3.9　螺旋桨空化噪声谱

　　螺旋桨噪声是螺旋桨叶片拍击、切割水流而引起的，也称为旋转噪声，它是线谱噪声分量。其频谱的频率为

$$f_m = mns \tag{3.3.30}$$

其中：f_m 是叶片速率线谱的 m 次谐波（Hz）；n 是螺旋桨叶片数；s 是螺旋桨转速（转/s）。螺旋桨噪声是潜艇低频段（1～100Hz）噪声的主要成分。

　　（3）水动力噪声：水动力噪声是由不规则的、起伏的海流流过运动船只表面而形成的，是水流动力作用于舰船的结果。根据布洛欣采夫理论，水动力噪声强度主要与航速有关，即

$$I_w = kv^n \tag{3.3.31}$$

式中，k 为常数，v 是航速，n 是与航船水下线形等因素有关的一个量。

　　舰艇的辐射噪声主要噪声源是机械噪声和螺旋桨噪声，二者贡献的大小取决于频率、航速和航深。对于给定的航速和航深，存在一个临界频率，当低于此频率时，噪声谱的主要成分是机械和螺旋桨的线谱；当高于此频率时，噪声谱的主要成分是螺旋桨空化的连续谱。

　　由以上分析可知，舰船辐射噪声谱有两种类型：一种是连续谱的宽带噪声，噪声级是频率的连续函数；另一种是具有线谱的单频噪声。舰船的辐射噪声在很宽的频率范围内，由这两类噪声混合而成，可表示为叠加了线谱的连续谱。图 3.3.10（a）是螺旋桨空化刚开始出现的航速上的谱，谱的低端主要为机械噪声和螺旋桨"叶片速率谱线"，随着频率增高，这些谱线不规则地降低，被螺旋桨噪声的连续谱所掩盖。有时在螺旋桨噪声的连续谱背景上叠加有一条或一组高幅度的线谱，如图 3.3.10 中虚线所示，它是由螺旋桨叶片共振或减速器引起的。在高航速时螺旋桨噪声谱增大，并移向低频，如图 3.3.10（b），同时某些谱线的级增大，频率升高，而其他由恒速运转的辅机产生的谱线不变，不受航速增加的影响，在高航速时往往被掩盖。

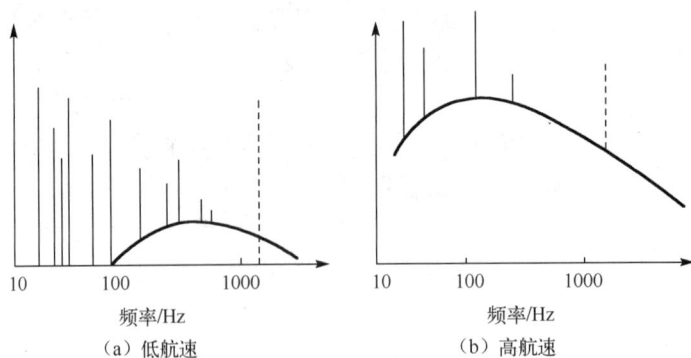

图 3.3.10　舰船辐射噪声谱

　　实测的舰船辐射噪声通过特性及其功率谱密度函数如图 3.3.11 所示。图 3.3.12 给出了美国 Bass 号潜艇不同频带内测得的通过特性的声压级。

　　由舰船辐射噪声的特点可看出，舰船辐射噪声的检测可以建模为在噪声背景中检测不确定的单频信号，也可建模为在噪声背景中检测随机信号，这是信号检测中难度较大的一类问题。

（a）时域波形

（b）功率谱密度

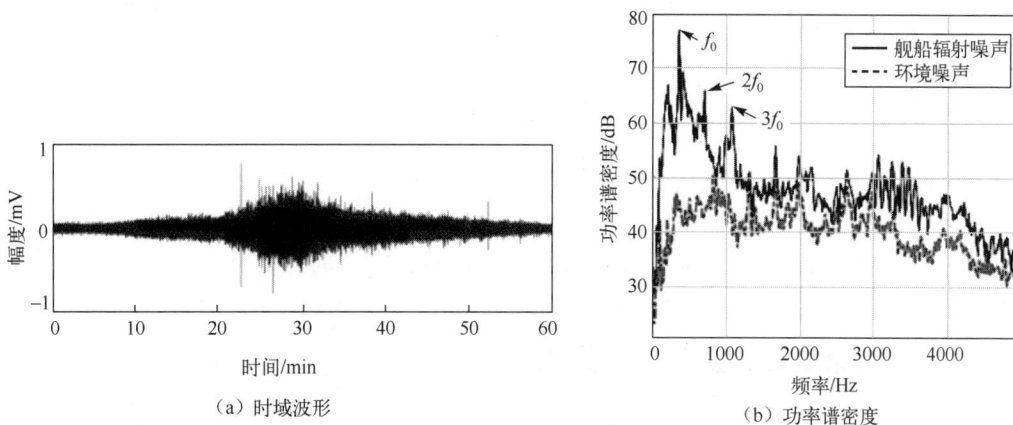

图 3.3.11　实测舰船的辐射噪声

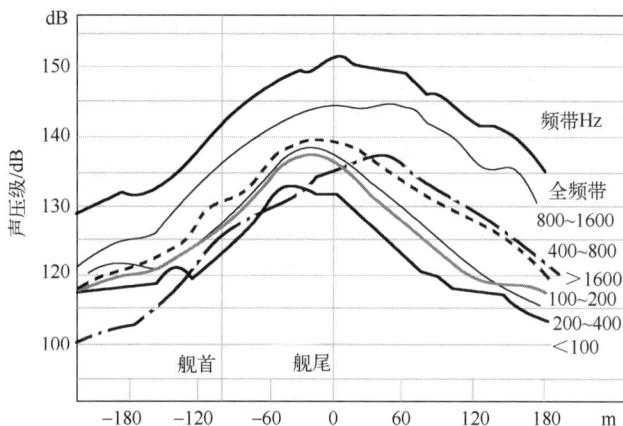

图 3.3.12　美国 Bass 号潜艇在不同频带内测得的通过特性的声压级

3.4　检测中噪声及干扰的模型与特征

在水声信号检测中常见的噪声和干扰包括海洋环境噪声、运动载体航行时的自噪，以及主动声检测中的混响干扰，下面分别介绍常见噪声的一些基本特征。

3.4.1　海洋环境噪声的特征

水下噪声是潮汐、波浪、地震、湍流、行船等多种噪声源的综合迭加，每种噪声源的激励不尽相同，因此它可能是线谱，也可能是连续谱，甚至是两种谱的迭加。

海洋环境噪声的强弱通常用噪声级表示。若噪声的声强频谱密度函数定义为

$$S(f) = \lim_{\Delta f_i \to 0} \frac{\Delta I_i}{\Delta f_i} = \frac{\mathrm{d}I}{\mathrm{d}f} \tag{3.4.1}$$

则水听器工作带宽内的噪声总声强为

$$I_N = \int_{f_1}^{f_2} S(f) \mathrm{d}f \tag{3.4.2}$$

定义海洋环境噪声级为

$$NL = 10\lg\frac{I_N}{I_0} \qquad (3.4.3)$$

对海洋环境噪声谱的研究从第二次世界大战时期就已开始，并取得了大量的实测数据和理论成果。最有代表性的有著名的努森谱（Kundson）和文茨谱（Wenz）。其中文茨谱能够比较细致地描写出环境噪声的普遍规律，被认为是最具代表性的深海噪声谱曲线，如图 3.4.1 所示，其特点是低频段的谱级高，高频段的谱级低。

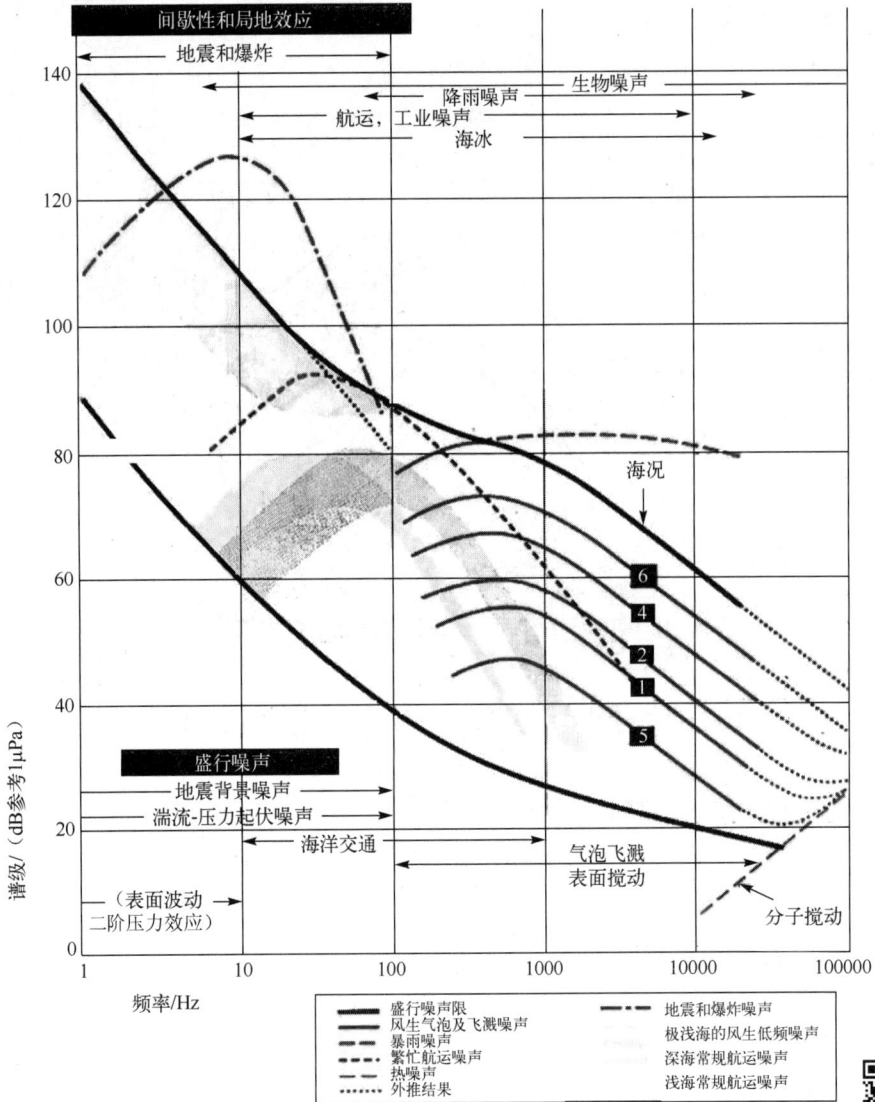

图 3.4.1　文茨谱级图（扫码见彩图）

水下噪声具有指向性，许多研究工作表明 1kHz 以下的低频环境噪声集中在水平方向±15°内。当风速增大时，在更高的垂直角度可观察到更强的噪声。在千赫兹频率下，环境噪声显示增大的垂直方向性，这是因为在这些较高的频率下，远方航船噪声因较大的海底反射损失

而消减，此时水听器上方的破碎波能量占主导。在工程上针对应用可采用空间滤波以减小噪声的干扰，在信号检测中，为了便于处理，将噪声视为各向同性。

海洋环境噪声也称自然噪声，根据中心极限定理，大多数情况认为海洋环境噪声是振幅服从高斯分布的白噪声，但在近海面其分布比高斯型尖，原因是噪声源数目不够大，在某些地方服从 α 稳定分布。

3.4.2　舰船、潜艇、鱼雷的自噪声

自噪声是运动载体在探测目标时的一种特殊干扰背景，是由舰船上的各种声源产生的。自噪声与辐射噪声的声源基本相同。不同点在于自噪声的传播路径复杂且可变；自噪声为近场噪声，辐射噪声为远场噪声。机械噪声和螺旋桨噪声是自噪声的主要声源，此外，水动力噪声也是自噪声的一个不可忽视的声源。

水动力噪声是水流流经水听器、水听器支架座和船体外部结构所形成的噪声源，如湍流附面层，即水听器上产生湍流压力、流激壳体振动、空化和涡流辐射噪声。水动力噪声随速度增长快。流噪声（一种特殊的水动力噪声）是由水听器附近的湍流附面层中的湍流作用在水听器表面上的压力。为了减小流噪声的干扰，一般安装流线型导流罩，降低水流的直接撞击和防止空化噪声的产生。

一般检测装置的水听器设备安装在舰首，海水波浪冲击船身形成自噪声，它随航速增大很快。综上所述，舰船自噪声与航速密切相关，如图 3.4.2 所示。

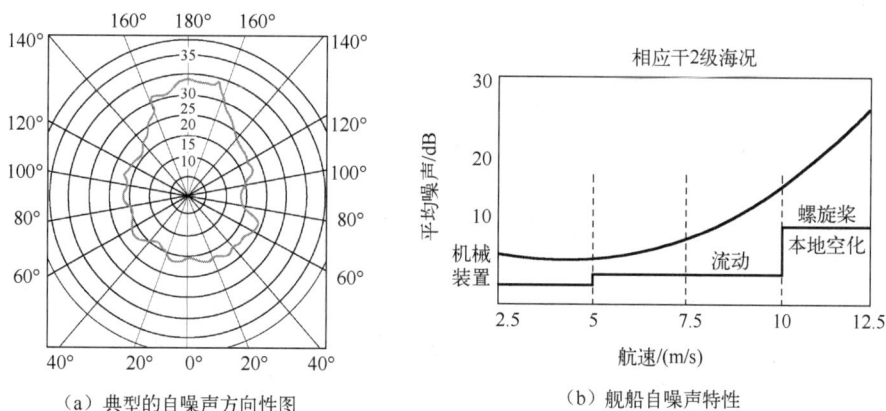

（a）典型的自噪声方向性图　　　　（b）舰船自噪声特性

图 3.4.2　舰船自噪声

3.4.3　海洋中的混响特征

混响是由海洋中大量无规则散射体（海洋生物、泥沙粒子、气泡、水团等，不平整海面和海底等）对入射声信号的声散射在接收点叠加而形成的，是一个随机过程。混响伴随声呐发射信号产生，不但与发射信号特性密切相关，而且还与传播声道特性有关，是主动声呐检测的背景干扰之一。爆炸声产生的混响如图 3.4.3 所示，混响信号紧跟在发射信号之后，是随时间衰减的颤动声响。描述混响的物理量为散射强度和等效平面波混响级。

3.4.3.1　海洋混响的强弱

海洋混响的强弱通常用等效平面波混响级来描述。

散射强度： 参考距离 1m 处被单位面积或体积所散射的声强度与入射平面波强度比值的分贝数，即

$$S_{sv} = 10\lg\frac{I_s}{I_i} \tag{3.4.5}$$

其中：散射声强度 I_s 是在远场测量后再归算到单位距离处；I_i 是入射平面波强度。

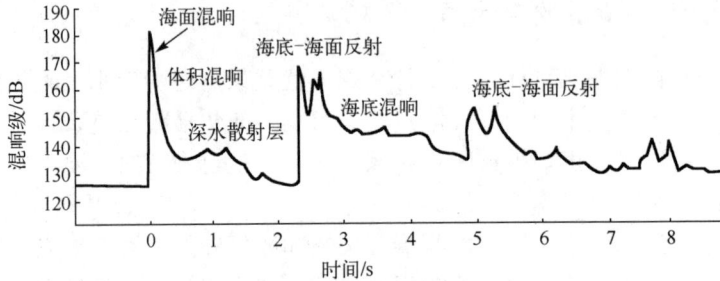

图 3.4.3　爆炸声产生的混响

根据混响场特性不同，混响可划分为体积混响、海面混响、海底混响。

体积混响的反向散射强度值在 −70dB～−100dB 之间，远小于海面和海底值的反向散射强度。

海面混响的反向散射强度值在 −20dB～−50dB 之间，该值与掠射角、工作频率和海面上风速有关，Chapman 和 Harris 等人得到了计算海面反向散射强度的经验公式（若风速为 0～30 节，则频率为 0.4kHz～6.4kHz），即

$$S_s = 3.3\beta\lg\frac{\theta}{30} - 42.4\lg\beta + 2.6 \quad \beta = 158\left(vf^{\frac{1}{3}}\right)^{-0.58} \tag{3.4.6}$$

其中：v 为风速，单位为节；θ 为掠射角，单位为 °；f 是频率，单位为 Hz。

海底混响的反向散射强度值在 10dB～−40dB 之间，大于海水的体积混响和海面混响的散射强度，是工作在近海底主动声呐的主要干扰。海底散射强度主要受海底底质、掠射角和声波频率等因素影响。海底散射强度与频率的关系为：比较平滑的海底（泥浆底或砂底）在很宽频率范围内，随频率以 3dB 倍频程增大；岩石、砂和岩石及淤泥、贝壳等海底，与频率基本无关。海底散射强度与海底底质和角度的关系如图 3.4.4 所示。

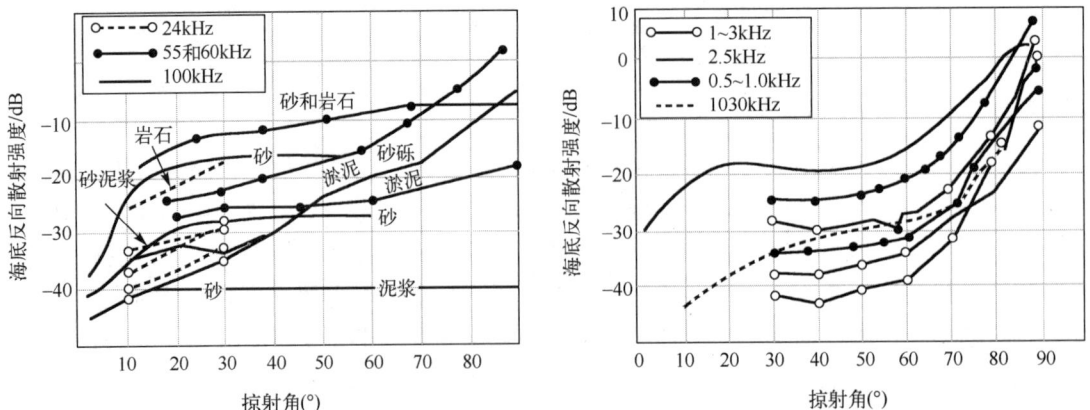

图 3.4.4　海底散射强度与海底底质和角度的关系

等效平面波混响级： 若接收器接收来自声轴方向入射的强度为 I 的平面波输出端电压为 V，如将接收器放置在混响声场中，声轴对着目标，接收器输出端电压也为 V，则混响场的等效平面波混响级 RL 为

$$RL = 10\lg\frac{I}{I_0} \tag{3.4.7}$$

式中，I_0 为参考声强。

在基本假设：直线传播并计及球面衰减和海水吸收、散射体分布随机均匀且每个散射体贡献相同、散射体数量极多且单位体积元和面元有大量散射体、不考虑多次反射、脉冲时间足够短可忽略面元和体积元尺度范围内的传播效应等条件下，推导出的体积混响、海面混响、海底混响三种等效平面波混响级分别为

$$RL = SL - 40\lg r + S_V + 10\lg\left(\frac{c\tau}{2}r^2\Psi\right)$$

$$RL = SL - 40\lg r + S_s + 10\lg\left(\frac{c\tau}{2}r\Phi\right) \tag{3.4.8}$$

$$RL = SL - 40\lg r + S_b + 10\lg\left(\frac{c\tau}{2}r\Phi\right)$$

其中：SL 为声发射信号的声源级；r 是散射体到接收器之间的距离，它与传播时间 t 的关系为 $r = ct/2$；S_V、S_s、S_b 分别为体积、海面、海底散射强度；$\frac{c\tau}{2}r^2\Psi$ 及 $\frac{c\tau}{2}r\Phi$ 分别为理想合成指向性条件下产生混响的体积和面积，其具体计算方法见 11.2 节。

3.4.3.2　混响的统计特性

混响是一个非平稳随机过程，随时间而衰减。若采用平稳化处理，即补偿放大器补偿平均强度只改变平均值、没有改变混响过程的相对起伏大小。

（1）混响的分布函数及平均起伏

假设接收到的混响信号可表示为

$$V(t) = \sum_{i=1}^{n} a(t_i)v(t - t_i) \tag{3.4.9}$$

其中：$a(t_i)$ 为散射波的随机幅度；$v(t - t_i)$ 为单个散射信号的形状。当发射信号的频谱不太宽时，假设每个散射波的相位在 $0 \sim 2\pi$ 内随机取值，此时混响瞬时值 V 满足正态分布规律，概率密度为

$$f(V) = \frac{1}{\sqrt{2\pi}\sigma_V}e^{-\frac{V^2}{2\sigma_V^2}} \tag{3.4.10}$$

将混响表示为

$$V(t) = E(t)\cos[\omega t + \phi(t)] \tag{3.4.11}$$

可以证明，凡是幅度几乎相同，而相位是 $0 \sim 2\pi$ 均匀分布的振动迭加后得到的信号，其振幅服从瑞利分布，因此振幅的概率密度函数为

$$f(V) = \frac{E}{\sigma_E^2} e^{-\frac{E^2}{2\sigma_E^2}} \tag{3.4.12}$$

混响的起伏率为

$$\eta = \left(\frac{\overline{E^2} - \overline{E}^2}{\overline{E}^2} \right)^{1/2} \times 100\% \tag{3.4.13}$$

对于瑞利分布而言，起伏率为 52%。

（2）混响的相关特性

两个水听器接收到的散射波声压为 $V_1(t) = A\sin\omega t$ 和 $V_2(t) = A\sin\omega\left(t - \frac{D}{c}\right)$，当散射体到水听器的距离 r 远大于水听器间距 l 时，$D \approx l\sin\theta$，此时 $V_2(t) = A\sin\omega\left(t + \frac{l\sin\theta}{c}\right)$

因此，V_1 和 V_2 之间的相关函数 K 为

$$K = \lim_{T\to\infty} \frac{1}{T} \int_0^T V_1(t)V_2(t)\mathrm{d}t \tag{3.4.14}$$

其相关系数

$$
\begin{aligned}
R &= \frac{\lim\limits_{T\to\infty} \dfrac{1}{T} \displaystyle\int_0^T V_1(t)V_2(t)\mathrm{d}t}{\lim\limits_{T\to\infty} \dfrac{1}{T} \displaystyle\int_0^T V_1^2(t)\mathrm{d}t} \\[2mm]
&= \frac{\cos(kl\sin\theta) \lim\limits_{T\to\infty} \dfrac{1}{T} \displaystyle\int_0^T \sin^2\omega t\,\mathrm{d}t}{\lim\limits_{T\to\infty} \dfrac{1}{T} \displaystyle\int_0^T \sin^2\omega t\,\mathrm{d}t} \\[2mm]
&= \cos(kl\sin\theta)
\end{aligned}
\tag{3.4.15}
$$

式（3.4.15）只是一个散射元所造成的结果，总的相关系数为

$$R_{总} = \sum \cos(kl\sin\theta) \tag{3.4.16}$$

如果水听器的水平指向性开角为 Θ，并且 $\theta \leqslant \Theta$，则 $\sin\theta \leqslant \theta$

$$R_{总} = \int_{-\Theta/2}^{\Theta/2} \cos(kl\theta)\mathrm{d}\theta = \frac{\sin\dfrac{\pi l}{\lambda}\Theta}{\dfrac{\pi l}{\lambda}\Theta} \tag{3.4.17}$$

混响的相关特性具有以下特点：相关系数随 l 振荡衰减形式、相关系数与频率有关；正弦填充脉冲声呐的混响在频率上与发射频率不完全相同，在频率两侧都有频移；当发射脉冲宽度为 τ 时，其频宽近似为 $1/\tau$。

（3）混响的时变特性

式（3.4.8）中的 $\frac{c\tau}{2}r^2\Psi$ 及 $\frac{c\tau}{2}r\Phi$ 表明，体积混响的强度随时间的平方衰减，界面混响随时间的一次方衰减。

3.4.4　目标检测中典型噪声模型

通常对噪声进行三种方式的分类：按噪声的统计量与时间的关系分为平稳噪声和非平稳噪声；按噪声功率谱密度函数的形状分为白噪声和色噪声；按噪声样本函数幅值的概率分布函数分为高斯噪声和非高斯噪声。随机过程的基本概念见附录 B。

从严格意义来讲，微弱信号检测中的噪声及干扰具有非平稳、非高斯、非白的特性，这种噪声特性下的信号检测问题的理论分析十分困难。由于高斯分布的数学理论比较完备，所以本书主要讨论高斯分布噪声下的微弱信号检测方法，仅在第 9 章讨论 α 稳定分布噪声的检测问题，本节简要介绍高斯分布下白噪声及色噪声的特征。

3.4.4.1　高斯分布噪声及特征

对于标量型随机变量 x，高斯分布（正态分布）的一维概率密度函数（Probability Density Function，PDF）可表示为

$$p(x) = \frac{1}{\sqrt{2\pi}\sigma} \exp\left[-\frac{(x-\mu)^2}{2\sigma^2} \right] \quad, -\infty < x < \infty \qquad (3.4.18)$$

其中：μ 为 x 数学期望值，即均值；σ^2 为 x 方差。用 $x \sim N(\mu, \sigma^2)$ 表示 x 服从均值为 μ、方差为 σ^2 的高斯分布。可用图 3.4.5 表示，μ 表示分布中心，σ 表示集中的程度。

对不同的 μ 和 $p(x)$ 的图形将随 μ 左、右平移；对不同的 σ，$p(x)$ 的图形将随 σ 的减小而变高、变窄。当 $\mu = 0$，$\sigma = 1$ 时，相应的高斯分布称为标准化正态分布，这时其一维概率密度函数为

图 3.4.5　高斯分布随机变量的 PDF 曲线（μ>0）

$$p(x) = \frac{1}{\sqrt{2\pi}} \exp\left[-\frac{x^2}{2} \right] \qquad (3.4.19)$$

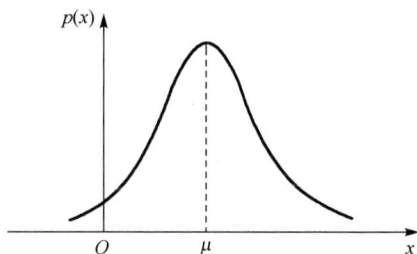

在水中声目标检测中，环境噪声大多服从高斯分布，如海洋中的环境噪声。如图 3.4.6 所示为 2002 年 4 月，在海南三亚海域进行的海洋环境噪声试验，10s 采样率为 12kHz 的噪声数据，横轴是电压，纵轴是在相应电压上噪声出现的次数。分析结果表明，在 10s 的时间范围内，海洋环境噪声的幅值是平稳的且服从高斯分布的随机过程。

高斯分布的概率分布函数为

$$F(x) = \int_{-\infty}^{x} p(z)\mathrm{d}z = \frac{1}{\sqrt{2\pi}\sigma} \int_{-\infty}^{x} \exp\left[-\frac{(z-\mu)^2}{2\sigma^2} \right]\mathrm{d}z \qquad (3.4.20)$$

该积分不易计算，故已编制了 $\Phi(x) = \dfrac{1}{\sqrt{2\pi}} \int_{-\infty}^{x} \mathrm{e}^{-\frac{t^2}{2}}\mathrm{d}t$ 的函数值表，可供查阅。对于式（3.4.20）可用变量代换的方法，令 $u = \dfrac{t-\mu}{\sigma}$ 得高斯分布函数为

当前数据起始时间：40s

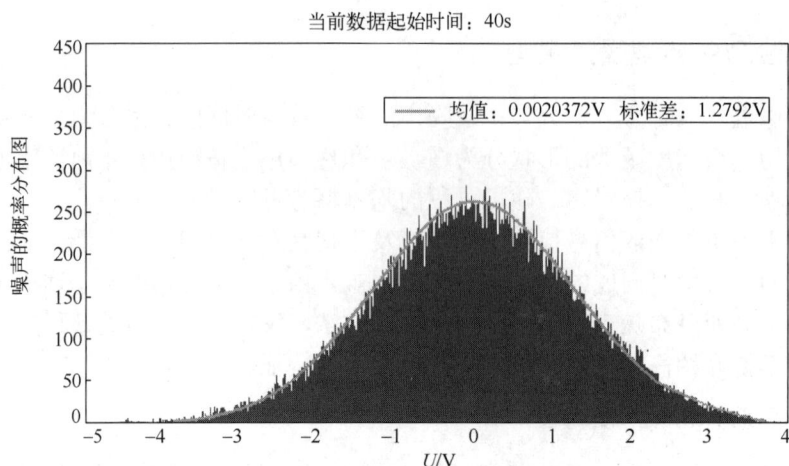

图 3.4.6 实测海洋环境噪声的幅值服从高斯分布

$$F(x) = \frac{1}{\sqrt{2\pi}} \int_{-\infty}^{\frac{x-\mu}{\sigma}} e^{-\frac{u^2}{2}} du = \Phi\left(\frac{x-\mu}{\sigma}\right) \tag{3.4.21}$$

为了在检测中方便描述检测概率与虚警概率，定义右尾概率为

$$Q[x] = \int_{x}^{\infty} \left(\frac{1}{2\pi}\right)^{\frac{1}{2}} \exp\left(-\frac{t^2}{2}\right) dt \tag{3.4.22}$$

表示超过某个给定值的概率，且 $Q(x) = 1 - \Phi(x)$，右尾函数为单值函数，其函数形式如图 3.4.7 所示。

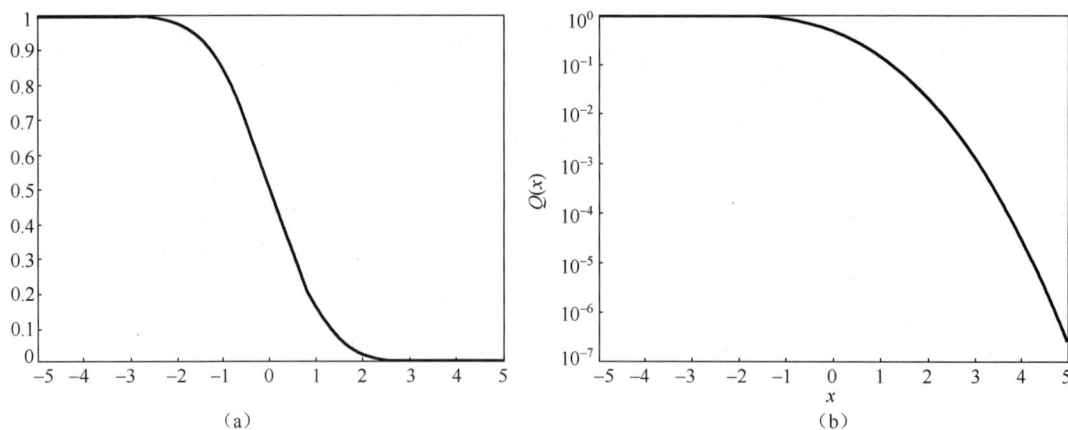

图 3.4.7 Q 函数

高斯过程 $N(t)$ 的 n 维概率密度函数为

$$p(x_1, x_2, \cdots, x_n; t_1, t_2, \cdots, t_n) = \frac{1}{(2\pi)^{\frac{n}{2}} |C_x|^{\frac{1}{2}}} \exp\left[-\frac{(x-\mu_x)^{\mathrm{T}} C_x^{-1} (x-\mu_x)}{2}\right] \tag{3.4.21}$$

其中，$x = [x_1, x_2, \cdots, x_N]^{\mathrm{T}}$，$\mu_x = E[x] = [\mu_1, \mu_2, \cdots, \mu_N]^{\mathrm{T}}$，$C_x = E[(x-\mu_x)(x-\mu_x)^{\mathrm{T}}] = R_{xx} -$

$$\boldsymbol{\mu}_x\boldsymbol{\mu}_x^{\mathrm{T}}=\begin{bmatrix} c_{11} & c_{12} & \cdots & c_{1n} \\ c_{21} & c_{22} & \cdots & c_{2n} \\ \vdots & \vdots & \ddots & \vdots \\ c_{n1} & c_{n2} & \cdots & c_{nn} \end{bmatrix}\quad;\quad 若\quad r_{ij}=E\left[X_iX_j\right]\quad,\quad \boldsymbol{R}_{xx}=\begin{bmatrix} r_{11} & r_{12} & \cdots & r_{1n} \\ r_{21} & r_{22} & \cdots & r_{2n} \\ \vdots & \vdots & \ddots & \vdots \\ r_{n1} & r_{n2} & \cdots & r_{nn} \end{bmatrix}\quad,\quad 则$$

$c_{ij}=E\left[\left(x_i-\mu_{x_i}\right)\left(x_j-\mu_{x_j}\right)\right]=r_{ij}-\mu_{x_i}\mu_{x_j}$。

可以证明高斯过程满足以下性质。

（1）宽平稳与严平稳等价。

（2）不相关与统计独立等。;

（3）平稳高斯过程与确定信号之和仍为高斯过程，但不一定平稳。

（4）均方可导高斯过程的导数是高斯过程。

（5）均方可积高斯过程的积分是变量或高斯过程。

由于高斯随机过程的不相关与统计独立等价，若满足不相关，则 $c_{ij}=\begin{cases} \sigma_{x_i}^2,i=j \\ 0,i\neq j \end{cases}$，式（3.3.6）

可以写为

$$p\left(x_1,x_2,\cdots,x_n;t_1,t_2,\cdots,t_n\right)$$

$$N(t)=\frac{1}{(2\pi)^{\frac{n}{2}}\sigma_{x_1}\sigma_{x_2}\cdots\sigma_{x_n}}\exp\left[-\sum_{i=1}^{n}\frac{\left(x_i-\mu_{x_i}\right)^2}{2\sigma_{x_i}^2}\right] \qquad (3.4.22)$$

$$=\prod_{i=1}^{n}p\left(x_i,t_i\right)$$

3.4.4.2　白噪声的特征

设一个广义平稳的随机过程为 $N(t)$，如果 $N(t)$ 的功率谱密度在所有频率处均为常数，则称 $N(t)$ 为白噪声。其功率谱密度定义为

$$P_{NN}(\omega)=\frac{N_0}{2},-\infty<\omega<\infty \qquad (3.4.23)$$

其中：N_0 是一个正实数。对式（3.4.23）求傅里叶变换得白噪声的自相关函数为

$$R_{NN}(\tau)=\left(\frac{N_0}{2}\right)\delta(\tau) \qquad (3.4.24)$$

以上两个函数分别用图 3.4.8 表示。

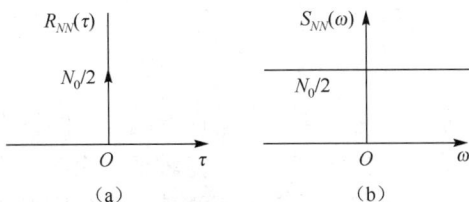

图 3.4.8　白噪声的相关函数与功率谱

理想的白噪声具有无限的带宽，能量趋于无穷，是一种物理上不可实现的噪声。在一般

情况下，若一个噪声过程所具有的频谱宽度远远大于它所作用系统的带宽，并且在该带宽中其功率谱密度基本为一常数，那么就能够把其作为白噪声来对待。白噪声更广泛的应用在于：许多噪声或经过低通滤波的噪声可以被当成带限白噪声。

以上白噪声功率谱密度定义在所有正负频率上。为了强调这一事实它被称为**双边功率谱密度（或双边谱）**。事实上，负频率在物理上是没有意义的，它是数学处理的结果。在进行数学分析时，应用双边谱比较方便，但在测量和实际应用中，利用定义在非负频率上的单边谱比较方便。利用功率谱密度的性质 $P_{NN}(\omega)=P_{NN}(-\omega)$，可以定义**单边谱密度**为

$$G_{NN}(\omega)=\begin{cases}2P_{NN}(\omega)=2\int_{-\infty}^{\infty}R_{NN}(\tau)\mathrm{e}^{-\mathrm{i}\omega\tau}\mathrm{d}\tau, & \omega>0\\ 0, & \omega\leqslant 0\end{cases} \tag{3.4.25}$$

对于至少广义平稳的随机过程，$R_{NN}(\tau)$ 是 τ 的偶函数，所以

$$\begin{aligned}G_{NN}(\omega)&=2\int_{-\infty}^{\infty}R_{NN}(\tau)\cos\omega\tau\mathrm{d}\tau\\ &=4\int_{0}^{\infty}R_{NN}(\tau)\cos\omega\tau\mathrm{d}\tau\end{aligned} \tag{3.4.26}$$

注意：在讨论噪声测量问题时，所提到的功率谱都是单边谱，即使它们的符号也许仍用 $P_{NN}(\omega)$ 来表示。

3.4.4.3　色噪声的特征

如果噪声 $N(t)$ 的功率谱密度在频率上是不均匀的，则称 $N(t)$ 为色噪声。噪声功率谱密度函数的形状决定了噪声的"颜色"，色噪声通常分为以下几种类型。

粉红噪声：在给定频率范围内（不包含直流成分），随着频率的增加，其功率密度每倍频程下降 3dB（在等带宽情况下，密度与频率成反比）。

红噪声：在不包含直流成分的有限频率范围内，随频率的增加，其功率密度每倍频程下降 6dB（在等带宽情况下，密度与频率的平方成反比）。由于它是有选择地吸收较高的频率，类似红色物体的性质，因此称之为红噪声。海洋环境噪声即为这类噪声。

橙噪声：该类噪声是准静态噪声，在整个连续频谱范围内，功率谱有限且零功率窄带信号数量也有限。这些零功率的窄带信号集中于任意相关音符系统的音符频率中心上。由于消除了所有的合音，这些剩余频谱就称为橙色声。

蓝噪声：在有限频率范围内，功率密度随频率的增加每倍频增长 3dB（密度正比于频率）。

紫噪声：在有限频率范围内，功率密度随频率的增加每倍频增长 6dB（密度正比于频率的平方值）。

棕色噪声：在不包含直流成分的有限频率范围内，功率密度随频率的增加每倍频下降 6dB（密度与频率的平方成反比）。该噪声实际上是布朗运动产生的噪声，它也称为随机飘移噪声或醉鬼噪声。

黑噪声：①有源噪声控制系统在消除了一个现有噪声后的输出信号；②在 20kHz 以上的有限频率范围内，功率密度为常数的噪声，在一定程度上它类似于超声波白噪声。这种黑噪声就像"黑光"一样，由于频率太高使得人们无法感知，但它对周围的环境仍然有影响；③具有 $f\beta$ 谱，其中 $\beta>2$。

在色噪声中，通常采用具有高斯功率谱密度的模型，即

$$P_{NN}(\omega) = P_0 \exp\left[-\frac{(\omega - \omega_0)^2}{2\sigma_\omega^2} \right], -\infty < \omega < \infty \qquad (3.4.27)$$

其中：均值 ω_0 表示噪声的谱中心角频率；方差 σ_ω^2 表示噪声的谱宽。

3.4.4.4　等效噪声带宽及带限白噪声的特征

因为在接收装置中理想的具有矩形幅频响应的滤波器很难实现，在信号检测中，常用等效噪声带宽的概念。假设信号检测系统接收装置的传输函数为 $H(\omega)$，功率谱密度为 $P_{NN}(\omega) = N_0 / 2$ 的白噪声，通过传输函数为 $H(\omega)$ 的线性系统后，输出端的功率谱密度函数为

$$P_Y(\omega) = |H(\omega)|^2 P_{NN}(\omega) = \frac{N_0}{2} |H(\omega)|^2 \qquad (3.4.28)$$

也就是说，白噪声通过线性系统后的功率谱密度不再均匀，由传输函数 $H(\omega)$ 的幅频响应决定，这给检测系统的性能分析带来很大的困难，尤其是当系统的 $H(\omega)$ 比较复杂时。为了方便分析，常用一个等效的具有矩形幅频特性的理想系统 $H_I(\omega)$ 来代替实际系统 $H(\omega)$，如图 3.4.9 所示。

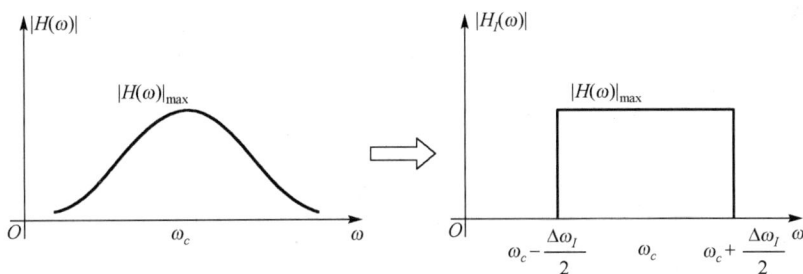

图 3.4.9　实际带通系统等效为理想带通系统的示意图

具体等效原则如下。

（1）当输入相同的白噪声时，理想系统与实际系统输出端的平均功率相等 $P_{Y_I} = P_Y$。

（2）理想系统的增益等于实际系统增益的最大值 $|H_I(\omega)|^2 = |H(\omega)|^2_{max}$。

以下推导理想系统的等效噪声带宽。当输入相同的白噪声时，实际系统和等效的理想系统的输出端的平均功率分别为

$$P_Y = \frac{1}{2\pi} \int_{-\infty}^{\infty} \frac{N_0}{2} |H(\omega)|^2 \, d\omega = \frac{N_0}{2\pi} \int_0^{\infty} |H(\omega)|^2 \, d\omega$$

$$P_{Y_I} = \frac{N_0}{2\pi} \int_0^{\infty} |H_I(\omega)|^2 \, d\omega = \frac{N_0}{2\pi} |H(\omega)|_{max} \Delta\omega_I$$

由等效原则 $P_{Y_I} = P_Y$ 得等效的理想系统的带宽为

$$\Delta\omega_I = \frac{\int_0^{\infty} |H(\omega)|^2 \, d\omega}{|H(\omega)|^2_{max}} \qquad (3.4.29)$$

在式（3.4.29）中，如果是低通系统，则 $|H(\omega)|$ 的最大值出现在 $\omega = 0$ 处，$|H(\omega)|^2_{max} = |H(0)|^2$，

如果是带通系统，则 $|H(\omega)|$ 的最大值出现在中心频率 $\omega = \omega_c$ 处，$|H(\omega)|_{\max}^2 = |H(\omega_c)|^2$。

等效噪声带宽：$\Delta\omega_I$ 称为等效噪声带宽，有时用 B 表示，$B = \dfrac{\Delta\omega_I}{2\pi}$。

白噪声在通过等效的具有矩形频率特性的理想系统后，输出端就称为带限白噪声，给信号检测的分析带来很大的方便。假设白噪声通过等效的具有矩形频率特性的理性系统后的平均功率为 P，则带限白噪声的低通形式功率谱可定义为

$$P_{NN}(\omega) = \begin{cases} \dfrac{P\pi}{\Delta\omega_I}, & -\Delta\omega_I < \omega < \Delta\omega_I \\ 0, & \omega\text{为其他值} \end{cases} \tag{3.4.30}$$

通过傅里叶变换可得它的自相关函数为

$$R_{NN}(\tau) = P\frac{\sin(\Delta\omega_I\tau)}{\Delta\omega_I\tau} \tag{3.4.31}$$

低通带限白噪声的自相关函数与功率谱密度如图 3.4.10 所示。

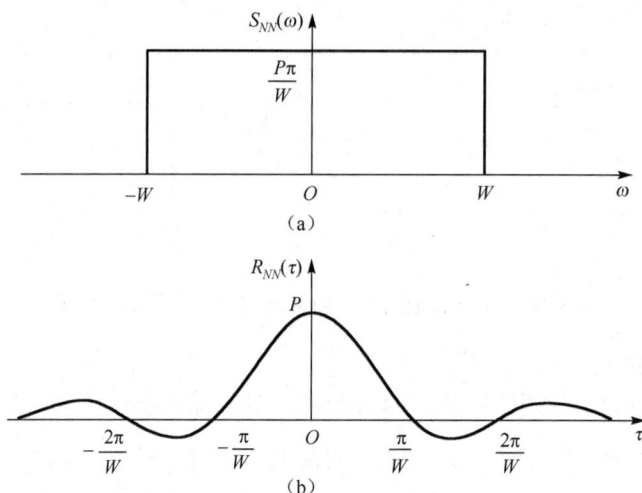

图 3.4.10　低通带限白噪声的自相关函数与功率谱密度

在信号检测系统中，带限白噪声通常是带通形式的，其功率谱密度与自相关函数（见图 3.4.11）分别为

$$P_{NN}(\omega) = \begin{cases} \dfrac{P\pi}{\Delta\omega_I}, & \omega_0 - \dfrac{\Delta\omega_I}{2} < |\omega| < \omega_0 - \dfrac{\Delta\omega_I}{2} \\ 0, & \omega\text{为其他值} \end{cases} \tag{3.4.32}$$

$$R_{NN}(\tau) = P\frac{\sin\left(\dfrac{\Delta\omega_I\tau}{2}\right)}{\left(\dfrac{\Delta\omega_I\tau}{2}\right)}\cos(\omega_0\tau) \tag{3.4.33}$$

其中：ω_0 是中心频率；$\Delta\omega_I$ 是等效噪声带宽；P 是噪声功率。

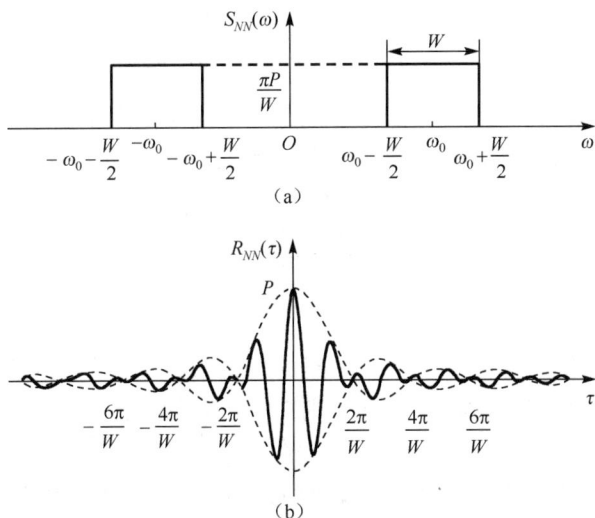

图 3.4.11　带通带限白噪声的自相关函数与功率谱密度

3.4.4.5　均值为零的白噪声的功率

在水中信号分析中，常常通过求自相关函数或方差的方法来计算噪声的功率。若噪声的均值 $\mu = 0$，此时噪声的平均功率等于噪声的方差，其证明过程如下。

假设噪声的功率谱密度函数为 $P_n(\omega)$，其平均功率 P_n 可表示为

$$P_n = \frac{1}{2\pi} \int_{-\infty}^{\infty} P_n(\omega)\mathrm{d}\omega = \frac{1}{2\pi} \int_{-\infty}^{\infty} P_n(\omega)\mathrm{e}^{-\mathrm{j}\omega t}\mathrm{d}\omega|_{t=0} R(0)$$

噪声的方差为

$$\sigma^2 = E\{[n(t) - E(n(t))]^2\} = E\{n^2(t)\} - [E(n(t))]^2 = R(0) - \mu^2 = R(0)$$

所以有 $P_n = \sigma^2$。

高斯白噪声通过某带通或低通型线性系统 $H(f)$ 后的输出是零均值平稳高斯随机过程，其平均功率（方差）为

$$\sigma^2 = \int_{-\infty}^{\infty} \frac{N_0}{2} |H(f)|^2 \,\mathrm{d}f \tag{3.4.34}$$

如果已知 $H(f)$ 的等效噪声带宽为 B，且 $H(f)$ 的最大高度是 1，则

$$\sigma^2 = 2\pi N_0 B \tag{3.4.35}$$

上述结论非常有用，在水中信号分析中，常常通过求自相关函数或方差的方法来计算噪声的功率。

3.5　观测样本的表示方法及信噪比定义

为了更好地设计微弱信号检测系统装置，通常采用不同的方法来表示观测样本。本节将观测样本用接收信号表述，以下进行分别介绍。

3.5.1　解析信号

信号是信息的载体,实际的信号都是实信号。当用实数表示信号时,其傅里叶变换含有负频率。如果实信号 $f(t)$,其频谱将包含正频率和负频率,即

$$F(\omega) = \int_{-\infty}^{+\infty} f(t) \cdot \mathrm{e}^{-\mathrm{j}\omega t}\mathrm{d}t = \underbrace{\int_{-\infty}^{0} f(t) \cdot \mathrm{e}^{-\mathrm{j}\omega t}\mathrm{d}t}_{\text{负频率}} + \underbrace{\int_{0}^{\infty} f(t) \cdot \mathrm{e}^{-\mathrm{j}\omega t}\mathrm{d}t}_{\text{正频率}} \tag{3.5.1}$$

$$= F^{-}(\omega) + F^{+}(\omega)$$

由于实信号具有共轭对称的频谱,从信息的角度来看,其负频谱部分是冗余的,若将信号的负频谱部分去掉,只保留正频谱部分,则信号占有的频带减少一半,有利于信号分析,所以引入解析信号。

解析信号的定义:假设实信号 $f(t)$,其傅里叶变换为 $F(\omega)$,则信号可表示为

$$\begin{aligned}
f(t) &= \frac{1}{2\pi} \int_{-\infty}^{+\infty} F(\omega)\mathrm{e}^{\mathrm{j}\omega t}\mathrm{d}\omega \\
&= \frac{1}{2\pi} \int_{-\infty}^{0} F^{-}(\omega)\mathrm{e}^{\mathrm{j}\omega t}\mathrm{d}\omega + \frac{1}{2\pi} \int_{0}^{+\infty} F^{+}(\omega)\mathrm{e}^{\mathrm{j}\omega t}\mathrm{d}\omega \\
&= \frac{1}{2\pi} \int_{0}^{-\infty} F^{-}(-\omega)\mathrm{e}^{-\mathrm{j}\omega t}\mathrm{d}(-\omega) + \frac{1}{2\pi} \int_{0}^{+\infty} F^{+}(\omega)\mathrm{e}^{\mathrm{j}\omega t}\mathrm{d}\omega \\
&= \mathrm{Re}\left[\frac{1}{2\pi} \int_{0}^{+\infty} 2F^{+}(\omega)\mathrm{e}^{\mathrm{j}\omega t}\mathrm{d}\omega\right] \\
&= \mathrm{Re}[f_a(t)]
\end{aligned} \tag{3.5.2}$$

式中

$$f_a(t) = \frac{1}{2\pi} \int_{0}^{+\infty} 2F^{+}(\omega)\mathrm{e}^{\mathrm{j}\omega t}\mathrm{d}\omega \tag{3.5.3}$$

定义 $f_a(t) = \dfrac{1}{2\pi} \displaystyle\int_{0}^{+\infty} 2F^{+}(\omega)\mathrm{e}^{\mathrm{j}\omega t}\mathrm{d}\omega$ 为 $f(t)$ 的解析信号,解析信号是复数。

解析信号的频谱记为 $F_a(\omega)$,即

$$\begin{aligned}
F_a(\omega) &= \int_{-\infty}^{+\infty} f_a(t)\mathrm{e}^{-\mathrm{j}\omega t}\mathrm{d}t \\
&= F^{+}(\omega) + \mathrm{j}[-\mathrm{jsgn}(\omega)]F^{+}(\omega) \\
&= \begin{cases} 2F^{+}(\omega), & \omega > 0 \\ F^{+}(\omega), & \omega = 0 \\ 0, & \omega < 0 \end{cases}
\end{aligned} \tag{3.5.4}$$

式中 $\mathrm{sgn}(\omega) = \begin{cases} 1, & \omega > 0 \\ 0, & \omega = 0 \\ -1, & \omega < 0 \end{cases}$。

以下分析解析信号与实信号之间的关系。既然解析信号是复信号,那么它就有实部和虚部,因此令解析信号为

$$f_a(t) = f(t) + \mathrm{j}\tilde{f}(t)$$
$$\updownarrow \qquad \updownarrow \qquad \updownarrow \qquad \qquad (3.5.5)$$
$$F_a(\omega) = F(\omega) + \mathrm{j}\tilde{F}(\omega)$$

式中，$\tilde{F}(\omega) = \int_{-\infty}^{+\infty} \tilde{f}(t)\mathrm{e}^{-\mathrm{j}\omega t}\mathrm{d}t$。对比式（3.5.4）和式（3.5.5）得到

$$\begin{aligned}
\tilde{F}(\omega) &= -\mathrm{j}\,\mathrm{sgn}(\omega)F(\omega) \\
&= \begin{cases} -\mathrm{j}F(\omega), & \omega > 0 \\ 0, & \omega = 0 \\ \mathrm{j}F(\omega), & \omega < 0 \end{cases} \qquad (3.5.6) \\
&= -\mathrm{j}F(\omega)[2U(\omega)-1]
\end{aligned}$$

式中，$U(\omega) = \begin{cases} 1, & \omega > 0 \\ \dfrac{1}{2}, & \omega = 0 \\ 0, & \omega < 0 \end{cases}$。对式（3.5.6）进行反傅里叶变换

$$\tilde{f}(t) = \int_{-\infty}^{+\infty} -\mathrm{j}F(\omega)[2U(\omega)-1]\mathrm{e}^{\mathrm{j}\omega t}\mathrm{d}\omega \qquad (3.5.7)$$

再利用傅里叶变换对的性质，即频域中的乘积等于时域卷积，则有

$$\begin{aligned}
\tilde{f}(t) &= -\mathrm{j}\int_{-\infty}^{+\infty} f(\tau)\frac{1}{\mathrm{j}\pi(t-\tau)}\mathrm{d}\tau \\
&= \frac{1}{\pi}\int_{-\infty}^{+\infty} \frac{f(\tau)}{t-\tau}\mathrm{d}\tau \\
&= -\frac{1}{\pi}\int_{-\infty}^{+\infty} \frac{f(t-\tau)}{\tau}\mathrm{d}\tau \qquad (3.5.8) \\
&= f(t)\otimes\frac{1}{\pi t} \\
&= f(t)\otimes h(t)
\end{aligned}$$

式（3.5.8）就是 Hilbert 变换，简记为 $\tilde{f}(t) = \mathrm{H}\cdot f(t)$。其中 $f(t) = \dfrac{1}{\pi t}$ 是 Hilbert 滤波器的冲激响应。其反变换为

$$\begin{aligned}
f(t) &= -\frac{1}{\pi}\int_{-\infty}^{+\infty} \frac{\tilde{f}(\tau)}{t-\tau}\mathrm{d}\tau \\
&= \tilde{f}(t)\otimes\left(-\frac{1}{\pi t}\right) \qquad (3.5.9) \\
&= -\tilde{f}(t)\otimes h(t)
\end{aligned}$$

简记为 $f(t) = H^{-}\cdot\tilde{f}(t)$。

解析信号与实信号之间的关系

$$f_a(t) = f(t) + \mathrm{j}\tilde{f}(t) \qquad (3.5.10)$$

解析信号具有以下性质。

（1）解析信号不含有负频谱，即解析信号的傅里叶变换的负频率部分全部等于零。

（2）解析信号的振幅就是实际信号波形的包络。

（3）解析信号的相位就是实际波形的相位。

3.5.2　窄带信号的复数表示

由 3.3 节的分析可知，若主动目标检测中发射单频脉冲信号，则接收到的目标回波信号通常可表示为

$$x(t) = a(t)\cos[\omega_c t + \theta(t)], \quad 0 \leqslant t \leqslant T \tag{3.5.11}$$

其中：$a(t)$ 是实包络振幅；$\theta(t)$ 是相位；$\omega_c = 2\pi f_0$ 是载波频率，简称载频。$a(t)$ 和 $\theta(t)$ 相对于 ω_c 来说是慢变的，$a(t)$ 和 $\theta(t)$ 含有全部有用信息，而 ω_c 并不包含信息。

如果信号 $x(t)$ 的带宽 $\Delta F \ll f_c$，则称信号 $x(t)$ 为**窄带信号**。主动式近感检测装置发射的信号和被动式近感检测装置做窄带接收时的信号都是窄带实数信号。该类信号通常包含一个实包络和一个高频调制项，如图 3.5.1 所示。

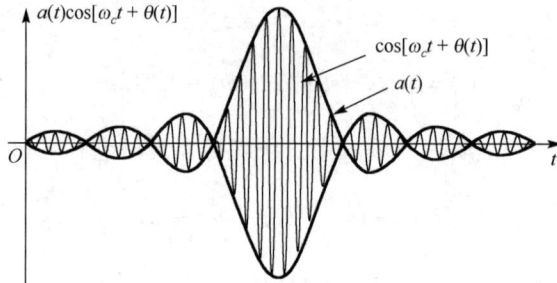

图 3.5.1　$x(t) = a(t)\cos[\omega_c t + \theta(t)]$ 波形

如果用解析信号表示式（3.5.11），则会有很多优点。式（3.5.11）的 Hilbert 变换为 $\tilde{x}(t) = a(t)\sin[\omega_c t + \theta(t)]$，于是可得式（3.5.11）的解析信号为

$$\begin{aligned}
x_a(t) &= x(t) + \mathrm{j}\tilde{x}(t) \\
&= a(t)\cos\left[\omega_c t + \theta(t)\right] + \mathrm{j}a(t)\sin\left[\omega_c t + \theta(t)\right] \\
&= a(t)\mathrm{e}^{\mathrm{j}\theta(t)}\,\mathrm{e}^{\mathrm{j}\omega_c t} \\
&= \tilde{x}(t)\mathrm{e}^{\mathrm{j}\omega_c t}
\end{aligned} \tag{3.5.12}$$

式中，$\tilde{x}(t) = a(t)\mathrm{e}^{\mathrm{j}\theta(t)}$ 为解析信号 $x_a(t)$ 的复包络，是时间的慢变函数，复包络的模等于 $a(t)$，相角等于相位调制 $\theta(t)$。复包络在复平面上可表示为时间向量，其长度为 $a(t)$，幅角为 $\theta(t)$，这是极坐标形式，也可用直角坐标表示为

$$\begin{aligned}
\tilde{x}(t) &= a(t)\mathrm{e}^{\mathrm{j}\theta(t)} \\
&= a(t)\cos[\theta(t)] + \mathrm{j}a(t)\sin[\theta(t)] \\
&= X_I(t) + \mathrm{j}X_Q(t)
\end{aligned} \tag{3.5.13}$$

其中：实部 $X_I(t) = a(t)\cos[\theta(t)]$ 称为同相分量；虚部 $X_Q(t) = a(t)\sin[\theta(t)]$ 称为正交分量。$a(t)$ 和 $\theta(t)$ 也可表示为

$$a(t) = \sqrt{X_I^2(t) + X_Q^2(t)} = |\tilde{x}(t)|$$

$$\theta(t) = \arctan\left[\frac{X_Q(t)}{X_I(t)}\right] \tag{3.5.14}$$

窄带信号的复基带表示（Complex Baseband Representation）或复包络表示（Complex Envelope Representation）为

$$
\begin{aligned}
x(t) &= \mathrm{Re}[x_a(t)] \\
&= \mathrm{Re}[\tilde{x}(t)\mathrm{e}^{\mathrm{j}\omega_c t}] \\
&= \mathrm{Re}\{[X_I(t) + \mathrm{j}X_Q(t)][\cos\omega t + \mathrm{j}\sin\omega t]\} \\
&= X_I(t)\cos\omega_c t - X_Q(t)\sin\omega_c t
\end{aligned}
\tag{3.5.15}
$$

以下给出由实信号取得复包络的信号处理实现方法。复包络的信号处理实现方法框图如图 3.5.2 所示。

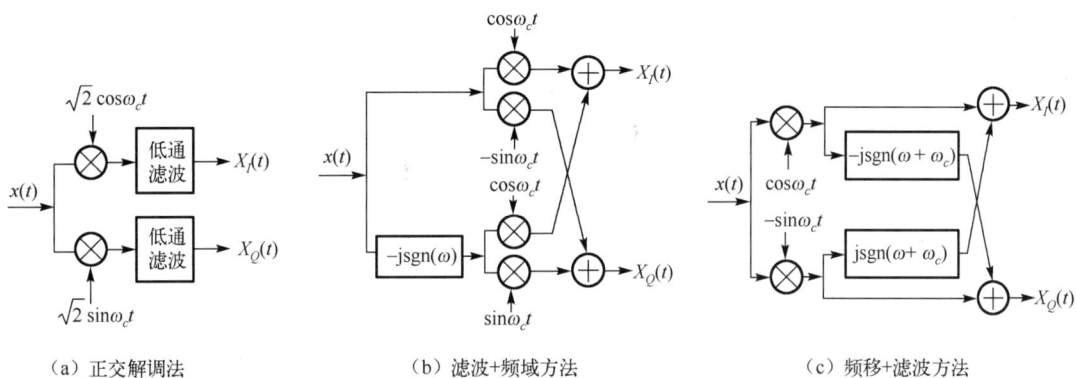

（a）正交解调法　　　　　　（b）滤波+频域方法　　　　　　（c）频移+滤波方法

图 3.5.2　复包络的信号处理实现方法框图

以下讨论复包络的频谱。

由式（3.5.12）得 $\tilde{x}(t) = x_a(t)\mathrm{e}^{-\mathrm{j}\omega_c t}$，因此得复包络的频谱为

$$\tilde{X}(\omega) = \mathbb{F}\{\tilde{x}(t)\} = X_a(\omega + \omega_c) \tag{3.5.16}$$

图 3.5.3 给出了基带信号、窄带信号、解析信号与复包络的频谱之间的关系。

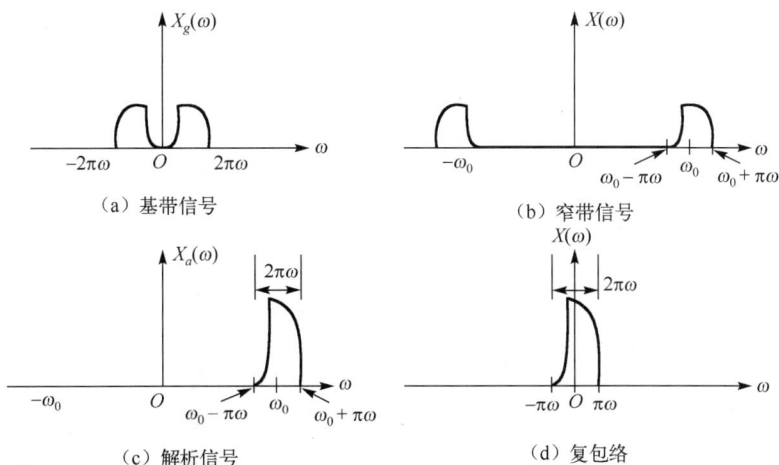

（a）基带信号　　　　　　　　　（b）窄带信号

（c）解析信号　　　　　　　　　（d）复包络

图 3.5.3　基带信号、窄带信号、解析信号、复包络的频谱之间的关系

3.5.3　信号的数字表示

一个物理量可表示为连续时间信号 $x(t) = A\cos(2\pi ft)$，也称为**模拟信号**；若 t 仅在离散时间点上取值 $x(nT_s) = A\cos(2\pi fnT_s)$，称其为**离散时间信号**（Discrete Time Signal），其中 T_s 为相邻两个点之间的时间间隔，又称**采样周期**（Sampling Periodic）；将时间间隔归一化得**离散时间序列**（Discrete Time series）$x(nT_s) = x(n)$。$x(n)$ 在时间上是离散的，其幅度可以在某一范围内连续取值。目前的信号处理装置多是以计算机或专用信号处理芯片来实现采样的，其幅值是以有限位数字来表示的，对 $x(n)$ 的幅度进行有限位的二进制编码量化，得到的时间和幅度都是离散化的**数字信号**（Digital Signal），即 $x[n]$。由于数字信号是由模拟信号经时间离散（采样）及幅度离散（量化）后得到，如何采样和量化才能恢复出原信号？

3.5.3.1　采样定理（Sampling Theory）

若连续信号 $x(t)$ 是有带限宽的，其频谱的最高频率为 f_c，在对 $x(t)$ 采样时，若保证采样频率为

$$f_s \geq 2f_c \ \text{或} \ \Omega_s \geq 2\Omega_c, \qquad T_s = 1/f_s \leq \pi / \Omega_c \qquad (3.5.17)$$

那么，可由 $x(nT_s)$ 恢复出 $x(t)$，即 $x(nT_s)$ 保留了 $x(t)$ 的全部信息。若 $x(n)$ 保留了 $x(t)$ 的全部信息，则 $x(t)$ 可由 $x(n)$ 重建，即

$$x(t) = \sum_{n=-\infty}^{\infty} x(nT_s) \frac{\sin \pi f_s(t - nT_s)}{\pi f_s(t - nT_s)} \qquad (3.5.18)$$

该定理是由 Nyquist 和 Shannon C.E. 分别于 1928 年和 1949 年提出的，所以又称为 Nyquist 采样定理或 Shannon 采样定理，f_s 称为 Nyquist 频率。该定理指出了对信号采样必须遵守的基本原则。在对信号 $x(t)$ 采样时，首先分析 $x(t)$ 的最高截止频率 f_c，以确定选取的采样频率 f_s；若 $x(t)$ 不是有带限宽的，则在采样前应对 $x(t)$ 进行抗混叠（anti-aliasing）滤波，以滤除大于 f_c 的频率成分。

3.5.3.2　窄带信号的正交采样

若窄带信号的中心频率为 f_c，带宽为 $B(B = f_h - f_l)$，按采样定理对它直接采样的采样频率为 $f_s \geq 2(f_c + B/2)$。当中心频率 f_c 较高时，使得采样频率 f_s 非常高，将导致过高的硬件成本。以下介绍两种窄带信号的采样技术。

实数窄带信号 $x(t)$ 可表示为正交调制形式

$$x(t) = \mathrm{Re}\left[\tilde{x}(t)\mathrm{e}^{j\omega_c t} \right] = X_I(t)\cos \omega_c t - X_Q(t)\sin \omega_c t \qquad (3.5.19)$$

假定 $f_h - f_c = f_c - f_l = B/2 = W$，若对基带信号采样，则可用采样频率 $f_s \geq 2W$，

$$
\begin{aligned}
X_I(t) &= \sum_{n=-\infty}^{\infty} X_I(nT_s) \frac{\sin \pi f_s(t - nT_s)}{\pi f_s(t - nT_s)} \\
X_Q(t) &= \sum_{n=-\infty}^{\infty} X_Q(nT_s) \frac{\sin \pi f_s(t - nT_s)}{\pi f_s(t - nT_s)}
\end{aligned}
\qquad (3.5.20)
$$

将式（3.5.20）代入式（3.5.19）得

$$x(t) = \sum_{n=-\infty}^{\infty} [X_I(nT)\cos\omega_c t - X_Q(nT)\sin\omega_0 t] \frac{\sin \pi f_s(t - nT_s)}{\pi f_s(t - nT_s)} \tag{3.5.21}$$

即带通信号 $x(t)$ 可由其复包络的两个正交分量在时间间隔为 T_s 秒的采样值唯一的确定。

正交采样就是将窄带信号表示为复包络形式，得到复包络的两个正交分量，再对两个正交分量进行采样，采样及恢复信号的原理框图如图 3.5.4 所示。

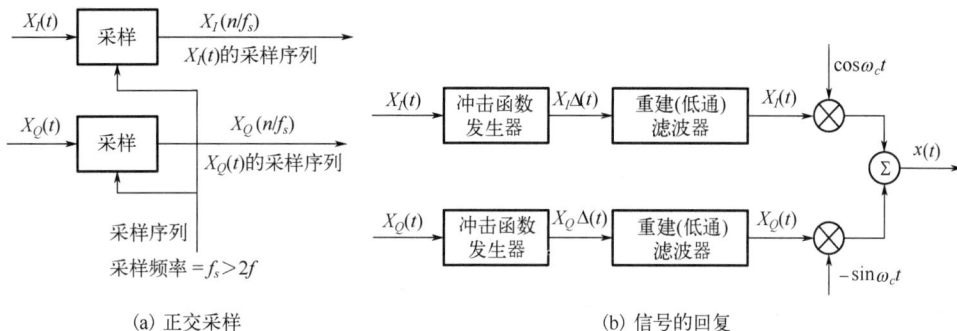

(a) 正交采样　　　　　　　　　　(b) 信号的回复

图 3.5.4　采样及恢复信号的原理框图

3.5.3.3　窄带信号的 1/4 周期延迟采样

直接采样的采样频率与成本都较高，正交采样克服了上述缺点，但构成复杂。1/4 周期延迟采样则是以上两种方法的折中。这种方法的思想来源于正交采样，但通过延时产生正交分量的样本序列，其原理如图 3.5.5 所示。带通信号 $x(t)$ 被直接采样，但产生两个样本序列。采样频率要求按正交采样定理，即 $f_s \geqslant 2W$，时延 Δt 为中心频率 f_c 的 1/4 周期的奇数倍。这样，上述两个输出样本序列就是两个正交分量的采样序列，证明过程如下。

假定时间序列的原点就是采样时刻之一，而且窄带信号的中心频率 f_c 是采样频率的正整数倍，即 $f_c = mf_s$。由图 3.5.5 可知，两路信号采样的结果为

$$\begin{aligned}
x(n/f_s) &= X_I(n/f_s)\cos(\omega_c n/f_s) - X_Q(n/f_s)\sin(\omega_c n/f_s) \\
&= X_I(n/f_s)\cos 2\pi nm - X_q(n/f_s)\sin 2\pi nm \tag{3.5.22} \\
&= X_I(n/f_s)
\end{aligned}$$

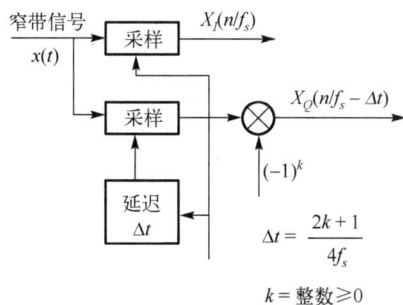

图 3.5.5　1/4 周期的延迟采样

$$
\begin{aligned}
x(n/f_s - \Delta t) &= X_I(n/f_s - \Delta t)\cos\omega_c(n/f_s - \Delta t) - \\
&\quad X_Q(n/f_s - \Delta t)\sin\omega_c(n/f_s - \Delta t) \\
&= X_I(n/f_s - \Delta t)\cos[2\pi nm - \pi(2k+1)/2] - \\
&\quad X_Q(n/f_s - \Delta t)\sin[2\pi nm - \pi(2k+1)/2] \\
&= (-1)^k X_Q(n/f_s - \Delta t)
\end{aligned} \tag{3.5.23}
$$

因为按约定 $\Delta t = (2k+1)/4f_c$，所以

$$
\begin{aligned}
x(n/f_s - \Delta t) &= (-1)^k X_Q\left[n/f_s\left(1 - \frac{\Delta t}{n/f_s}\right)\right] \\
&= (-1)^k X_Q\left[n/f_s\left(1 - \frac{(2k+1)B}{4nf_c}\right)\right]
\end{aligned} \tag{3.5.24}
$$

其中：$f_s = B = 2W$（采样定理）。显然在窄带信号的条件下 $f_c/B \gg 1$，而且 K 通常取 1 或接近 1 的整数，则

$$
X_Q\left[n/f_s\left(1 - \frac{(2k+1)B}{4nf_c}\right)\right] = X_Q\left(n/f_s\right) \tag{3.5.25}
$$

于是，证明了如图 3.5.5 所示的采样方法给出两个正交离散时间序列。

3.5.3.4　采样定理对正弦信号的适用性

（1）对于正弦信号 $x(t) = A\sin(2\pi f_c t + \varphi)$，若以 $f_s = 2f_c$ 的采样频率对其采样，记采样后的信号为 $x(n)$，那么：

① 当 $\varphi = 0$ 时，无法由 $x(n)$ 重建 $x(t)$；

② 当 $\varphi = \pi/2$ 时，可以由 $x(n)$ 重建 $x(t)$；

③ 当 $0 < \varphi < \pi/2$ 时，由 $x(n)$ 重建出的信号将不是 $x(t)$，而是 $\sin\varphi\sin 2\pi f_c t$。

若 φ 已知，则可得到原始信号 $x(t)$；若 φ 未知，则无法得到原始信号 $x(t)$。

对 $x(t)$ 采样得到 $x(nT_s) = \sin(n\pi + \varphi)$。当 $\varphi = 0$ 时，一个周期内采样的两个点全为零，自然无法重建 $x(t)$。当 $\varphi = \pi/2$ 时，在一个周期内可采样两个点 1 和 −1，周期和幅值全部已知，可采用插值的方法恢复 $x(t)$ 的全部信息。

由于正弦信号的频谱是线谱，它既不能简单地被视为带限信号，也不能简单地被视为窄带信号，采样定理对正弦信号是有一定的适用条件的，要么 $\varphi = \pi/2$，要么 φ 已知，且 $\varphi \neq 0$。

（2）对于正弦信号 $x(t) = A\sin(2\pi f_c t + \varphi)$，若以 $f_s = 2f_c$ 的采样频率对其采样，不论 A、f_c 和 φ 为何值，只要保证在 $x(t)$ 的一个周期内均匀采样三个点，并且仅采样一个周期，即可由 $x(n)$ 准确地重建 $x(t)$。

因为 $x(t) = A\sin(2\pi f_c t + \varphi)$ 中有三个参数 A、f_c 和 φ，如果在一个周期内给出 t 的三个不同值，那么通过求解三元一次方程组得出三个参数，从而准确重建 $x(t)$。

（3）对于复正弦信号 $x(t) = A\exp j(2\pi f_c t + \varphi)$，若以 $f_s = 2f_c$ 的采样频率对其采样，不论 A、f_c 和 φ 为何值，只要保证在 $x(t)$ 的一个周期内均匀采样三个点，且仅采样一个周期，即可由 $x(n)$ 准确地重建 $x(t)$。

这是因为正弦信号和余弦信号正交。

（4）对于正弦信号 $x(t) = A\sin(2\pi f_c t + \varphi)$，若满足① $f_s = m f_c$，m 为大于 2 的正整数；② 采样点数 N 为一个或多个完整的整数周期，则用这 N 点数据做 DFT 时，所得的 $X(k)$ 无泄露，即 $X(k)$ 是在 $\pm f_c$ 处的线谱。

因为 N 点信号 $x_d(n) = x(n)d(n)$，是矩形窗函数 $d(n)$ 将 $x(t)$ 截断后的信号，其 DTFT 为 $D\left(\mathrm{e}^{\mathrm{j}\omega}\right) = \mathrm{e}^{-\mathrm{j}\omega(N-1)/2} \dfrac{\sin(\omega N/2)}{\sin(\omega/2)}$。DFT 理论将 $D\left(\mathrm{e}^{\mathrm{j}\omega}\right)$ 在频域采样，采样点数仍为 N，两点之间的频率间隔为 $\omega_k = 2\pi f_s / N$，$D\left(\mathrm{e}^{\mathrm{j}\omega}\right)$ 除在 $\pm f_c$ 处，其余各点均为零。

（5）若对正弦信号 $x(t) = A\sin(2\pi f_c t + \varphi)$ 满足采样定理采样后的信号 $x(n)$ 补零，不论补多少个零，对其做 DFT 后，都将在频域发生谱泄露。

3.5.3.5　A/D 变换器的字长

A/D 变换器用有限字长表示模拟信号，不可避免地引入了两种噪声：量化噪声和饱和噪声。**量化噪声**是模拟输入信号被四舍五入到最接近的 A/D 变换电平引起的；**饱和噪声**是模拟输入信号超过最大 A/D 变换电平而限幅引起的。这两种噪声均引起 A/D 变换输出的失真。量化噪声的最大误差是 $\pm q/2$，q 是 A/D 变换器最低位代表的步长。这样一来，由于四舍五入引起的一个误差序列 $e(n)$ 为

$$e(n) = x(n) - \mathrm{int}[x(n)] \qquad\qquad (3.5.26)$$

int[·] 表示把输入信号四舍五入到 A/D 变换器最近的电平，如图 3.5.6 所示。

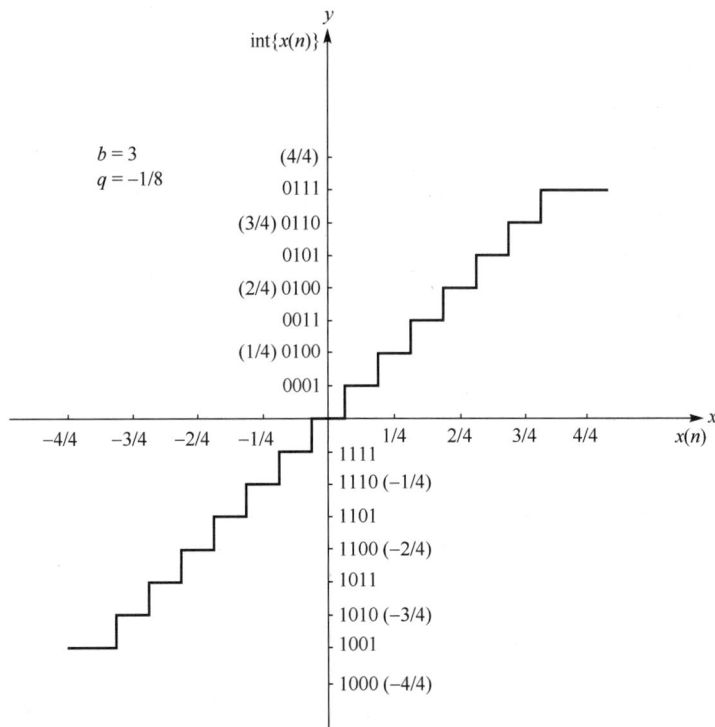

图 3.5.6　一个四位 A/D 变换器的传输函数

如果输入信号很复杂，A/D 变换器的字长很大，结果输入信号 $X_a(t)$ 的变化范围覆盖了

A/D 变换器的非常多的量化电平数，则我们可以假定 $e(n)$ 概率密度函数服从均匀分布。此外我们还可以假定误差序列 $e(n)$ 的各样本点互不相关；$e(n)$ 与真正的采样序列 $x(n)$ 不相关；并且 $e(n)$ 是一个平稳随机过程的采样序列。显然，如果输入是直流，那么这些假定是不正确的。

增大输入信号电平可以减小量化噪声（提高信噪比）；但是这样将导致饱和噪声增大。当输入信号服从高斯分布时，可以得到一个系数 K，使与 A/D 变换器字长（位数）存在函数关系的总噪声，即量化噪声加饱和噪声的功率最小。K 值的含义是：调整输入信号使信号的标准离差 σ 等于 A/D 变换器的最大电平 $1/K$。

通常设 $K=4$，在这种条件下，只有当输入信号的幅度超过 4σ 时才产生饱和噪声。对于一些有实际意义的噪声信号，当 $K=4$ 时，饱和噪声出现的概率很小，是可以容忍的。

信号对量化信噪比 S/QN 定义如下：假定 A/D 变换器的字长为 $b+1$ 位，则量化的步长 q 等于 2^{-b}，假设量化噪声概率密度服从均匀分布，则量化噪声功率等于 $q^2/12$。由于已把输入信号标定为使其标准差 σ 等于 A/D 变换器的最大变换电平 $1/K$，考虑到这个最大电平为 $(2^b-1)/2^b \approx 1$，且 σ^2 代表输入信号的功率，则

$$
\begin{aligned}
S/QN &= 10\log_{10}\frac{\text{信号功率}}{\text{量化噪声功率}} \\
&= 10\log_{10}\frac{1/K}{2^{-2b}/12} \\
&= 20\log_{10}2 + 10\log_{10}12 - 20\log_{10}K
\end{aligned} \tag{3.5.27}
$$

若 $K=4$，则 $S/QN = 6.02b - 1.25\text{(dB)}$。也就是说，如果要求 $S/QN=70\text{dB}$，则 A/D 转换器的字长为 $b+1=13$。

显然，保证确定的 K 值要求对接收通道进行增益控制，以达到最大的 S/QN，其原理图见图 3.5.7。1dB 步进衰减器可形成 $\pm 1/2$dB 的误差。但是为了进行自动增益控制要求计算（估计）信号的功率，因此需要选择计算平均功率的时间。若平均时间过长，则信号可能出现饱和或过低；若平均时间过短，则功率的起伏很大，增益控制引起噪声。

图 3.5.7 接收通道增益控制原理

3.5.4 微弱信号检测的信噪比及信噪比增益

在式（3.1.1）所给出的 H_1 假设条件下，假设接收机得到的观测数据模型中 $h(t)=1$，则接收到的包含信号的观测数据模型可表示为

$$
x(t) = s(t) + n(t) \tag{3.5.28}
$$

通常用信号功率与噪声功率之比来定义信噪比。根据实际情况常用的还有瞬时信噪比、偏移信噪比等几种。

平均功率信噪比：如果信号具有确知形式，噪声是广义平稳高斯过程且均值为 0，方差为 σ_n^2，则平均功率信噪比为

$$\text{SNR} = \frac{\frac{1}{T}\int_0^T s^2(t)\mathrm{d}t}{\sigma_n^2} \tag{3.5.29}$$

如果噪声不是广义平稳的，则噪声方差将是时变的，SNR 与时间有关。若噪声的自协方差函数已知，可用式（3.5.29）直接计算；若噪声的自协方差函数未知，则必须知道噪声 $n(t)$ 的概率密度函数，这样噪声方差也可以计算出来。

瞬时功率信噪比：信号的瞬时功率对噪声平均功率之比，即

$$\text{SNR} = \frac{s^2(t)}{\sigma_n^2} \tag{3.5.30}$$

偏移信噪比：若从接收的观测数据中估计信噪比，则可定义偏移信噪比为

$$\text{SNR} = d^2 = \frac{[E\{x(t)\} - E\{n(t)\}]^2}{\sigma_n^2} \tag{3.5.31}$$

其中：$E\{x(t)\}$ 和 $E\{n(t)\}$ 分别指信号加噪声混合波形的均值与噪声的均值；σ_n^2 是噪声的方差。可以看出 $E\{x(t)\} - E\{n(t)\}$ 正是有信号时概率密度 $P(X|H_1)$ 与纯噪声时的概率密度 $P(X|H_0)$ 的均值之间的距离。

微弱信号检测系统处理信号的目的是力图提高输出信噪比，因此检测装置输入端的信噪比与输出端的信噪比是不同的，通常用处理增益衡量系统对输入信噪比的改善，即

$$处理增益 = \frac{输出信噪比}{输入信噪比} \quad 或 \quad 处理增益 = 10\log_{10}\frac{输出信噪比}{输入信噪比} \tag{3.5.32}$$

在定义输入信噪比时，规定噪声功率指通过接收通带的噪声功率折算到输入端的值。这样规定的合理性是不言而喻的，因为事实上只有通频带内的噪声形成对信号检测的干扰。若 $n_0^2(t)$ 是实际测量的输出端的噪声功率，并且是在无干扰信号处理条件下测量的，K 为系统放大量，则输入噪声功率可由式（3.5.33）折算

$$n_i^2(t) = \frac{1}{K^2}n_0^2(t) \tag{3.5.33}$$

3.6　微弱信号检测的内容体系

在水声微弱信号检测中，通常目标为点目标，因此检测的信号具有方向性；按信号时域变化规律的确知性和随机性分为确知信号、确定性随机信号和随机信号。

确知信号：给定某一时间值，则可确定相应函数值的信号称为确知信号。如主动检测系统发射的单频连续波（Continue Wave，CW）信号 $s(t) = A\cos(\omega_0 t + \theta)$、线性调频信号（Linear Frequency Modulated，LFM）等。

确定性随机信号：函数的形式确定但其中的某些参数未知的信号称为确定性随机信号。如主动检测系统中，发射信号为 $s(t) = A\cos(\omega_0 t + \theta)$ 信号，则回波信号可表示为 $r(t) = a\cos[\omega_i(t-\tau) + \theta + \varphi]$，其中回波信号到达时间 τ、幅值 a、角频率 ω_i、相位 φ 中的任意几个参数或全部参数为随机变量。如被动检测中舰船辐射噪声的线谱成分等。

　　随机信号：不是确定的时间函数，只能用概率分布或特征描述的信号称为随机信号。当海洋环境噪声中的噪声干扰呈现单频干扰、脉冲干扰时，被动检测系统中的舰船目标辐射噪声可看成随机信号。

　　按噪声的统计量与时间的关系分为平稳噪声和非平稳噪声；按噪声功率谱密度函数的形状分为白噪声和色噪声；按噪声样本函数幅值的概率分布函数分为高斯噪声和非高斯噪声。在实际的水中微弱信号检测系统中，噪声或干扰是非平稳、非高斯、非白的随机过程；主动检测系统的信号是确定性随机信号；被动检测系统的信号是非平稳、非高斯、非白的随机信号。另外，无论是主动检测还是被动检测，观测样本的概率密度函数（PDF）都难以准确已知，因此水中微弱信号的检测器的设计是比较困难的。

　　理论上，当观测样本的概率密度函数准确已知时，可以得到最佳检测器；当观测样本的概率密度函数不完全已知时，好的检测器（即使不是最佳检测器）很难被推导出。在确定一个检测器，并且观测样本的特征知识减少时，不仅设计检测器的难度增加，而且检测性能也下降。因此，在设计检测器时不仅要考虑数学上易于处理，而且还要考虑满足工程需求且易于实现。

　　从理论和工程实际两个方面考虑，基于高斯概率密度函数的最佳检测器易于实现，因此通常根据实际情况对信号及噪声、干扰的概率密度函数做相应的假设简化，通常假设其为高斯分布。当观测样本是平稳随机信号时，依据信号、噪声及干扰的概率密度函数是否为高斯分布，以及已知特征参数的多少可给出检测问题是信号集合与噪声集合的组合。本书的内容体系及章节如表 3.6.1 所示。信号和噪声分别表示如下。

　　信号{确定信号，确定性随机信号，高斯分布已知 PDF 信号，未知分布信号}。

　　噪声{高斯分布已知 PDF，高斯分布未知 PDF，非高斯分布已知 PDF，非高斯分布未知 PDF}。

表 3.6.1　微弱信号检测的内容体系

			信号↓				
			确定性已知	确定性未知	随机，已知特征	高斯分布，未知参数	随机，未知PDF
噪声→	平稳	高斯分布 已知 PDF	6.1 节	6.2 节、6.3 节	6.4 节	7.1 节、7.2 节	7.3 节
		高斯分布 未知 PDF	8.1 节	9.2 节、9.3 节、9.4 节、10.4 节、10.5 节	♦	♦	♦
	非平稳	高斯分布 未知 PDF	8.2 节、8.3 节、8.4 节	8.2 节、8.3 节、8.4 节	♦	♦	♦
		α 稳定分布 未知 PDF	♦	9.4 节	♦	♦	♦

　　注：其中♦本书不讨论。

习　　题

1．简述水声信道的特点及主动回波信号的特点。

2．简述舰艇辐射噪声的三大基本来源及特性。

3．设随机过程 $x(t)$ 的均值为 $\mu_x(t)$，自相关函数为 $r_x(t_j, t_k)$。若有随机过程，并且

$y(t)=a(t)\,x(t)+b(t)$，其中 $a(t)$、$b(t)$ 是确知函数，则求随机过程 $y(t)$ 的均值和自相关函数。

4. 设 $x(t)$ 和 $y(t)$ 分别是平稳随机过程，若 $z(t)=x(t)\cos\omega_0 t-y(t)\sin\omega_0 t$：

（1）求 $z(t)$ 的自相关函数 $r_z(\tau)$；

（2）若 $r_x(\tau)=r_y(\tau),r_{xy}(\tau)=0$，证明 $r_z(\tau)=r_x(\tau)\cos\omega_0\tau$。

5. 设平稳随机过程 $x(t)$ 的功率谱密度为 $P_x(\omega)$，将其输入到系统函数为 $H(\omega)$ 的线性系统后，其响应为 $y(t)$。证明 $P_y(\omega)=H(-\omega)P_{xy}(\omega)$。

6. 设正弦随机相位信号 $s(t;\theta)=a\cos(\omega_0 t+\theta)$，其中，振幅 a 和频率 ω_0 均为常数；相位 θ 是在 $(-\pi,\pi)$ 上服从均匀分布的随机变量。问信号 $s(t;\theta)$ 是否是平稳随机信号？若 $s(t;\theta)$ 是平稳随机信号，求其功率谱密度 $P_s(\omega)$。

7. 将自相关函数为 $r_n(\tau)=\dfrac{N_0}{2}\delta(\tau)$ 的白噪声加到如图图题 7 所示的 $|H(\omega)|^2$ 的系统中，在系统的输出测得的噪声总功率是多少？

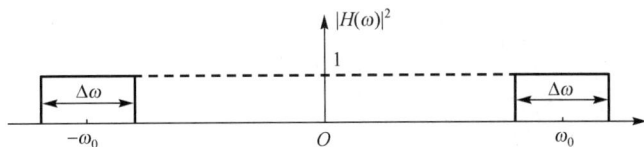

图题 7

第4章 微弱信号检测的时域滤波

微弱信号检测的时域滤波主要通过充分利用已知信号的特征，在时域对接收到的观测数据进行处理以提高信噪比。本章介绍两类最佳滤波器—匹配滤波器和维纳滤波器，以及若干次最佳滤波器。匹配滤波器以输出信噪比最大化为准则，但其实现需精确已知信号波形，这种苛刻的条件在实际系统中往往难以满足，于是就出现了一些次优替代方法，如相关滤波器、相干滤波器。维纳滤波器则是基于均方误差最小准则的最佳滤波器，可用于时域滤波、频域滤波、空域滤波，但其设计需要预先获取信号与噪声的统计特性（如输入相关矩阵 $\boldsymbol{R}$ 以及输入与期望的互相关向量 $\boldsymbol{P}$）。由于在实际系统中统计量通常未知，因此常采用次优的方式来实现，如基于最小均方（LMS）算法的自适应滤波器。此外，本章还介绍了时域同步平均滤波器，可实现梳状滤波，常用于周期信号的滤波处理。

需特别指出，"最佳"或"最优"并非是一个绝对的概念，它是在某个准则意义下的一个相对概念。对于在某一准则下的最优系统，它在其他准则下未必最优。在通常情况下，理想的最佳系统往往存在实现难度高、环境敏感性大或维护成本高等问题。在理论研究中发现，某些结构简单的常规系统性能固然不如最佳系统，但是通过参数优化（如预选滤波器传递函数、基阵幅度加权因子等），可使其性能逼近最佳系统，这类系统称为次最佳系统。从工程角度看，最佳接收系统的主要作用是给出在指定约束条件和准则下系统性能的上界，以作为其他系统的比较标准。一切实用系统的准则在经过计算后，再与最佳系统的性能进行比较，就可以看出尚有多大的改善潜力；如果性能相差不远，我们一般宁愿采用较简单的次最佳系统，而不采用复杂的最佳系统。最佳系统的另一个意义则是启发我们通过简化设计或自适应技术实现近似最优解，但近似效果如何需通过定量计算来评估验证呢？

4.1 匹配滤波器

匹配滤波器是接收信号波形确切已知时，以输出信噪比（SNR）最大化为准则的最佳接收系统。本节首先给出最大输出信噪比接收系统模型，然后分别以白噪声和色噪声为背景，推导匹配滤波器和广义匹配滤波器，并给出在 N-P 准则下两种噪声背景中匹配滤波器的检测性能及输出特性分析。

4.1.1 最大输出信噪比模型

因为匹配滤波器是针对加性噪声的滤波器，为了方便描述，在 3.1 节的观测样本模型中假设 $h(t)=1$，则两种假设下接收到的观测样本模型为

$$\begin{cases} H_0 : x(t) = n(t) \\ H_1 : x(t) = s(t) + n(t) \end{cases}$$

其中：$s(t)$ 为确切已知的信号；$n(t)$ 为平稳随机噪声。

假设接收滤波器为线性时不变系统，在 H_1 假设下，根据线性系统的叠加原理，该接收滤

波器的输出也包含信号 $s_y(t)$ 和噪声 $n_y(t)$ 两部分，即 $y(t) = s_y(t) + n_y(t)$。若信号 $s(t)$ 的频谱函数为 $S(\omega)$，即 $s(t) \Leftrightarrow S(\omega)$；接收滤波器的冲击响应为 $h(t)$，频谱函数为 $H(\omega)$，即 $h(t) \Leftrightarrow H(\omega)$，则输出信号可表示为

$$s_y(t) = \frac{1}{2\pi} \int_{-\infty}^{\infty} S(\omega) H(\omega) e^{j\omega t} d\omega \tag{4.1.1}$$

若噪声 $n(t)$ 的功率谱密度函数为 $N(\omega)$，输出噪声 $n_y(t)$ 的平均功率为

$$E[|n_y(t)|^2] = \frac{1}{2\pi} \int_{-\infty}^{\infty} N(\omega) |H(\omega)|^2 d\omega \tag{4.1.2}$$

这样，求最大信噪比准则下的最佳接收滤波器，就可归结为求时刻 $t = t_0$ 线性滤波器输出的瞬时功率信噪比为最大值的 $H(\omega)$ 或 $h(t)$，即

$$\underset{h(t)\vec{\text{或}}H(\omega)}{\text{argmax}} \left(\frac{S}{N} \right) = \frac{|s_y(t_0)|^2}{E[|n_y(t)|^2]} = \frac{\left| \dfrac{1}{2\pi} \displaystyle\int_{-\infty}^{\infty} S(\omega) H(\omega) e^{j\omega t_0} d\omega \right|^2}{\dfrac{1}{2\pi} \displaystyle\int_{-\infty}^{\infty} N(\omega) |H(\omega)|^2 d\omega} \tag{4.1.3}$$

式（4.1.3）可用变分法或施瓦兹（Schwartz）不等式求解，本章用施瓦兹不等式方法求解。施瓦兹不等式为

$$\left| \frac{1}{2\pi} \int_{-\infty}^{\infty} X(\omega) Y(\omega) \right|^2 \leqslant \frac{1}{2\pi} \int_{-\infty}^{\infty} |X(\omega)|^2 d\omega \cdot \frac{1}{2\pi} \int_{-\infty}^{\infty} |Y(\omega)|^2 d\omega \tag{4.1.4}$$

当 $X(\omega) = K Y^*(\omega)$ 时，式（4.1.4）等号成立。

下面以白噪声和色噪声为背景，分别求最大信噪比准则下的最佳接收滤波器的传输函数 $H(\omega)$ 或冲激响应函数 $h(t)$。

4.1.2 白噪声背景下的匹配滤波器

假设白噪声的功率谱密度为 $N(\omega) = N_0/2$，此时可令 $X(\omega) = H(\omega)$，$Y(\omega) = S(\omega) e^{j\omega t_0}$，由式（4.1.3）及式（4.1.4）可得

$$\frac{S}{N} \leqslant \frac{\dfrac{1}{4\pi^2} \displaystyle\int_{-\infty}^{\infty} |S(\omega)|^2 d\omega \int_{-\infty}^{\infty} |H(\omega)|^2 d\omega}{\dfrac{N_0}{4\pi} \displaystyle\int_{-\infty}^{\infty} |H(\omega)|^2 d\omega} = \frac{\dfrac{1}{2\pi} \displaystyle\int_{-\infty}^{\infty} |S(\omega)|^2 d\omega}{\dfrac{N_0}{2}} = \frac{2E}{N_0} \tag{4.1.5}$$

式中，E 是信号的能量。由帕塞瓦尔（Parseval）定理知 $E = \int_{-\infty}^{\infty} s^2(t) dt = \frac{1}{2\pi} \int_{-\infty}^{\infty} |S(\omega)|^2 d\omega$，其中，$|S(\omega)|^2$ 为 $s(t)$ 的能量谱密度。由式（4.1.5）可知，此时接收机的最大输出信噪比为

$$\left(\frac{S}{N} \right)_{\max} = \frac{2E}{N_0} \tag{4.1.6}$$

由式（4.1.6）知：最大输出信噪比与信号的波形及白噪声的分布无关，而只与信号的能量及噪声的功率谱密度有关；当噪声的功率谱密度一定时，**提高信号能量的途径有两种：①提高发射功率；②延长发射时间。**

最大输出信噪比是在式（4.1.4）中等号成立的条件，此时滤波器的传输函数 $H(\omega)$ 为

$$H(\omega) = KS^*(\omega)\mathrm{e}^{-\mathrm{j}\omega t_0} \tag{4.1.7}$$

这种滤波器的传输特性与信号频谱的复共轭一致（除相乘因子 $K\mathrm{e}^{-\mathrm{j}\omega t_0}$ 外），故又称其为匹配滤波器（Matched Filter）。匹配滤波器的冲激响应为

$$
\begin{aligned}
h(t) &= \frac{1}{2\pi}\int_{-\infty}^{\infty} H(\omega)\mathrm{e}^{\mathrm{j}\omega t}\mathrm{d}\omega = \frac{1}{2\pi}\int_{-\infty}^{\infty} KS^*(\omega)\mathrm{e}^{\mathrm{j}\omega t_0}\mathrm{e}^{\mathrm{j}\omega t}\mathrm{d}\omega \\
&= \frac{K}{2\pi}\int_{-\infty}^{\infty}\left[\int_{-\infty}^{\infty} s(\tau)\mathrm{e}^{-\mathrm{j}\omega\tau}\mathrm{d}\tau\right]^* \mathrm{e}^{-\mathrm{j}\omega(t-t_0)}\mathrm{d}\omega \\
&= K\int_{-\infty}^{\infty}\left[\frac{1}{2\pi}\int_{-\infty}^{\infty}\mathrm{e}^{\mathrm{j}\omega(\tau-t_0+t)}\mathrm{d}\omega\right]s(\tau)\mathrm{d}\tau \\
&= K\int_{-\infty}^{\infty} s(\tau)\delta(\tau-t_0+t)\mathrm{d}\tau = Ks(t_0-t)
\end{aligned} \tag{4.1.8}
$$

匹配滤波器输出信号为

$$
\begin{aligned}
y(t) &= \int_{-\infty}^{\infty} s(t-\tau)h(\tau)\mathrm{d}\tau = K\int_{-\infty}^{\infty} s(t-\tau)s(t_0-\tau)\mathrm{d}\tau \\
&= K\int_{-\infty}^{\infty} s(-\tau')s(t-t_0-\tau')\mathrm{d}\tau' = KR_{ss}(t-t_0)
\end{aligned} \tag{4.1.9}
$$

由式（4.1.9）可知，当 $t=t_0$ 时，匹配滤波器的输出信号是输入信号的自相关函数的 K 倍，因此匹配滤波器也可看成一个相关器。

为了获得物理可实现的匹配滤波器，要求当 $t<0$ 时有 $h(t)=0$，为了满足该条件，要求满足当 $t<0$ 时，$s(t_0-t)=0$ 即满足

$$s(t) = 0 \quad t>t_0 \tag{4.1.10}$$

即物理可实现匹配滤波器信号的持续时间最长到观测时刻 t_0。若信号的持续时间为 T，则信号处理的选观测时间最好选择 $t_0=T$；若 $t_0<T$，则没有充分利用信号；若 $t_0>T$，则进入的干扰太多；若 $t_0=T$，则匹配滤波器的输出为

$$y(t) = K\int_{t-T}^{t} x(\tau)s(T-t+\tau)\mathrm{d}\tau \tag{4.1.11}$$

4.1.3　白噪声背景下匹配滤波器的信噪比增益

设匹配滤波器的输入信号和等效噪声带宽为 B，信号的脉冲宽度为 T，信号的平均功率为 S，信号的能量 $E=ST$，则匹配滤波器的输出信噪比增益为

$$G = \frac{\dfrac{2E}{N_0}}{\dfrac{S}{N_0 B}} = 2BT \tag{4.1.12}$$

4.1.4　色噪声背景下的广义匹配滤波器

上节推导的匹配滤波器是白噪声中已知信号的最佳滤波器。然而在许多情况下，噪声常

常为色噪声，即噪声的功率谱密度在频带内不是常数。为了在色噪声条件下使用匹配滤波器，需要先将观测样本通过预白化滤波器进行白化预处理，然后按白噪声条件下的匹配滤波器进行处理。

假定色噪声的功率谱密度为 $N(\omega)$，为了使色噪声变为白噪声，定义白化滤波器的传输函数为 $\left|H_W(\omega)\right|^2 = 1/N(\omega)$，广义匹配滤波器的 $H(\omega) = H_W(\omega) \cdot H_2(\omega)$，$H_2(\omega)$ 是匹配滤波器的传输函数。由式（4.1.3）及式（4.1.4）得

$$\frac{S}{N} \leqslant \frac{1}{2\pi} \cdot \frac{\displaystyle\int_{-\infty}^{\infty} \left|S(\omega)\big/\sqrt{N(\omega)}\right|^2 \mathrm{d}\omega \int_{-\infty}^{\infty} \left|H(\omega)\sqrt{N(\omega)}\right|^2 \mathrm{d}\omega}{\displaystyle\int_{-\infty}^{\infty} N(\omega)\left|H(\omega)\right|^2 \mathrm{d}\omega} \tag{4.1.13}$$

$$= \frac{1}{2\pi} \int_{-\infty}^{\infty} \left|\frac{S(\omega)}{\sqrt{N(\omega)}}\right|^2 \mathrm{d}\omega$$

此时接收机的最大输出信噪比为

$$\left(\frac{S}{N}\right)_{\max} = \frac{1}{2\pi} \int_{-\infty}^{\infty} \left|\frac{S(\omega)}{\sqrt{N(\omega)}}\right|^2 \mathrm{d}\omega \tag{4.1.14}$$

从式（4.1.14）可看出，在色噪声背景下，最大输出信噪比不仅与信号的波形有关，而且还与噪声的功率谱密度函数有关。根据施瓦兹不等式成立（使输出信噪比最大）的条件，广义匹配滤波器的传输函数为

$$H(\omega) = K \frac{S^*(\omega)}{N(\omega)} \mathrm{e}^{-\mathrm{j}\omega t_0} \tag{4.1.15}$$

虽然色噪声 $n(t)$ 仍是实广义平稳随机过程，但其功率谱密度函数是不均匀的，并且 $N(\omega)$ 是 ω 的非负偶函数。以下介绍物理上可实现的广义匹配滤波器。

常见的是有理分式谱 $N(\omega) = K \dfrac{\left(\omega^2 + c_1^2\right)\cdots\left(\omega^2 + c_M^2\right)}{\left(\omega^2 + b_1^2\right)\cdots\left(\omega^2 + b_N^2\right)}$，在复平面内 $s = \sigma + \mathrm{j}\omega$

$$N(\omega) = N(s)\big|_{s=\mathrm{j}\omega} = K \left.\frac{\left(c_1^2 - s^2\right)\cdots\left(c_M^2 - s^2\right)}{\left(b_1^2 - s^2\right)\cdots\left(b_N^2 - s^2\right)}\right|_{s=\mathrm{j}\omega} = G^{(+)}(s)G^{(-)}(s)\big|_{s=\mathrm{j}\omega} \tag{4.1.16}$$

可以看出，零点和极点都是成对出现的，一个在左半平面，一个在右半平面，$G^{(+)}(s)$ 表示零极点均在复平面 $s = \sigma + \mathrm{j}\omega$ 左半平面的部分，对应于正时间函数；$G^{(-)}(s)$ 表示零极点在复平面 s 右半平面的部分，对应于负时间函数，且 $G^{(+)}(s)$ 与 $G^{(-)}(s)$ 共轭。令

$$H_W(\omega) = \frac{1}{G^{(+)}(s)}\bigg|_{s=\mathrm{j}\omega} \tag{4.1.17}$$

则有色噪声通过该滤波器后变为白噪声，其功率谱密度函数为常数，此处将其设为 1，即 $N(\omega)\left|H_W(\omega)\right|^2 = 1$，如图 4.1.1（a）所示。

经白化滤波器后色噪声的输出为 $n_1(t)$，信号的输出为 $s_1(t)$，即

$$S_1(\omega) = H_W(\omega)S(\omega)$$

$$H_2(\omega) = KS_1^*(\omega)\mathrm{e}^{\mathrm{j}\omega t_0} = KH_1^*(\omega)S^*(\omega)\mathrm{e}^{\mathrm{j}\omega t_0} \qquad (4.1.18)$$

$$H(\omega) = H_W(\omega)H_2(\omega) = \frac{K}{G^{(+)}(\omega)} \cdot \left[\frac{S(-\omega)\mathrm{e}^{-\mathrm{j}\omega t_0}}{G^{(-)}(\omega)}\right]^+$$

其中，$\left[\dfrac{S(-\omega)\mathrm{e}^{-\mathrm{j}\omega t_0}}{G^{(-)}(\omega)}\right]^+$ 表示取 $\dfrac{S(-\omega)\mathrm{e}^{-\mathrm{j}\omega t_0}}{G^{(-)}(\omega)}$ 中零极点全在左半平面的部分，该接收机为物理可实现接收机，如图 4.1.1（b）所示。

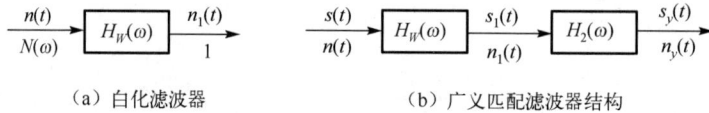

（a）白化滤波器　　　　　　　　（b）广义匹配滤波器结构

图 4.1.1　白化滤波及广义匹配滤波器

4.1.5　匹配滤波器的检测性能

4.1.5.1　白噪声背景下匹配滤波器的检测性能

本节介绍高斯白噪声背景下，确知信号的检测方法。为此假设观测样本中的信号 $s(t)$ 已知，加性噪声 $n(t)$ 为高斯白噪声。实际系统中如果噪声的功率谱在足够宽的频带（是信号频带的 5~10 倍以上）上是均匀的，就可以看作是白噪声，高斯白噪声假设具有普遍意义。

忽略系数 K，将匹配滤波器的输出，在时刻 $t = T$ 对式（4.1.11）进行数字化表示匹配滤波器的检验统计量为

$$T(x) = \sum_{n=0}^{N-1} s[n]x[n] \qquad (4.1.19)$$

在两种假设 $H_i(i = 0,1)$ 下，由于 $x[n]$ 是高斯分布而 $s[n]$ 确切已知，因此 $T[x]$ 可以看成高斯随机变量的线性组合，故 $T[x]$ 也服从高斯分布（见附录 B）。令 $E(T; H_i)$ 和 $\mathrm{Var}(T; H_i)$ 分别表示在 H_i 条件下 $T[x]$ 的期望和方差。那么

$$E(T; H_0) = E\left(\sum_{n=0}^{N-1} s[n]x[n]\right) = 0$$

$$E(T; H_1) = E\left(\sum_{n=0}^{N-1} s[n](s[n] + n[n])\right) = E$$

$$\mathrm{Var}(T; H_0) = \mathrm{Var}\left(\sum_{n=0}^{N-1} s[n]x[n]\right) = \sum_{n=0}^{N-1} \mathrm{Var}(s[n](s[n] + n[n]))$$

由于信号 $s[n]$ 与噪声 $n[n]$ 不相关，则 $\mathrm{Var}(T; H_0) = \sum_{n=0}^{N-1} \mathrm{Var}(n[n])s^2[n] = \sigma^2 E$。

同理，$\mathrm{Var}(T; H_1) = \sigma^2 E$，这样

$$T \sim \begin{cases} N(0, \sigma^2 E), & H_0\text{条件下} \\ N(E, \sigma^2 E), & H_1\text{条件下} \end{cases} \qquad (4.1.20)$$

归一化统计量 $T' = T / \sqrt{\sigma^2 E}$ ，其概率密度函数为 $T \sim \begin{cases} N'(0,1), & H_0\text{条件下} \\ N'\left(\sqrt{E/\sigma^2},1\right), & H_1\text{条件下} \end{cases}$。

若虚警概率为 P_{FA} ，检测门限为 γ ，则由 $P_{FA} = \int_{\gamma}^{\infty} \dfrac{1}{\sqrt{2\pi}\sqrt{\sigma^2 E}} \exp\left[-\dfrac{x^2}{2\sigma^2 E}\right] \mathrm{d}x$ 得

$$\gamma = \sqrt{\sigma^2 E} Q^{-1}(P_{FA})$$

于是得虚警概率和检测概率分别为

$$P_{FA} = \Pr\{T > \gamma; H_0\} = Q\left(\frac{\gamma}{\sqrt{\sigma^2 E}}\right) \tag{4.1.22}$$

$$\begin{aligned} P_D = \Pr\{T > \gamma; H_j\} &= Q\left(\frac{\gamma - E}{\sqrt{\sigma^2 E}}\right) = Q\left(\frac{\sqrt{\sigma^2 E} Q^{-1}(P_{FA}) - E}{\sqrt{\sigma^2 E}}\right) \\ &= Q\left(Q^{-1}(P_{FA}) - \sqrt{\frac{E}{\sigma^2}}\right) \end{aligned} \tag{4.1.23}$$

4.1.5.2　色噪声背景下广义匹配滤波器的检测性能

假设广义匹配滤波器的噪声服从 $n \sim N(0, \boldsymbol{C})$ ，其中 $\boldsymbol{C}$ 是协方差矩阵。如果噪声是广义平稳（WSS），那么 $\boldsymbol{C}$ 是对称 Toeplitz 矩阵的特殊形式，这是因为对于零均值的 WSS 随机过程，有

$$[\boldsymbol{C}]_{mn} = \mathrm{cov}(n[m], n[n]) = E(n[m]n[n]) = r_{nn}[m-n]$$

因此，$\boldsymbol{C}$ 的对角线上的元素是相等的。对于非平稳噪声，$\boldsymbol{C}$ 是任意的协方差矩阵。对于高斯噪声，假设接收的数据样本是在信号间隔 $[0, N-1]$ 上观测到的（假定其他数据为零）。此时，在两种假设下的概率密度函数分别为

$$p(\boldsymbol{x} \,|\, H_0) = \frac{1}{(2\pi)^{\frac{N}{2}} \det^{\frac{1}{2}}(\boldsymbol{C})} \exp\left[-\frac{1}{2} \boldsymbol{x}^{\mathrm{T}} \boldsymbol{C}^{-1} \boldsymbol{x}\right]$$

$$p(\boldsymbol{x} \,|\, H_1) = \frac{1}{(2\pi)^{\frac{N}{2}} \det^{\frac{1}{2}}(\boldsymbol{C})} \exp\left[-\frac{1}{2} (\boldsymbol{x}-\boldsymbol{s})^{\mathrm{T}} \boldsymbol{C}^{-1} (\boldsymbol{x}-\boldsymbol{s})\right]$$

由 $l(\boldsymbol{x}) = \ln \dfrac{p(\boldsymbol{x}|H_1)}{p(\boldsymbol{x}|H_0)} > \ln \gamma$ 可知，在 H_1 条件下

$$\begin{aligned} l(\boldsymbol{x}) &= -\frac{1}{2}[(\boldsymbol{x}-\boldsymbol{s})^{\mathrm{T}} \boldsymbol{C}^{-1} (\boldsymbol{x}-\boldsymbol{s}) - \boldsymbol{x}^{\mathrm{T}} \boldsymbol{C}^{-1} \boldsymbol{x}] \\ &= -\frac{1}{2}[\boldsymbol{x}^{\mathrm{T}} \boldsymbol{C}^{-1} \boldsymbol{x} - 2\boldsymbol{x}^{\mathrm{T}} \boldsymbol{C}^{-1} \boldsymbol{s} + \boldsymbol{s}^{\mathrm{T}} \boldsymbol{C}^{-1} \boldsymbol{s} - \boldsymbol{x}^{\mathrm{T}} \boldsymbol{C}^{-1} \boldsymbol{x}] = \boldsymbol{x}^{\mathrm{T}} \boldsymbol{C}^{-1} \boldsymbol{s} - \frac{1}{2} \boldsymbol{s}^{\mathrm{T}} \boldsymbol{C}^{-1} \boldsymbol{s} \end{aligned}$$

如果

$$T(\boldsymbol{x}) = \boldsymbol{x}^{\mathrm{T}} \boldsymbol{C}^{-1} \boldsymbol{s} > \gamma' \tag{4.1.23}$$

则判决为 H_1。对于 WGN，$\boldsymbol{C} = \sigma^2 \boldsymbol{I}$，检测器化简为 $\dfrac{\boldsymbol{x}^{\mathrm{T}} \boldsymbol{s}}{\sigma^2} > \gamma'$。检验统计量也可以表示为

$$T(\boldsymbol{x}) = \boldsymbol{x}^{\mathrm{T}} \boldsymbol{C}^{-1} \boldsymbol{s} > \gamma' \qquad (4.1.24)$$

式（4.1.24）与式（4.1.18）相同。

　　在一般的情况下，对任何正定矩阵 $\boldsymbol{C}$，可以证明 $\boldsymbol{C}^{-1}$ 是存在的且是正定的，可以分解为 $\boldsymbol{C}^{-1} = \boldsymbol{D}^{\mathrm{T}} \boldsymbol{D}$，其中 $\boldsymbol{D}$ 是非奇异的 $N \times N$ 的矩阵。如果令 $\boldsymbol{s}' = \boldsymbol{D}\boldsymbol{s}$，$\boldsymbol{n}' = \boldsymbol{D}\boldsymbol{n}$ 则与匹配滤波器的结果相同。可以证明 $\boldsymbol{n}' = \boldsymbol{D}\boldsymbol{n}$ 为白噪声，即

$$\boldsymbol{C}_{n'} = E[\boldsymbol{n}'\boldsymbol{n}'^{\mathrm{T}}] = E[\boldsymbol{D}\boldsymbol{n}\boldsymbol{n}^{\mathrm{T}}\boldsymbol{D}^{\mathrm{T}}] = \boldsymbol{D}E[\boldsymbol{n}\boldsymbol{n}^{\mathrm{T}}]\boldsymbol{D}^{\mathrm{T}} = \boldsymbol{D}\boldsymbol{C}\boldsymbol{D}^{\mathrm{T}} = \boldsymbol{D}(\boldsymbol{D}^{\mathrm{T}}\boldsymbol{D})^{-1}\boldsymbol{D}^{\mathrm{T}} = \boldsymbol{I}$$

该结果与用预白化滤波方法推导的结果相同。

　　如果数据记录长度 N 很大，而噪声是 WSS，广义匹配滤波器的检验统计量可近似为

$$T(x) = \int_{-\frac{1}{2}}^{\frac{1}{2}} \frac{X(f)S^*(f)}{P_{nn}(f)} \mathrm{d}f \qquad (4.1.25)$$

其中：$P_{nn}(f)$ 是噪声的 PSD；$\boldsymbol{C}^{-1}$ 的白化效果由检验统计量中的频率加权 $1/P_{nn}(f)$ 所取代。很显然，重要的频带是噪声 PSD 小或 SNR 大的频带。

　　针对检验统计量 $T(\boldsymbol{x}) = \boldsymbol{x}^{\mathrm{T}} \boldsymbol{C}^{-1} \boldsymbol{s} = \boldsymbol{x}^{\mathrm{T}} \boldsymbol{s}'$，在两种假设下

$$E(T \mid H_0) = E(\boldsymbol{x}^{\mathrm{T}} \boldsymbol{C}^{-1} \boldsymbol{s}) = 0$$

$$E(T \mid H_1) = E((\boldsymbol{s} + \boldsymbol{n})^{\mathrm{T}} \boldsymbol{C}^{-1} \boldsymbol{s}) = \boldsymbol{s}^{\mathrm{T}} \boldsymbol{C}^{-1} \boldsymbol{s}$$

$$\mathrm{Var}(T \mid H_0) = E[(\boldsymbol{n}^{\mathrm{T}} \boldsymbol{C}^{-1} \boldsymbol{s})^2] = E[\boldsymbol{s}^{\mathrm{T}} \boldsymbol{C}^{-1} \boldsymbol{n} \boldsymbol{n}^{\mathrm{T}} \boldsymbol{C}^{-1} \boldsymbol{s}] = \boldsymbol{s}^{\mathrm{T}} \boldsymbol{C}^{-1} E[\boldsymbol{n}\boldsymbol{n}^{\mathrm{T}}] \boldsymbol{C}^{-1} \boldsymbol{s}$$

其中，$\boldsymbol{C}^{-1^{\mathrm{T}}} = \boldsymbol{C}^{\mathrm{T}^{-1}} = \boldsymbol{C}^{-1}$。而且

$$\mathrm{Var}(T \mid H_1) = E[(\boldsymbol{x}^{\mathrm{T}} \boldsymbol{C}^{-1} \boldsymbol{s} - E(\boldsymbol{n}^{\mathrm{T}} \boldsymbol{C}^{-1} \boldsymbol{s}))^2] = E[((\boldsymbol{x} - E(\boldsymbol{x}))^{\mathrm{T}} \boldsymbol{C}^{-1} \boldsymbol{s})^2]$$
$$= E[(\boldsymbol{n}^{T} \boldsymbol{C}^{-1} \boldsymbol{s})^2] = \mathrm{Var}(T; H_0)$$

于是

$$T \sim \begin{cases} N(0, \boldsymbol{x}^{\mathrm{T}} \boldsymbol{C}^{-1} \boldsymbol{s}), & H_0 \text{条件下} \\ N(\boldsymbol{s}^{\mathrm{T}} \boldsymbol{C}^{-1} \boldsymbol{s}, \boldsymbol{x}^{\mathrm{T}} \boldsymbol{C}^{-1} \boldsymbol{s}), & H_1 \text{条件下} \end{cases} \qquad (4.1.26)$$

$$P_D = Q(Q^{-1}(P_{\mathrm{FA}}) - \sqrt{d^2}) \qquad (4.1.27)$$

其中 $d^2 = \boldsymbol{s}^{\mathrm{T}} \boldsymbol{C}^{-1} \boldsymbol{s}$。当 $\boldsymbol{C} = \sigma^2 \boldsymbol{I}$ 时，即为白噪声时的检测性能。

4.1.6　匹配滤波器的适应性

　　匹配滤波器是对确知信号进行设计的，由 3.1 节接收信号模型（3.1.1）可知，即使主动检测中的发射信号 $s(t)$ 已知，但是由于信道冲激响应函数 $h(t)$ 未知，因此实际上加到滤波器输入端的接收信号 $r(t) = s(t) \otimes h(t)$ 也是不完全已知的，即确定性随机信号。仅考虑目标的相对运动以及目标距离的影响，使得目标回波信号 $r(t)$ 的到达时间、频率和振幅都具有随机性。下面分析与 $s(t)$ 相匹配的滤波器，当输入信号变化为 $r(t)$ 时滤波器的性能。

（1）匹配滤波器对波形相同而幅度和时延不同的信号具有适应性

假设匹配滤波器接收信号 $r(t)$ 与发设信号 $s(t)$ 形状相似，仅仅幅度不同且有时延，即

$$r(t) = as(t - \tau) \tag{4.1.28}$$

此时接收信号的傅里叶变换为

$$R(\omega) = aS(\omega)\mathrm{e}^{-\mathrm{j}\omega\tau} \tag{4.1.29}$$

与 $r(t)$ 信号相匹配滤波器的冲击函数为

$$\begin{aligned} H_r(\omega) &= KS^*(\omega)\mathrm{e}^{-\mathrm{j}\omega\tau} = aKS^*(\omega)\mathrm{e}^{-\mathrm{j}\omega\tau}\mathrm{e}^{-\mathrm{j}\omega\left[t_r - (t_0 + \tau)\right]} \\ &= AH(\omega)\mathrm{e}^{-\mathrm{j}\omega\left[t_r - (t_0 + \tau)\right]} \end{aligned} \tag{4.1.30}$$

其中：$A = aK$；$H(\omega)$ 是与 $s(t)$ 相匹配的滤波器传递函数；t_0 是 $s(t)$ 通过 $H(\omega)$ 后得到最大输出信噪比的时刻；t_r 是 $r(t)$ 通过 $H_r(\omega)$ 后得到最大输出信噪比的时刻，其观测时刻 t_r 应较 t_0 推后一段时间 τ，即 $t_r = t_0 + \tau$。这样式（4.1.30）变为

$$H_r(\omega) = AH(\omega) \tag{4.1.31}$$

这一结果说明两个匹配滤波器的传递函数之间除了一个表示相对放大的系数 A 之外，其频率特性完全相同。因此，与信号 $s(t)$ 匹配的滤波器的传递函数对谱分量无变化，只有时间上的平移；对于幅度上变化的信号 $r(t) = as(t - \tau)$ 来说仍是匹配的，只不过最大输出信噪比出现的时刻延迟了 τ。匹配滤波器对波形相同而幅度和时延不同的信号具有适应性，这一性质是有实用意义的。

（2）匹配滤波器对信号的频移特性不具有适用性

频移了 Ω 的信号其频谱为 $R(\omega) = S(\omega + \Omega)$，与这种信号相匹配的滤波器的传递函数为

$$H_r(\omega) = KS^*(\omega \pm \Omega)\mathrm{e}^{-\mathrm{j}\omega t_0} \tag{4.1.32}$$

这样 $H_r(\omega)$ 的频率特性与 $H(\omega)$ 的频率特性是不一样的，因此匹配滤波器对频移信号不具有适用性。

4.1.7 两种常用主动发射信号匹配滤波器的输出特性

在白噪声条件下，分析正弦脉冲和线性调频脉冲两种主动检测信号的匹配滤波器的性能。

（1） $s(t) = \begin{cases} \mathrm{e}^{\mathrm{j}2\pi f_0 t}, & 0 < t < T \\ 0, & t < 0, t > T \end{cases}$

（2） $s(t) = \begin{cases} \mathrm{e}^{\mathrm{j}2\pi f_0 t + \mathrm{j}\pi\beta t^2}, & 0 < t < T \\ 0, & t < 0, t > T \end{cases}$

因为这两个信号的包络 $|s(t)|$ 是一样的方波，所以两者能量是一样的。进行匹配滤波后输出信噪比也是一样的，但是它们的输出波形是不同的。

（1）与信号 $s(t) = \begin{cases} \mathrm{e}^{\mathrm{j}2\pi f_0 t}, & 0 < t < T \\ 0, & t < 0, t > T \end{cases}$ 相对应的匹配滤波器为

$$h(t) = s^*(t_0 - t) = \begin{cases} \mathrm{e}^{\mathrm{j}2\pi f_0(t - t_0)}, & 0 < t_0 - t < T \\ 0, & t_0 - t < 0, t_0 - t > T \end{cases}$$

匹配滤波器的输出信号为

$$s_y(t) = s(t) \otimes h(t)$$

当 $t < 0$ 时，有

$$s_y(t) = s^*(t_0 - \tau) \otimes s(t - \tau) = 0$$

当 $0 < t < T$ 时，有

$$s_y(t) = \int_0^t \frac{2}{N_0} e^{-j2\pi f_0(t_0 - \tau)} \cdot e^{j2\pi f_0(t - \tau)} d\tau = \frac{2}{N_0} t e^{j2\pi f_0(t - t_0)}$$

当 $0 < t - T < T$ 时，有

$$s_y(t) = \int_{t-T}^T \frac{2}{N_0} e^{-j2\pi f_0(t_0 - \tau)} \cdot e^{j2\pi f_0(t - \tau)} d\tau = \frac{2}{N_0}(2T - t) e^{j2\pi f_0(t - t_0)}$$

当 $T < t - T$ 时，有

$$s_y(t) = s^*(t_0 - \tau) \otimes s(t - \tau) = 0$$

即

$$S_y(t) = \begin{cases} \dfrac{2t}{N_0} e^{j2\pi f_0(t - t_0)}, & 0 < t < T \\[2mm] \dfrac{2(2T - t)}{N_0} e^{j2\pi f_0(t - t_0)}, & T < t < 2T \\[2mm] 0 & t < 0, t > 2T \end{cases}$$

其中：$|s_y(t)|$ 在 $t = T$ 时取得最大值 $t = \dfrac{2T}{N_0}$，随着 t 偏离 T，$|s_y(t)|$ 的包络下降，当 $|s_y(t)|$ 下降到 $0.707 \dfrac{2T}{N_0}$ 时，$t = T \pm \dfrac{\Delta}{2}$，$\Delta$ 称为时间分辨力，不难得出 $\Delta = 0.6T$，如图 4.1.2（a）所示。

（2）与信号 $s(t) = \begin{cases} e^{j2\pi f_0 t + j\pi\beta t^2}, & 0 < t < T, t_0 = T \\ 0, & 0 < t, t > T \end{cases}$ 相对应的匹配滤波器为

$$h(t) = s^*(T - \tau) = \begin{cases} e^{-j2\pi f_0(T - \tau) + j\pi\beta(T - \tau)^2}, & 0 < \tau < T \\ 0, & \tau < 0, \tau > T \end{cases}$$

$$s(t - \tau) = \begin{cases} e^{j2\pi f_0(t - \tau) + j\pi\beta(t - \tau)^2}, & t - T < \tau < t \\ 0, & \tau < t - T, \tau > t \end{cases}$$

匹配滤波器的输出信号为

$$s_y(t) = s(t) \otimes h(t) = \int_{-\infty}^{\infty} s^*(T - \tau) s(t - \tau) d\tau$$

当 $t < 0$ 时，有

$$s_y(t) = s^*(t_0 - \tau) \otimes s(t - \tau) = 0$$

当 $0 < t < T$ 时，有

$$s_y(t) = \int_0^{\cdot} \frac{2}{N_0} e^{-j2\pi f_0(T-\tau)-j\pi\beta(T-\tau)^2} \cdot e^{j2\pi f_0(t-\tau)+j\pi\beta(t-\tau)^2} d\tau$$

$$= \frac{2}{N_0} \int_0^{\cdot} e^{j2\pi f_0(t-T)+j\pi\beta(t^2-T^2)+j2\pi\beta(T-t)\tau} d\tau$$

$$= \frac{2}{N_0} e^{j2\pi f_0(t-T)+j\pi\beta(t^2-T^2)} \frac{e^{j2\pi\beta(T-t)t}-1}{j2\pi\beta(T-t)}$$

$$= \frac{2}{N_0} \frac{\sin \pi\beta(T-t)t}{\pi\beta(T-t)} e^{j2\pi f_0(t-T)+j\pi\beta(t-T)T}$$

当 $0 < t-T < T$ 时，有

$$s_y(t) = \frac{2}{N_0} \int_{t-T}^{T} e^{j2\pi f_0(t-T)+j\pi\beta(t^2-T^2)+j2\pi\beta(T-t)\tau} d\tau$$

$$= \frac{2}{N_0} e^{j2\pi f_0(t-T)+j\pi\beta(t^2-T^2)} \frac{e^{j2\pi\beta(T-t)T}-e^{j2\pi\beta(T-t)(t-T)}}{j2\pi\beta(T-t)}$$

$$= \frac{2}{N_0} \frac{\sin \pi\beta(T-t)(2T-t)}{\pi\beta(T-t)} e^{j2\pi f_0(t-T)+j\pi\beta(t-T)t}$$

当 $T < t-T$ 时，有

$$s_y(t) = s^*(t_0-\tau) \otimes s(t-\tau) = 0$$

$$s_y(t) = \begin{cases} \dfrac{2}{N_0} \dfrac{\sin \pi\beta(T-t)t}{\pi\beta(T-t)} e^{j2\pi f_0(t-T)+j\pi\beta(t-T)T}, & 0 < t < T \\[3mm] \dfrac{2}{N_0} \dfrac{\sin \pi\beta(T-t)(2T-t) e^{j2\pi f_0(t-T)+j\pi\beta(t-T)t}}{\pi\beta(T-t)}, & T < t < 2T \\[3mm] 0, & t < 0\text{或}t > 2T \end{cases}$$

其输出在 $t = T$ 时取得最大值 $\dfrac{2T}{N_0}$，如图 4.1.2（b）所示。

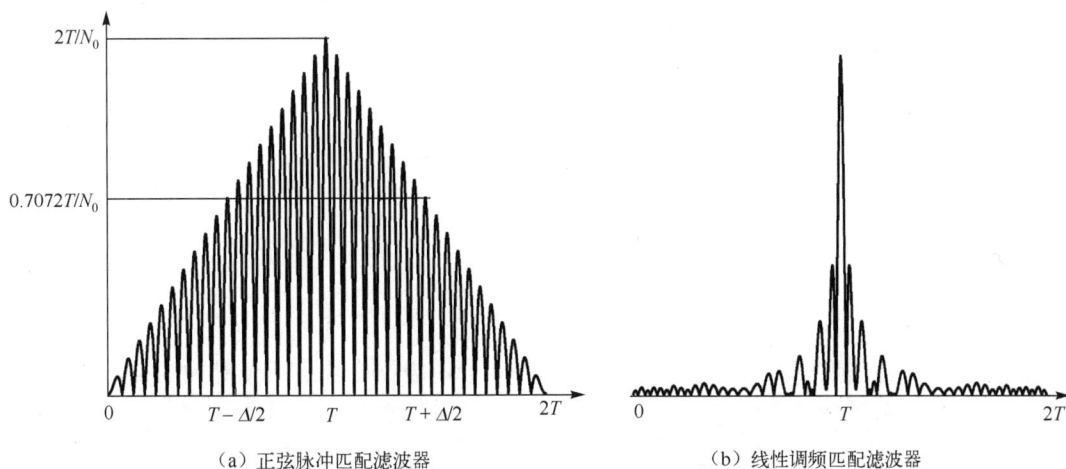

（a）正弦脉冲匹配滤波器　　　　　　　　　（b）线性调频匹配滤波器

图 4.1.2　两种常用主动发射信号匹配滤波器输出

4.2　相关滤波器

相关滤波器是基于信号与噪声统计特性的相关性，从随机噪声中检测规律性微弱信号的方法。例如，提取随机噪声中的周期成分，检测水声信号中的舰船/潜艇螺旋桨周期特征信号等。根据实现方式不同，相关滤波器可分为自相关滤波器（基于信号自身相关性）、互相关滤波器（利用参考信号与观测信号的互相关），以及极性相关滤波器（采用符号运算的轻量化算法）。

4.2.1　自相关滤波器与互相关滤波器

相关滤波器有自相关滤波器和互相关滤波器两种，分别如图 4.2.1 及图 4.2.1 所示。

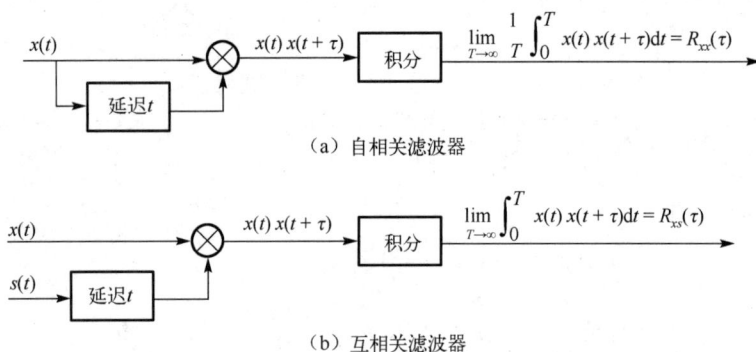

图中标注：
$x(t)$　延迟 t　$x(t)\,x(t+\tau)$　积分　$\lim\limits_{T\to\infty}\dfrac{1}{T}\displaystyle\int_0^T x(t)\,x(t+\tau)\mathrm{d}t = R_{xx}(\tau)$

（a）自相关滤波器

$x(t)$　$s(t)$　延迟 t　$x(t)\,x(t+\tau)$　积分　$\lim\limits_{T\to\infty}\dfrac{1}{T}\displaystyle\int_0^T x(t)\,x(t+\tau)\mathrm{d}t = R_{xs}(\tau)$

（b）互相关滤波器

图 4.2.1　相关滤波器

自相关滤波器的输出为

$$
\begin{aligned}
y(\tau) &= \lim_{T\to\infty}\frac{1}{T}\int_0^T x(t)x\left(t+\tau\right)\mathrm{d}t \\
&= \lim_{T\to\infty}\frac{1}{T}\int_0^T [s(t)+n(t)][s(t+\tau)+n(t+\tau)]\mathrm{d}t \\
&= R_{ss}(\tau)+R_{sn}(\tau)+R_{ns}(\tau)+R_{nn}(\tau)
\end{aligned}
\tag{4.2.1}
$$

互相关滤波器的输出为

$$
\begin{aligned}
y(\tau) &= \lim_{T\to\infty}\frac{1}{T}\int_0^T x(t)s(t+\tau)\mathrm{d}t \\
&= \lim_{T\to\infty}\frac{1}{T}\int_0^T [s(t)+n(t)]s(t+\tau)\mathrm{d}t \\
&= R_{ss}(\tau)+R_{sn}(\tau)
\end{aligned}
\tag{4.2.2}
$$

（1）正弦过程的自相关函数

若发射信号是正弦信号，信道冲激响应 $h(t)=1$，则接收信号是一个确知的随机信号。该接收信号可以看作一个平稳且各态历经随机过程的一个样本记录（如第 k 个），$x_k(t)=x\sin$ $(2\pi f_0 t+\theta_k)$，其中初相位设定是随机的，θ_k 在 $(0\sim 2\pi)$ 上服从均匀分布，即 $p(\theta)=\dfrac{1}{2\pi}$（$0\leqslant\theta\leqslant 2\pi$），下面分析该正弦过程均值、方差及自相关函数。

均值为

$$E[X(t)] = E[X\sin(2\pi f_0 t + \theta)] = \int_0^{2\pi} X\sin(2\pi f_0 t + \theta) \cdot \frac{1}{2\pi}\mathrm{d}\theta = 0$$

方差为

$$\sigma_X^2 = D[X(t)] = E[(X(t) - E[X(t)])^2] = E[X^2\sin^2(2\pi f_0 t + \theta)]$$

$$= \frac{X^2}{2} - \frac{X^2}{2}E[\cos 2(2\pi f_0 t + \theta)] = \frac{X^2}{2}$$

自相关函数为

$$R_{XX}(\tau) = E[X(t)X(t+\tau)]$$

$$= E[X_k(t)X_k(t+\tau)]$$

$$= E[X\sin(2\pi f_0 t + \theta)X\sin[2\pi f_0(t+\tau) + \theta]]$$

$$= \frac{X^2}{2\pi}\int_0^{2\pi}\sin(2\pi f_0 t + \theta)\sin[2\pi f_0(t+\tau) + \theta]\mathrm{d}\theta$$

$$= \frac{X^2}{4\pi}\int_0^{2\pi}[\cos(2\pi f_0\tau) - \cos[4\pi f_0 t + 2\pi f_0\tau + 2\theta]]\mathrm{d}\theta$$

$$= \frac{X^2}{2}\cos 2\pi f_0\tau$$

因此正弦波的自相关函数是振幅等于正弦波的均方值的一条余弦波，如图 4.2.2（a）所示，其主要特征是在所谓延时值 τ 域内，正弦波相关函数的包络保持常数。因此我们可以根据信号的过去值精确计算未来值。

（2）宽带噪声的自相关函数

对于宽带噪声（见图 4.2.2（b）），假定它在宽带 B 上的自功率谱密度均匀，即

$$G_{XX}(f) = \begin{cases} G, & 0 \leqslant f \leqslant B \\ 0, & f > B \end{cases}$$

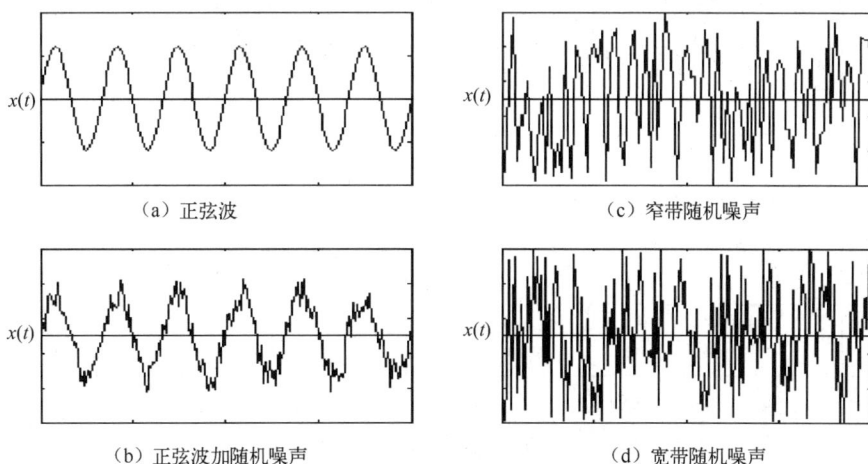

（a）正弦波　　　　　　　　　　　　　（c）窄带随机噪声

（b）正弦波加随机噪声　　　　　　　　（d）宽带随机噪声

图 4.2.2　四种特殊时间历程

自相关函数为

$$R_{XX}(\tau) = \frac{1}{2\pi} \int_0^\infty G_X(\omega) \cos \omega \tau \, \mathrm{d}\omega = \int_0^B G \cos 2\pi f \tau \, \mathrm{d}f = GB \left(\frac{\sin 2\pi B\tau}{2\pi B\tau} \right)$$

这个相关函数下降很快，第一个零交点是 $\tau = 1/(2B)$，如图 4.2.3（b）所示。

（3）窄带随机噪声的自相关函数

对于窄带随机噪声，认为自功率谱在中心频率为 f_0 的窄带 B 上均匀，即

$$G_{XX} = \begin{cases} G, & f_0 - \dfrac{B}{2} \leqslant f \leqslant f_0 + \dfrac{B}{2} \\ 0, & f_0 \text{为其他值} \end{cases}$$

自相关函数为

$$R_{XX}(\tau) = GB \left(\frac{\sin \pi B\tau}{\pi B\tau} \right) \cos 2\pi f_0 \tau$$

第一个零交点为 $\tau = 1/B$。相关函数有一个慢慢趋近 0 的包络，中心填充频率为 f_0，如图 4.2.3（c）所示。

（4）正弦信号加窄带噪声的自相关函数

最有用的情况是正弦信号加窄带随机噪声的情形，由于信号和噪声不相关，因此其表达式为

$$R_{XX}(\tau) = \frac{X^2}{2} \cos 2\pi f_0 \tau + GB \left(\frac{\sin 2\pi B\tau}{2\pi B\tau} \right)$$

只要 τ 足够大，就可以在噪声中找到正弦函数并测定其周期。用信号加噪声的自相关函数可以提取噪声中隐匿的周期信号的周期。

自相关函数最直观的解释是：用信号的过去值预测未来值时准确到什么程度。图 4.2.2 表示了 4 种特殊的时间过程（随机信号）；图 4.2.3 表示了其相关函数。

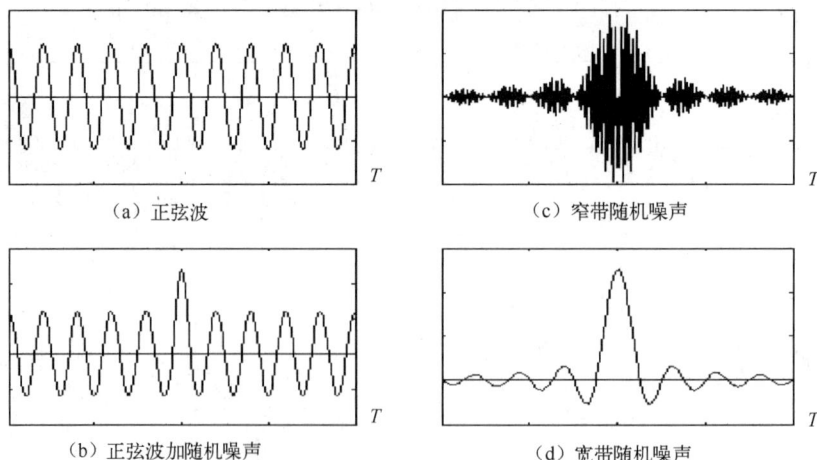

（a）正弦波　　　　　　　　　　　　　（c）窄带随机噪声

（b）正弦波加随机噪声　　　　　　　　（d）宽带随机噪声

图 4.2.3　理想的自相关函数

4.2.2　相关滤波器与匹配滤波器的关系

（1）相关滤波器与匹配滤波器的关系

假设信号为 $x(t)$，当 $0 \leqslant t \leqslant T$ 时，相关器的输入信号 $x(t)$ 为

$$x(t) = s(t) + n(t), \quad 0 \leqslant t \leqslant T$$

若噪声 $n(t)$ 为零均值白噪声，互相关器的输出信号为

$$y_c(t) = \int_0^t x(u)s(u)\mathrm{d}u$$

当 $t \geqslant T$ 时，其输出为

$$y_c(t \geqslant T) = \int_0^T x(u)s(u)\mathrm{d}u$$

在白噪声条件下，与信号 $s(t)(0 \leqslant t \leqslant T)$ 相匹配的滤波器的冲激响应为 $h(t) = s(T-t)$，若取 $K = 1$，并假设 $s(t)$ 为实信号，则匹配滤波器的输出信号为

$$y_f(t) = \int_0^t x(t-\tau)h(\tau)\mathrm{d}\tau = \int_0^t x(t-\tau)s(T-\tau)\mathrm{d}\tau$$

当 $t = T$ 时，有

$$y(t = T) = \int_0^T x(T-\tau)s(T-\tau)\mathrm{d}\tau = \int_0^T x(u)s(u)\mathrm{d}u$$

在零均值白噪声条件下，当 $t = T$ 时，匹配滤波器的输出与相关器的输出相等。由以上分析可知，相关也是一种线性滤波，是抑制随机干扰，提高信噪比的一种重要的最佳方法。需要注意的是，这种等效只是对输入混合波形的影响而言，两者在考虑问题的出发点和实现方法上是有所不同的，使用的场合也有差别，正弦信号匹配滤波器与相关器输出的示意图如图 4.2.4 所示。

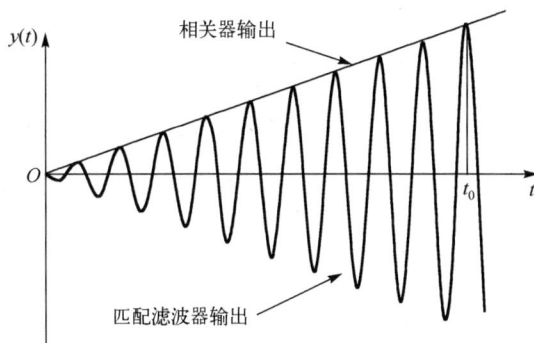

图 4.2.4　正弦信号匹配滤波器与相关器输出的示意图

（2）互相关滤波器与自相关滤波器的关系

从理论分析可知，当相关器的相关时间足够长（$T \to \infty$）时，从提高输出信噪比的观点出发，互相关检测器的性能优于自相关检测器；若干扰为白噪声，且信号和噪声不相关，则 $R_{sn}(\tau) = 0$，$R_{ns}(\tau) = 0$，$R_{nn}(\tau) = 0$，此时自相关检测器与互相关检测器的性能相同。

在实际工程应用中，相关器的积分时间有限。从提高信号检测概率的观点出发，对于主动回声检测系统来说，若信道条件较好，即当接收到的信号发生畸变较小时，采用互相关检测器比自相关检测器的性能要好，这是由于互相关法利用了无噪声的信号作为参考信号，使输出中少了两项与噪声有关的成分，这在计算时间 T 有限且输入信噪比小的情况下，效果更

为显著；对于接收信号的畸变较大（如有多普勒频移）的主动回声检测系统以及检测信号无法准确已知的被动检测系统来说，自相关检测器的性能优于互相关检测器，这是由于互相关检测器无法提供准确的参考信号而影响了互相关检测器的输出。

4.2.3　相关函数的估计方法

在工程应用中，观测信号的时间是有限长的，即在观测时间 $(0,T)$ 内只能采样得到有限序列 $x(t)$ 的 N 个观测值，即 $x[0], x[1] \cdots, x[n-1]$，可用该序列估计自相关与互相函数值时，可以利用的数据只有 $N-1-|m|$ 个，其估计式为

$$\hat{R}_{xx}[m] = \frac{1}{N} \sum_{n=0}^{N-1-|m|} x[n]x[n+m], \quad |m| \leqslant N-1 \qquad (4.2.3)$$

$$\hat{R}_{xy}[m] = \frac{1}{N} \sum_{n=0}^{N-1-|m|} x[n]y[n+m], \quad |m| \leqslant N-1 \qquad (4.2.4)$$

估计值 $\hat{R}_{xx}[m]$ 与 $\hat{R}_{xy}[m]$ 显然不等于 $R_{xx}[m]$ 与 $R_{xy}[m]$，故只能被称为样本自相关函数和样本互相关函数，而它们的接近程度可用 $\hat{R}_{xx}[m]$、$\hat{R}_{xy}[m]$ 的均值与方差来表示。以下仅写出自相关函数的均值和方差

（1）$\hat{R}_{xx}[m]$ 的均值为

$$\begin{aligned} E[\hat{R}_{xx}[m]] &= \frac{1}{N} \sum_{n=0}^{N-1-|m|} E[x[n+m]x[n]] \\ &= \frac{N-|m|}{N} R_{xx}[m], \quad |m| \leqslant N-1 \end{aligned} \qquad (4.2.5)$$

可以看出，$\hat{R}_{xx}[m]$ 的均值并不等于 $R_{xx}[m]$，即 $\hat{R}_{xx}[m]$ 是 $R_{xx}[m]$ 的有偏估计，相当于 $R_{xx}[m]$ 和一个如图 4.2.5 所示的

三角窗函数 $\omega[m] = \begin{cases} 1 - \dfrac{|m|}{N}, & |m| \leqslant N-1 \\ 0, & |m| \geqslant N \end{cases}$ 的乘积。该窗函

数实际上是由于观测数据有限引起的，因为对数据的截短可看成无限长数据和矩形窗函数的乘积，而三角窗函数是矩形窗函数按式（4.2.5）估计自相关的结果。显然，如把 $\hat{R}_{xx}[m]$ 中的比例系数 $\dfrac{1}{N}$ 改成 $\dfrac{1}{N-|m|}$，即令

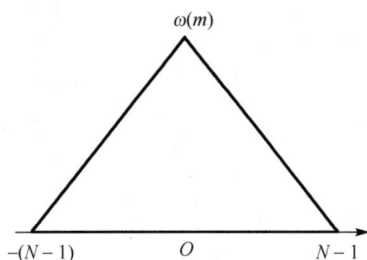

图 4.2.5　三角窗函数

$$\hat{R}_{xx}[m] = \frac{1}{N-|m|} \sum_{n=0}^{N-1-|m|} x[n+m]x[n] \qquad (4.2.6)$$

则均值 $E\left[\hat{R}_{xx}[m]\right] = R_{xx}[m]$（$|m| \leqslant N-1$）是无偏的。同时可以看出，当 m 为有限值时，按 $\hat{R}_{xx}[m]$ 做估计，只要 $N \to \infty$，也可得无偏估计，即由式（4.2.6）可得到

$$\lim_{N \to \infty} E\left[\hat{R}_{xx}[m]\right] = R_{xx}[m] \qquad (4.2.7)$$

称为渐进无偏估计。故通常总是用式（4.2.6）计算自相关函数。

（2）$\hat{R}_{xx}[m]$ 的方差为

$$\begin{aligned} D\left[\hat{R}_{xx}[m]\right] &= E\left\{\hat{R}_{xx}[m] - E\left[\hat{R}_{xx}[m]\right]^2\right\} \\ &= E\left\{\hat{R}_{xx}^2[m] - \left(E\left[\hat{R}_{xx}[m]\right]\right)^2\right\} \end{aligned}$$ （4.2.8）

式（4.2.8）的右端 $E\left[\hat{R}_{xx}^2[m]\right] = \dfrac{1}{N^2}\displaystyle\sum_{n=0}^{N-1-m}\sum_{k=0}^{N-1-m}E[x[n+m]x[n]x[k+m]x[k]]$，为了简化分析，对 $x[n]$ 做统计上的假定：设 $x(n)$ 是一个零均值的高斯分布随机序列。根据概率论，若有 4 个零均值高斯随机变量 X_1, X_2, X_3, X_4，则它们乘积的均值为

$$\begin{aligned} E[X_1 X_2 X_3 X_4] = & E[X_1 X_2]E[X_3 X_4] + E[X_1 X_3]E[X_2 X_4] + \\ & E[X_1 X_4]E[X_2 X_3] \end{aligned}$$ （4.2.9）

由此可得

$$\begin{aligned} E[x[n+m]x[n]x[k+m]x[k]] = & E[x[n+m]x[n]] \cdot E[x[k+m]x[k]] + \\ & E[x[n+m]x[k+m]] \cdot E[x[n]x[k]] + \\ & E[x[n+m]x[k]] \cdot E[x[n]x[k+m]] \end{aligned}$$ （4.2.10）

将式（4.2.10）代入式（4.2.8）得到

$$D\left[\hat{R}_{xx}[m]\right] = \frac{1}{N^2}\sum_{n=0}^{N-1-m}\sum_{k=0}^{N-1-m}[R_{xx}^2[n-k] + R_{xx}^2[m]] + R_{xx}[n-k+m] + R_{xx}[n-k-m]$$

令 $n-k=L$，则上式可以写成

$$D\left[\hat{R}_{xx}[m]\right] = \frac{1}{N}\sum_{L=-(N-1-m)}^{N-1-m}\left[1 + \frac{m+L}{N}\right]\left[R_{xx}^2[L] + R_{xx}[L+m]R_{xx}[L-m]\right]$$ （4.2.11）

在绝大多数情况下，自相关函数 $R_{xx}[m]$ 平方和的值不是无限的。因此，当 $N \to \infty$ 时，方差趋近于零，相关估计是渐进无偏的一致估计。在 m 为有限值时，$\hat{R}_{xx}[m]$ 是 $R_{xx}[m]$ 的一致估计。

4.2.4　相关函数的算法实现

相关函数的算法实现通常有以下 3 种方法。

方法 1：把所有的数据都采集完毕后通过式（4.2.6）直接计算相关函数。

方法 2：把所有的数据都采集完毕后用谱密度估计的快速傅里叶逆变换间接计算相关函数。该方法的最大优点是运算量小，相关序列越长，这个优点越显著。将式（4.2.2）写为

$$\hat{R}_{xx}[m] = \frac{1}{N}\sum_{n=0}^{N-1}x[n]x[n+m]$$ （4.2.12）

对其做傅里叶变换为

$$\begin{aligned} \sum_{m=-(N-1)}^{N-1}\hat{R}[m]\mathrm{e}^{-\mathrm{j}\omega m} &= \frac{1}{N}\sum_{m=-(N-1)}^{N-1}\sum_{n=0}^{N-1}x[n]x[n+m]\mathrm{e}^{-\mathrm{j}\omega m} \\ &= \frac{1}{N}\sum_{n=0}^{N-1}x[n]\sum_{m=-(N-1)}^{N-1}x[n+m]\mathrm{e}^{-\mathrm{j}\omega m} \end{aligned}$$ （4.2.13）

两个长度为 N 的序列的线性卷积，其结果是一个长度为 $2N-1$ 点的序列。为了能用 DFT 来计算线性卷积，需要把这两个序列的长度扩充到 $2N-1$。为此将序 $x(n)$ 补 N 个 0 后，得到序列 $\tilde{x}(n)$，且 $\tilde{x}(n) \Leftrightarrow \tilde{X}(k)$，式（4.2.13）可表示为

$$\sum_{m=-(N-1)}^{N-1} \hat{R}[m]e^{-j\omega m} = \frac{1}{N}\sum_{n=0}^{2N-1}\tilde{x}[n]e^{j\omega n}\sum_{m=-(N-1)}^{N-1}\tilde{x}[n+m]e^{-j\omega(m+n)}$$

$$= \frac{1}{N}\sum_{n=0}^{2N-1}\tilde{x}[n]e^{j\omega n}\sum_{l=0}^{2N-1}\tilde{x}[l]e^{-j\omega(l)}$$

$$= \frac{1}{N}\tilde{X}\left[e^{j\omega m}\right]\tilde{X}^*\left[e^{j\omega m}\right]$$

$$\hat{R}_{xx}(m) = \frac{1}{N}\sum_{n=0}^{2N-1}[\tilde{x}(n)\tilde{x}(n+m)] = \frac{1}{N}\text{IFFT}[\tilde{X}(k)\tilde{X}^*(k)] \qquad (4.2.14)$$

对于互相关函数，采用与自相关函数计算法相同的数据序列的处理，即

$$\hat{R}_{xy}[m] = \frac{1}{N}\text{IFFT}\left[\tilde{X}[k]\tilde{Y}^*[k]\right] \qquad (4.2.15)$$

方法 3：边采集边计算。即把计算工作量分配到各个取样间隔内完成，根据上次相关函数的计算结果，当下一个取样数据（第 N 个）到来时，对原有相关函数的计算结果进行更新，从而得到新的相关函数值，这种递推算法如下式

$$\hat{R}_{xx}^N[m] = \frac{1}{N+1}\sum_{n=0}^{N}x[n-m]x[n]$$

$$= \frac{1}{N+1}\sum_{n=0}^{N-1}x[n-m]x[n] + \frac{1}{N+1}x[N-m]x[N] \qquad (4.2.16)$$

$$= \frac{1}{N+1}\hat{R}_{xx}^{N-1}[m] + \frac{1}{N+1}x[N-m]x[N]$$

其中：$\hat{R}_{xx}^N$ 的上标 N 表示在时刻 N 相关函数新的估计值；$\hat{R}_{xx}^{N-1}$ 的上标 $N-1$ 则表示上次相关函数的估计值。该算法的特点值得参考。

4.3 相干滤波器

在微弱信号检测中，窄带化技术是提高信噪比的有效手段。当被检测信号频率固定时，采用窄带滤波器可限制检测系统的接收带宽，把大量带宽外的噪声排除在外，达到显著抑制带外噪声的效果。传统时域方法是在接收机中设计高 Q 值窄带带通滤波器，通常滤波器的中心频率为 f_0，带宽在 $1/T+2\Delta f \sim 2/T+2\Delta f$ 之间。然而在实际应用中，存在两个主要技术难点：一是极窄带宽要求滤波器的 Q 值极高，实现难度大；二是高 Q 值滤波器的中心频率稳定性难以保证，导致实际性能受限。

相比之下，相干检测技术利用信号相干而噪声不相干的特性，，通过相位匹配实现噪声抑制。这种方法不仅能有效压缩等效噪声带宽，还能避免传统窄带滤波器的技术瓶颈，在保证系统稳定性的同时实现更高的信噪比提升效果。特别是在检测微弱周期信号时，相干检测技术展现出显著优势，成为现代微弱信号检测系统中的重要技术手段。

4.3.1　相干滤波器的工作原理

如果两个确定性信号之间具有确定的相位关系，则称这两个信号是相干的。当检测确定性的周期信号时，常用相干检测。相干检测通常采用相敏检测器实现，如图 4.3.1 所示。相敏检测器是将两路信号相乘再进行低通滤波，检测出同一时刻两路信号的相干情况。

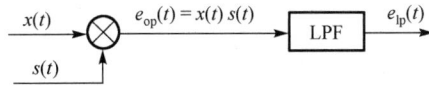

图 4.3.1　相敏检测器

在主动目标检测中，常采用单频连续波（CW）脉冲作为发射信号，其数学形式为

$$s(t) = \begin{cases} A\cos(2\pi f_0 t), & 0 < t < T \\ 0, & \text{其他} \end{cases} \tag{4.3.1}$$

其中：f_0 是信号的角频率；θ 是信号的初相位。

由于水流或目标的相对运动，目标回波信号的幅度、频率和相位角均有一定的偏差，观测样本即接收信号可表示为

$$\begin{aligned} x(t) &= s(t) \otimes h(t) + n(t) = r(t) + n(t) \\ &= A_x \cos[2\pi(f_0 + \Delta f)t + \theta] + n(t) \end{aligned} \tag{4.3.2}$$

其中：A_x 表示接收信号的幅值；Δf 表示接收信号的频率与发射信号频率的偏差；θ 表示被检测信号与发射参考信号的相位差。在观测样本 $x(t)$ 中，目标回波信号 $r(t)$ 很微弱，而伴随的干扰噪声 $n(t)$ 很强。

若以发射信号 $s(t)$ 为参考信号，则经过相敏检波器乘法器后的信号输出为

$$\begin{aligned} e_{op}(t) &= A_x \cos[2\pi(f_0 + \Delta f)t + \theta] \cdot A\cos 2\pi f_0 t \\ &= \frac{1}{2} A_x A \cos(2\pi \Delta f t + \theta) + \frac{1}{2} A_x A \cos(2\pi(2f_0 + \Delta f)t + \theta) \end{aligned} \tag{4.3.3}$$

式中，第一项为差频分量，第二项为和频分量。$e_{op}(t)$ 再经过低通滤波器，输出的信号部分就只剩下差频分量

$$e_{ol}(t) = \frac{1}{2} A_x A \cos(2\pi \Delta f t + \theta) \tag{4.3.4}$$

实际上常用对称的方波作为参考信号，这时参考信号的傅里叶展开表示为

$$s(t) = \frac{4A}{\pi} \sum_{n=0}^{\infty} \frac{1}{2n+1} \cos[(2n+1)2\pi f_0 t] \tag{4.3.5}$$

若与接收信号 $x(t) = A_x \cos\left[2\pi\left(f_0 + \Delta f\right)t + \theta\right]$ 进行相干运算，则相敏检波器的信号输出为

$$\begin{aligned} e_{op}(t) &= x(t)s(t) \\ &= A_x \cos[2\pi(f_0 + \Delta f)t + \theta] \cdot \frac{4A}{\pi} \sum_{n=0}^{\infty} \frac{1}{2n+1} \cos[(2n+1)2\pi f_0 t] \\ &= \sum_{n=0}^{\infty} \frac{2AA_x}{(2n+1)\pi} \cos[2\pi[f_0 + \Delta f \pm (2n+1)f_0]t + \theta] \end{aligned} \tag{4.3.6}$$

式（4.3.6）说明了输出包括方波基频及全部奇次谐波，但通过低通滤波器之后 $n \geq 1$ 的全部谐波被清除，只剩下 $n = 0$ 的信号能被检测出来，即

$$e_{\text{ol}}(t) = \frac{2}{\pi} A_x A \cos(2\pi \Delta f t + \theta) \tag{4.3.7}$$

这种方法存在的问题是在 f_0 的奇数倍出现被低通滤波器衰减了的噪声相干输出。所以要求滤波器的过渡带越陡峭越好。

参考信号 $s(t)$ 通道应包括频移或时延环节。由式（4.3.7）可见，只有当 $\Delta f = 0, \theta = 0°$ 时，相干检测的输出才有最大值。所以在信号检测过程中移相器应完成 $\pm180°$ 的相移。如果使用对称方波作为参考信号，就可使参考信号通过一个连续可调延时器。

为了说明相干滤波对干扰的抑制，设被检测信号的频率为 f_0，而干扰的频率为 f，信号与参考信号的相位差为 θ，而干扰样本与参考信号的相位差为 α，且 $f \neq f_0$，$\alpha \neq \theta$，此时，乘法器的输出为

$$\begin{aligned}
e_{\text{op}}(t) &= x(t)s(t) \\
&= [A_x \cos(2\pi f_0 t + \theta) + B_x \cos(2\pi f t + \alpha)] \cdot A \cos 2\pi f_0 t \\
&= \underbrace{\frac{1}{2} A_x A \cos \theta + \frac{1}{2} A_x A \cos(4\pi f_0 t + \theta)}_{\text{信号}} + \\
&\quad \underbrace{\frac{1}{2} B_x A \cos(2\pi(f + f_0)t + \alpha) + \frac{1}{2} B_x A \cos(2\pi(f - f_0)t + \alpha)}_{\text{干扰}}
\end{aligned} \tag{4.3.8}$$

只要低通滤波器通频带为 $B \ll f - f_0$，则干扰噪声分量被滤除。低通滤波器通频带 B 越小，则干扰噪声抑制效果越好。自然先决条件是信号频率应准确地等于参考信号频率。

4.3.2　低通滤波与积分器之间的关系

相干滤波与相关滤波的不同之处是：相干滤波采用的是低通滤波器，而相关滤波采用的是积分器。以下分析低通滤波器与积分器之间的关系。

若信号的观察时间为 T，则理想积分器的输入 $x(t)$ 与输出 $y(t)$ 之间的关系满足

$$y(t) = \int_{t-T}^{t} x(u) \mathrm{d}u \tag{4.3.9}$$

若令 $x(t) = \delta(t)$，则可得到理想积分器的单位冲激响应

$$h(t) = \begin{cases} 1, & 0 < t < T \\ 0, & \text{其他} \end{cases} \tag{4.3.10}$$

当 $0 < t < T$ 时，积分区间 $0 < t < T$ 包含 $u = 0$ 这一点，故积分值为 1；当 t 取其余值时，积分区间不包含 $u = 0$ 这一点，故积分值等于零。对 $h(t)$ 求傅里叶变换，得其传输函数 $H(\omega)$

$$H(\omega) = \frac{2\sin(\omega T / 2)}{\omega} \mathrm{e}^{-\mathrm{j}\omega T/2} \tag{4.3.11}$$

$|H(\omega)|$ 的曲线如图 4.3.2 所示。从图 4.3.2 可看出，理想积分器相当于一个低通滤波器，积分时间 T 越长，积分器的通带就越窄；当 $N \to \infty$ 时，$H(\omega)$ 的通带趋于无限窄，只允许直流成分通过。

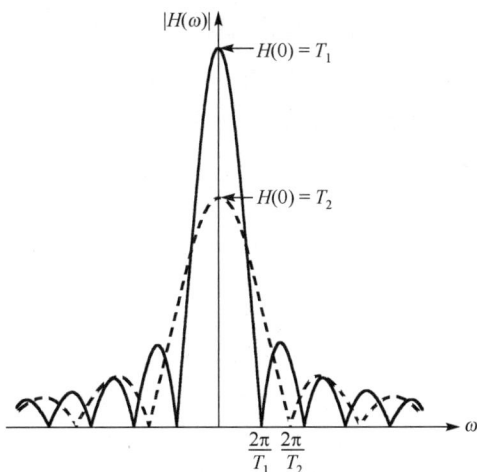

图 4.3.2　理想积分器的低通滤波性能

相关检测器的参考信号中有可变时延，并用积分实现低通滤波的功能，可检测不同时刻两路信号的相关情况。因此可以说，相关检测器只是相关检测的一种特例。相关检测器具有更广泛的应用前景。

4.4　梳状滤波器——时域同步平均

在微弱信号检测中，如果时域观测样本是周期性的宽带微弱信号（脉冲），那么由于其带宽较宽，传统的窄带化处理、相干检测及频域滤波等方法均难以适用，因此针对此类信号，可采用时域同步平均技术（也称相干检波）来提升信噪比。该技术的核心原理是：利用噪声幅值的随机性（正/负，大/小），通过对信号多个周期样本进行逐点平均来抑制噪声影响。其实现方式是以周期 T 为间隔对信号截取 M 段，然后将所截得的信号段中对应的离散点相加后取算术平均。时域同步平均方法原理图如图 4.4.1 所示。

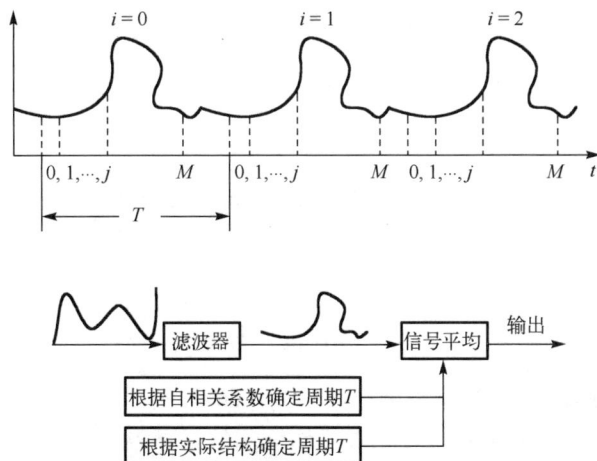

图 4.4.1　时域同步平均方法原理图

时域同步平均方法是提取噪声中任意波形周期性信号的有效方法，如果进行 M 次时域同步平均，则可将信噪比提高 M 倍（对功率）。时域同步平均检测在技术上可方便地用数字处理技术来实现，在小型近感检测装置中，常采用单片微机技术进行信号的积累平均处理。本节将重点介绍时域同步平均的数学原理及其实现方法。

4.4.1 白噪声时域同步平均滤波器的信噪比增益

假设观测样本 $x(t)$ 由周期为 T 的信号 $s(t)$ 和白噪声 $n(t)$ 组成，即 $x(t) = s(t) + n(t)$，以周期 T 去截取时域波形 $x(t)$，共截得 M 段，然后再将各段对应点相加，可得到

$$\sum_{i=0}^{M-1} x_{ij} = \sum_{i=0}^{M-1} s_{ij} + \sum_{i=0}^{M-1} n_{ij} \tag{4.4.1}$$

因为 s_j 为确定性周期信号，M 次累加后幅度会增加 M 倍；噪声的幅度是随机的，累加过程不是简单的幅度相加，只能从统计量的角度来考虑。累加后噪声的均方值为

$$\overline{n_{ij}^2} = E\left[n_{0j} + n_{1j} + \cdots n_{(M-1)j}\right]^2 = E\left[\sum_{i=0}^{M-1} n_{ij}^2\right] + 2E\left[\sum_{i=0}^{M-2} \sum_{m=i+1}^{M-1} n_{ij} n_{mj}\right]$$

上式中第一项为噪声各取样值平方和的均值，第二项为噪声在不同时刻取样值两两相乘之和的均值。由于白噪声具有不相关性，因此不同时刻的噪声取样值互不相关，第二项为零。即

$$\overline{n_{ij}^2} = E\left[\sum_{i=1}^{M} n_{ij}^2\right] = M\sigma^2$$

若每段信号均用 s 表示，则平均输出 Y 为

$$Y = Ms + n / \sqrt{M} \tag{4.4.2}$$

时域同步平均滤波后的输出信噪（功率）比为

$$\left.\frac{S}{N}\right|_{\text{out}} = \frac{|Ms|^2}{M\sigma^2} = M\frac{|s|^2}{\sigma^2} = M\left(\left.\frac{S}{N}\right|_{\text{in}}\right)$$

即

$$\text{SNR}_{\text{out}} = 10\lg\left(\left.\frac{S}{N}\right|_{\text{out}}\right) = 10\lg M + \text{SNR}_{\text{in}} \tag{4.4.3}$$

时域同步平均滤波的处理增益为

$$GM = 10\log_{10} M$$

经过 M 次同步平均后输出的白噪声是原来输入信号 $x(t)$ 中白噪声的 $1/\sqrt{M}$ 倍，因此信噪比提高 $\sqrt{M}$ 倍（有效值），这就是时域同步平均检测的 $\sqrt{M}$ 法则。

图 4.4.2 是截取不同的段数 M，进行时域同步平均的结果。由图 4.4.2 可见，原始波形当 $M = 1$ 时的信噪比很低 $(\text{SNR} = 0.5\text{dB})$，经过多段平均后，信噪比大大提高；当 $M = 256$ 段时，可以得到几乎接近理想的正弦信号。

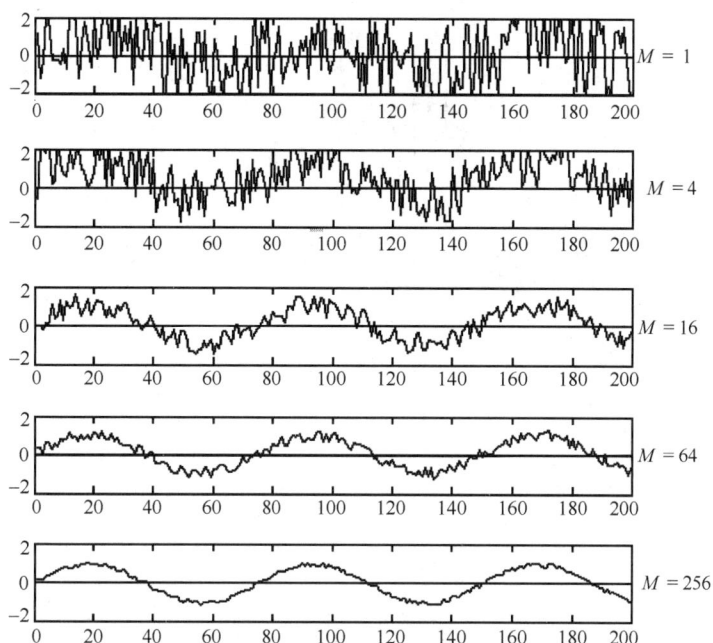

图 4.4.2　用时域同步平均法提高信噪比

4.4.2　色噪声时域同步平均滤波器的信噪比增益

对于零均值的有色噪声，有

$$
\begin{aligned}
\overline{n_{ij}^2} &= E[n_{0j} + n_{1j} + \cdots + n_{(M-1)j}]^2 \\
&= E\left[\sum_{i=0}^{M-1} n_{ij}^2\right] + 2E\left[\sum_{i=0}^{M-2}\sum_{m=i+1}^{M-1} n_{ij} n_{mj}\right] \\
&= MR(0) + 2\sum_{k=1}^{M-1}(M-k)R(k) \\
&= MR(0)\left[1 + \frac{2}{M}\sum_{k=1}^{M-1}(M-k)\frac{R(k)}{R(0)}\right] \\
&= M\sigma_{\text{in}}^2\left[1 + \frac{2}{M}\sum_{k=1}^{M-1}(M-k)\rho(k)\right]
\end{aligned}
\tag{4.4.4}
$$

其中：$R(0) = \sigma_{\text{in}}^2$ 为输入噪声的平均功率；$\rho(k) = R(k)/R(0)$ 为归一化自相关函数。输出噪声的平均功率为

$$
\begin{aligned}
\sigma_{\text{out}}^2 = \frac{\overline{n_{ij}^2}}{M} &= R(0)\left[1 + \frac{2}{M}\sum_{k=1}^{M-1}(M-k)\frac{R(k)}{R(0)}\right] \\
&= \sigma_{\text{in}}^2\left[1 + \frac{2}{M}\sum_{k=1}^{M-1}(M-k)\rho(k)\right]
\end{aligned}
\tag{4.4.5}
$$

时域同步平均后输出信号的信噪比为

$$\frac{S}{N}\bigg|_{\text{out}} = \frac{|Ms|^2}{M\sigma_{\text{in}}^2\left[1+\dfrac{2}{M}\displaystyle\sum_{k=1}^{M-1}(M-k)\rho(k)\right]}$$

$$= \frac{M}{\left[1+\dfrac{2}{M}\displaystyle\sum_{k=1}^{M-1}(M-k)\rho(k)\right]}\cdot\frac{|s|^2}{\sigma_{\text{in}}^2} \qquad (4.4.6)$$

$$= \frac{M}{\left[1+\dfrac{2}{M}\displaystyle\sum_{k=1}^{M-1}(M-k)\rho(k)\right]}\cdot\left[\frac{S}{N}\bigg|_{\text{in}}\right]$$

即

$$\mathrm{SNR}_{\text{out}} = 10\lg\left(\frac{S}{N}\bigg|_{\text{out}}\right)$$

$$= 10\lg M - 10\lg\left(1+\frac{2}{M}\sum_{k=1}^{M-1}(M-k)\rho(k)\right)+\mathrm{SNR}_{\text{in}} \qquad (4.4.7)$$

当干扰噪声为白噪声时，$\rho(k)=R(k)/R(0)=0$，上式与式（4.4.3）相同，当干扰为色噪声时，该方法对信噪比的改善要差于白噪声的情况。

4.4.3 时域同步平均滤波器的频域描述

为了分析时域同步平均算法的滤波性能，以下推导时域同步平均算法的频域表达式。假设以 Δt 为时间间隔对 $x(t)$ 进行离散采样，得到离散值 $x(n\Delta t), n=0,1,2\cdots MN$；$M$ 为叠加平均的周期段数目，N 为信号周期段中的采样点数。$y(n\Delta t)$ 为滤波器的输出，即平均结果，则

$$y(n\Delta t) = \frac{1}{M}\sum_{r=0}^{M-1}[x(n-rN)\Delta t], \qquad n=(M-1)N,(M-1)N+1,\cdots NM-1 \qquad (4.4.8)$$

设 $y(n\Delta t), x(n\Delta t)$ 的 Z 变换分别为 $Y(z)$ 和 $X(z)$，则对式（4.4.8）进行 Z 变换有

$$Y(z) = \frac{1}{M}\sum_{r=0}^{M-1}X(z)z^{-rN} = \frac{X(z)(1-z^{-NM})}{M(1-z^{-N})}$$

时域同步平均算法的传递函数 $H(z)$ 为

$$H(z) = \frac{Y(z)}{X(z)} = \frac{1}{M}\cdot\frac{1-z^{-MN}}{1-z^{-N}} \qquad (4.4.9)$$

令 $z=\mathrm{e}^{\mathrm{j}\omega\Delta t}$，且 $T=N\Delta t=\dfrac{2\pi}{\omega_0}$，则有

$$|H(\omega)| = \frac{1}{M}\left|\frac{1-\mathrm{e}^{-\mathrm{j}MN\omega\Delta t}}{1-\mathrm{e}^{-\mathrm{j}N\omega\Delta t}}\right| = \frac{1}{M}\left|\frac{1-\mathrm{e}^{-\mathrm{j}2\pi M\omega/\omega_0}}{1-\mathrm{e}^{-\mathrm{j}2\pi\omega/\omega_0}}\right|$$

$$= \frac{1}{M}\left|\frac{(\mathrm{e}^{\mathrm{j}\pi\omega M/\omega_0}-\mathrm{e}^{-\mathrm{j}\pi\omega M/\omega_0})/2\mathrm{j}}{(\mathrm{e}^{\mathrm{j}\pi\omega/\omega_0}-\mathrm{e}^{-\mathrm{j}\pi\omega/\omega_0})/2\mathrm{j}}\right| = \frac{1}{M}\left|\frac{\sin[(\pi M\omega)/\omega_0]}{\sin(\pi\omega)/\omega_0}\right| \qquad (4.4.11)$$

传递函数 $H(z)$ 的相位 $\phi(\omega)$ 为

$$
\begin{aligned}
\varphi(\omega) = \arg[H(\omega)] &= \arg\left[\frac{1}{M}\left(\frac{1-\mathrm{e}^{-\mathrm{j}2\pi M\omega/\omega_0}}{1-\mathrm{e}^{-\mathrm{j}2\pi\omega/\omega_0}}\right)\right] \\
&= \arg\left[\frac{\mathrm{e}^{-\mathrm{j}2\pi M\omega/\omega_0}\cdot\sin(\pi M\omega/\omega_0)}{M\mathrm{e}^{-\mathrm{j}2\pi\omega/\omega_0}\cdot\sin(\pi\omega/\omega_0)}\right] \\
&= \arg\left[\frac{\mathrm{e}^{-\mathrm{j}2\pi M\omega/\omega_0}}{\mathrm{e}^{-\mathrm{j}2\pi\omega/\omega_0}}\right] \\
&= -2\pi(M-1)\frac{\omega}{\omega_0}
\end{aligned}
\tag{4.4.12}
$$

当 $\omega/\omega_0 = f/f_0 = k(k=0,1,2,\cdots N-1)$ 时,即当频率 f 是 f_0 的整数倍时,周期 T 是各次谐波的公共周期,对于这些周期性的谐波分量,梳状滤波器传递函数的增益 $H(\omega)$ 在 $\omega=k\omega_0$ 的值可由**洛必达法则**求得

$$
\left.|H(\omega)|\right|_{\omega=k\omega_0} = \frac{1}{M}\left|\frac{\sin(\pi M\omega/\omega_0)}{\sin(\pi\omega/\omega_0)}\right|_{\omega=k\omega_0} = \frac{1}{M}\left|\frac{M\cos(\pi M\omega/\omega_0)}{\cos(\pi\omega/\omega_0)}\right| = 1
$$

可见时域同步平均过程等价于具有中心频率 $\omega=k\omega_0$ 或 $f=kf_0$ 的梳状滤波器,因此可以将时域同步平均方法看成梳状滤波器对信号进行滤波的过程。梳状滤波器的幅频响应曲线如图 4.4.3 所示。

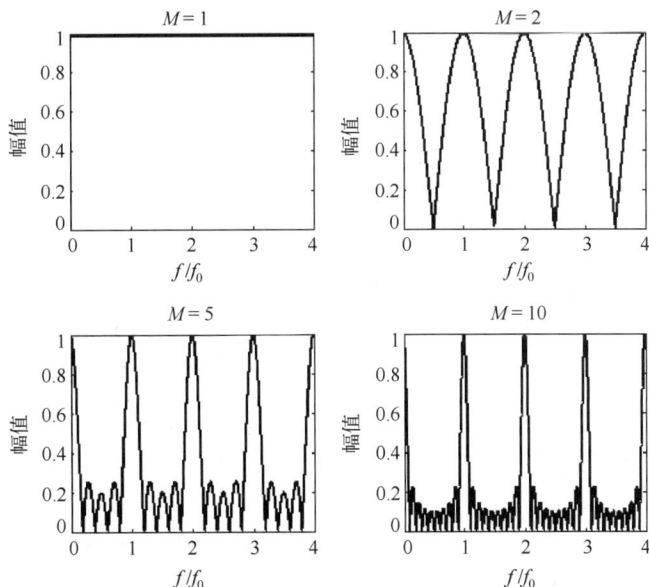

图 4.4.3　梳状滤波器的幅频响应曲线

梳状滤波器在频域抑制了噪声 $n(t)$,滤波器后的等效噪声带宽(ENB)随着 M 的增大而减小。由于输出功率谱密度函数与输入功率谱密度函数之比满足关系式 $\dfrac{S_y(\omega)}{S_x(\omega)}=|H(\omega)|^2$,通过滤波器后噪声能量的改变为

$$\text{ENB} = \int \frac{S_y(\omega)}{S_x(\omega)} \mathrm{d}\omega = \int |H(\omega)|^2 \mathrm{d}\omega \qquad (4.4.13)$$

由于当时域同步平均时，截取信号段的周期为 T，即频率为 f_0，因此 $f_M = \frac{1}{2} f_0$，$f / f_0 = \omega / \omega_0$ 的范围为 $[-0.5, 0.5]$，并令 $u = \omega / \omega_0$，将式（4.4.13）积分，并代入式（4.4.11）有

$$\begin{aligned}
\text{ENB} &= \int_{-0.5}^{0.5} \left| \frac{1}{M} \frac{\sin \pi M u}{\sin \pi u} \right|^2 \mathrm{d}u \\
&= \frac{1}{M^2 \pi} \int_{-\frac{\pi}{2}}^{\frac{\pi}{2}} \left(\frac{\sin nMx}{\sin nx} \right)^2 \mathrm{d}x \, (x = \pi u) \qquad (4.4.14) \\
&= \frac{1}{M^2 \pi} \cdot M\pi = \frac{1}{M}
\end{aligned}$$

通过时域同步平均，从频域或方差意义上讲，使平均后的噪声功率谱缩小了 M 倍，相当于输出噪声是输入噪声的 $1/M$ 倍。因此梳状滤波器抑制了噪声，提高了信噪比。

选择了基频 $f_0 \left(f_0 = 1 / N\Delta t \right)$，就是将滤波器的中心频率放在 $f_k = k / N\Delta t \quad (k = 0,1,2,\ldots)$ 上，不同 M 下的梳状滤波器一个波瓣 f_k 的频率响应特性曲线如图 4.4.4 所示，这样对于基频的谐波 kf_0 就能有效地提取出来。

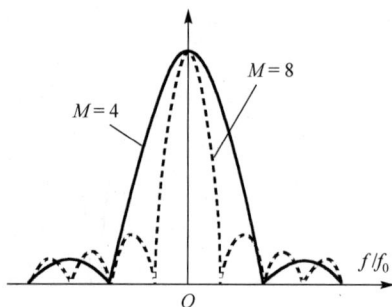

图 4.4.4　不同 M 下梳状滤波器一个波瓣 f_k 的频率响应特性曲线

4.4.4　时域同步平均与谱分析的区别

首先，时域同步平均是在时域范围内进行的，它不但要求输入原始时间序列数据，而且还要输入周期 T，输出结果是时域信号，可输出时域波形，该波形信号不但包含基频 $1/T$，而且还包含其倍频信息；谱分析只要输入原始数据，便可将信号的周期分量反映出来。

其次，谱分析所反映出的频率分量主要取决于该频带内能量最大的频率成分，不能略去任何输入信号。因此一个弱信号可能因其他分量太大而完全淹没，不能在谱图上反映出来；时域同步平均可消除与给定周期无关的全部信息，提取弱周期信号，因而其可在强噪声环境下工作。

最后，对于一些非正弦周期信号，如周期性的方波、三角波、脉冲波及其他形状的波形，谱分析将在频域内给出杂乱、众多的频率分量及其谐波，不易看出信号的特征。而时域同步平均得到的这些周期信号的波形直观明了，便于识别分析及检测。

4.4.5　信号周期的估计

由图 4.4.1 可知，在进行时域同步平均时，首先必须知道截取信号的周期 T，从而确定一个周期中的采样数目 N，才能通过式（4.4.1）求得信号的时域同步平均。通常采用自相关来估计信号的周期 T。若观测样本 $x(t)$ 存在周期 T，以 Δt 为时间间隔对 $x(t)$ 进行离散采样，并且在周期 T 内有 N 个采样点，当 $T = N\Delta t$，则自相关函数 $\hat{R}[N]$ 将取得极值，即

$$\hat{R}[N] = \frac{1}{MN - N} \sum_{i=N+1}^{MN} x[i]x[i-N] \tag{4.4.15}$$

其中：MN 为采样点总数；$x[i]$ 为 $x(t)$ 的第 i 个样本值。在实际计算时，通过自相关系数 $\rho[k] = R[k]/R[0]$ 来确定 $|\rho[k]|$（$\leqslant 1$）。根据此关系通过求某一范围内相关系数的最大值 $\rho(k_i)$，如图 4.4.5 所示，从而估计出周期 T，即

$$\hat{T} = k_i \cdot \Delta t \tag{4.4.16}$$

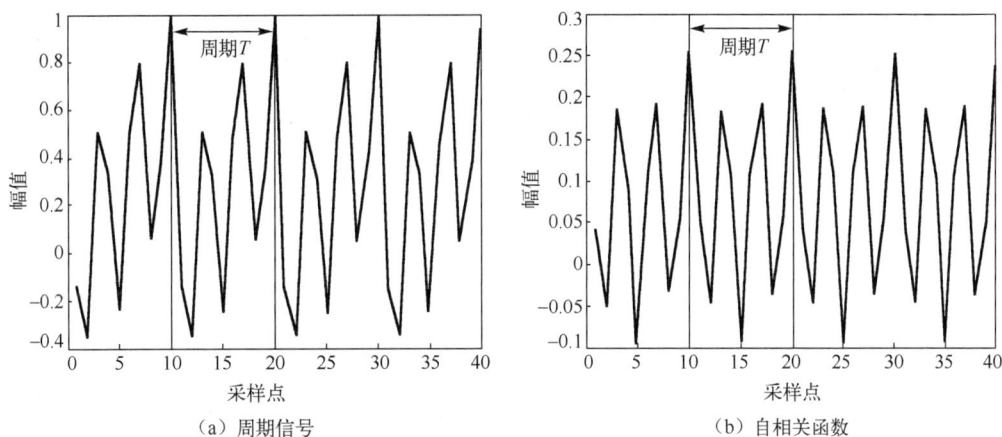

图 4.4.5　周期信号及周期信号的自相关函数

（a）周期信号　　　　　　　　　　（b）自相关函数

*4.5　维纳滤波器与自适应滤波器

经典的滤波理论通常要求已知信号的某些先验信息，如 FIR 和 IIR 滤波器要求已知信号和噪声的频谱没有交叠或交叠较少；匹配滤波器要求确知信号波形；时域同步平均滤波器要求已知信号的周期等。在信号未知且信号和噪声频谱有交叠时，滤波问题就转化为基于已观测数据的未知信号最优估计问题，而不同的评价准则会衍生出不同的估计方法，即不同的滤波方法。

在对信号进行估计时，是否已知估计量的先验知识是十分重要的问题。若没有被估计量的任何先验知识，则需要把被估计量视为一个常量，对应经典估计理论。按照最佳评价准则的不同进行分类，主要包括最大似然估计（MLE）、矩估计、最佳线性无偏估计（BLUE）、最小二乘估计（LSE）等。若已知被估计量的一些先验知识，如概率密度函数（PDF）、统计特性等，则可以把被估计量视为在先验知识约束下的随机变量，而某一时刻求出的估计量则是该变量的一个具体实现。按照不同准则分类，具体方法有：最小均方误差估计（MMSE）、

最大后验估计（MAP）、线性最小均方误差估计（LMMSE）等。这类估计方法通过融合观测数据与先验知识，通常能获得比经典估计更精确的结果。

维纳滤波器作为 LMMSE 在信号处理中的典型应用，由数学家 Robert Wiener 提出，是一种以最小均方误差为最优准则的线性滤波器。维纳滤波要求观测过程满足广义随机平稳假设，并且需要已知观测信号（含噪信号）和期望信号（去噪信号）的前二阶矩（均值和协方差矩阵）。

在实际工程应用中，由于期望的去噪信号本身难以直接得到，因此基于最小均方算法的线性自适应滤波器展现出显著优势。它不依赖于先验统计知识，仅要求输入的信号及噪声为平稳过程或缓慢变化的非平稳随机过程，当算法收敛时，即可逼近维纳滤波器的最优性能。这种自适应特性使其在未知信号环境中具有更强的实用价值。

4.5.1   最小均方误差的维纳滤波器

与贝叶斯估计和最大似然估计都要求对观测值作概率描述不同，线性最小均方误差估计不需要所有的概率假设，而只是保留对前二阶矩的要求。如果所考虑的随机过程是高斯过程，则线性滤波不仅对于最小均方误差准则来说是最佳的，而且对于很多别的准则来说也是如此。

维纳滤波器是线性时不变系统，其结构如图 4.5.1 所示。输入端是含噪的观测样本 $x(t) = s(t) + n(t)$，其中输入信号 $s(t)$ 和噪声干扰 $n(t)$ 都是宽平稳随机过程，$d(t)$ 是希望的输出，输出式 $y(t) = h(t) \otimes x(t)$。$e(t) = y(t) - d(t)$ 是接收机的输出 $y(t)$ 和希望的输出 $d(t)$ 之间的误差为，显然 $e(t)$ 也是一个宽平稳的随机过程，其方差为

$$E[e^2(t)] = E\{[y(t) - d(t)]^2\} \tag{4.5.1}$$

这样，求最小均方误差准则下的最佳接收机，在数学上就归结为求式（4.5.1）达到最小值的 $H(\omega)$ 或 $h(t)$。该问题可用变分法和正交性原理解决，本节用正交性原理来求解。

最小均方误差估计的正交性原理示意图如图 4.5.2 所示，可表述如下：使均方误差最小的充要条件是其对应的估计误差正交于 n 时刻进入期望响应估计的每个输入样值。即

$$E\{[y(t) - d(t)]x(t - \lambda)\} = 0 \tag{4.5.2}$$

即

$$E\left\{\left[d(t) - \int_{-\infty}^{\infty} h(\tau)x(t - \tau)d\tau\right]x(t - \lambda)\right\} = E[d(t)x(t - \lambda)] - \int_{-\infty}^{\infty} h(\tau)E[x(t - \tau)x(t - \lambda)]d\tau = 0$$

解得

$$\int_{-\infty}^{\infty} h(\tau)R_{xx}(t - \tau)d\tau = R_{dx}(t) \tag{4.5.3}$$

式（4.5.3）为维纳-霍普夫（Wiener-Hopf）方程，满足该方程的最佳接收系统称为维纳滤波器。

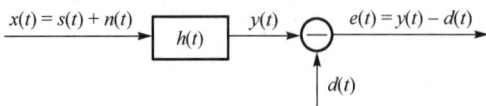

图 4.5.1   最小均方误差准则示意图   图 4.5.2   最小均方误差估计的正交性原理示意图

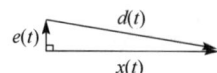

物理可实现的接收系统为

$$\int_0^\infty h(\tau)R_{xx}(t-\tau)\mathrm{d}\tau = R_{dx}(t) \tag{4.5.4}$$

若对 $s(t)$ 进行滤波，则取 $d(t)=s(t-t_0)$，如果 $t_0=0$，则称为滤波；如果 $t_0>0$，则称为平滑；如果 $t_0<0$，则称为预测。

若用离散序列表示，假设维纳滤波器 $h[n]$ 是一个因果序列且可用有限长 N 点序列去逼近，则 FIR 系统表示的式（4.5.4）为

$$R_{ds}(j) = \sum_{m=0}^{N-1} h(m)R_{xx}(j-m) = \sum_{m=0}^{N-1} h(m)R_{xx}(m-j) \tag{4.5.5}$$

这样得到 N 个线性方程组，即

$$R_{ds}(0) = \sum_{m=0}^{N-1} h(m)R_{xx}(m-1)$$

$$R_{ds}(1) = \sum_{m=0}^{N-1} h(m)R_{xx}(m-1)$$

$$\cdots$$

$$R_{ds}(N-1) = \sum_{m=0}^{N-1} h(m)R_{xx}(m-N+1)$$

将其写成矩阵形式为

$$\begin{bmatrix} R_{xx}(0) & R_{xx}(1) & \cdots & R_{xx}(N-1) \\ R_{xx}(1) & R_{xx}(0) & \cdots & R_{xx}(N-2) \\ \vdots & \vdots & \ddots & \cdots \\ R_{xx}(N-1) & R_{xx}(N-2) & \cdots & R_{xx}(0) \end{bmatrix} \begin{bmatrix} h(0) \\ h(1) \\ \vdots \\ h(N-1) \end{bmatrix} = \begin{bmatrix} R_{dx}(0) \\ R_{dx}(1) \\ \vdots \\ R_{dx}(N-1) \end{bmatrix} \tag{4.5.6}$$

简写成

$$\boldsymbol{R}_{xx}\boldsymbol{H} = \boldsymbol{R}_{dx} \tag{4.5.7}$$

只要 $\boldsymbol{R}_{xx}$ 非奇异，就可得到维纳解为

$$\boldsymbol{H}_{opt} = \boldsymbol{R}_{xx}^{-1}\boldsymbol{R}_{dx} \tag{4.5.8}$$

4.5.2　自适应滤波器

自适应滤波器由参数可调的数字滤波器和自适应算法两部分组成，如图 4.5.3 所示。参数可调的数字滤波器的结构有线性、非线性及格型结构，实现滤波器的准则有最小均方误差准则、最大输出信噪比准则，最小噪声方差准则、最大似然准则等，相应的自适应算法也有多种。本节只介绍数字滤波器为线性组合器、最佳准则为最小均方误差、自适应算法为最小均方算法的自适应滤波器。

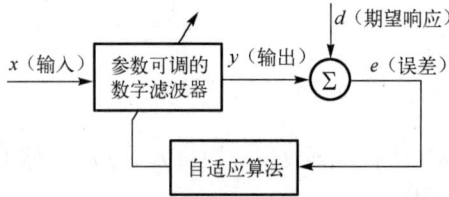

图 4.5.3 自适应滤波器结构

线性组合器的结构有单输入和多输入两种形式，如图 4.5.4 所示。其中，单输入结构用于时域滤波，多输入结构用于空域滤波。

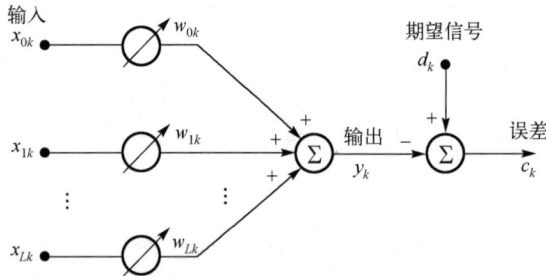

（a）处理器为多输入的线性组合器结构

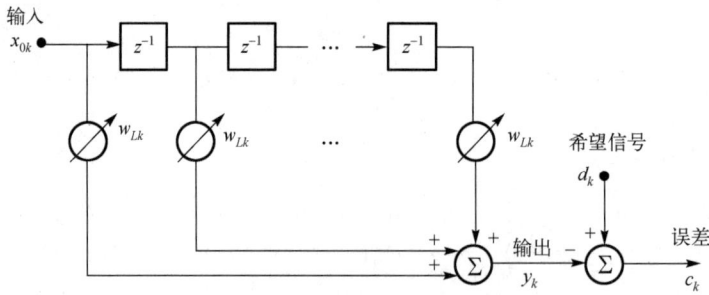

（b）处理器为单输入的横向滤波器结构

图 4.5.4 参数可调的数字滤波器结构

k 时刻单输入结构的输入向量 $\boldsymbol{x}_k$、权矩阵向量 $\boldsymbol{w}_k$ 和输出向量 $\boldsymbol{y}_k$ 可分别表示为

$$\boldsymbol{x}_k = [x_k, x_{k-1}, \cdots, x_{k-L}]^{\mathrm{T}} \tag{4.5.9a}$$

$$\boldsymbol{w}_k = [w_{0k}, w_{1k}, \cdots, w_{Lk}]^{\mathrm{T}} \tag{4.5.9b}$$

$$\boldsymbol{y}_k = \boldsymbol{w}_k^H \cdot \boldsymbol{x}_k = \boldsymbol{x}_k^H \cdot \boldsymbol{w}_k \tag{4.5.9c}$$

k 时刻多输入结构的输入向量 $\boldsymbol{x}_k$、权矩阵向量 $\boldsymbol{w}_k$ 和输出向量 $\boldsymbol{y}_k$ 可分别表示为

$$\boldsymbol{x}_k = [x_{0k}, x_{1k}, \cdots, x_{Lk}]^{\mathrm{T}} \tag{4.5.10a}$$

$$\boldsymbol{w}_k = [w_{0k}, w_{1k}, \cdots, w_{Lk}]^{\mathrm{T}} \tag{4.5.10b}$$

$$\boldsymbol{y}_k = \boldsymbol{w}_k^H \cdot \boldsymbol{x}_k = \boldsymbol{x}_k^H \cdot \boldsymbol{w}_k \tag{4.5.10c}$$

若 k 时刻的期望值为 d_k，则误差为 $e_k = d_k - y_k$，均方误差为

$$E[e_k^2] = E[d_k^2] + \boldsymbol{w}^H \cdot E[\boldsymbol{x}_k \cdot \boldsymbol{x}_k^H] \cdot \boldsymbol{w} - 2E[d_k \cdot \boldsymbol{x}_k^H] \cdot \boldsymbol{w} \tag{4.5.11}$$

假设 k 时刻，w_k 值不变，e_k、d_k、x_k 统计平稳，则有

$$
\begin{aligned}
E[e_k^2] &= E[(d_k - y_k)^2] \\
&= E[d_k^2 + \boldsymbol{w}^H \boldsymbol{x}_k \boldsymbol{x}_k^H \boldsymbol{w} - 2d_k \boldsymbol{x}_k \boldsymbol{w}] \\
&= E[d_k^2] + \boldsymbol{w}^H E[\boldsymbol{x}_k \boldsymbol{x}_k^H] \boldsymbol{w} - 2E[d_k \boldsymbol{x}_k] \boldsymbol{w}
\end{aligned} \tag{4.5.12}
$$

若令输入相关矩阵为 $\boldsymbol{R}_{xx} = E[\boldsymbol{x}_k \boldsymbol{x}_k^H]$，期望值与输入量的互相关向量为 $\boldsymbol{R}_{dx} = E[d_k \boldsymbol{x}_k]$，则式（4.5.12）取最小值的表示式为

$$
\min(\xi) = E[d_k^2] + \boldsymbol{w}^H \boldsymbol{R}_{xx} \boldsymbol{w} - 2\boldsymbol{R}_{dx}^H \boldsymbol{w} \tag{4.5.13}
$$

其中

$$
\boldsymbol{R} = E[\boldsymbol{x}_k \boldsymbol{x}_k^{\mathrm{T}}] = E\begin{bmatrix}
x_{0k}^2 & x_{0k}x_{1k} & x_{0k}x_{2k} & \cdots & x_{0k}x_{Lk} \\
x_{1k}x_{0k} & x_{1k}^2 & x_{1k}x_{2k} & \cdots & x_{1k}x_{Lk} \\
\vdots & \vdots & \vdots & \vdots & \vdots \\
x_{Lk}x_{0k} & x_{Lk}x_{1k} & x_{Lk}x_{2k} & \cdots & x_{lk}^2
\end{bmatrix}
$$

当输入信号和参考信号均是平稳随机信号时，式（4.5.13）中的均方误差 ξ 为权向量 $\boldsymbol{w}$ 的二次函数，其函数图形是 $L+1$ 维空间中下凹的超抛物面，该曲面称为均方误差性能曲面。当 $L=1$ 时，误差性能曲面示意图如图 4.5.5 所示，当该曲面的梯度 $\nabla(\xi) = 0$ 时 ξ 取得最小值。

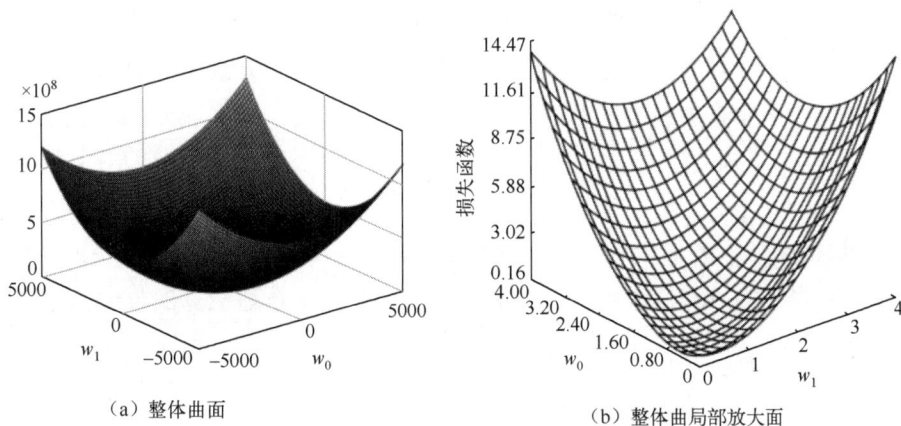

| （a）整体曲面 | （b）整体曲局部放大面 |

图 4.5.5 当 $L=1$ 时，误差性能曲面示意图

令

$$
\nabla \overset{\Delta}{=} \frac{\partial \xi}{\partial \boldsymbol{w}} = (2\boldsymbol{R}_{xx} \cdot \boldsymbol{w})^* - 2\boldsymbol{R}_{dx}^* = 0 \tag{4.5.14}
$$

当 $\boldsymbol{R}_{xx}$ 非奇异时，可得

$$
\boldsymbol{w}_{\mathrm{opt}} = \boldsymbol{R}_{xx}^{-1} \cdot \boldsymbol{R}_{dx} \tag{4.5.15}
$$

式（4.5.15）为式（4.5.13）的维纳解。此时可获得的最小均方误差为

$$
\begin{aligned}
\xi_{\min} &= E[d_k^2] + \boldsymbol{w}_{\mathrm{opt}}^H \cdot \boldsymbol{R}_{xx} \cdot \boldsymbol{w}_{\mathrm{opt}} - 2\boldsymbol{R}_{xd}^H \boldsymbol{w}_{\mathrm{opt}} \\
&= E[d_k^2] + [\boldsymbol{R}_{xx}^{-1}\boldsymbol{R}_{xd}]^H \cdot \boldsymbol{R}_{xx} \cdot [\boldsymbol{R}_{xx}^{-1}\boldsymbol{R}_{xd}] - 2\boldsymbol{R}_{xd}^H[\boldsymbol{R}_{xx}^{-1}\boldsymbol{R}_{xd}] \\
&= E[d_k^2] - \boldsymbol{R}_{xd}^H \boldsymbol{R}_{xx}^{-1} \boldsymbol{R}_{xd}
\end{aligned} \tag{4.5.16}
$$

4.5.3 最小均方自适应滤波算法

前两节中的最佳系统维纳滤波器要求预先知道信号与噪声的某些统计量，如输入相关矩阵 $\boldsymbol{R}$ 以及输入与期望的互相关向量 $\boldsymbol{P}$，但在实际的信号检测系统中往往很难做到，因为在微弱信号检测中，信号与噪声是随时间和空间变化的，其变化规律也是无法预测的，所以最佳系统很难实现。为了使设计出的系统达到或接近最佳系统的性能，通常采用闭环系统，该系统能够依据输入信号及噪声的变化，随时调整自身的某些参数，这就是自适应滤波算法。自适应滤波器不要求具有信号及噪声的先验知识，但要求输入的信号及噪声为平稳过程或缓慢变化的非平稳随机过程。

在 $\boldsymbol{R}$ 及 $\boldsymbol{P}$ 未知的情况下，寻求维纳滤波器的最佳解，也就是得到最佳权矢量通常采用最速下降法梯度搜索算法，即首先在性能曲面上任选一组权值 w_k，然后在性能曲梯度的负方向前进一步，可表示为

$$w(n+1) = w(n) - \mu \nabla(n) \tag{4.5.17}$$

其中：$\nabla(n)$ 为性能曲面函数在 n 时刻的梯度（需要估计），μ 为控制迭代步长的收敛因子。B.Widrow 等人在最速下降法的基础上，提出了最小均方算法，这种方法以单个误差样本的平方 $e^2(n)$ 作为均方误差的估计值，$\nabla(n) = 2e(n)x(n)$，则梯度搜索的迭代算法（4.5.17）式变为

$$w(n+1) = w(n) + 2\mu e(n)x(n) \tag{4.5.18}$$

可以证明最小均方算法是一种无偏的梯度估计算法，只要 μ 满足收敛条件式（4.5.19），自适应滤波器就一定能收敛到维纳滤波器。

$$0 < \mu < \frac{1}{(L+1)P_{\text{in}}} \tag{4.5.19}$$

其中：L 为自适应滤波器阶数；输入信号功率 $P_{\text{in}} = \sigma_s^2 + \sigma_n^2$，即信号与噪声功率之和。图 4.5.6 给出不同 μ 值对最小均方算法收敛速度的影响：μ 值越大，自适应算法收敛的速度越快，收敛后的误差越大；反之亦然。需要依据系统的要求，选取合适的 μ 值。

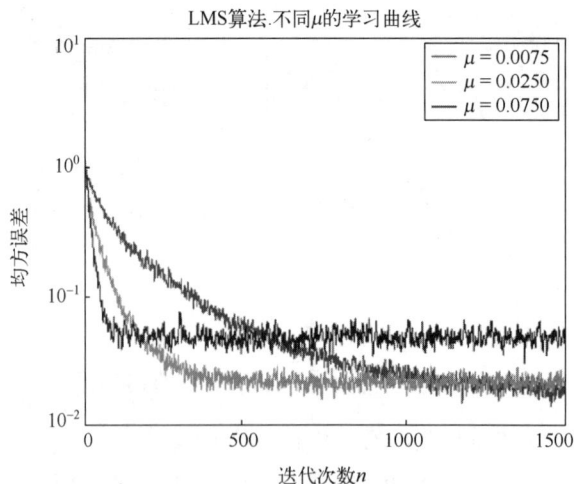

图 4.5.6 μ 值对自适应算法收敛速度及误差的影响

　　由于最小均方算法不需要知道 $\boldsymbol{R}$ 及 $\boldsymbol{R}^{-1}$，也不需要在线或离线估计性能曲面函数的梯度，因此该算法得到了广泛的应用。

4.5.4　基于最小均方算法的自适应谱线增强器

　　自适应谱线增强是自适应滤波的一种变形，思路是在无参考信号的条件下，谱线增强器可以自适应地消除噪声干扰，从而大幅度地提高输出信噪比。此算法对弱信号的增强主要体现在两个方面：一方面增强信号能量；另一方面可以抑制背景噪声。自适应谱线增强的研究主要包括更新滤波器系数和对自适应滤波结构的研究，经典的最小均方算法和递推最小二乘算法使用较为普遍。

　　图 4.5.7 给出一种基于最小均方的自适应谱线增强算法，主要原理是将接收信号作为期望信号，将接收信号延时 $\varDelta$ 后输入自适应滤波器。

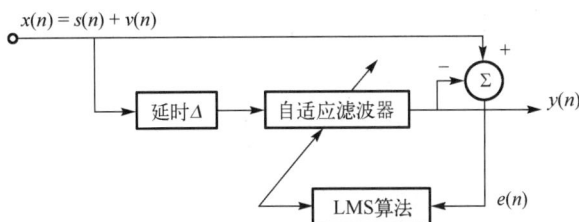

图 4.5.7　自适应谱线增强算法原理图

　　滤波器输出信号可以表示为

$$y(n) = w(n)x(n-\varDelta) \tag{4.5.20}$$

　　误差信号为

$$e(n) = x(n) - y(n) \tag{4.5.21}$$

　　滤波器权值更新公式为

$$w(n+1) = w(n) - 2\mu e(n)x(n-\varDelta) \tag{4.5.22}$$

　　本质上，ALE 作为一个窄带滤波器，能够自动跟踪一个未知的窄带信号。增大 L 会使滤波器通带围绕频率变窄，一个较大的 L 会导致传统 ALE 的高稳态失调，这限制了无源声呐信噪比的进一步提高。减小步长 μ 有助于减小调整错误，但是一个较小的 μ 降低了收敛速度，使跟踪非平稳信号成为困难。因此，在实际应用中两个参数的选择需要折中。

　　给出一组自适应谱线增强的应用示例。被动声呐接收到的目标信号为 $r(t)$，即

$$r(t) = \sum_{i=1}^{N} A_i \cos(2\pi f_i t) + n(t)$$

其中：A_i 与 f_i 分别表示水中目标辐射声包含的线谱幅度与频率，$n(t)$ 为背景噪声。假定某目标线谱的频率分别为 121Hz、154Hz、172Hz，添加 −10dB 背景噪声，设置 $L = 2000$、$\mu = 10^{-5}$。可以看到，目标线谱淹没在背景噪声中难以辨别，经自适应谱线增强处理后可以看到目标线谱被显著增强，背景噪声被抑制。

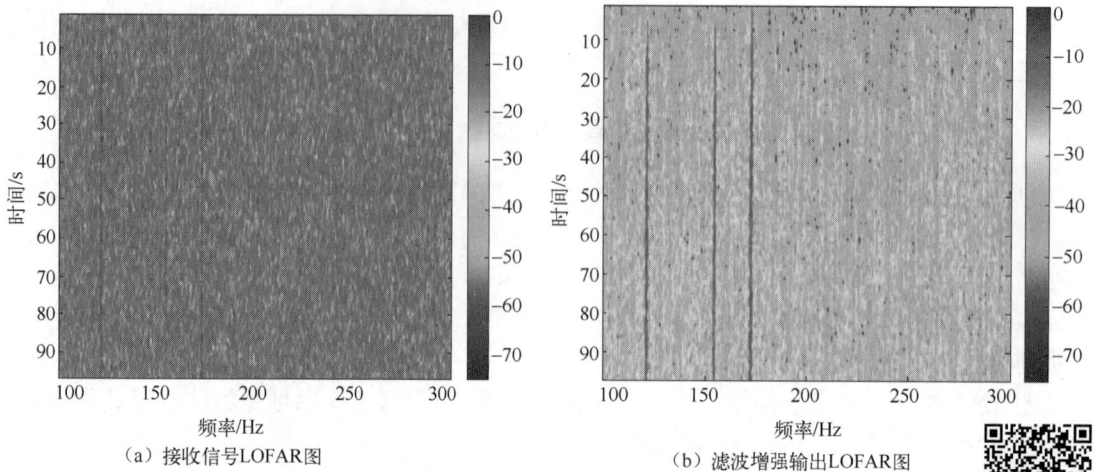

| （a）接收信号LOFAR图 | （b）滤波增强输出LOFAR图 |

图 4.5.8　自适应谱线增强结果对照（扫码见彩图）

习　　题

1．简述最佳接收机及其使用条件。

2．推导匹配滤波器的输出信噪比。

3．如果 $s[n]=\begin{cases}(-1)^n, & n=0,1,2,3,4\\ 0, & n=其他\end{cases}$，求匹配滤波器的冲击响应和所有时刻匹配滤波器的输出。

4．考虑一个 AWGN 中信号 $s[n]=\begin{cases}A\cos 2\pi f_0 n, & n=0,1,2,\cdots,N-1\\ 0, & n=其他\end{cases}$ 的检测问题，其中 $0<f_0<1/2$，求 $n=N-1$ 时刻匹配滤波器的信号输出。如果信号被延迟了 $n_0(n_0>0)$ 个采样时刻，使得接收到的信号为 $s[n-n_0]$，此时若依然用原信号的同一个匹配滤波器，求在 $n=N-1$ 时刻的输出信号与 n_0 的函数关系。可以假定 N 足够大，使得对正弦波在几个周期上取平均时其平均值为零。

5．简述相关检测器和匹配滤波器的异同。

6．给出信号时域同步平均检测的 $\sqrt{M}$ 法则，说明可提高信噪比的原因，如果平均次数为 16 次，可获得多少分贝的处理增益？信噪比提高了多少分贝？

第5章 微弱信号检测的其他域滤波

频域滤波是针对简谐振动信号中包含某些频率谐波信号进行的频域滤波，通过傅里叶变换将信号变换到频域，并在频域对信号进行分辨从而实现对干扰的滤除。空域滤波技术是基于多阵列天线结构来实现某些方向干扰抑制的滤波技术，空域滤波不仅能滤除环境噪声，而且还能滤除同频干扰。空域滤波可弥补时域滤波和频域滤波在抗噪声及干扰能力上的不足，常与时域滤波及频域滤波联合使用。

对于 3.1 节接收信号模型中的加性干扰 $n(t)$，通常采用时域滤波、频域滤波、空域滤波对加性噪声及干扰进行滤除，而对于乘性干扰即信道 $h(t)$，本章 5.3 节介绍基于时间反转的信道滤波来滤除其干扰。由于时间反转利用声场的互易性及时反不变性原理，不需要波导环境的任何先验知识，就能够补偿由于信道多途引起的时延扩展，自适应地在源位置处达到空时聚焦，即信道的最佳空时匹配滤波。

5.1　频域滤波——傅里叶变换

连续时间信号 $f(t)$ 的傅里叶变换对为

$$F(\omega) = \int_{-\infty}^{\infty} f(t)\mathrm{e}^{-\mathrm{j}\omega t}\mathrm{d}t$$

$$f(t) = \frac{1}{2\pi} \int_{-\infty}^{\infty} F(\omega)\mathrm{e}^{\mathrm{j}\omega t}\mathrm{d}t$$

由傅里叶变换对可看出，在满足绝对可积条件下，傅里叶变换在本质上是信号与正弦及余弦函数的内积。因为三角函数是完备的正交函数集，不同频率三角函数之间的内积为 0，只有频率相同的三角函数做内积时才不为 0。傅里叶变换是函数 $f(t)$ 和 $\mathrm{e}^{-\mathrm{j}\omega t}$ 之间求内积，也可以理解为 $f(t)$ 在 $\mathrm{e}^{-\mathrm{j}\omega t}$ 频率上的投影，积分时间从负无穷到正无穷就是把信号中每个时间在 ω 的分量叠加起来，即 $f(t)$ 在 $\mathrm{e}^{-\mathrm{j}\omega t}$ 上投影的叠加。傅里叶逆变换则是 $F(\omega)$ 与 $\mathrm{e}^{-\mathrm{j}\omega t}$ 求内积，$F(\omega)$ 只有在 t 时刻有分量时内积才会有结果，其余时间分量内积结果均为 0，频率从负无穷到正无穷的积分就是把信号在每个频率在 t 时刻上分量的叠加，其叠加的结果就是 $f(t)$ 在 t 时刻的值。

频域滤波：当信号中包含干扰或噪声频率时，通过傅里叶变换将信号从时域变换到频域，然后通过设定一个合适的滤波频带把干扰或噪声频率滤掉，最后再做傅里叶逆变换得到滤波后的信号。

在工程实际中，傅里叶变换常用快速傅里叶变换（Fast Fourier Transformation，FFT）实现，本节介绍离散傅里叶变换（Discrete Fourier Transform，DFT）、离散傅里叶变换的滤波性能、快速傅里叶变换算法，以及频谱选带分析的线性调频 Z 变换（Chirp-Z Transform，CZT）算法（5.1.4）

5.1.1　离散傅里叶变换

若采样间隔 Δt 对接收到的信号 $x(t)$ 进行采样，得 $x(n\Delta t) = \sum\limits_{n=-\infty}^{\infty} x(t) \cdot \delta(t - n\Delta t)$ ，若用 $x(n) = x(n\Delta t)$ 表示采样后的离散序列，则相应的频谱为

$$X(f) = \int_{-\infty}^{+\infty} \left[\sum_{n=-\infty}^{\infty} x(t)\delta(t - n\Delta t) \right] \exp(-\mathrm{j}2\pi ft)\mathrm{d}t$$
$$= \sum_{-\infty}^{\infty} x(n) \exp(-\mathrm{j}2\pi fn\Delta t) \tag{5.1.1}$$

通常接收信号 $x(t)$ 为有限长信号，若在观测时间 $0 < t < T$ 内采样 N 个点，则式（5.1.1）可表示为

$$X(f) = \sum_{n=0}^{N-1} x(n) \exp(-\mathrm{j}2\pi fn\Delta t) \tag{5.1.2}$$

式（5.1.2）只计算了有限的 N 个 f 值的 $X(f)$ ，频率间隔或频率分辨率为（频率的物理分辨率）

$$\Delta f = \frac{1}{N\Delta t} = \frac{f_s}{N} = \frac{1}{T} \tag{5.1.3}$$

$X(f)$ 可用数字信号表示成

$$X[k] = \sum_{n=0}^{N-1} x[n]\exp(-\mathrm{j}2\pi k\Delta fn\Delta t)$$
$$= \sum_{n=0}^{N-1} x[n]\exp\left(-\mathrm{j}\frac{2\pi kn}{N}\right) \qquad k = 0,1,\cdots,N-1 \tag{5.1.4}$$

可以证明， $x[n]$ 可由 $X[k]$ 表示为

$$x[n] = \frac{1}{N} \sum_{k=0}^{N-1} X[k]\exp\left(\mathrm{j}\frac{2\pi kn}{N}\right) \quad n = 0,1,\cdots,N-1 \tag{5.1.5}$$

式（5.1.4）称为离散傅里叶变换，（式 5.1.5）称为逆离散傅里叶变换（IDFT）。从上面的简单分析可知，离散傅里叶变换是傅里叶变换的一种近似。由于时域上采样得到频域的周期函数，而频域上采样则得到时域的周期函数，因此离散傅里叶变换相当于将原时间函数和频率函数两者都修改成周期函数，而 N 个时间采样值和 N 个频率采样值，则分别表示时域波形和频域波形的一个周期。文献[5]详细讨论了这种近似产生的误差以及采样周期 Δt 、点数 N 等对误差的影响。

若令 $W_N = \exp\left(-\mathrm{j}\dfrac{2\pi}{N}\right)$ ，则离散傅里叶变换和逆离散傅里叶变换可表成

$$X[k] = \sum_{n=0}^{N-1} x[n]W_N^{kn} \tag{5.1.6}$$

$$x[n] = \frac{1}{N} \sum_{k=0}^{N-1} X[k] W_N^{-kn} = \frac{1}{N} \sum_{k=0}^{N-1} \left(\sum_{n=0}^{N-1} x[n] W_N^{kn} \right) W_N^{-kn} \tag{5.1.7}$$

其中

$$\boldsymbol{W}_N^{kn} = \begin{bmatrix} W^0 & W^0 & W^0 & \cdots & W^0 \\ W^0 & W^1 & W^2 & \cdots & W^{N-1} \\ W^0 & W^2 & W^4 & \cdots & W^{2(N-1)} \\ \vdots & \vdots & \vdots & \ddots & \vdots \\ W^0 & W^{N-1} & W^{2(N-1)} & \cdots & W^{(N-1)(N-1)} \end{bmatrix} \tag{5.1.8}$$

由式（5.1.6）、式（5.1.7）可看出，逆离散傅里叶变换可由离散傅里叶变换算法实现。

由式（5.1.8）可看出，在 $W_N^0, W_N^1, \cdots, W_N^{N-1}$ 这 N 个独立的值中，有一部分取值十分简单，有一些取值具有对称性，如

$$W_N^0 = 1 , \quad W_N^{N/2} = -1 \tag{5.1.9}$$

$$W_N^{N+r} = W_N^r , \quad W_N^{N/2+r} = -W_N^r \tag{5.1.10}$$

5.1.2　线性调频 Z 变换

采用快速傅里叶变换算法可以很快算出全部 N 点离散傅里叶变换值，即 Z 变换 $X(z)$ 在 z 平面单位圆上的全部等间隔取样值。然而实际中常用窄带信号，只需要对信号所在的一段频带进行分析，不需要计算整个单位圆上 Z 变换的取样，这时希望频谱的采样集中在这一频带内，以获得较高的计算分辨率，此时用线性调频 Z 变换算法计算单位圆上任一段曲线上的 Z 变换，做离散傅里叶变换时输入的点数 N 和输出点数 M 可以不相等，从而达到频域的选频带分析，在不增加运算量的条件下提高计算分辨率。线性调频 Z 变换算法与频域插值、时域补零算法均可提高频域的计算分辨率。

5.1.2.1　线性调频 Z 变换的定义

假设 $x[n]$ 为已知信号，它的 Z 变换为

$$X(z) = \sum_{n=0}^{\infty} x[n] z^{-n} \tag{5.1.11}$$

式中，$z = \mathrm{e}^{sT_s} = \mathrm{e}^{(\sigma+j\Omega)T_s} = \mathrm{e}^{\sigma T_s} \mathrm{e}^{j\Omega T_s} = A\mathrm{e}^{j\omega}$。$s$ 为拉普拉斯变量，$A = \mathrm{e}^{\sigma T_s}$ 为实数，$\omega = \Omega T_s$ 为某个角度（圆周频率）。现对式（5.1.11）中的 z 做一修改，令 $z_r = AW^{-r}$，且 $A = A_0 \mathrm{e}^{j\theta_0}$，$W = W_0 \mathrm{e}^{j\varphi_0}$，则

$$z_r = A_0 \mathrm{e}^{j\theta_0} W_0^{-r} \mathrm{e}^{j\varphi_0 r} \tag{5.1.12}$$

A_0, W_0 为任意正实数，给定 $A_0, W_0, \theta_0, \varphi_0$，当 $r = 0, 1, \cdots, \infty$ 时可得到在 z 平面上的一个个点 $z_0, z_1 \cdots, \infty$，取这些点上的 Z 变换有

$$X(z_r) = \mathrm{CZT}[x[n]] = \sum_{n=0}^{\infty} x[n] A^{-n} W^{nr} \tag{5.1.13}$$

式（5.1.12）即为线性调频 Z 变换的定义。

5.1.2.2　线性调频 Z 变换与离散傅里叶变换的关系

以下解释 $A_0, W_0, \theta_0, \varphi_0$ 的物理含义。由式（5.1.13）可知当 $r=0$ 时，有 $z_0 = A_0 \mathrm{e}^{j\theta_0}$，该点在 z 平面上的幅度为 A_0，幅角为 θ_0，是线性调频 Z 变换的起始点，见图 5.1.1 中的 P 点；当 $r=1$ 时，$z_1 = A_0 W_0^{-1} \mathrm{e}^{j(\theta_0+\varphi_0)}$，$z_1$ 点的幅度为 $A_0 W_0^{-1}$，角度在 θ_0 的基础上增加了 φ_0。不难想象，当随着 r 的变化，点 $z_0, z_1, z_2 \cdots$ 构成了线性调频 Z 变换的路径，因此，对第 $M-1$ 点，即 $Q = z_{M-1}$ 点的极坐标为

$$Q = z_{M-1} = A_0 \mathrm{e}^{j\theta_0} W_0^{-(M-1)} \mathrm{e}^{j\varphi_0(M-1)} \tag{5.1.14}$$

这样线性调频 Z 变换在 z 平面上的变换路径是一条螺旋线，并且具有以下特点。

（1）当 $A_0 > 1$ 时，螺旋线在单位圆之外；反之，在单位圆之内。

（2）当 $W_0 > 1$ 时，$A_0 W_0^{-1} < A_0$，螺旋线内旋，反之，螺旋线外旋。

（3）当 $A_0 = W_0 = 1$ 时，CZT 的变换路径是单位圆上起点为 P，终点为 Q 的一段圆弧；P、Q 之间的分点 M 不一定等于数据的点数 N。

（4）当 $A_0 = W_0 = 1$，$\theta_0 = 0$，$M = N$ 时，线性调频 Z 变换变成了普通的离散傅里叶变换。

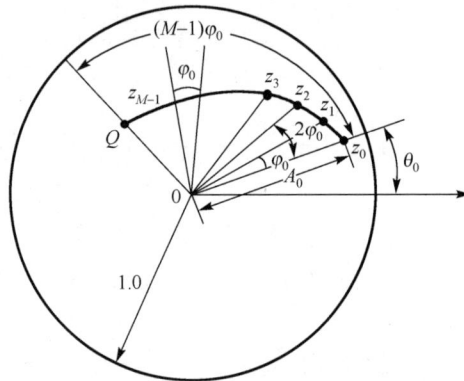

图 5.1.1　线性调频 Z 变换路径

在信号检测时，希望得到的是信号的频谱分析，故应在单位圆上去实现线性调频 Z 变换，此时取 $A_0 = W_0 = 1$，$x(n)$ 的长度假定为 $n = 0, 1, 2, \cdots N-1$，变换长度为 $r = 0, 1, 2, \cdots M-1$，式（5.1.13）可表示为

$$X(z_r) = \sum_{n=0}^{N-1} x[n] A^{-n} W^{nr} \tag{5.1.15}$$

而 $nr = \dfrac{1}{2}[r^2 + n^2 + (r-n)^2]$，于是式（5.1.15）又可表示为

$$X(z_r) = \sum_{n=0}^{N-1} x[n] A^{-n} W^{r^2/2} W^{n^2/2} W^{(r-n)^2/2} \tag{5.1.16}$$

若令

$$g[n] = x[n] A^{-n} W^{n^2/2} \tag{5.1.17}$$

$$h[n] = W^{-n^2/2} \tag{5.1.18}$$

则式（5.1.16）可表示为

$$X(z_r) = W^{r^2/2} \sum_{n=0}^{N-1} g[n]h[r-n] = W^{r^2/2}[g[r] \otimes h[r]] \tag{5.1.19}$$
$$= W^{r^2/2} y[r]$$

式中，$y[r] = g[r] \otimes h[r] = \sum_{n=0}^{N-1} g[n]W^{-\frac{(r-n)^2}{2}}$，$r = 0,1,2,\cdots M-1$。式（5.1.19）的计算方法可用如图 5.1.2 所示的步骤来实现。

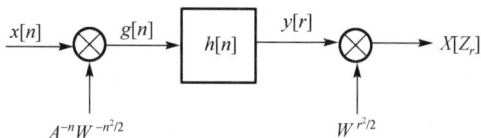

图 5.1.2 线性调频 Z 变换的线性滤波计算步骤

5.1.2.3 用快速傅里叶变换计算线性调频 Z 变换的方法

计算出单位圆上 M 点 $X(z_r)$ 的关键是实现式（5.1.19）中 $g[n]$ 和 $h[n]$ 的线性卷积。由式（5.1.16）可知，由于 $A = \mathrm{e}^{j\theta_0}$，$W = \mathrm{e}^{-j\varphi_0}$，所以 $h[n] = W^{-n^2/2}$ 应是一个无穷长的序列，并且是以 $n = 0$ 为偶对称的。同理 $A^{-n}W^{n^2/2}$ 也应是无穷长序列。但因为 $g[n] = x[n]A^{-n}W^{n^2/2}$，$x[n]$ 是 N 点数字序列，所以由式（5.1.17）可知，$g[n]$ 也应是 N 点序列，即 $n = 0,1,\cdots N-1$。由上述 $g[n]$ 和 $h[n]$ 的特点，考虑到求线性调频 Z 变换时仅需要 M 点的输出序列，且希望用快速傅里叶变换来实现 $g[n]$ 和 $h[n]$ 的卷积，这就需要对 $g[n]$ 和 $h[n]$ 的长度做一些处理。具体处理方法和步骤如下。

（1）按式（5.1.17）计算出 $g[n]$，$n = 0,1,\cdots N-1$，然后将 $g[n]$ 补零，使之长度为 L，且满足 $L \geqslant N+M-1$，这样得到新序列

$$g'[n] = \begin{cases} g[n], & n = 0,1,\cdots,N-1 \\ 0, & N \leqslant n \leqslant L-1 \end{cases} \tag{5.1.20}$$

（2）将 $h[n]$ 也转换成一个 L 点的新序列 $h'[n]$，如图 5.1.3 所示，图中

$$h'[n] = \begin{cases} h[n], & 0 \leqslant n \leqslant M-1 \\ 0, & M \leqslant n \leqslant L-N \\ h[L-n], & L-N+1 < n \leqslant L-1 \end{cases} \tag{5.1.21}$$

因为 $h[n]$ 是一个偶对称无穷长序列，若与 $g[n]$ 直接做线性卷积，且 $g[n]$ 仅有 N 点，卷积的结果只要 M 点，所以设想在卷积时是翻转 $h[n]$，那么，翻转后 $h[-n]$ 应有 N 点和 $g[n]$ 对应相乘，且 $h(-n)$ 应可向右移动 M 次。这样 $h[n]$ 应按图 5.1.3（a）取值，而 $h[n]$ 要转换成周期序列 $h'[n]$，自然应按图 5.1.3（b）取值。

式（5.1.20）与式（5.1.21）中 L 的选择应是在保证 $L \geqslant N+M-1$ 的条件下，取 L 为 2 的整数次幂。

（1）有了 $g'[n]$ 与 $h'[n]$ 之后，先求 $g'[n]$ 和 $h'[n]$ 的离散傅里叶变换，得 $G'[k]$ 和 $H'[k]$，它们都是 L 点序列。

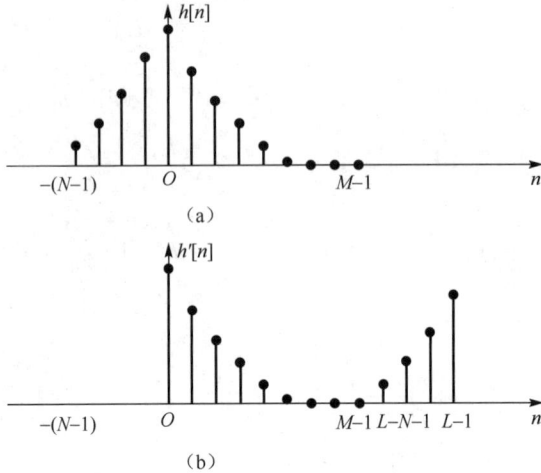

图 5.1.3　$h(n)$ 的选择

（2）令 $Y'[k] = G'[k]H'[k]$，并求 $Y'[k]$ 的反变换得 $y[r]$，仅取 $y[r]$ 中的前 M 个点。

（3）若用 $W^{r^2/2}$ 乘 $y[r]$，则得最后的输出 $X(z_r)$，$r = 0,1,\cdots M-1$。

由上面的讨论可知，离散傅里叶变换不但可用来计算单位圆上的 Z 变换，而且可计算 z 平面上任一螺旋线上的 Z 变换。当然，只有在单位圆上的 Z 变换才是傅里叶变换。在单位圆上，θ_0 和 φ_0 可任意给定，这样可选择所需要的起始频率及频率分辨率。在做离散傅里叶变换时，对 N 和 M 的大小没有限制，仅要求 $L \geqslant N+M-1$，并且 L 为 2 的整数次幂。

对接收信号做离散傅里叶变换也可对频率进行估计，并且估计精度比离散傅里叶变换的估计要高。若发射频率为 f_0 的单频信号，相对运动速度为 v_r，声速为 c，多普勒因子为 $\delta = v_r / c$，则接收信号的频率范围为 $[f_\sigma(1-\delta), f_\sigma(1+\delta)]$。若对接收信号进行频率为 f_s 的采样，则离散傅里叶变换起始点对应的角度为 $\theta_0 = 2\pi f_\sigma(1-\delta)/f_s$，相邻频率点之间对应的夹角为 $\varphi_0 = 2\pi f_\sigma \times 2\delta / N f_s$，其中 N 为离散傅里叶变换的点数，接收信号的频率估计值为

$$\hat{f}_g = \arg\max_f \left| X[z_k] \right|^2 \tag{5.1.22}$$

5.1.3　离散傅里叶变换频域滤波的信噪比增益

由式（5.1.10）的对称性可知，当 k 为某个确定值时，式（5.1.4）可表示为卷积的形式，即

$$
\begin{aligned}
X[k] &= \sum_{n=0}^{N-1} x[n] \exp\left[\mathrm{j}\frac{2\pi}{N}k(N-n) \right] \\
&= X_k[m]\big|_{m=N} \\
&= \sum_{n=0}^{N-1} x[n] \exp\left[\mathrm{j}\frac{2\pi}{N}k(m-n) \right]\bigg|_{m=N} \\
&= x[m] \otimes \exp\left(\mathrm{j}\frac{2\pi}{N}km \right)\bigg|_{m=N}
\end{aligned}
\tag{5.1.23}
$$

式（5.1.23）的物理意义为：对于给定的 k，离散傅里叶变换的输出 $X[k]$ 为输入信号 $x[n]$ 通

过一个冲激响应为 $\exp\left(\mathrm{j}\dfrac{2\pi}{N}kn\right)$ 的 FIR 复数滤波器在 N 时刻的取值。$\exp\left(\mathrm{j}\dfrac{2\pi}{N}kn\right)$ 在时域上幅度为门函数 $d[n]=1,\quad n=0,1,\cdots N-1$。

也可以这样理解，当 $k=0$ 时，式（5.1.6）可表示为

$$X[0]=\sum_{n=0}^{N-1}x[n] \tag{5.1.24}$$

其频率响应为

$$D(f)=\exp\left(\frac{-\mathrm{j}\omega(N-1)}{2}\right)\frac{\sin\pi fN}{\sin\pi f} \tag{5.1.25}$$

当 $k=0$ 时的滤波器称为原型滤波器（Prototype Filter，PF），其幅频响应如图 5.1.4 所示。当 k 为某一个确定值时，$\exp\left(\mathrm{j}\dfrac{2\pi}{N}kn\right)$ 是一个窄带滤波器；当 $\exp\left(\mathrm{j}\dfrac{2\pi}{N}kn\right)$ $k=0,1,\cdots,N-1$ 时，相当于（5.1.24）式的滤波器系数乘以 $\exp\left(\mathrm{j}\dfrac{2\pi}{N}kn\right)$，对应在频域上频率偏移了 $\dfrac{k}{N}$，就构成了一组窄带滤波器（窄带滤波器组），幅频响应如图 5.1.5 所示。图 5.1.5 中滤波器组的频率响应可以看出，滤波器频率响应的零点出现在 $1/N$ 整数倍的位置上。在这些零点上，以此为中心频率的响应取最大值，而其他滤波器的频率响应恰好为零。

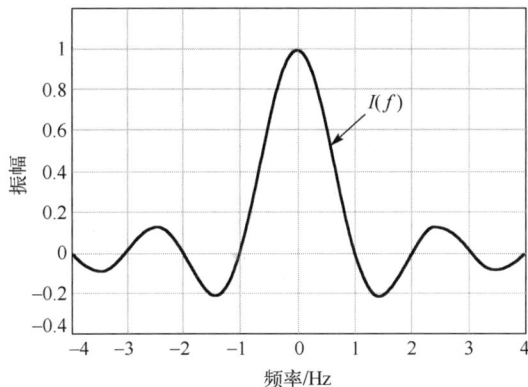

图 5.1.4　离散傅里叶变换原型滤波器的幅频响应

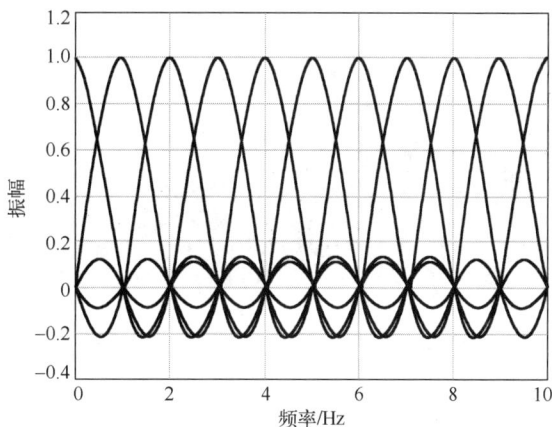

图 5.1.5　离散傅里叶变换滤波器组的幅频响应

由帕塞瓦尔定理 $P_s=\displaystyle\sum_{n=0}^{N-1}|x[n]|^2=\frac{1}{N}\sum_{n=0}^{N-1}|X[k]|^2$ 可知，对于单频信号而言，经过 N 点的离散傅里叶变换之后，仅取 k 点的信号功率为

$$P_{\mathrm{SDFT}}=\frac{|X(k)|^2}{\displaystyle\sum_{n=0}^{N-1}|X(k)|^2}\frac{\sin\pi fN}{N\sin\pi f} \tag{5.1.26}$$

若带宽为 B 的高斯白噪声的功率为 $P_n=\dfrac{N_0}{2}B$，则因为滤波器的带宽仅为 $\dfrac{f_s}{N}$，因此噪声的功

率为 $\dfrac{1}{N}$ ，输出的信噪比增益为

$$G_{\text{SNR}} = N \frac{|X(k)|^2}{\sum\limits_{n=0}^{N-1} |X(k)|^2} \frac{\sin \frac{\omega N}{2}}{\sin \frac{\omega}{2}} \tag{5.1.27}$$

这样，通过窄带滤波器后，由于信号的带宽小于分析带宽，能全部通过，而白噪声信号的带宽远大于分析带宽，仅能通过很少的一部分，这样，大部分的噪声被过滤掉了，从而提高了输出信号的信噪比，有利于从噪声中检测出单频信号。

*5.2　空域滤波——波束形成

如图 5.2.1（a）所示，需要探测的目标信号来自空时场的某个方向，环境噪声存在于整个空间，而干扰（如海面混响/海底混响）则存在于空时场的某一区域或多个区域；信号与噪声、干扰存在的区域有部分重叠。针对这种情况，采用阵列接收，利用信号的空域特征，对空时场域内的信号进行滤波，即在预定的方向上形成指向性，如图 5.2.1（b）所示。在进行阵列设计时，有两个方面决定该阵列空域滤波的性能。①阵列的几何结构形成了该阵列工作时性能的基本限制。②每个传感器输出数据的复加权。

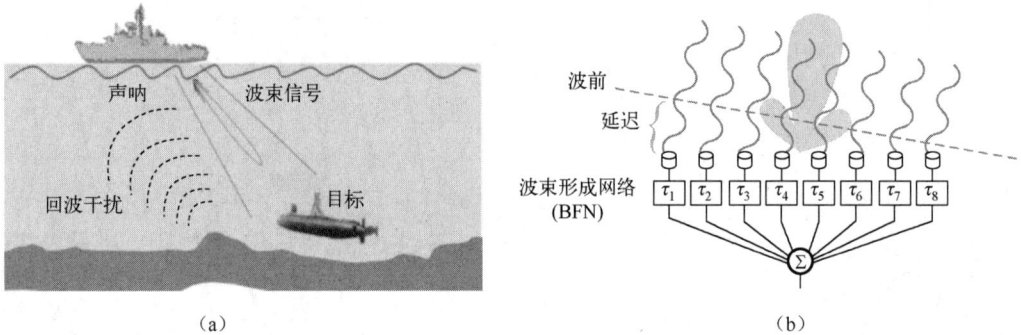

图 5.2.1　空域滤波示意图

为了分析方便，根据目标信源与接收传感器阵列之间的距离远近，将目标信源分为远场（Far-Field，FF）源和近场（Near-Field，NF）源，两种场源信号波前描述形式不同。**远场模型**将声波看成平面波，忽略各阵元接收信号间的幅度差，近似认为各接收信号之间是简单的时延关系，如图 5.2.2（a）所示；**近场模型**将声波看成球面波，各阵元接收信号间的幅度差不能忽略，信源的位置由角度和距离参数联合确定，信号模型相对更复杂，如图 5.2.2（b）所示。本书讨论的是微弱信号检测的问题，通常假设目标位于远场，从上述的远场条件可知，远场模型是对实际模型的简化，极大地简化了处理难度。

假设接收阵列孔径为 D ，目标信号的波长为 λ ，依据目标与接收阵列距离 r 的远近来判定远场及近场，满足条件如下。

远场条件为

$$r \gg \frac{2D^2}{\lambda} \tag{5.2.1}$$

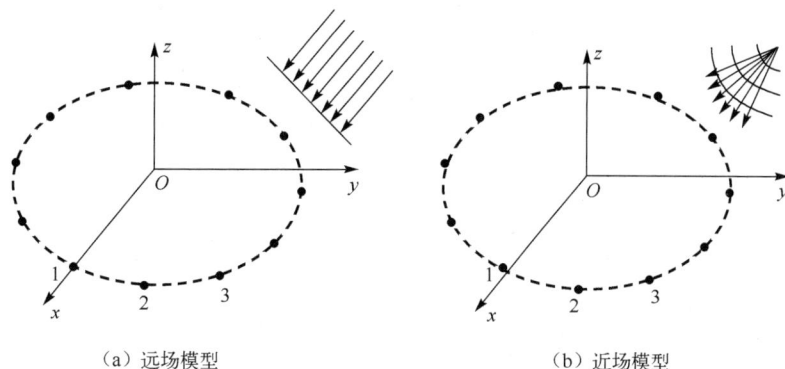

(a) 远场模型　　　　　　　　　　　(b) 近场模型

图 5.2.2　远场与近场示意图

此时信源位于阵列孔径的夫琅和费区（Fraunhofer Region），通常认为 $r = \infty$。

近场条件为

$$r \in \left[0.62\left(\frac{D}{\lambda}\right)^{\frac{1}{2}}, \frac{2D^2}{\lambda}\right] \quad (5.2.2)$$

此时信源位于阵列孔径的菲涅尔区（Fresnel Region）。

5.2.1　波束形成的基本原理

波束形成是指将一定几何形状排列的多元基阵阵元输出经过处理（加权、延时、求和等）形成空间指向性的方法。波束形成器可以看成一个空域滤波器，可以滤去空间某些方向的干扰噪声，仅让指定方向的信号通过。

假设由 N 个无方向性阵元组成的接收换能器基阵（见图 5.2.3），各阵元位于空间点 (x_n, y_n, z_n) 处，此时若有一远场平面波入射到该基阵上，将所有阵元的信号相加得到输出信号，输出信号的幅度随平面波入射角的变化而改变，这样就形成了基阵的自然指向性。若选定基阵某一阵元为参考点 $O(0,0,0)$，该阵元输出信号波形为 $s(t)$，基阵第 n 号阵元的位置坐标为 $p_n = (x_n, y_n, z_n)$，用矢量 $\boldsymbol{E}_n$ 表示，其方向是由坐标原点指向阵元，称为阵元位置矢量。信号源位置为 S，单位方向矢量为 $\boldsymbol{S}$，其中 θ 为信源方向与 z 轴正方向的夹角，称之为信源方向俯仰角；φ 为信源在 xOy 平面的投影与坐标原点的连线与 x 轴正方向的夹角，称之为信源方向方位角。设在参考点 $0(0,0,0)$ 处阵元接收的声压信号为 $s(t)$，由于信源为远场平面波，则第 n 个阵元接收的信号与第 0 个阵元仅有时间的延迟，其输出为

$$e_n(t) = s\left(t + \frac{r - |r\boldsymbol{S} - \boldsymbol{E}_n|}{c}\right) \quad (5.2.3)$$

基阵的归一化输出为

$$b(t) = \frac{1}{N}\sum_{n=1}^{N} e_n(t) \quad (5.2.4)$$

一般来说，$b(t)$ 是声源方向角 θ、φ 以及距离 r 的函数，这是一般的阵输出表达式。

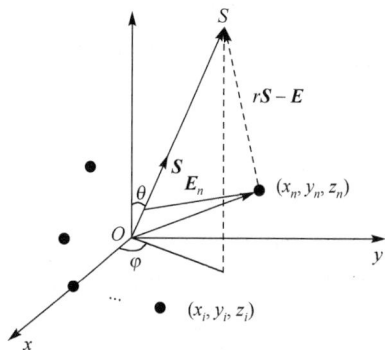

图 5.2.3　空间阵的信号示意图

远场条件使得 $|rS - E_n|$ 近似为 $|rS|$ 与 E_n 在 rS 上的投影之差，即 $|rS - E_n| \approx r - S \cdot E_n$。其中 "·" 表示矢量点乘。利用矢量代数的知识，由几何关系可以推导出当 S 的方向角度为 (θ, φ) 时，第 n 个阵元与参考点的波程差为 $S \cdot E_n$，若声速为 c，则其对应的时延差为

$$\tau_n = \frac{S \cdot E_i}{c} = \frac{1}{c}(x_i \sin\theta\cos\varphi + y_i \sin\theta\sin\varphi + z_i \cos\theta) \tag{5.2.5}$$

若参考阵元 $O(0,0,0)$ 接收的信源为窄带信号 $s(t) = p_0 \cos(\omega t)$ 或 $s(t) = p_0 \mathrm{e}^{j\omega t}$，则远场条件下多元阵输出的一般表示为

$$y(t) = \frac{1}{N}\sum_{n=1}^{N} s(t + \tau_n) = \frac{p_0}{N}\sum_{n=1}^{N} \cos(\omega t + \omega\tau_n)$$
$$= \frac{p_0}{N}\sum_{n=1}^{N} \exp j(\omega t + \omega\tau_n) \tag{5.2.6}$$

该输出处理器称为延时求和波束形成器或常规波束形成器。

下面给出实际环境中常用的几种阵列及阵元与参考点的波程差表达式。

（1）平面阵：设阵元的位置为 $(x_n, y_n)(n = 1,2,\cdots N)$，以原点为参考点，另假设信号入射参数为 $(\theta_k, \phi_k)(k = 1,2,\cdots M)$，分别表示俯仰角与方位角，其中方位角表示与 x 轴正方向的夹角，则有

$$\tau_{nk} = \frac{1}{c}\left(x_n \sin\theta_k \cos\varphi_k + y_n \sin\theta_k \sin\varphi_k\right) \tag{5.2.7}$$

（2）线列阵：设阵元的位置为 $x_n(n = 1,2,\cdots N)$，以原点为参考点，另假设信号入射参数为 $\phi_k(k = 1,2,\cdots M)$，表示方位角，其中方位角表示与 y 轴向的夹角（即与线阵法线方向的夹角），则有

$$\tau_{nk} = \frac{x_n \sin\varphi_k}{c} \tag{5.2.8}$$

（3）均匀圆阵：设以均匀圆阵的圆心为参考点，方位角表示与 x 轴正方向的夹角，r 为圆半径，则有

$$\tau_{nk} = r\left(\cos\left(\frac{2\pi(n-1)}{N} - \varphi_k\right)\sin\theta_k\right) \tag{5.2.9}$$

5.2.2　线列阵波束的形成

图 5.2.5 是均匀线列阵的原理图。所有基元是等间隔分布线性相加的，基元总数为 N。假定声源是点源，满足远场条件，即入射声线是平行的并且不考虑声系统及其附近界面造成的二次声散射。

相邻两基元之间的相位差为

$$\varphi = \frac{2\pi}{\lambda}d\sin\theta \tag{5.2.10}$$

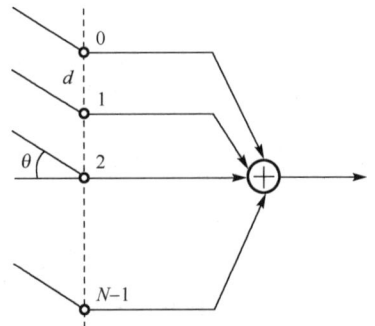

图 5.2.4　均匀线列阵原理图

第 n 个基元的输出信号相对于 0 号基元输出信号的相位差为

$$\phi_n = \frac{n\omega d}{c}\sin\theta = \frac{2\pi}{\lambda}nd\sin\theta \qquad (5.2.11)$$

如果输入平面声波的表达式用复数形式表示为 $p = p_0 e^{j\omega t}$，则线列阵的合成声压为

$$
\begin{aligned}
p_\theta &= p_0(1 + e^{j\phi} + e^{2j\phi} + \cdots + e^{(N-1)j\phi})e^{j\omega t} \\
&= p_0 e^{j\omega t}
\begin{bmatrix}
1 \\
e^{j\phi} \\
\vdots \\
e^{(N-1)j\phi}
\end{bmatrix} \\
&= p_0 e^{j\omega t}\boldsymbol{\alpha}(\phi)
\end{aligned}
\qquad (5.2.12)
$$

其中，$\boldsymbol{\alpha}(\phi) = [1 \quad e^{j\phi} \quad \cdots \quad e^{(N-1)j\phi}]^{\mathrm{T}}$ 为方向矢量。经简单变换

$$p_\theta = p_0 \frac{\sin\left(\dfrac{N\phi}{2}\right)}{\sin\left(\dfrac{\phi}{2}\right)} e^{j\frac{1}{2}(N-1)\phi}\, e^{j\omega t} \qquad (5.2.13)$$

线列阵的指向性函数为

$$R(\theta) = \frac{p_\theta}{NP_0 e^{j\omega t}} = \frac{\sin\left(\dfrac{N\pi d}{\lambda}\sin\theta\right)}{N\sin\left(\dfrac{\pi d}{\lambda}\sin\theta\right)} e^{j(N-1)\frac{\pi\alpha}{\lambda}\sin\theta} \qquad (5.2.14)$$

当仅关心指向性函数的大小时，可把公式直接写成

$$R(\theta) = \frac{\sin\left(\dfrac{N\pi d}{\lambda}\sin\theta\right)}{N\sin\left(\dfrac{\pi d}{\lambda}\sin\theta\right)} \qquad (5.2.15)$$

下面讨论公式（5.2.15），引出一些指向性函数的特征。

（1）极大值条件

当 $\pi d\sin\theta/\lambda = n\pi(n = 0, \pm1, \pm2, \cdots)$ 时，$R(\theta) = 1$，指向性函数出现极大值，即该方向接收到的信号最大，极大值出现的角度为

$$\theta = \arcsin\left(n\frac{\lambda}{d}\right) \qquad (5.2.16)$$

$n = 0, \theta = 0°$ 称为主极大值。当 $n = \pm1, \pm2, \cdots$ 时，极大值称为次极大值。对于空域滤波来说，次极大值方向接收到的通常是噪声或干扰，因此要合理选择 d/λ 值，避免在阵列观察的空间出现次极大值。例如，要避免在 $\theta \leqslant \pi/2$ 角度内出现次极大值的条件是

$$d < \lambda \qquad (5.2.17)$$

（2）极小值条件

当 $N\pi d\sin\theta / \lambda = n\pi(n = \pm1,\pm2,\cdots;n \neq sN,s为整数)$ 时，$R(\theta) = 0$，指向性函数出现极小值，极小值的角度为

$$\theta = \arcsin\left(\frac{n\lambda}{Nd}\right) \tag{5.2.18}$$

主极大值与第一次极大值之间的极小值个数为 $(N-1)$，极小值间隔为 λ / N。

（3）付极大值条件

根据连续函数的性质可知，两个极小值之间必然存在另外的极大值，这种极大值为付极大值。出现付极大值的角度为

$$\theta = \arcsin\left[\left(n + \frac{1}{2}\right)\frac{\lambda}{Nd}\right] \quad n = \pm1,\pm2,\cdots;\ n+1 \neq sN \tag{5.2.19}$$

主极大值与第一次极大值之间的付极大值的个数为 $(N-2)$，付极大值之间的间隔为 λ / N。付极大值的数值为

$$P_\theta = NP\frac{2}{3\pi} \approx 0.2(NP) \tag{5.2.20}$$

即付极大值约为极大值的 20%。

当 $d = \dfrac{\lambda}{2}, N = 12$ 及 $N = 22$ 时，指向性函数图如图 5.2.5 所示。均匀线阵的立体指向性函数图如图 5.2.6 所示

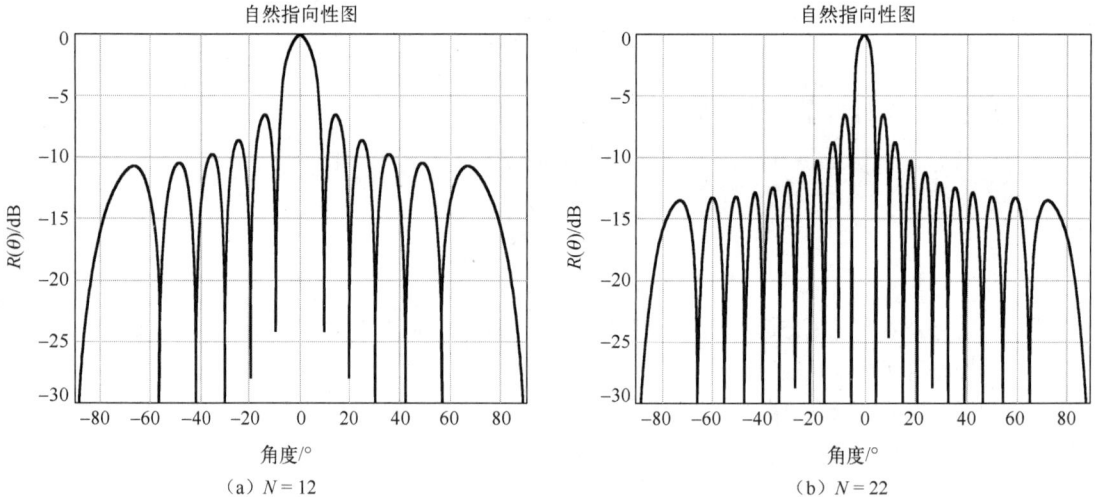

（a）$N = 12$　　　　　　　　　　　（b）$N = 22$

图 5.2.5　均匀线阵指向性函数图（16 元阵）

在被动和主动声检测装置中，通常希望接收声系统的波束可以指向性随目标的方向移动。波束移动的方法原则上有两种：一种方法是用机械方法转动声接收器或基阵，使其主极大值的方向转动一定的角度；另一种方法是在基阵各基元的信号输出端与相加器之间插入适当的移相网络（用于窄频带）或延时网络（用于宽带），以便把波束主极大值移动到某一个需要的方向。这种方法称为电控方法，也称为相控方法。

以如图 5.2.7 所示的均匀线列阵为例来说明波束方向移动的方法，假设入射声线与线列阵

法线方向的夹角为 θ_0，我们希望把线列阵的法线方向移动一个角度 θ_0。这时相当于把线列阵移动到图 5.2.7 中虚线位置。为此，必须用线路处理使各基元产生相应的时延或相移。由图 5.2.7 可以看出，如果以 0 点（0 号基元）为参考点，则 1 号基元的时延为 τ_0，即基元 1 移动到 1' 时的附加时延。相应的 2 号基元的时延为 $2\tau_0$，第 m 号基元的时延为 $m\tau_0$。相邻两基元的时延总为 τ_0，相移为 $\varphi_0 = \omega\tau_0$。对波束移动了 θ_0 角度后的各基元的合成声压为

$$P_\theta = P_0(1 + \mathrm{e}^{\mathrm{j}\phi}\mathrm{e}^{-\mathrm{j}\omega\tau_0} + \mathrm{e}^{\mathrm{j}2\phi}\mathrm{e}^{-\mathrm{j}\omega2\tau_0} + \cdots + \mathrm{e}^{\mathrm{j}(N-1)\phi}\mathrm{e}^{-\mathrm{j}\omega(N-1)\tau_0})\mathrm{e}^{\mathrm{j}\omega t}$$
$$= P_0(1 + \mathrm{e}^{\mathrm{j}(\phi-\phi_0)} + \mathrm{e}^{2\mathrm{j}(\phi-\phi_0)} + \cdots + \mathrm{e}^{(N-1)J(\phi-\phi_0)})\mathrm{e}^{\mathrm{j}\omega t} \tag{5.2.21}$$

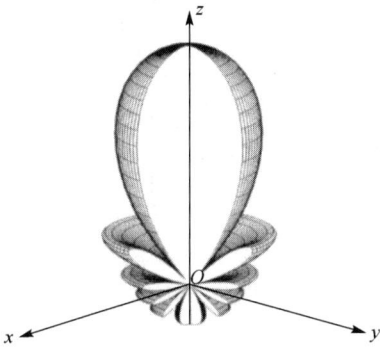

图 5.2.6　均匀线阵的立体指向性函数图

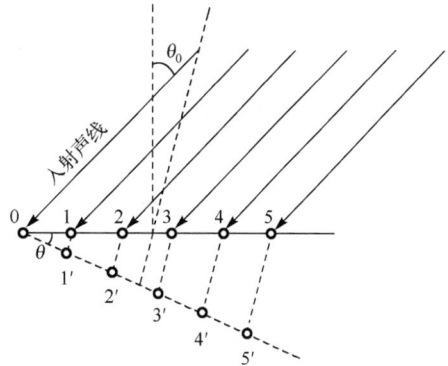

图 5.2.7　均匀线列阵波束移动方法

波束移动后的指向性函数为

$$R(\theta) = \frac{\sin\left[\dfrac{N\pi d}{\lambda}(\sin\theta - \sin\theta_0)\right]}{N\sin\left[\dfrac{\pi d}{\lambda}(\sin\theta - \sin\theta_0)\right]} \tag{5.2.22}$$

图 5.2.8 给出了当阵元间距为半波长时，指向为 30° 的均匀线阵的指向性函数图。

波束移动后的指向性函数特征如下。

（1）在 $\theta = \theta_0$ 方向上，$R(\theta) = 1$ 有主极大值（主瓣）存在。主瓣方向由 $\phi = (2\pi d / \lambda \sin\theta_0)$ 决定，用相移量 ϕ 就可以形成波束移动。

（2）在 $(\pi d / \lambda)(\sin\theta - \sin\theta_0) = n\pi(m = \pm1, \pm2, \cdots)$ 的方向上，有与主极大值同幅度的次极大值存在。为了不出现次极大必须使

$$\frac{\pi d}{\lambda}\left|\sin\theta - \sin\theta_0\right| < \pi \tag{5.2.23}$$

因为 $\left|\sin\theta - \sin\theta_0\right| \leqslant \left|\sin\theta\right| + \left|\sin\theta_0\right| \leqslant 1 + \left|\sin\theta_0\right|$，所以只要 $d / \lambda < 1 / (1 + \left|\sin\theta_0\right|)$ 就一定满足条件。

（3）当波束移动时，随着 θ_0 增大，波束要展宽，如图 5.2.8 所示。

当 $\theta - \theta_0$ 较小时，有

$$\sin[(\pi d / \lambda)(\sin\theta - \sin\theta_0)] \approx (\pi d / \lambda)(\sin\theta - \sin\theta_0)$$

可近似为

$$R(\theta) \approx \frac{\sin\left[\dfrac{N\pi d}{\lambda}(\sin\theta - \sin\theta_0)\right]}{\dfrac{N\pi d}{\lambda}(\sin\theta - \sin\theta_0)} \qquad (5.2.24)$$

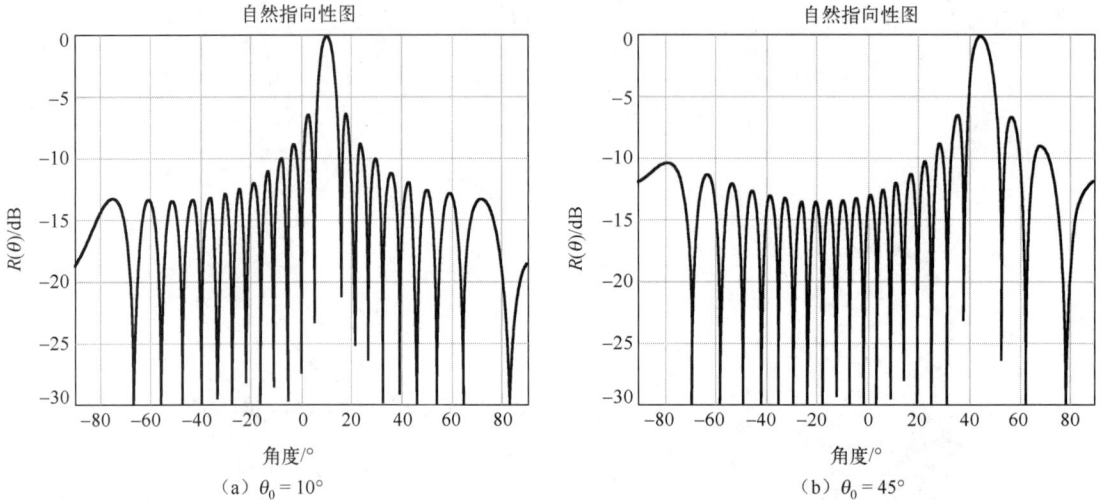

自然指向性图　　　　　　　　　　　自然指向性图

（a）$\theta_0 = 10°$　　　　　　　　　（b）$\theta_0 = 45°$

图 5.2.8　指向角为 30°的均匀线阵指向性函数图

因为 $(\theta - \theta_0)$ 较小，所以 $\sin\theta - \sin\theta_0$ 可在 θ_0 处展开为泰勒级数，取前两项，则有

$$\sin\theta - \sin\theta_0 \approx (\theta - \theta_0)\cos\theta_0,$$

将上式代入式（5.2.24）可得

$$R(\theta) \approx \frac{\sin\left[\dfrac{N\pi d}{\lambda}\cos\theta_0(\theta - \theta_0)\right]}{\dfrac{N\pi d}{\lambda}\cos\theta_0(\theta - \theta_0)} = \frac{\sin\left[\dfrac{Nd\cos\theta_0}{\lambda}\pi(\theta - \theta_0)\right]}{\dfrac{Nd\cos\theta_0}{\lambda}\pi(\theta - \theta_0)} \qquad (5.2.25)$$

可以看出波束移动的结果使 $R(\theta)$ 中增加了 $\cos\theta_0$ 因子。把它与 Nd 连在一起看，等效于阵的线度减少了，这相当于波束展宽为

$$\theta_{0.5S} \approx \frac{\theta_{0.5}}{\cos\theta_0} = \frac{0.866c}{\dfrac{\alpha}{\lambda}\cos\theta_0}\,(\text{弧度}) = \frac{50.8}{\dfrac{\alpha}{\lambda}\cos\theta_0}\,(\text{度}) \qquad (5.2.26)$$

式中，$\theta_{0.5S}$ 为 θ_0 方向的波束半功率宽度，$\alpha = Nd$。由式（5.2.26）可见，在波束移动时，θ_0 越大，波束展宽越严重，当 $\theta_0 = 60°$ 时，$\theta_{0.5S} = 2\theta_{0.5}$。因此，通常限制 $|\theta_0| \leqslant 45°$。

5.2.3　环形阵与多波束

利用环形搜索的基阵既可以构成旋转的波束，也可以构成旋转的多波束。所要求的接收方向特性可由一组适当配置并且进行适当移相补偿的无方向性声接收器组成。因为在不同方向时，波束应该具有相同的形式，所以声接收器应安装在圆形基座上，如图 5.2.9 所示。如果声波由 S 方向入射到基阵，则各接收器基元将会具有相应的相移，即

$$u_1 = U_0 \cos\left[\omega t + \frac{\pi D}{\lambda} \cos(\alpha - \theta_1)\right]$$

$$u_2 = U_0 \cos\left[\omega t + \frac{\pi D}{\lambda} \cos(\alpha - \theta_2)\right]$$

$$\cdots \tag{5.2.27}$$

$$u_5 = U_0 \cos\left[\omega t + \frac{\pi D}{\lambda} \cos(\alpha - \theta_5)\right]$$

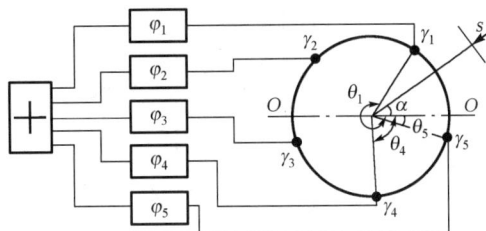

图 5.2.9　环形阵

加法处理后的输出电压 u 在一般情形下应为 $u < 5U_0 \cos\omega t$。如果在每个声接收器的输出插入适当的移相器，移相器引起的相移为

$$\phi_1 = -\gamma_1 = \frac{\pi D}{\lambda} \cos(\alpha - \theta_1)$$

$$\phi_2 = -\gamma_2 = \frac{\pi D}{\lambda} \cos(\alpha - \theta_2)$$

$$\cdots \tag{5.2.28}$$

$$\phi_5 = -\gamma_5 = \frac{\pi D}{\lambda} \cos(\alpha - \theta_5)$$

则所有各路的输出电压将是同相位的，而加法器输出电压为 $u = 5U_0 \cos\omega t$。这时 α 方向是补偿的方向，即接收基阵主极大值的方向。其他方向入射的声波引起的加法器输出电压都小于 $u = 5U_0 \cos\omega t$。于是我们得到了有方向性的声接收器。如果移相器的相位移 φ 以角频率 Ω 按以下规律变化：

$$\phi_1 = \frac{\pi D}{\lambda} \cos(\Omega t - \theta_1)$$

$$\phi_2 = \frac{\pi D}{\lambda} \cos(\Omega t - \theta_2)$$

$$\cdots \tag{5.2.29}$$

$$\phi_5 = \frac{\pi D}{\lambda} \cos(\Omega t - \theta_5)$$

则可得到旋转波束。如果移相器 $\phi_1, \phi_2, \cdots, \phi_5$ 不是连续变化的，而是对某些确定方向 α 取一组确定的值，则利用这种接收器基阵可以得到步距式转动的波束或者多波束。

5.2.4　基于最小均方算法的空域窄带波束的形成

如图 5.2.10 所示为一个简单的线性阵列波束形成结构，M 个传感器对声波进行空间采样，在 t 时刻系统输出 $y(t)$ 是这些空间样本 $x_m(t)(m=0,1,\cdots,M-1)$ 的瞬时线性组合，即

$$y(t) = \sum_{m=0}^{M-1} x_m(t) w_m^*(t) \tag{5.2.30}$$

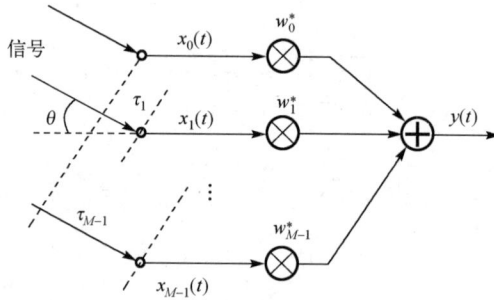

图 5.2.10　一个简单的线性阵列波束形成结构

窄带波束形成器仅对正弦曲线或窄带信号有效，即信号的带宽足够窄，使得阵列两端接收到的信号依然是相关的。

假设输入信号是复平面波 $\mathrm{e}^{\mathrm{j}\omega t}$，其角频率为 ω，到达角为 $\theta(\theta \in [-\pi/2\ \pi/2])$，如图 5.2.10 所示。假设第一个阵元接收信号相位为 0，则第一个阵元接收信号为 $x_0(t) = \mathrm{e}^{\mathrm{j}\omega t}$，第 m 个阵元接收信号 $x_m(t) = \mathrm{e}^{\mathrm{j}\omega(t-T_m)}$，其中 T_m 为平面波从第一个阵元到第 m 个阵元的传播时延，是一个与到达角 θ 及阵元间距有关的函数。此时波束形成器输出为

$$y(t) = \mathrm{e}^{\mathrm{j}\omega t} \sum_{m=0}^{M-1} \mathrm{e}^{(-wT_m)} w_m^*(t) \tag{5.2.31}$$

其中 $T_0 = 0$。波束形成器的响应为

$$P(\boldsymbol{w},\theta) = \sum_{m=0}^{M-1} \mathrm{e}^{(-wT_m)} w_m^*(t) = \boldsymbol{w}^H \boldsymbol{d}(\boldsymbol{w},\theta) \tag{5.2.32}$$

其中，$\boldsymbol{w} = [w_0, w_1, \cdots, w_{M-1}]^T$ 向量包含 M 个传感器的复共轭系数；$\boldsymbol{d}(\boldsymbol{w},\theta) = [1, \mathrm{e}^{-\mathrm{j}wT_1}, \mathrm{e}^{-\mathrm{j}wT_2}, \cdots, \mathrm{e}^{-\mathrm{j}wT_{M-1}}]^T$ 为阵列响应向量或指向向量。

如果阵元间距 $d = \lambda/2$，则 $\boldsymbol{w}T_m = \dfrac{2\pi c}{\lambda} \dfrac{md\sin\theta}{c} = m\pi\sin\theta$，则窄带波束形成器响应为

$$P(\boldsymbol{w},\theta) = \sum_{m=0}^{M-1} \mathrm{e}^{(-\mathrm{j}m\pi\sin\theta)} w_m^* \tag{5.2.33}$$

可依据需要的 ω 和 θ 设计波束形成器的权值 $\boldsymbol{w}$。

5.2.5　空域滤波的信噪比增益

接收系统的方向性函数定义为：离接收系统参考中心远场 r 距离处的球面的一个点声源，接收系统的输出电压 $V(\theta,\varphi)$ 与点声源相对于接收中心的方向 (θ,φ) 有关；假设声源接收到来

自远场最大信号响应方向 (θ_0, φ_0) 声信号后输出端的电压值为 $V(\theta_0, \varphi_0)$。则定义接收系统方向性函数为

$$D(\theta, \varphi) = \frac{V(\theta, \varphi)}{V(\theta_0, \varphi_0)} \tag{5.2.34}$$

由互异性可证明接收方向性函数与发射方向性函数相同，即 $D(\theta, \varphi) = R(\theta, \varphi)$。

当有方向性接收系统置于一定的噪声场中接收目标声信号时，其输出值不仅依赖于接收系统的方向性函数 $D(\theta, \varphi)$，而且还与噪声场的方向特性有关，即同一方向性接收器在接收同样的目标信号时，由于置于不同的噪声场中，接收系统会有不同的输出。为了方便分析假设：①声场中存在许多含有随机相位、互不相关的噪声源；②噪声源均远离接收系统，并且沿各方向入射的噪声强度都相等，即为一各向同性的噪声场。若有二个接收系统如图 5.2.11 所示，一个为无方向性接收系统，其方向性函数如图 5.2.11 曲线 a 所示，另一个为有方向性接收系统，如曲线 b 所示。

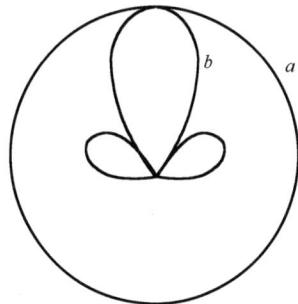

图 5.2.11　指向性接收示意图

假设有方向性系统的轴向响应（轴向接收灵敏度）与无方向性系统相等，当它们置于同一个各向同性噪声场中，它们输出噪声功率之比的分贝值定义为该有方向性接收系统的方向性指数 DI，也就是信噪比增益

$$\text{DI} = 10 \lg \frac{N_0}{N_d} \tag{5.2.35}$$

其中：N_0 为无方向性接收器的输出噪声功率；N_d 为有方向性接收系统的输出噪声功率。

假设方向性接收系统的频带为 $\Delta f = f_H - f_L$，其中 f_H 为频带的最高频率，f_L 为频带的最低频率，中心频率为 f_c，各向同性噪声的频谱密度为 $n(f)$，根据噪声信号不相关和各向同性介质噪声场的假设，无方向性接收器收到的噪声功率为

$$N_0 = \int_{f_L}^{f_H} n(f) \mathrm{d}f \tag{5.2.36}$$

接收系统的方向性函数为 $D(\theta, \varphi)$ 的有方向性接收系统的输出噪声功率为

$$N_d = \int_{f_L}^{f_H} n(f) \mathrm{d}f \frac{\int_{4\pi} D^2(\theta, \varphi) \mathrm{d}\Omega}{4\pi} \tag{5.2.37}$$

其中，单位立体角 $\mathrm{d}\Omega$ 为半径 $r = 1$ 时单位球面 $\mathrm{d}A$ 对应的立体角，如图 5.2.11 所示，单位立体角可用可表示为

$$\mathrm{d}\Omega = \sin\theta \mathrm{d}\theta \mathrm{d}\varphi \tag{5.2.38}$$

则式（5.2.35）所示的方向性指数 DI 可表示为

$$\begin{aligned} \text{DI} &= 10 \lg \frac{N_0}{N_d} = 10 \lg \frac{4\pi}{\int_{4\pi} D^2(\theta, \varphi) \mathrm{d}\Omega} \\ &= 10 \lg \frac{4\pi}{\int_0^{2\pi} \int_{-\frac{\pi}{2}}^{\frac{\pi}{2}} D^2(\theta, \varphi) \sin\theta \mathrm{d}\varphi \mathrm{d}\theta} \end{aligned} \tag{5.2.39}$$

当声场关于 z 轴对称时，即声压函数或指向性不随 φ 变化，式（5.2.39）可进一步简化为

$$DI = 10\log\frac{2}{\int_0^\pi D^2(\theta)\sin\theta\mathrm{d}\theta} \tag{5.2.40}$$

空域滤波的信噪比增益是指在具有方向性的信号场和噪声场中，假定无指向性接收器输出的信号功率和噪声功率相等，即 $\int_{4\pi} I_s(\theta,\varphi)\mathrm{d}\Omega = \int_{4\pi} I_N(\theta,\varphi)\mathrm{d}\Omega$，其中，$I_s(\theta,\varphi)$ 和 $I_N(\theta,\varphi)$ 分别为信号/噪声在 (θ,φ) 方向上的声强度，则指向性接收器输出的信号功率和噪声功率的比值，取 10 倍的以 10 为底的对数，即

$$AG = 10\log\frac{\int_{4\pi} I_s(\theta,\varphi)D^2(\theta,\varphi)\mathrm{d}\Omega}{\int_{4\pi} I_N(\theta,\varphi)D^2(\theta,\varphi)\mathrm{d}\Omega} \tag{5.2.41}$$

在各向同性噪声场中，$I_N(\theta,\varphi) = I_N$，无指向性接收器输出的信号功率和噪声功率相等，即

$$\int_{4\pi} I_s(\theta,\varphi)D^2)(\theta)\mathrm{d}\Omega = \int_{4\pi} I_s(\theta,\varphi)\mathrm{d}\Omega = \int_{4\pi} I_N(\theta,\varphi)\mathrm{d}\Omega = 4\pi I_N$$

又因为有指向性接收时接收的噪声功率为

$$\int_{4\pi} I_N(\theta,\varphi)D^2(\theta,\varphi)\mathrm{d}\Omega = I_N\int_{4\pi} D^2(\theta,\varphi)\mathrm{d}\Omega$$

所以

$$AG = 10\log\frac{4\pi I_N}{I_N\displaystyle\int_{4\pi} D^2(\theta,\varphi)\mathrm{d}\Omega} = 10\log\frac{4\pi}{\displaystyle\int_{4\pi} D^2(\theta,\varphi)\mathrm{d}\Omega} = DI \tag{5.2.42}$$

为了简化分析，进一步假设 3dB 角的等效指向性函数如图 5.2.12 所示，设有立体角 $\theta_{-3\mathrm{dB}}$ 的指向性为：在立体角 $\theta_{-3\mathrm{dB}}$ 内，相对响应为 1；在立体角 $\theta_{-3\mathrm{dB}}$ 外，响应为零，即

$$D(\theta,\varphi) = \begin{cases} 1 & -\dfrac{\theta_{-3\mathrm{dB}}}{2} < \theta < \dfrac{\theta_{-3\mathrm{dB}}}{2}, 0 < \varphi < 2\pi \\ 0 & \text{其他} \end{cases} \tag{5.2.43}$$

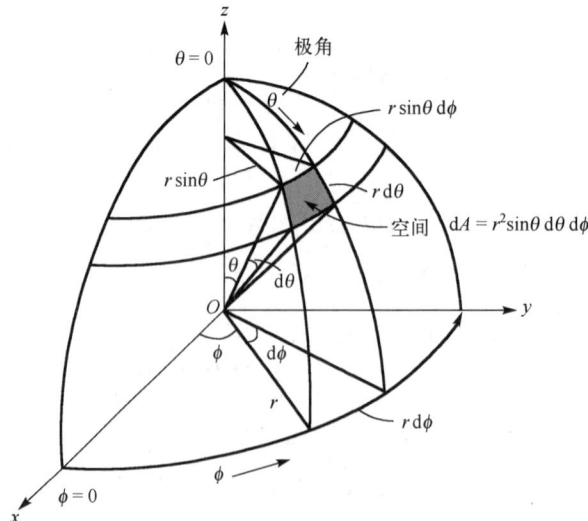

图 5.2.12 单位立体角示意图

此时

$$\int_0^{4\pi} D^2(\theta,\varphi)\mathrm{d}\Omega = \int_0^{2\pi}\int_{-\frac{\theta_{-3\mathrm{dB}}}{2}}^{\frac{\theta_{-3\mathrm{dB}}}{2}} 1\times 1\cos\theta\mathrm{d}\theta\mathrm{d}\varphi$$
$$= 2\pi\left[\sin\left(\frac{\theta_{-3\mathrm{dB}}}{2}\right)-\sin\left(-\frac{\theta_{-3\mathrm{dB}}}{2}\right)\right] = 4\pi\sin\left(\frac{\theta_{-3\mathrm{dB}}}{2}\right) \tag{5.2.44}$$

于是式（5.2.35）的信噪比增益与波束角之间的关系为

$$\mathrm{AG} = \mathrm{DI} = 10\lg\frac{N_0}{N_d} = 10\lg\frac{4\pi}{4\pi\sin\left(\frac{\theta_{-3\mathrm{dB}}}{2}\right)} = -10\lg\sin\left(\frac{\theta_{-3\mathrm{dB}}}{2}\right) \tag{5.2.45}$$

由式（5.2.45）可得，在噪声信号不相关和各向同性介质假设的噪声场中，信噪比增益与 $\theta_{-3\mathrm{dB}}$ 立体角之间的关系如图 5.2.14 所示，显然 $\theta_{-3\mathrm{dB}}$ 角度越小，空域滤波获得的信噪比增益越大。

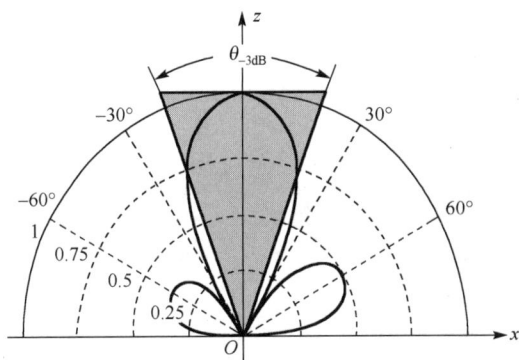

图 5.2.13　$\theta_{-3\mathrm{dB}}$ 立体角等效示意图

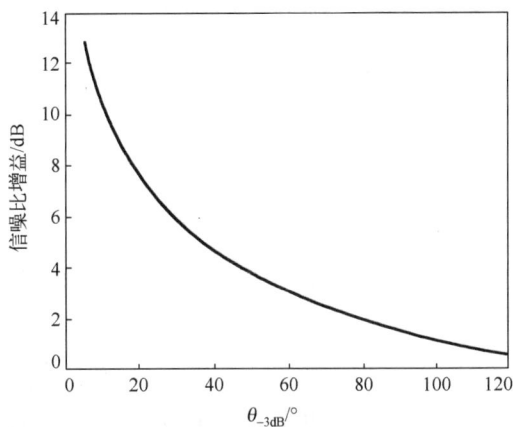

图 5.2.14　信噪比增益与 $\theta_{-3\mathrm{dB}}$ 立体角的关系

*5.3　空时信道滤波——时间反转

3.1 节给出的接收信号模型 $\begin{cases} H_0: x(t)=n(t) \\ H_1: x(t)=s(t)\otimes h(t)+n(t) \end{cases}$ 中，当有接收信号时干扰包括加性干扰噪声 $n(t)$ 和乘性干扰噪声 $h(t)$。本章第 5.1～5.6 节的滤波器均是针对 $n(t)$ 进行的，即假设当 $h(t)=1$ 时，如何提高接收机输出的信噪比。3.3 节给出的水声信道的冲击响应模型为 $h(t,\tau) = \sum_{p=1}^{N_p} A_p\delta[\tau-(\tau_p-\beta_p t)]$，本节介绍当海洋声场满足短时不变性和互易性时，即多普勒频移 $\beta_p = 0$，当时不变冲击响应时，如何利用时间反转聚焦原理提高输出信噪比。

本节介绍时间反转的基本概念，包括主动时间反转、被动时间反转、虚拟时间反转，以及时间反转的滤波性能。

5.3.1　时间反转聚焦的基本概念

图 5.3.1 为时间反转聚焦模型,其中左侧的 N 个水听器组成接收阵列,阵列中编号为 L_s 的水听器是一个收发合置换能器,右侧为单个收发合置换能器。左侧收发合置换能器 L_s 作为第一次声源发射的信号记为 $s(t)$,声源与右侧收发合置换能器的信道传输函数为

$$h_{12}(t) = \sum_{p=1}^{N_p} A_p \delta(t - \tau_p) \qquad (5.3.1)$$

式中, $h_{12}(t)$ 表示图 5.3.1 中从左侧 N_s 阵元发射右侧换能器接收的信道, N_p 为声源与收发合置换能器之间水声信道本征声线的数目, A_p 和 τ_p 分别表示第 p 条声线的幅值和时延。

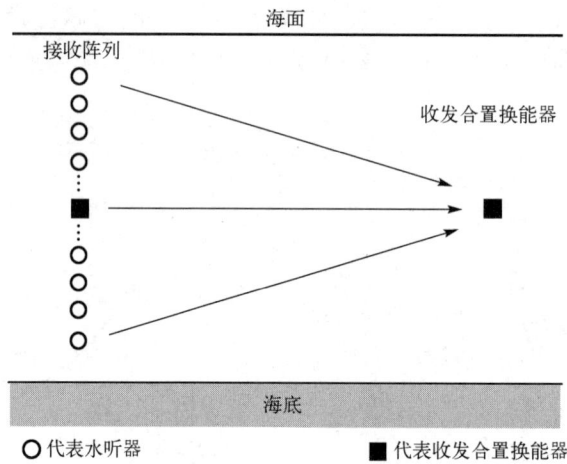

图 5.3.1　时间反转聚焦模型

图 5.3.1 中右侧收发合置换能器接收到的信号为

$$y(t) = s(t) \otimes h_{12}(t) + n(t) = \sum_{p=1}^{N_p} A_p s(t - \tau_p) + n(t) \qquad (5.3.2)$$

右侧接收合置换能器对接收到的信号进行时间反转并放大后发射的信号为

$$y_{tr}(t) = ky(-t) = k \sum_{p=1}^{N_p} A_p s(-t + \tau_p) + kn(-t) \qquad (5.3.3)$$

其中: k 为发射时的功率系数。

右侧收发合置换能器作为二次发射声源将处理后的信号发送回水声信道,二次声源与接收阵列中第 n 个水听器之间的信道传输函数为

$$h_{21}(t) = \sum_{q=1}^{N_q} B_q \delta(t - \tau_q) \qquad (5.3.4)$$

其中: $h_{21}(t)$ 表示图 5.3.1 中从右侧发射换能器到左侧接收水听器阵列的信道; N_q 为声源与收发合置换能器之间水声信道本征声线的数目; B_q 和 τ_q 分别表示第 q 条声线的幅值和时延。那么左侧接收阵列第 L 个水听器的接收信号为

$$
\begin{aligned}
z_L(t) &= y_{tr}(t) \otimes h_{21}(t) + w_L(t) \\
&= (s(-t) \otimes h_{12}(-t) + n(-t)) \otimes h_{21}(t) + w_L(t) \\
&= s(-t) \otimes h_{12}(-t) \otimes h_{21}(t) + n(-t) \otimes h_{21}(t) + w_L(t) \\
&= k \sum_{q=1}^{N_q} \sum_{p=1}^{N_p} B_q A_p s(-t - \tau_{pq}) + k \sum_{q=1}^{N_q} B_q n(-t - \tau_q) + w_L(t)
\end{aligned} \tag{5.3.5}
$$

其中：$\tau_{pq} = \tau_p - \tau_q$ 表示第 p 条路径与第 q 条路径的时延差；$w_L(t)$ 为左侧接收阵列中第 L 个阵列接收到的噪声。若信道满足互异性，则第 L 处收发合置换能器接收到的信号为

$$
z_L(t) = k \sum_{p=1}^{N_p} A_p^2 s(-t) + k \sum_{\substack{q=1 \\ p \neq q}}^{N_q} \sum_{p=1}^{N_p} B_q A_p s(-t - \tau_{pq}) + k \sum_{q=1}^{N_q} B_q n(-t - \tau_q) + w_L(t) \tag{5.3.6}
$$

对比式（5.3.5）和式（5.3.6）可知，第 L_s 个换能器接收的信号中包含 $k \sum_{p=1}^{N_p} A_p^2 s(-t)$ 项，即经过时反处理后的信号在第一次发射声源处实现了能量聚焦。聚焦信号的强度与功率系数、信道冲激响应的参数以及发射信号的类型有关。

图 5.3.2 为我国南海某海域测得的声速随深度分布的曲线，水听器阵列包含 21 个阵元，均匀布放在水深 50～150m 之间（收发合置换能器布放在水深 100m 处），右侧收发合置换能器位于水深 50m 处，左侧阵列与右侧收发合置换能器的水平距离为 1km。图 5.3.4 是测得的左侧 1 号、11 号和 21 号阵元与右侧收发合置换能器之间的信道冲激响应函数。

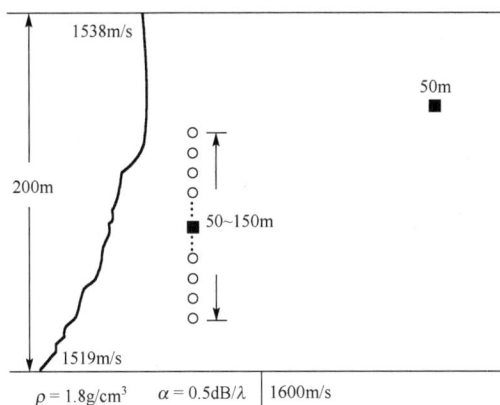

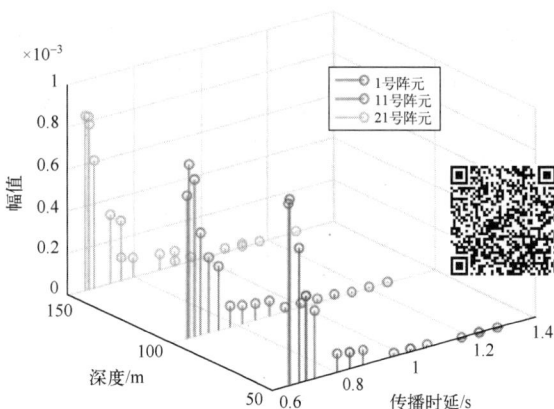

图 5.3.2　我国南海某海域测得的声速随深度分布的曲线　　图 5.3.3　信道冲激响应函数（扫码见彩图）

发射信号采用中心频率 10kHz、脉宽为 0.005s（5ms）的单频脉冲信号，图 5.3.4（a）给出了在该多径信道下右侧收发合置换能器发射，1 号、11 号和 21 号阵元的接收信号仿真波形，源信号在通过水声多径信道到达接收端时波形会严重失真，造成这种现象的主要原因是源信号在传输过程中受到海底和海面的多次反射，产生了空间干涉现象。图 5.3.4（b）给出了左侧 11 号阵元发射，右侧收发合置换能器将接收到的信号经时反功率补偿后发射后，1 号、11 号和 21 号阵元的归一化接收信号仿真波形，从图 5.3.4（b）中可看出 11 号换能器接收到的信号具有聚焦效果。

若以 1 号阵元的接收数据作为参考，定义接收信号的强度谱为

$$P_{\mathrm{tr}} = 20\lg\frac{\max|z_n|}{\max|z_1|} \qquad\qquad (5.3.7)$$

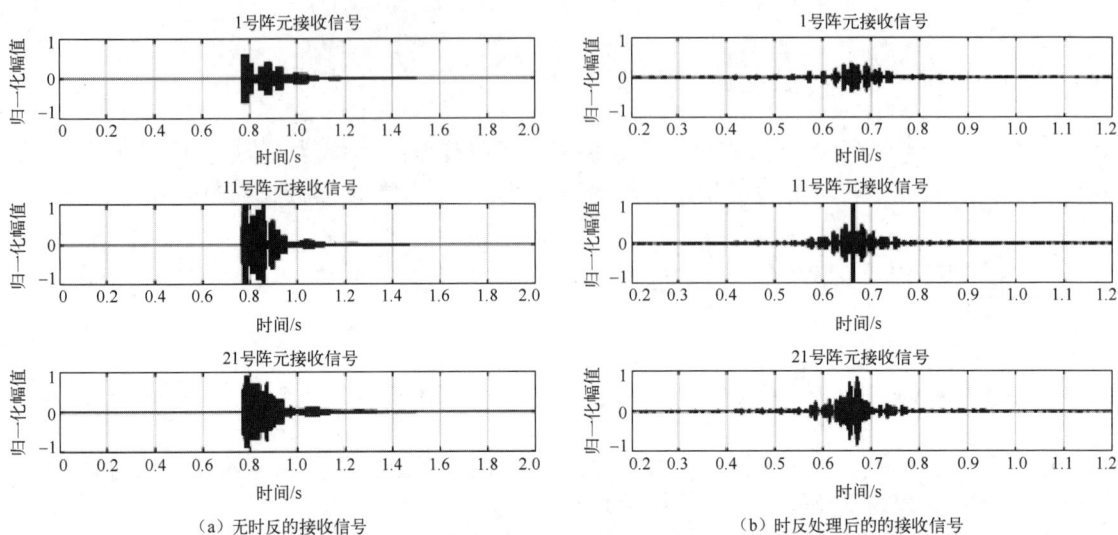

（a）无时反的接收信号　　　　　　　　　　（b）时反处理后的的接收信号

图 5.3.4　1 号、11 号和 21 号阵元的接收信号

不同阵元接收信号的强度谱如图 5.3.5 所示。

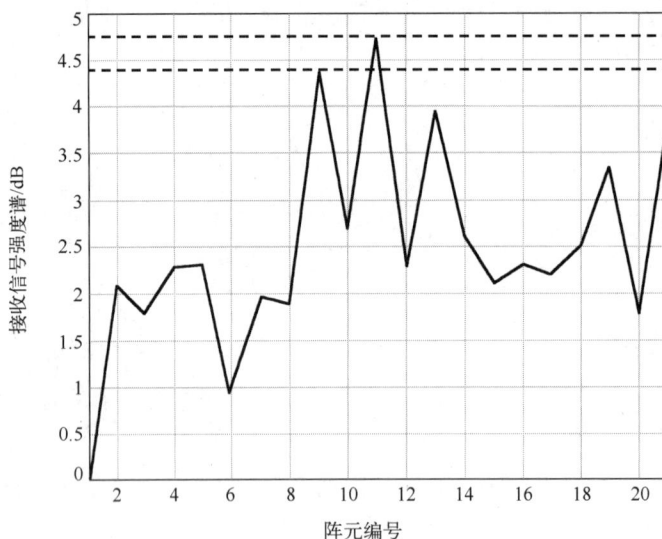

图 5.3.5　不同阵元接收信号的强度谱

5.3.2　时间反转的信噪比增益

若用 $P[\cdot]$ 表示功率计算，则由式（5.3.2）定义时间反转的输入信噪比为

$$\mathrm{SNR_{in}} = 10\lg\frac{P\left[\displaystyle\sum_{p=1}^{N}A_p s(t-\tau_p)\right]}{P[n(t)]} \qquad\qquad (5.3.8)$$

假设发射信号时间长度小于各路径最短时延差，那么各路径信号不会互相"贡献"能量，则有

$$P\left[\sum_{p=1}^{N} A_p s(t-\tau_p)\right] \approx P\left[A_1 s(t-\tau_1)\right] = A_1^2 P_s \qquad (5.3.9)$$

其中：$P\left[A_1 s(t-\tau_1)\right]$ 表示传播衰减最小路径的信号功率；A_1 和 τ_1 分别代表传播衰减最小路径的幅值和传播时间；P_s 表示发射信号功率，若用 $\sigma^2 = P[n(t)]$ 表示噪声功率，式（5.3.8）可表示为

$$\mathrm{SNR_{in}} = 10\lg \frac{A_1^2 P_s}{\sigma^2} \qquad (5.3.10)$$

基于式（5.3.6），时间反转系统输出信噪比 $\mathrm{SNR_{out}}$ 可以定义为

$$\mathrm{SNR_{out}} = 10\lg \frac{P\left[k\sum_{p=1}^{N_p} A_p^2 s(-t) + k\sum_{\substack{q=1\\q\neq p}}^{N_q}\sum_{p=1}^{N_p} B_q A_p s\left(-t-\tau_{pq}\right)\right]}{P[w(t)]} \qquad (5.3.11)$$

时间反转后的接收信号其能量主要集中在聚焦项 $k\sum_{p=1}^{N_p} A_p^2 s(-t)$ 中，那么

$$P\left[k\sum_{p=1}^{N_p} A_p^2 s(-t) + k\sum_{\substack{q=1\\p\neq q}}^{N_q}\sum_{p=1}^{N_p} B_q A_p s(-t-\tau_{pq})\right] \approx P\left[k\sum_{p=1}^{N_p} A_p^2 s(-t)\right] = k^2 \left(\sum_{p=1}^{N_p} A_p^2\right)^2 P_s \qquad (5.3.12)$$

输出信噪比为

$$\mathrm{SNR_{out}} = 10\lg \frac{k^2 \left(\sum_{p=1}^{N_p} A_p^2\right)^2 P_s}{\sigma^2} \qquad (5.3.13)$$

时间反转获取的信噪比增益为

$$G_{\mathrm{SNR}} = \mathrm{SNR_{out}} - \mathrm{SNR_{in}} = 10\lg \frac{k^2 \left(\sum_{p=1}^{N_p} A_p^2\right)_s^2}{A_1^2} \qquad (5.3.14)$$

时间反转获取的信噪比增益不仅与信道路径数量、各条路径的幅值有关，而且还与功率补偿系数 k 有关。

以下分析时间反转信道的性能。

若考虑时间反转的时间延迟 T，则时间反转信道可表示为

$$\begin{aligned} h_{tr}(t) &= h_{12}(T-t) \otimes h_{21}(t) \\ &= k\sum_{p=1}^{N_p} A_p^2 \delta(T-t) + k\sum_{\substack{q=1\\p\neq q}}^{N_q}\sum_{p=1}^{N_p} B_q A_p \delta(T-t-\tau_{pq}) \end{aligned} \qquad (5.3.15)$$

其中：T 是做时间反转时的时间延迟；时间反转信道由聚焦项 $k\sum\limits_{p=1}^{N_p}A_p^2\delta(T-t)$ 和非聚焦项

$k\sum\limits_{\substack{q=1\\p\neq q}}^{N_q}\sum\limits_{p=1}^{N_p}B_qA_p\delta(T-t-\tau_{pq})$。聚焦项对应着主瓣成分，非聚焦项对应着旁瓣成分。

时间反转信道的傅里叶变换为

$$FT\{h_{tr}(t)\}=k\mathrm{e}^{\mathrm{j}\omega T}\left(\sum\limits_{p=1}^{N_p}A_p^2+k\sum\limits_{\substack{q=1\\p\neq q}}^{N_q}\sum\limits_{p=1}^{N_p}B_qA_p\mathrm{e}^{\mathrm{j}\omega\tau_{pq}}\right) \tag{5.3.16}$$

式（5.3.16）表明时间反转信道是频选信道，其频选特性取决于第 i 条路径与第 1 条路径的时延差 τ_{pq}。当发射信号脉宽小于各路径最短时延差时，由于主瓣不会与多径旁瓣发生混叠，因此时间反转频选特性只能影响到旁瓣能量而不会影响到主瓣能量；当发射信号脉宽不小于各路径最短时延差时，主瓣与旁瓣发生混叠，因此聚焦项将会受到时间反转频选特性的影响。

习　　题

1．对于一个标准 10 阵元均匀线阵，具有均匀加权。假设第 n 个阵元不能工作了，在几个不同 n 值的情况下，画出对应的波束方向图；假设有 2 个阵元不能工作了，画出不能工作典型位置的对应波束方向图。

2．考虑一个非均匀 4 阵元线阵，各阵元的间隔为 d、$3d$ 和 $2d$，其中 $d=\lambda/2$。阵元的输出均匀加权，计算波束方向图，并把计算的结果和一个均匀 7 阵元、阵元间距为 $d=\lambda/2$ 的阵列的结果进行比较，讨论主波束和旁瓣的性能。

3．给出水声时反空间聚焦性的证明。

4．在不同信噪比下，基于波导模型仿真微弱信号主动时反空时聚焦性能。

5．若令接收信号中 $y(t)=s(t)\otimes h_{ch}(t)+n(t)$ 的 $r(t)=s(t)\otimes h_{ch}(t)$，则接收信号可表示为 $y(t)=r(t)+n(t)$，若信道冲激响应 $h_{ch}(t)$ 已知，则用匹配滤波器来分析时间反转的性能。

6．设多径信道中海洋某一点到达的本征声线幅度为 A_i、时延 τ_i，则该点与声源间的信道传输函数为 $h(t)=\sum\limits_{i=1}^{N}A_i\delta(t-\tau_i)$，其中 N 表示本征声线的数目。基于短基阵主动时反技术，仿真迭代时反目标探测性能。

第6章 高斯背景中确知信号的检测

接收信号可为确定但参数未知的信号，也可为随机信号；噪声及干扰可为高斯分布也可为非高斯分布，可为白噪声也可为非白噪声；两种假设下的概率密度函数也可能已知，也可能未知。当两种假设下的概率密度函数完全已知时，理论上可得最佳检测器；当两种假设下的概率密度函数不完全已知时，设计好的检测器将会非常困难，并且信号及噪声的特征信息知道得越少，检测器的设计难度越大，检测性能越差。本章介绍确知信号的检测方法以及确定性随机信号的广义似然比检测方法。

6.1 带限高斯白噪声中确知信号的检测

在微弱信号检测系统中，任何接收机的带宽都是有一定限制的，因此带限白噪声的假设是合理的。确知信号的检测是指被检测信号的波形，包括幅度、频率、相位、到达时间等全部已知的信号检测。虽然确知信号检测是一种理想假设条件的检测，但是一些实际系统能够逼近这种理想情况，因此，确知信号检测的性能可以作为非理想系统的比较标准。此时二元假设检验问题的接收信号可表示为

$$\begin{cases} H_0 : x(t) = n(t) \\ H_1 : x(t) = s(t) + n(t) \end{cases} \tag{6.1.1}$$

其中：$s(t)$ 是确知信号；$n(t)$ 是均值为零、功率谱密度为 $N_0/2$ 的带限高斯白噪声。

6.1.1 最佳接收机的设计

对 $x(t)$ 在时域采样，如果噪声为零均值高斯白噪声，则它的任意两个时刻上得到的采样值都是互不相关的，因而也是相互独立的。如果对带限白噪声通过一定间隔的采样，得出相互独立的采样值，则可设计出最佳接收机；由 2.2.3 节的分析结果可知采样得到的观测点数 N 越大，检测性能越好；因此，如何在观测时间段内获得相互独立、且尽可能多的采样点是带限白噪声确知信号检测接收机设计的关键。

假设接收到的带限高斯白噪声的功率谱密度为

$$N(\omega) = \begin{cases} N_0/2, & |\omega| \leqslant \Omega \\ 0, & 其他 \end{cases} \tag{6.1.2}$$

其中：$\Omega = 2\pi f_H$。假设观测时间段为 $0 \sim T$，为了在观测时间间隔$(0, T)$内方便获取 N 点观测值的联合概率密度函数，必须取特定的采样间隔 Δt 使得其观测值相互独立。为此，分析其自相关函数

$$R(\tau) = \frac{1}{2\pi} \int_{-\Omega}^{\Omega} N(\omega) \mathrm{d}\omega = \frac{N_0 \Omega}{2\pi} \cdot \frac{\sin \Omega \tau}{\Omega \tau} \tag{6.1.3}$$

如图 6.1.1 所示。$R(\tau)$ 第一个零点出现在 $\tau = \dfrac{\pi}{\Omega}$，如果以时间间隔 $\Delta t = \dfrac{\pi}{\Omega} = \dfrac{1}{2f_H} = \dfrac{1}{f_s}$ 对其采样，则在采样时刻上得到的观察值是互不相关的，对于高斯随机过程来说也是独立的，这种采样间隔也满足采样定理。

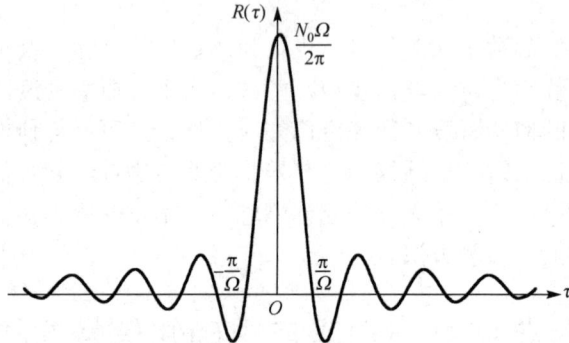

图 6.1.1　带限白噪声的自相关度函数

在观测时间段 $0 \sim T$ 内，以时间间隔 Δt 对 $n(t)$ 进行采样，得到 N 个相互独立的观测值 $n_1, n_2, \cdots, n_N$，其联合概率密度函数为

$$f(n) = f(n_1, n_2, \cdots, n_N) = f(n_1)f(n_2)\cdots f(n_N)$$
$$= \frac{1}{(\sqrt{2\pi}\sigma)^N} \exp\left[-\frac{1}{2\sigma^2}\sum_{i=1}^{N} n_i^2\right] \tag{6.1.4}$$

在观察时间内，$N = \dfrac{T}{\Delta t} = f_s T = 2f_H T$ 个采样点的平均功率为 $\dfrac{1}{N}\displaystyle\sum_{i=1}^{N} n_i^2$，根据帕塞瓦尔定理可得 $\dfrac{1}{T}\displaystyle\int_0^T n^2(t)\mathrm{d}t = \dfrac{1}{f_s T}\displaystyle\sum_{i=1}^{k} n_i^2$，$\sigma^2 = \dfrac{N_0}{2} \cdot \dfrac{1}{\Delta t} = \dfrac{N_0}{2} \cdot f_s$，于是式（6.1.4）还可表示为

$$f(n) = \frac{1}{(\sqrt{2\pi}\sigma)^k} \exp\left[-\frac{1}{N_0}\int_0^T n^2(t)\mathrm{d}t\right] \tag{6.1.5}$$

不管有无信号，采样后的 $x_1, x_2, \cdots, x_N$ 都是互不相关的高斯随机变量，有

$$p(x|H_0) = \frac{1}{\left(\sqrt{2\pi}\sigma\right)^N} \exp\left[-\frac{1}{N_0}\int_0^T x^2(t)\mathrm{d}t\right]$$

$$p(x|H_1) = \frac{1}{(\sqrt{2\pi}\sigma)^N} \exp\left[-\frac{1}{N_0}\int_0^T (x(t) - s(t))^2\mathrm{d}t\right]$$

似然比为

$$\lambda = \frac{P(x|H_1)}{P(x|H_0)} = \exp\left[-\frac{1}{N_0}\int_0^T (s^2(t) - 2x(t)s(t))\mathrm{d}t\right] \tag{6.1.6}$$

对数似然比为

$$\ln \lambda = \frac{2}{N_0} \int_0^T x(t)s(t)\mathrm{d}t - \frac{1}{N_0} \int_0^T s^2(t)\mathrm{d}t \tag{6.1.7}$$

若按一定的检测准则确定检测门限 η，信号在观测时间 $(0,T)$ 内的能量 $E_s = \int_0^T s^2(t)\mathrm{d}t$，依据判决准则如下。

当 $\int_0^T x(t)s(t)\mathrm{d}t > \dfrac{E_s}{2} + \dfrac{N_0}{2}\ln\lambda_0$ 时，判决为有目标。

当 $\int_0^T x(t)s(t)\mathrm{d}t < \dfrac{E_s}{2} + \dfrac{N_0}{2}\ln\lambda_0$ 时，判决为无目标。

为了后续描述方便，通常定义 $l = \int_0^T x(t)s(t)\mathrm{d}t$ 为检验统计量，定义 $\gamma = \dfrac{E_s}{2} + \dfrac{N_0}{2}\ln\eta$ 为判决门限，由此可画出检测系统的框图如图 6.1.2 所示

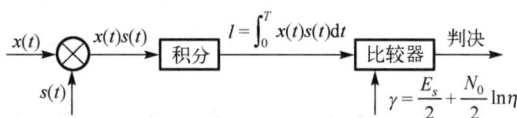

图 6.1.2　高斯白噪声背景下确知信号的最佳检测框图

图 6.1.2 中乘法器和积分器是核心部分，乘法器和积分器也可用匹配滤波器实现。由于匹配滤波器在 $t = t_0$ 时刻输出信号达到最大值，若 $t_0 = T$，则匹配滤波器在 T 时刻的输出为

$$y(T) = \int_0^T h(t)x(T-t)\mathrm{d}t = \int_0^T s(T-t)x(T-t)\mathrm{d}t = \int_0^T s(t)x(t)\mathrm{d}t \tag{6.1.8}$$

在高斯白噪声背景下，先用匹配滤波器使输出信噪比最大，再进行判决就比较有把握。但是两者还是有差别的，在输出信噪比最大意义下，匹配滤波器只要求加性噪声是白噪声，可以是高斯白噪声，也可以是非高斯白噪声。NP 准则下得到的互相关器，要求加性噪声一定是高斯白噪声。如果背景是非高斯白噪声，最佳检测器的结构取决于白噪声的概率分布，框图就不匹配滤波器了。

6.1.2　最佳接收机的检测性能

2.2 节分析了 N 个离散采样点的检测性能，本节分析匹配滤波器在输出时刻 T 进行判决的检测性能。为此，先分析检验统计量 l 的统计特性。

因为 l 是对 $x(t)$ 进行线性运算，$x(t)$ 是高斯随机过程，所以 l 也是高斯随机过程。以下求 l 的条件概率密度。

当 H_0 为真时，均值和方差分别为

$$E_0[l] = E_0\left[\int_0^T x(t)s(t)\mathrm{d}t\right] = \int_0^T E[n(t)]s(t)\mathrm{d}t = 0$$

$$\begin{aligned}
D_0[l] &= E_0[l^2] - E_0^2[l] = E_0[l^2] \\
&= E_0\left[\left(\int_0^T x(t)s(t)\mathrm{d}t\right)^2\right] = E\left\{\left[\int_0^T n(t)s(t)\mathrm{d}t\right]^2\right\} \\
&= E\left[\int_0^T \int_0^T n(t_1)n(t_2)s(t_1)s(t_2)\mathrm{d}t_1\mathrm{d}t_2\right]
\end{aligned}$$

$$= \int_0^T \int_0^T E[n(t_1)n(t_2)]s(t_1)s(t_2)\mathrm{d}t_1\mathrm{d}t_2$$

$$= \int_0^T \int_0^T \frac{N_0}{2}\delta(t_2 - t_1)s(t_1)s(t_2)\mathrm{d}t_1\mathrm{d}t_2$$

$$= \frac{N_0}{2}\int_0^T s^2(t)\mathrm{d}t = \frac{N_0 E_s}{2}$$

当 H_1 为真时，均值和方差分别为

$$E_1[l] = E_1\left[\int_0^T x(t)s(t)\mathrm{d}t\right] = \int_0^T E[n(t) + s(t)]s(t)\mathrm{d}t = E_s$$

$$D_1[l] = E_1[l^2] - E_1^2[l] = E_1\left[\left(\int_0^T x(t)s(t)\mathrm{d}t\right)^2\right] - E_s^2$$

$$= E\left[\int_0^T \int_0^T [s(t_1) + n(t_1)]s(t_1)[s(t_2) + n(t_2)]s(t_2)\mathrm{d}t_1\mathrm{d}t_2\right] - E_s^2$$

$$= E\left\{\int_0^T \int_0^T \left[s^2(t_1)s^2(t_2) + n(t_1)n(t_2)s(t_1)s(t_2)\right]\mathrm{d}t_1\mathrm{d}t_2\right\} - E_s^2$$

$$= E_s^2 + \int_0^T \int_0^T E[n(t_1)n(t_2)s(t_1)s(t_2)]\mathrm{d}t_1\mathrm{d}t_2 - E_s^2$$

$$= \frac{N_0 E_s}{2}$$

则检验统计量 G 的条件概率密度函数分别为

$$p(l|H_0) = \frac{1}{\sqrt{N_0 E_s \pi}}\mathrm{e}^{-\frac{l^2}{N_0 E_s}} \tag{6.1.9}$$

$$p(l|H_1) = \frac{1}{\sqrt{N_0 E_s \pi}}\mathrm{e}^{-\frac{(l - E_s)^2}{N_0 E_s}} \tag{6.1.10}$$

接收机的虚警概率和检测概率分别为

$$P_F = \int_\gamma^\infty p(l|H_0)\mathrm{d}l = \int_\gamma^\infty \frac{1}{\sqrt{N_0 E_s \pi}}\exp\left(-\frac{l^2}{N_0 E_s}\right)\mathrm{d}l$$
$$= \int_{\gamma\sqrt{\frac{2}{N_0 E_s}}}^\infty \left(\frac{1}{2\pi}\right)^{\frac{1}{2}}\exp\left(-\frac{t^2}{2}\right)\mathrm{d}t = 1 - \varPhi\left(\gamma\sqrt{\frac{2}{N_0 E_s}}\right) \tag{6.1.11}$$

$$P_D = \int_\gamma^\infty p(l|H_1)\mathrm{d}l = \int_\gamma^\infty \frac{1}{\sqrt{N_0 E_s \pi}}\exp\left[-\frac{(l - E_s)^2}{N_0 E_s}\right]\mathrm{d}l$$
$$= \int_{\gamma\sqrt{\frac{2}{N_0 E_s}} - \sqrt{\frac{2E_s}{N_0}}}^\infty \left(\frac{1}{2\pi}\right)^{\frac{1}{2}}\exp\left(-\frac{t^2}{2}\right)\mathrm{d}t \tag{6.1.12}$$
$$= 1 - \varPhi\left(\lambda\sqrt{\frac{2}{N_0 E_s}} - \sqrt{\frac{2E_s}{N_0}}\right)$$

式中，$\Phi(x) = \int_{-\infty}^{x} \dfrac{1}{\sqrt{2\pi}} \mathrm{e}^{-\frac{t^2}{2}} \mathrm{d}t$ 是标准正态分布，可以查表求得。

由偏移信噪比的定义式（3.5.31）可得

$$d^2 = \frac{[E_1(l) - E_0(l)]^2}{D_0(l)} = \frac{E_s^2}{N_0 E_s/2} = \frac{2E_s}{N_0} \tag{6.1.13}$$

式（6.1.13）的偏移信噪比为匹配滤波器的输出信噪比。用偏移信噪比表示的检测概率和虚警概率分别可表示为

$$P_F = Q[\ln\eta/d + d/2] \tag{6.1.14}$$

$$\begin{aligned} P_D &= Q[\ln\eta/d - d/2] \\ &= Q[Q^{-1}(p(H_1|H_0)) - d] \end{aligned} \tag{6.1.15}$$

由式（6.1.11）和式（6.1.11）可以看出，P_F 和 P_D 都与接收机的输出信噪比和 η 有关，而 η 决定于所用判决准则。以 d 为变量的接收机工作特性曲线如图 6.1.3 所示。由于信噪比 d 在信号检测中占有非常重要的地位，是接收机的主要技术指标之一，因此常把如图 6.1.3 所示的接收机工作特性改画成 $P_D\text{-}r$ 曲线，而以 P_F 作为变量，检测特性曲线如图 6.1.4 所示。

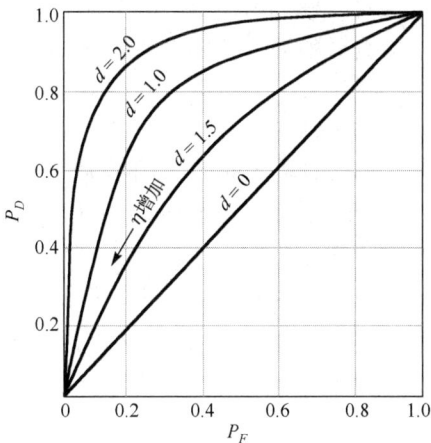

图 6.1.3　接收机工作特性（ROC）曲线　　　　图 6.1.4　检测概率 P_D 与信噪比 d 的关系

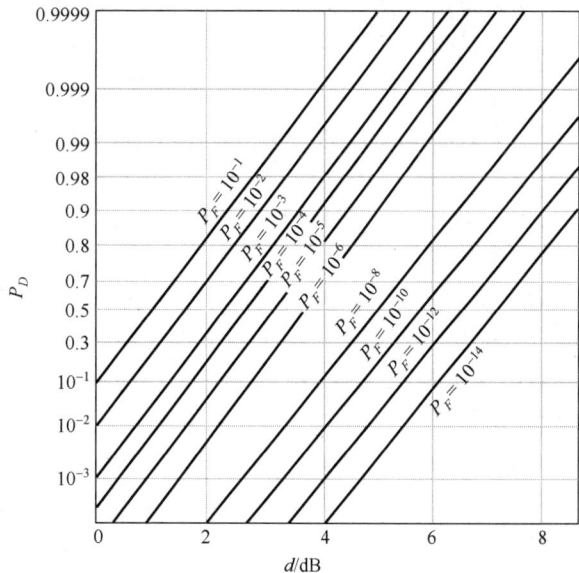

观察 $P_D\text{-}P_F$ 曲线可以发现，对于不同的信噪比 d 有不同的 $P_D\text{-}P_F$ 曲线，这些曲线都通过 $(P_D, P_F) = (0,0)$ 和 $(P_D, P_F) = (1,1)$ 两点，这两点分别对应着检测门限 $\eta = +\infty$ 和 $\eta = 0$ 时的判决概率 P_D 和 P_F。这是因为似然比函数 $\lambda(x)$ 超过无穷大门限（$\lambda_0 = +\infty$）是不可能事件，所以判决概率 P_D 和 P_F 都等于零；而似然比函数 $\lambda(x) \geqslant 0$，因此，$\lambda(x)$ 超过检测门限 $\eta = 0$ 是必然事件，且判决概率 P_D 和 P_F 都等于 1。

如果似然比函数 $\lambda(x)$ 是连续随机变量，则当 η 变化时，P_D 和 P_F 都会随之而变，其规律为：随着 η 增大，这两种判决概率将会减小。

当信噪比 d 取不同值时，$P_D\text{-}P_F$ 曲线都是通过点 $(0,0)$ 和点 $(1,1)$ 且位于直线 $P_D = P_F$

$(d=0)$ 曲线左上方的上凸曲线，d 越大曲线位置就越高。

虽然在不同的问题中，观测空间中的随机观测矢量 x 的统计特性 $p(x|H_j)$ 会有所不同，但接收机的工作特性却是有大致相同的形状。如果似然比函数 $\lambda(x)$ 是 x 的连续函数，则接收机工作特性有如下共同特点。

（1）所有连续似然比检验的接收机工作特性都是上凸的。

（2）所有连续似然比检验的接收机工作特性均位于对角线 $P_D=P_F$ 之上。

（3）接收机工作特性在某点处的斜率等于该点 P_D 和 P_F 所要求的检测门限值 η。

6.2　高斯白噪声中具有未知参量信号的广义似然比检测

6.1 节讨论了带限高斯白噪声中确知信号的统计检测方法。在这种信号确切已知的理想条件下，H_0 和 H_1 条件下的概率密度函数是完全已知的，统计学中称为简单假设检验，这时可以设计出最佳接收机。在发射信号已知的主动声呐检测系统中，由于目标距离检测装置的距离未知，而声信号通过介质传播需要一定的时间，目标回波信号的到达时间通常是未知的；另外，水声介质的信道冲激响应函数 $h(t)$ 通常比较复杂，目标的形状以及运动会导致回波信号的相位随机、振幅起伏、频率变化等。这样接收信号中将含有一个或多个未知参量，并且这些未知参量可能是未知非随机的，也可能是随机参量。因此，当接收信号的概率密度函数含有未知参量时，检测系统的设计在实际应用中是非常常见和重要的。

当接收信号的概率未知时，一种思路是把简单假设检验的概念做进一步推广，使其适用于参量信号的情况，这就是统计学中的复合假设检验；还有一种思路是一种最大势检测，即对于未知参数的所有值，以给定的虚警概率而产生最高检测概率的方法，但该检测器并不总是存在的，因此常用复合假设检验。

复合假设检验有两种主要的方法：第一种方法是把未知参数看作随机变量的一个实现，并给它指定一个先验的概率密度函数，称为贝叶斯方法；第二种方法是首先用最大似然估计方法估计未知参量，再用似然比检验的方法，称为广义似然比检验（Generalized Likelihood Ratio Test，GLRT）。贝叶斯方法要求未知参数的先验知识，而广义似然比检验则不需要；在实际中，由于广义似然比检验实现起来容易且严格的假定较少，因此其应用也更广泛；而贝叶斯方法则要求多重积分，其闭式解通常不易求得或不能求得；另外，当未知参量是非随机时，贝叶斯方法不适用。基于以上原因，本书仅讨论一种适用于参量是未知非随机的，也可以是随机参量但不知道概率密度函数的广义似然比检验方法。

6.2.1　广义似然比方法原理

广义似然比方法的基本思想是将未知参数看成是确定性的，首先用最大似然估计方法估计出未知参量，再用似然比检验的方法进行检测。即在假设 H_0 下，可以得出以未知参量 θ_0 为参数的观测矢量 x 的概率密度函数为 $p(x|\theta_0,H_0)$，在假设 H_1 下以未知参量 θ_1 为参数的观测矢量 x 的概率密度函数为 $p(x|\theta_1,H_1)$。首先由概率密度函数 $p(x|\theta_j,H_j)$，利用最大似然估计方法求出信号参量 θ_j 的最大似然估计，所谓参量的最大似然估计，就是使似然函数 $p(x|\theta_j,H_j)$ 达到最大的 θ_j 作为该参量的估计量，记为 $\hat{\theta}_{jml}$；然后用求得的估计量 $\hat{\theta}_{jml}$ 代替似然函数中的未知参量 $\theta_j (j=0,1)$ 使问题转化为确知信号的统计检测。

广义似然比方法是一种把信号参量的最大似然估计与确知信号的检测相结合的一种方

法。与确知信号的最佳接收机相比，除了以参量的最大似然估计值代替参量的真值外都相同。这样，广义似然比检验为

$$\lambda_G(\boldsymbol{x}) = \frac{p(\boldsymbol{x}\,|\,\hat{\boldsymbol{\theta}}_{1\mathrm{m}1}, H_1)}{p(\boldsymbol{x}\,|\,\hat{\boldsymbol{\theta}}_{0\mathrm{m}1}, H_0)} \underset{H_0}{\overset{H_1}{\gtrless}} \lambda_0 \qquad (6.2.1)$$

本节讨论高斯白噪声中具有未知参量信号的检测问题，此时 H_0 假设是简单的，而 H_1 是复合的，则式（6.2.1）的广义似然比检验为

$$\lambda_G(\boldsymbol{x}) = \frac{p(\boldsymbol{x}\,|\,\hat{\boldsymbol{\theta}}_{\mathrm{m}1}, H_1)}{p(\boldsymbol{x}\,|\,H_0)} \underset{H_0}{\overset{H_1}{\gtrless}} \lambda_0 \qquad (6.2.2)$$

广义似然比也可用另一种形式表示：由于 $\hat{\boldsymbol{\theta}}_j$ 是在 H_j 条件下，使似然函数 $p(\boldsymbol{x}\,|\,\boldsymbol{\theta}_j, H_j)$ 最大，或者 $p(\boldsymbol{x}\,|\,\hat{\boldsymbol{\theta}}_{j\mathrm{m}1}, H_j) = \max\limits_{\boldsymbol{\theta}_j} p(\boldsymbol{x}\,|\,\boldsymbol{\theta}_j, H_j)$。因此有

$$\lambda_G(\boldsymbol{x}) = \frac{\max\limits_{\theta_1} p(\boldsymbol{x}\,|\,\theta_1, H_1)}{\max\limits_{\theta_0} p(\boldsymbol{x}\,|\,\theta_0, H_0)} \qquad (6.2.3)$$

对于 H_0 条件下概率密度函数完全已知的这种特殊情况，有

$$\lambda_G(\boldsymbol{x}) = \frac{\max\limits_{\theta_1} p(\boldsymbol{x}\,|\,\theta_1, H_1)}{p(\boldsymbol{x}\,|\,H_0)} = \max\limits_{\theta_1} \frac{p(\boldsymbol{x}\,|\,\theta_1, H_1)}{p(\boldsymbol{x}\,|\,H_0)} \qquad (6.2.4)$$

广义似然比检验用最大似然估计取代了未知参数，它只是一种"合理"的替代方式，并没有任何"最佳"含义。但是当估计的信噪比很高时，估计值 $\hat{\theta}_j$ 尽管是随机变量，但其分布将几乎是一个在 $\hat{\theta}_j$ 真值处的冲击函数 $\delta(\theta_j - \hat{\theta}_j)$，因此该方法是准最佳或渐进最佳检测器，在估计信噪比很高时它接近最佳检测器。由于该方法在求 $\lambda_G(\boldsymbol{x})$ 的第一步时就是求最大似然估计，因此该方法也提供了有关未知参数的信息。

6.2.2　高斯白噪声中未知到达时间信号的检测

在主动声呐检测系统中，假设发射持续时间 T_s 的信号，系统设计检测目标的最远距离为 $d_{\max}$，水中声速为 c，则目标回波的最大延迟时间是 $\tau_{\max} = 2d_{\max}/c$。若以主动检测装置发射信号结束时刻开始计时，则观测的持续时间为 $T = T_s + \tau_{\max}$。也就是说，目标回波信号在观察时间区间 $[0,T]$ 内的任何时刻都可能出现，显然 $T > T_s$。到达时间的任何先验分布都是一个很宽的函数，以至于平均似然比的值基本上决定于其峰值，即参量的估计值。因此，广义似然比检验可以作为一个检测器或估计器。假设发射信号为 $s(t)$，信道冲激响应 $h(t)=1$，此时仅到达时间未知的二元假设检验问题的接收信号可表示为

$$\begin{cases} H_0: x(t) = n(t), & 0 \leqslant t \leqslant T \\ H_1: x(t) = s(t-\tau) + n(t), & 0 \leqslant t \leqslant T \end{cases} \qquad (6.2.5)$$

其中：$s(t)$ 是一个已知的确定性信号，在间隔 $[0,T]$ 上是非零的；τ 是未知延迟；噪声 $n(t)$ 是均值为零、功率谱密度为 $N_0/2$ 的高斯白噪声。

为了求得广义似然比检验的判决式，首先需要求出 τ 的最大似然估计。由统计信号处理

的估计理论可知 τ 的最大似然估计 $\hat{\tau}_{ml}$，是通过对所有可能的 τ 使式（6.2.6）最大而求得的，也就是将接收信号与可能的延迟信号进行相关，选择使式（6.2.6）最大的 τ 作为 $\hat{\tau}_{ml}$，即

$$\hat{\tau}_{ml} = \arg \max_{\tau} \int_{\tau}^{\tau+T_s} x(t)s(t-\tau)\mathrm{d}t \tag{6.2.6}$$

为了获得广义似然比判决式，假设在 $[0,T]$ 观测时间内，得到 N 个独立的观测样本 $x_1, x_2, \cdots, x_N$，可得在假设 H_1 和 H_0 条件下连续观测的似然函数为

$$\begin{aligned} p\left(\boldsymbol{x} \mid \hat{\tau}_{m1}, H_1\right) &= \left(\frac{1}{\sqrt{2\pi}\sigma}\right)^N \exp\left\{-\frac{1}{N_0}\left[\int_0^{\hat{\tau}_{ml}} x^2(t)\mathrm{d}t + \int_{\hat{\tau}_{m1}}^{T_s+\hat{\tau}_{ml}} (x(t)-s(t-\hat{\tau}_{m1}))^2\mathrm{d}t + \int_{T_s+\hat{\tau}_{ml}}^T x^2(t)\mathrm{d}t\right]\right\} \\ &= \left(\frac{1}{\sqrt{2\pi}\sigma}\right)^N \left\{-\frac{1}{N_0}\left[\int_0^T x^2(t)\mathrm{d}t + \int_{\hat{\tau}_{ml}}^{T_s+\hat{\tau}_{ml}} (-2x(t)s(t-\hat{\tau}_{ml}) + s^2(t-\hat{\tau}_{ml}))\mathrm{d}t\right.\right. \end{aligned}$$

$$\tag{6.2.7}$$

$$p\left(\boldsymbol{x} \mid H_0\right) = \left(\frac{1}{\sqrt{2\pi}\sigma}\right)^N \exp\left[-\frac{1}{N_0}\int_0^T x^2(t)\mathrm{d}t\right] \tag{6.2.8}$$

广义似然比判决式为

$$\begin{aligned} \lambda_G(\boldsymbol{x}) &= \frac{p(\boldsymbol{x} \mid \hat{\tau}_{ml}, H_1)}{p(\boldsymbol{x} \mid H_0)} \\ &= \exp\left\{-\frac{1}{N_0}\left[\int_{\hat{\tau}_{ml}}^{T_s+\hat{\tau}_{ml}} (-2x(t)s(t-\hat{\tau}_{m1}) + s^2(t-\hat{\tau}_{ml}))\mathrm{d}t\right]\right\} \underset{H_0}{\overset{H_1}{\gtrless}} \eta \end{aligned} \tag{6.2.9}$$

化简得判决式

$$\int_{\hat{\tau}_{ml}}^{T_s+\hat{\tau}_{ml}} x(t)s(t-\hat{\tau}_{ml})\mathrm{d}t \underset{H_0}{\overset{H_1}{\gtrless}} \frac{N_0}{2}\ln\lambda_0 + \frac{E_s}{2} = \gamma, \quad \gamma > 0 \tag{6.2.10}$$

其中：$E_s = \int_{\hat{\tau}_{ml}}^{T_s+\hat{\tau}_{ml}} s^2(t-\hat{\tau}_{ml})\mathrm{d}t$ 为接收到的信号能量。即用 $x(t)$ 与 $s(t-\tau)$ 的相关以及当 $\tau = \hat{\tau}_{ml}$ 得到的最大值与门限 γ 进行比较来实现广义似然比检测。如果超过门限，则判决信号存在，它的延迟估计值为 $\hat{\tau}_{ml}$；否则判决信号只有噪声。判决式也可以写为

$$\max_{\tau \in [0, T-T_s]} \int_{\tau}^{\tau+T_s} x(t)s(t-\tau)\mathrm{d}t \underset{H_0}{\overset{H_1}{\gtrless}} \gamma, \quad \gamma > 0 \tag{6.2.11}$$

图 6.2.1 给出了式（6.2.10）的实现框图。

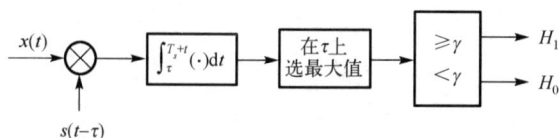

图 6.2.1　未知到达时间信号的广义似然比检测器结构

广义似然比检测性能的确定是困难的，根据式（6.2.11），需要计算相关高斯随机变量的最大值的概率密度函数，对此本书不做进一步深究，读者可以参考文献[3]。

6.2.3　高斯白噪声中幅度未知信号的检测

本节讨论高斯白噪声中除幅度外其他均已知的确定性信号检测问题。此时二元假设检验问题的接收信号可表示为

$$
\begin{cases}
H_0 : x(t) = n(t), & 0 \leqslant t \leqslant T \\
H_1 : x(t) = As(t) + n(t), & 0 \leqslant t \leqslant T
\end{cases}
\tag{6.2.12}
$$

其中：$s(t)$ 是已知的；幅度 A 是未知的；噪声 $n(t)$ 是均值为零、功率谱密度为 $N_0/2$ 的高斯白噪声。

（1）判决式

为了求得广义似然比检验的判决式，首先需要求出 A 的最大似然估计。若在 $[0,T]$ 观测时间内，采用与 6.1.1 节中相同的方法，以采样间隔 Δt 采样得到 N 个独立的观测样本 $x_1, x_2, \cdots,$ x_N，并且 $\sigma_n^2 = \dfrac{N_0}{2\Delta t}$，则假设 H_1 条件下的似然函数为

$$
p(\boldsymbol{x} \mid A, H_1) = \frac{1}{(2\pi\sigma_n^2)^{\frac{N}{2}}} \exp\left[-\frac{1}{2\sigma_n^2} \sum_{n=1}^{N} (x_n - As_n)^2 \right]
\tag{6.2.13}
$$

可以求得 A 的最大似然估计为

$$
\hat{A}_{\mathrm{ml}} = \frac{\displaystyle\sum_{n=1}^{N} x_n s_n}{\displaystyle\sum_{n=1}^{N} s_n^2}
\tag{6.2.14}
$$

将式（6.2.14）代入式（6.2.2）得广义似然比判决式

$$
\lambda_G(\boldsymbol{x}) = \frac{p(\boldsymbol{x} \mid \hat{A}_{\mathrm{ml}}, H_1)}{p(\boldsymbol{x} \mid H_0)} = \frac{\dfrac{1}{(2\pi\sigma_n^2)^{\frac{N}{2}}} \exp\left[-\dfrac{1}{2\sigma_n^2} \displaystyle\sum_{n=1}^{N} (x_n - \hat{A}_{\mathrm{ml}} s_n)^2 \right]}{\dfrac{1}{(2\pi\sigma_n^2)^{\frac{N}{2}}} \exp\left[-\dfrac{1}{2\sigma_n^2} \displaystyle\sum_{n=1}^{N} x_n^2 \right]}
\tag{6.2.15}
$$

$$
= \exp\left[-\frac{1}{2\sigma_n^2} \sum_{n=1}^{N} (-2\hat{A}_{\mathrm{ml}} s_n x_n + \hat{A}_{\mathrm{ml}}^2 s_n^2) \right] \underset{H_0}{\overset{H_1}{\gtrless}} \lambda_0
$$

利用式（6.2.14），并化简得判决式

$$
\left(\sum_{n=1}^{N} x_n s_n \right)^2 \underset{H_0}{\overset{H_1}{\gtrless}} 2\sigma_n^2 \ln \lambda_0 \sum_{n=1}^{N} s_n^2 = \eta
\tag{6.2.16}
$$

因为 $\sigma_n^2 = \dfrac{N_0}{2\Delta t}$，当 $\Delta t \to 0$ 时，可得连续观测时的判决式为

$$
\left(\int_0^T x(t)s(t)\mathrm{d}t \right)^2 \underset{H_0}{\overset{H_1}{\gtrless}} N_0 \ln \lambda_0 \int_0^T s^2(t)\mathrm{d}t = \gamma, \quad \gamma > 0
\tag{6.2.17}
$$

或者

$$\left|\int_0^T x(t)s(t)\mathrm{d}t\right|\mathop{\gtrless}_{H_0}^{H_1}\sqrt{N_0\ln\lambda_0\int_0^T s^2(t)\mathrm{d}t}=\gamma',\quad\gamma'>0 \tag{6.2.18}$$

式（6.2.17）和式（6.2.18）表示，检测器刚好是相关器，取绝对值是由于 A 的符号未知。式（6.2.18）的检测器结构如图 6.2.2 所示。

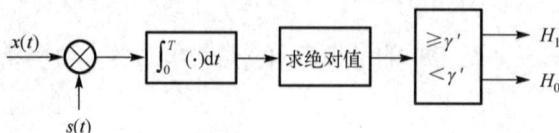

图 6.2.2　幅度未知信号的广义似然比检测系统结构

（2）检测性能

幅度信息的缺乏使检测性能降低，但从相关器的性能来看只有轻微的下降。为了求得检测性能，设 $G=\int_0^T x(t)s(t)\mathrm{d}t$，则当 $G>\gamma'$ 和 $G<-\gamma'$ 时，H_1 成立；当 $-\gamma'<G<\gamma'$ 时，H_0 成立。由 6.1 节讨论确知信号检测性能得

$$G=\int_0^T x(t)s(t)\mathrm{d}t\sim\begin{cases}N\left(0,\dfrac{N_0E_s'}{2}\right),&\text{在}H_0\text{条件下}\\[2mm]N\left(AE_s,\dfrac{N_0E_s'}{2}\right),&\text{在}H_1\text{条件下}\end{cases} \tag{6.2.19}$$

其中，$E_s'=\int_0^T s^2(t)\mathrm{d}t$；$E_s=A^2E_s'$。接收机的虚警概率和检测概率分别为

$$\begin{aligned}P_F&=\int_{-\infty}^{-\gamma'}p(G|H_0)\mathrm{d}G+\int_{\gamma'}^{\infty}p(G|H_0)\mathrm{d}G=2\int_{\gamma'}^{\infty}p(G|H_0)\mathrm{d}G\\&=2\int_{\gamma'}^{\infty}\left(\frac{1}{\pi N_0E_s'}\right)^{1/2}\exp(-G^2/(N_0E_s'))\mathrm{d}G\\&=2[1-\varPhi(\gamma'\sqrt{2/(N_0E_s')})]\end{aligned} \tag{6.2.20}$$

$$\begin{aligned}P_D&=\int_{-\infty}^{-\gamma'}p(G|H_1)\mathrm{d}G+\int_{\gamma'}^{\infty}p(G|H_1)\mathrm{d}G\\&=\int_{-\infty}^{-\gamma'}\left(\frac{1}{\pi N_0E_s'}\right)^{1/2}\exp[-(G-AE_s')^2/(N_0E_s')]\mathrm{d}G+\\&\quad\int_{\gamma'}^{\infty}\left(\frac{1}{\pi N_0E_s'}\right)^{1/2}\exp[(G-AE_s')^2/(N_0E_s')]\mathrm{d}G\\&=\varPhi[(-\gamma'-AE_s')\sqrt{2/(N_0E_s')}]+\{1-\varPhi[(\gamma'-AE_s')\sqrt{2/(N_0E_s')}]\}\end{aligned} \tag{6.2.21}$$

由式（6.2.20）和式（6.2.21）可得虚警概率 P_F 和检测概率 P_D 之间的关系式为

$$P_D=2-\varPhi[\varPhi^{-1}(1-P_F/2)-\sqrt{d}]-\varPhi[\varPhi^{-1}(1-P_F/2)+\sqrt{d}] \tag{6.2.22}$$

其中：$d=(2A^2E_s')/N_0=2E_s/N_0$ 是匹配滤波器的输出信噪比；$E_s=A^2E_s'$ 是信号的能量。

　　将上述 P_D、P_F 和 d 的关系绘成曲线，可以得到其检测曲线，如图 6.2.3 中的实线所示。为了比较，图 6.2.3 中还画出了已知幅度 A 情况下的性能曲线。由图 6.2.3 可以看出，在相同的 P_D 和 P_F 下，检测幅度未知信号所需的输出信噪比大于检测幅度已知信号所需的信噪比，这是由于幅度信息的缺乏造成的。

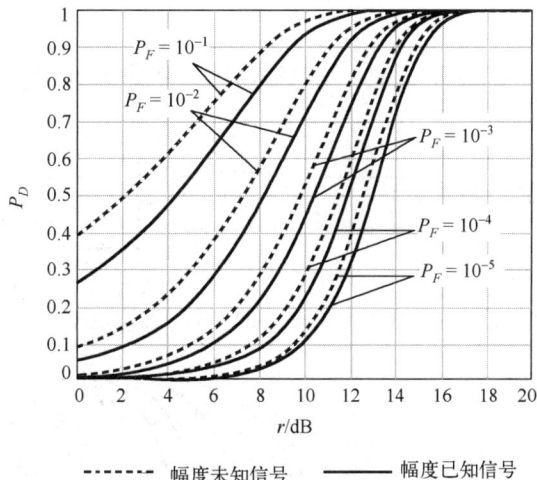

图 6.2.3　幅度未知信号的接收机工作特性曲线

6.2.4　高斯白噪声中单频信号的检测

　　在主动声呐的检测装置中，最常用的发射信号是单频连续波（CW）脉冲。因为目标的形状、反射特性、距离，以及运动特性均未知，所以在接收到的回波信号中，幅度、相位、频率，以及到达时间都可能是未知的确定性参数。加性高斯白噪声中参量未知的单频信号的检测是主动声呐检测中最常用的检测方法；此外，3.3.3 节分析的舰船辐射噪声中的高幅度的线谱可看成多个单频信号的叠加。本节对加性高斯白噪声中单频信号的广义似然比检测器的结构和性能做详细的讨论。以下针对未知参数是确定性的情况，分别对 A 未知、A 与 φ 均未知、A,φ,f_0 均未知、A,φ,f_0,τ 均未知，共四种情况进行讨论。

　　假设发射信号的持续时间为 T_s，回波延迟时间为 τ，观测的持续时间为 $T = T_s + \tau_{\max}$，$T > T_s$。也就是说，目标回波信号在观察时间区间 $[0,T]$ 内的任何时刻都可能出现。二元假设检验问题的接收信号可表示为

$$\begin{cases} H_0 : x(t) = n(t), & 0 \leq t \leq T \\ H_1 : x(t) = \begin{cases} n(t), & 0 \leq t \leq \tau, T_s + \tau < t < T \\ A\cos(2\pi f_0 t + \varphi) + n(t), & \tau \leq t \leq T_s + \tau \end{cases} \end{cases} \quad (6.2.23)$$

其中：$n(t)$ 是均值为零、功率谱密度为 $N_0 / 2$ 的高斯白噪声；参数集 (A, f_0, φ, τ) 的任意子集是未知的。

　　先假定 $\tau = 0$ 已知（后面考虑时延 τ 未知的情况），即 $[0,T] = [0,T_s]$，观测区间正好是信号区间。此时式（6.2.23）可表示为

$$\begin{cases} H_0 : x(t) = n(t), & 0 \leq t \leq T \\ H_1 : x(t) = A\cos(2\pi f_0 t + \varphi) + n(t), & 0 \leq t \leq T \end{cases} \quad (6.2.24)$$

（1）幅度未知

信号为 $As(t)$，其中 $s(t) = \cos(2\pi f_0 t + \varphi)$ 是已知的，A 未知。这是 6.2.3 节中研究的情况，由式（6.2.18）得广义似然比判决式为

$$\left| \int_0^T x(t)s(t)\mathrm{d}t \right| \begin{array}{c} H_1 \\ \gtrless \\ H_0 \end{array} \gamma', \quad \gamma' > 0 \tag{6.2.25}$$

检测器的性能由式（6.2.21）给出。检测器的结构如图 6.2.4 所示，图 6.2.5 绘出了检测器的特性曲线。这里信号的能量为 $E = A^2 T / 2$。

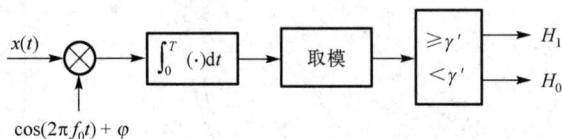

图 6.2.4 未知幅度正弦信号的广义似然比检测器结构

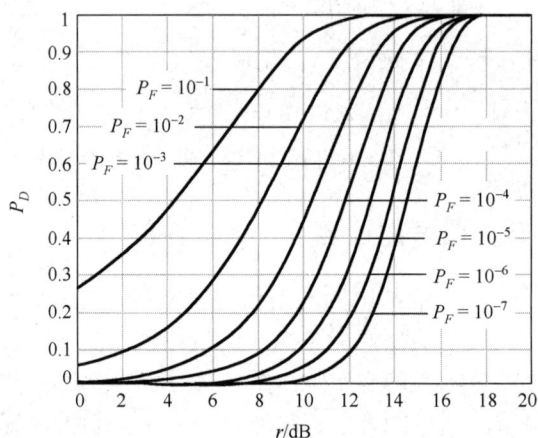

图 6.2.5 未知幅度正弦信号的广义似然比检测器的特性曲线

（2）幅度和相位均未知

当 A 和 φ 未知时，必须固定 $A > 0$，否则 A 和 φ 的两个集将产生相同的信号，这样，参数将无法辨认。例如，$A = 1$、$\varphi = 0$ 和 $A = -1$、$\varphi = \pi$ 表示相同的正弦信号。如果

$$\frac{p(x \mid \hat{A}, \hat{\varphi}, H_1)}{p(x \mid H_0)} \geqslant \lambda_0 \tag{6.2.26}$$

广义似然比判决 H_1 成立，其中 $\hat{A}$ 和 $\hat{\varphi}$ 是最大似然估计，f_0 不在 0 或 1/2 附近。可以证明最大似然估计近似为

$$\hat{A} = \sqrt{\hat{a}_1^2 + \hat{a}_2^2}, \quad \hat{\varphi} = \arctan\left(-\frac{\hat{a}_2}{\hat{a}_1} \right) \tag{6.2.27}$$

其中：$\hat{a}_1 = \frac{2}{T} \int_0^T x(t)\cos(2\pi f_0 t)\mathrm{d}t$；$\hat{a}_2 = \frac{2}{T} \int_0^T x(t)\sin(2\pi f_0 t)\mathrm{d}t$。

因此判决式为

$$\lambda_G(x) = \frac{\dfrac{1}{(2\pi\sigma^2)^{\frac{N}{2}}} \exp\left\{-\dfrac{1}{N_0}\displaystyle\int_0^T [x(t) - \hat{A}\cos(2\pi f_0 t + \hat{\varphi})]^2 \,dt\right\}}{\dfrac{1}{(2\pi\sigma^2)^{\frac{N}{2}}} \exp\left[-\dfrac{1}{N_0}\displaystyle\int_0^T x(t)^2 \,dt\right]} \mathop{\gtrless}\limits_{H_0}^{H_1} \lambda_0 \quad (f_0 \neq 0) \qquad (6.2.28)$$

化简并整理得

$$\ln \lambda_G(x) = \frac{T}{2N_0}\hat{A}^2 \mathop{\gtrless}\limits_{H_0}^{H_1} \ln \lambda_0 \qquad (6.2.29)$$

即判决式为

$$\left[\int_0^T x(t)\sin(2\pi f_0 t)\,dt\right]^2 + \left[\int_0^T x(t)\cos(2\pi f_0 t)\,dt\right]^2 \mathop{\gtrless}\limits_{H_0}^{H_1} \frac{N_0 T}{2}\ln \lambda_0 \qquad (6.2.30)$$

如果设

$$\mathrm{PSD}(f_0) = \frac{1}{T}\left\{\left[\int_0^T x(t)\sin(2\pi f_0 t)\,dt\right]^2 + \left[\int_0^T x(t)\cos(2\pi f_0 t)\,dt\right]^2\right\} \qquad (6.2.31)$$

则其离散情况下的表达式

$$\mathrm{PSD}(f_0') = \frac{1}{N}\left|\sum_{n=1}^{N} x[n]\exp(-\mathrm{j}2\pi f_0' n)\right|^2 \qquad (6.2.32)$$

是在 $f = f_0'$ 处计算的周期图，其中 f_0' 是用采样频率对 f_0 归一化后得到的。最后得判决式

$$\mathrm{PSD}(f_0') \mathop{\gtrless}\limits_{H_0}^{H_1} \frac{N_0}{2}\ln \lambda_0 = \gamma \qquad (6.2.33)$$

或

$$\mathrm{PSD}(f_0') \mathop{\gtrless}\limits_{H_0}^{H_1} \sigma_n^2 \ln \lambda_0 = \gamma'$$

在高斯白噪声背景下，由贝叶斯方法获得的检验统计量的表达式与该表达式一致，可用非相干或正交匹配接收机实现，具体见图 6.2.6。基于式（6.2.32）周期图谱估计检测性能的分析 6.2.5 节将会给出，本节先给出虚警概率和检测概率的表达式

$$P_F = Q_{x_2^2}\left(\frac{2\gamma'}{\sigma^2}\right) = \exp\left(-\frac{\gamma'}{\sigma^2}\right) \qquad (6.2.34)$$

$$P_D = Q\left(\sqrt{\frac{2E_s}{N_0}}, \frac{\sqrt{2\gamma'}}{\sigma}\right) \qquad (6.2.35)$$

其中：Q 是马库姆函数；$E_s = A^2 T / 2$ 为信号的能量。如果用虚警概率 P_F 来表示，由式（6.2.34）得到

$$\frac{\sqrt{2\gamma'}}{\sigma} = \sqrt{-2\ln P_F}$$

故

$$P_D = Q\left(\sqrt{\frac{2E_s}{N_0}}, \sqrt{-2\ln P_F}\right) = Q(\sqrt{r}, \sqrt{-2\ln P_F}) \qquad (6.2.36)$$

检测器特性曲线如图 6.2.7 所示。不出所料，与前面的未知幅度情况相比较检测性能有轻微的下降，比较图 6.2.7 和图 6.2.5 可以看出，对于小的虚警概率，这种衰减小于 1dB。

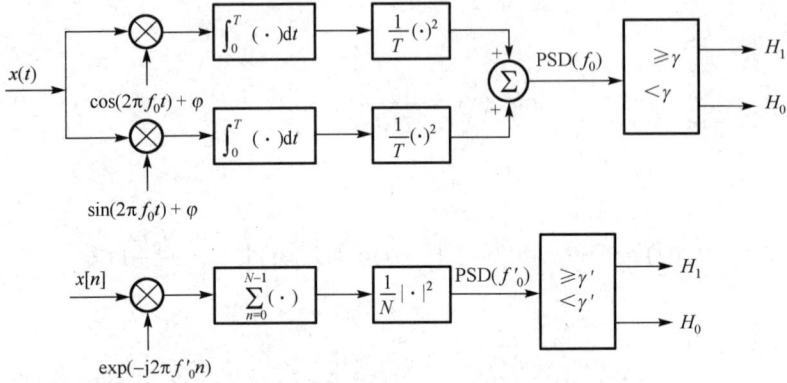

图 6.2.6　未知幅度和相位正弦信号的广义似然比检测器结构

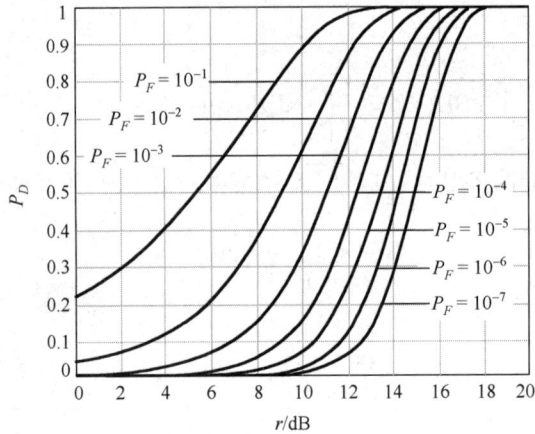

图 6.2.7　未知幅度和相位正弦信号的广义似然比检测器特性曲线

（3）幅度、相位和频率均未知

当幅度、相位和频率均未知时，如果

$$\frac{p(\boldsymbol{x} \,|\, \hat{A}, \hat{\varphi}, \hat{f}_0, H_1)}{p(\boldsymbol{x} \,|\, H_0)} \geqslant \lambda_0 \qquad (6.2.37)$$

或

$$\frac{\max\limits_{f_0} p(\boldsymbol{x} \,|\, \hat{A}, \hat{\varphi}, \hat{f}_0, H_1)}{p(\boldsymbol{x} \,|\, H_0)} \geqslant \lambda_0 \qquad (6.2.38)$$

广义似然比检验判决 H_1 成立。由于在 H_0 条件下的概率密度函数并不依赖于 f_0，而且是非负的，故有

$$\max_{f_0} \frac{p(\boldsymbol{x} | \hat{A}, \hat{\varphi}, \hat{f}_0, H_1)}{p(\boldsymbol{x} | H_0)} \geqslant \lambda_0 \qquad (6.2.39)$$

另外，因为对数是单调函数，因此有等效的检验

$$\ln \max_{f_0} \frac{p(\boldsymbol{x} | \hat{A}, \hat{\varphi}, \hat{f}_0, H_1)}{p(\boldsymbol{x} | H_0)} \geqslant \ln \lambda_0 \qquad (6.2.40)$$

又由于单调性，有

$$\max_{f_0} \ln \frac{p(\boldsymbol{x} | \hat{A}, \hat{\varphi}, \hat{f}_0, H_1)}{p(\boldsymbol{x} | H_0)} \geqslant \ln \lambda_0 \qquad (6.2.41)$$

而由式（6.2.29），有

$$\begin{aligned}
\ln \frac{p(\boldsymbol{x} | \hat{A}, \hat{\varphi}, f_0, H_1)}{p(\boldsymbol{x} | H_0)} &= \frac{T}{2N_0} \hat{A}^2 \\
&= \frac{2}{TN_0} \left[\left(\int_0^T x(t) \sin(2\pi f_0 t) \mathrm{d}t \right)^2 + \left(\int_0^T x(t) \cos(2\pi f_0 t) \mathrm{d}t \right)^2 \right]
\end{aligned} \qquad (6.2.42)$$

所以在连续信号情况下有判决式

$$\max_{f_0} \mathrm{PSD}(f_0) \underset{H_0}{\overset{H_1}{\gtrless}} \frac{N_0}{2} \ln \lambda_0 = \gamma \qquad (6.2.43)$$

或离散情况下得判决式

$$\max_{f_0} \mathrm{PSD}(f_0') \underset{H_0}{\overset{H_1}{\gtrless}} \sigma_n^2 \ln \lambda_0 = \gamma' \qquad (6.2.44)$$

如果周期图的峰值超过门限，则判断检测器存在正弦信号，此时，峰值处的频率就是频率的最大似然估计。检测器结构如图 6.2.8 所示，检测性能可以利用类似于前面幅度和相位等未知的情况求得。唯一的差别是虚警概率随搜索的频率数的增加而增加。在离散情况下，假定用 N 点快速傅里叶变换来计算周期图，那么有

$$P_D = Q_{\chi_2'^2 \left(\frac{NA^2}{2\sigma_n^2} \right)} \left(2\ln \frac{N/2 - 1}{P_F} \right) \qquad (6.2.45)$$

其中：$Q_{\chi_2'^2 \left(\frac{NA^2}{2\sigma_n^2} \right)}$ 为自由度为 2、非中心参量为 $\frac{NA^2}{2\sigma_n^2}$（能量信噪比）、自变量为 $2\ln \frac{N/2-1}{P_F}$ 的非中心化 chi 平方概率密度函数的右尾概率，检测器特性曲线如图 6.2.9 所示。

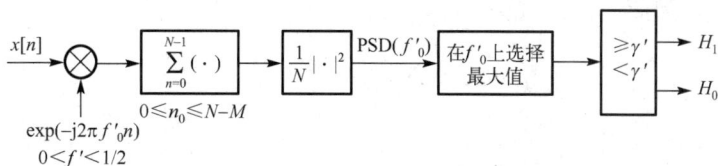

图 6.2.8　未知幅度、相位和频率正弦信号的广义似然比检测器结构

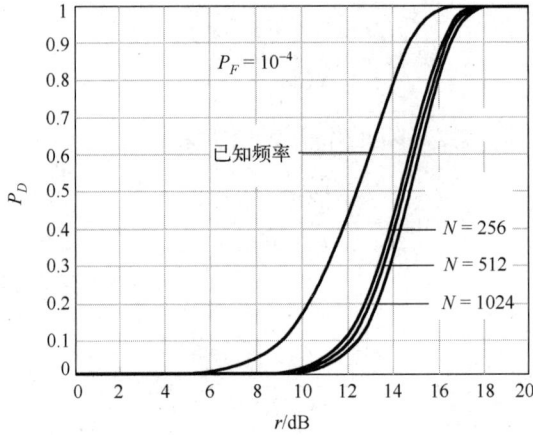

图 6.2.9　未知幅度，相位和频率正弦信号的广义似然比检测器特性曲线

（4）幅度、相位、频率和到达时间均未知

考虑式（6.2.22）所述情形，利用前面类似的方法，如果

$$\frac{p(\boldsymbol{x}\,|\,\hat{A},\hat{\varphi},\hat{f}_0,\hat{\tau},H_1)}{p(\boldsymbol{x}\,|\,H_0)}\geqslant\lambda_0 \tag{6.2.46}$$

广义似然比判决 H_1 成立，其中 A,φ,f_0 的最大似然估计是与已知到达时间 τ 的情况相同的，除了数据区间修改为与信号区间 $[\tau,\tau+T_s]$ 一致的情况。因此，对于已知的 τ 有

$$\hat{A}=\sqrt{\hat{a}_1^2+\hat{a}_2^2},$$

$$\varphi=\arctan\left(-\frac{\hat{a}_2}{\hat{a}_1}\right)$$

$$\hat{\alpha}_1=\frac{2}{T_s}\int_{\tau}^{T_s+\tau}x(t)\cos(2\pi\hat{f}_0(t-\tau))\mathrm{d}t$$

$$\hat{\alpha}_2=\frac{2}{T_s}\int_{\tau}^{T_s+\tau}x(t)\sin(2\pi\hat{f}_0(t-\tau))\mathrm{d}t$$

$\hat{f}_0$ 是周期图达到最大值时的频率，代入式（6.2.42）有

$$
\begin{aligned}
&\ln\frac{p(\boldsymbol{x}\,|\,\hat{A},\hat{\varphi},\hat{f}_0,\tau,H_1)}{p(\boldsymbol{x}\,|\,H_0)}\\
&=\frac{2}{TN_0}\left[\left(\int_{\tau}^{T_s+\tau}x(t)\sin(2\pi\hat{f}_0 t)\mathrm{d}t\right)^2+\left(\int_{\tau}^{T_s+\tau}x(t)\cos(2\pi\hat{f}_0 t)\mathrm{d}t\right)^2\right]
\end{aligned}
\tag{6.2.47}
$$

最后，为了求时延 τ 的最大似然估计，需要在 τ 上使 $p(\boldsymbol{x}\,|\,\hat{A},\hat{\varphi},\hat{f}_0,\hat{\tau},H_1)$ 最大，或者等价于使式（6.2.47）最大。因此，判决式为

$$\max_{\tau}\mathrm{PSD}(\hat{f}_0)\underset{H_0}{\overset{H_1}{\gtrless}}\frac{N_0}{2}\ln\lambda_0$$

或者

$$\max_{\tau,f_0} \mathrm{PSD}(f_0) \underset{H_0}{\overset{H_1}{\gtrless}} \frac{N_0}{2}\ln\lambda_0$$

离散情形下的判决式为

$$\max_{n_0,f_0'} \mathrm{PSD}n_0(f_0') \underset{H_0}{\overset{H_1}{\gtrless}} \frac{N_0}{2}\sigma_n^2\ln\lambda_0$$

其中

$$\mathrm{PSD}_{n_0}(f_0') = \frac{1}{M}\left|\sum_{n=n_0}^{n_0+M-1} x[n]\exp(-\mathrm{j}2\pi f_0'n)\right|^2$$

称为短时周期图或谱图，n_0 为离散后时延，M 为信号长度。这样，广义似然比对所有延迟计算周期图，最后将最大值与门限进行比较。如果超过门限，则延迟和频率的最大似然估计就是最大值的位置。检测器结构如图 6.2.10 所示，这种检测器是主动检测的标准形式。

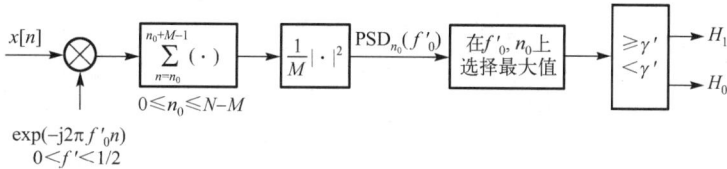

图 6.2.10　未知幅度、相位、频率和到达时间正弦信号的广义似然比检测器结构

图 6.2.11 给出了谱图的一个例子，其中 $A=1$，$f_0'=0.25$，$\varphi=0$，$M=128$，$n_0=128$，$N=512$，$\sigma_n^2=0.5$。信噪比 $A^2/(2\sigma_n^2)=1$ 或 0dB。图 6.2.12（a）给出了在 H_1 条件下的一个现实，信号在区间上[128, 255]中出现，由于低信噪比，因此不能清楚看到信号；图 6.2.12（b）给出了数据的谱图，最大值很清楚地显示出信号的存在，并且在正确的频率和时延上出现。

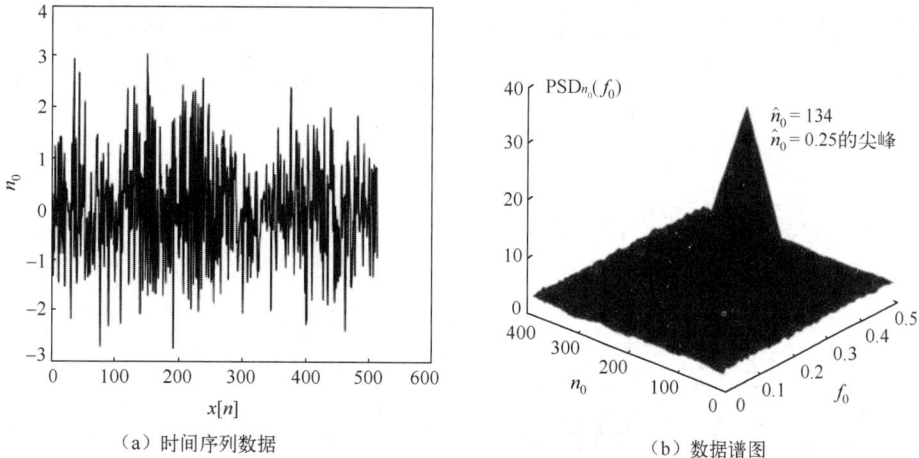

（a）时间序列数据　　　　（b）数据谱图

图 6.2.11　谱图结果示例

6.2.5　周期图谱估计对单频信号的检测性能

由 6.2.4 节的推导可知，在加性高斯白噪声的单频信号广义似然比检测器的结构中，A,φ

均未知、A,φ,f_0 均未知、A,φ,f_0,τ 均未知，三种情况的最优结构均是周期图谱估计的检测。本节推导周期图谱估计对高斯白噪声干扰下单个正弦信号的检测性能。

假设接收机观测到的样本为

$$x(t) = A\cos(2\pi f_0 t + \varphi) + n(t)，\quad 0 \leqslant t \leqslant T$$

其中：$A>0$，初始相位 ϕ 在 $[0,2\pi]$ 服从均匀分布；$n(t)$ 是平稳加性高斯白噪声。在实际设备中，噪声通常是经过预白化的，故上述假设情况与实际情况相差不远。以满足采样定理的时间间隔 $\Delta t = 1/f_s$ 对观测到的样本进行采样，在观测时间 $0 \leqslant t \leqslant T$ 内得到 N 个样本点，即

$$x[n] = A\sin[2\pi f_0 n + \phi] + n[n]，\quad n = 0,1,\cdots,N-1 \tag{6.2.48}$$

其中：$n[n] \sim N(0,\sigma_n^2)$。进行周期图谱估计为

$$\begin{aligned}
P[k] &= \frac{1}{N}\left|\sum_{n=0}^{N-1} x[n]\exp\left(-\mathrm{j}\frac{2\pi kn}{N}\right)\right|^2 \\
&= \frac{1}{N}\left|\sum_{n=0}^{N-1} x[n]\cos\left(\frac{2\pi kn}{N}\right) - \mathrm{j}\sum_{n=0}^{N-1} x[n]\sin\left(\frac{2\pi kn}{N}\right)\right|^2 \\
&= \frac{1}{N}[X_R^2[k] + X_I^2[k]]
\end{aligned} \tag{6.2.49}$$

其中：$X_R[k] = \sum_{n=0}^{N-1} x[n]\cos\left(\frac{2\pi kn}{N}\right)$；$X_I[k] = \sum_{n=0}^{N-1} x[n]\sin\left(\frac{2\pi kn}{N}\right)$，$k = Nf/f_s$。

（1）$X_R[k]$ 和 $X_I[k]$ 的统计特性

假设 H_0 为纯噪声：按假设条件输入 $n[n]$ 是一个均值为零、方差为 σ_n^2 的高斯白噪声序列。此时 $X_R[k] = N_R[k] = \sum_{n=0}^{N-1} n[n]\cos\left(\frac{2\pi kn}{N}\right)$，$X_I[k] = N_I[k] = \sum_{n=0}^{N-1} n[n]\sin\left(\frac{2\pi kn}{N}\right)$ 是噪声 $n[n]$ 的线性组合，因此 $N_R[k]$ 和 $N_I[k]$ 也都服从高斯分布，见附录 B。显然，$E[N_R] = 0$，$E[N_I] = 0$。

$$D(N_R) = \sigma_n^2 \sum_{n=0}^{N-1}\cos^2\frac{2\pi kn}{N} = \frac{N}{2}\sigma_n^2 = \sigma^2$$

$$D(N_I) = \sigma_n^2 \sum_{n=0}^{N-1}\sin^2\frac{2\pi kn}{N} = \frac{N}{2}\sigma_n^2 = \sigma^2$$

其中：$\sigma^2 = \sigma_n^2 N/2$。

由 $E\{N_R N_I\} = \sigma_n^2 \sum_{n=0}^{N-1}\sin\frac{2\pi kn}{N}\cos\frac{2\pi kn}{N} = 0$ 可知，N_R 与 N_I 统计独立。

假设 H_1 为有信号：假设接收信号的频率 f_0 对应于离散频域中的第 $k_0 = Nf_0/f_s$ 个频率点的值，且忽略其他频率点的影响，这样可以得到一个简明的分析。此时

$$X_R[k_0] = \frac{AN}{2}\cos\phi + N_R[k_0]$$

$$X_I[k_0] = \frac{AN}{2}\sin\phi + N_I[k_0]$$

对于给定的 ϕ 来说，$\dfrac{AN}{2}\cos\phi$ 和 $\dfrac{AN}{2}\sin\phi$ 均是常数，而 $N_R[k_0]$ 和 $N_I[k_0]$ 均服从高斯分布，所以 $X_R[k_0]$ 和 $X_I[k_0]$ 也服从高斯分布，均值分别为 $\mu_R[k_0]=\dfrac{AN}{2}\cos\phi$ 和 $\mu_I[k_0]=\dfrac{AN}{2}\sin\phi$，方差均为 $\dfrac{N\sigma_n^2}{2}=\sigma^2$。

同样也可以证明 $E[X_R X_I]=E[X_R]E[X_I]$，即 $X_R[k_0]$ 和 $X_I[k_0]$ 也统计独立。

由上述可知，对于任意的 k 值，$X_R[k]$ 和 $X_I[k]$ 是两个独立的高斯分布随机变量，即

$$X_R[k]\sim\begin{cases}N(0,\sigma^2), & H_0\\ N(\mu_R[k_0],\sigma^2), & H_1\end{cases}\tag{6.2.50}$$

$$X_I[k]\sim\begin{cases}N(0,\sigma^2), & H_0\\ N(\mu_I[k_0],\sigma^2), & H_1\end{cases}\tag{6.2.51}$$

（2）$P_X[k]=X_R^2[k]+X_I^2[k]$ 的统计特性

为了方便分析省略的尺度因子 $1/N$，下面分析 $y=X_R^2[k]+X_I^2[k]$ 的统计特性 $p(y|H_0)$ 和 $p(y|H_1)$，得到检验统计量 $T(y)=\dfrac{p(y|H_1)}{p(y|H_0)}$。因此，将式（6.2.50）和式（6.2.51）方差归一化处理得

$$\frac{X_R[k]}{\sigma}\sim\begin{cases}N(0,1), & H_0\\ N\left(\dfrac{\mu_R[k_0]}{\sigma},1\right), & H_1\end{cases}\tag{6.2.52}$$

$$\frac{X_I[k]}{\sigma}\sim\begin{cases}N(0,1), & H_0\\ N\left(\dfrac{\mu_I[k_0]}{\sigma},1\right), & H_1\end{cases}\tag{6.2.53}$$

由于 $P_X[k]$ 是两个高斯随机过程的平方和，在纯噪声和有信号情况下，$X_R[k]$ 和 $X_I[k]$ 均统计独立。在此定义非中心化参量为 $\lambda[k]=\dfrac{\mu_R^2[k]}{\sigma^2}+\dfrac{\mu_I^2[k]}{\sigma^2}=\dfrac{A^2N^2}{4\sigma^2}=\dfrac{A^2N}{2\sigma_n^2}$，根据上面的推导以及附录 A 可知，在 H_0 条件下归一化统计量 $z=\dfrac{P_N[k]}{\sigma^2}$ 是中心化的 χ^2 分布，在 H_1 条件下，归一化统计量 $z=\dfrac{P_X[k]}{\sigma^2}$ 是非中心化的 χ^2 分布。

假设 H_0 为纯噪声：$k\neq k_0$，$\lambda[k]=0$。$z=\dfrac{P_N[k]}{\sigma^2}$ 服从 2 自由度的中心化 χ^2 分布，均值为 $2\sigma^2$，方差为 $4\sigma^2$。

假设 H_1 为有信号：$k=k_0$，若定义非中心化参量 $\lambda[k_0]=\mu_R^2[k_0]+\mu_I^2[k_0]=\left(\dfrac{AN}{2}\right)^2$，则 $P_N[k]$ 是一个 2 自由度的非中心化 χ^2 分布，均值为 $2\sigma^2+\lambda[k_0]$，方差为 $4\sigma^4+4\sigma^2\lambda[k_0]$。

z 的概率密度函数分别为

$$H_0 : p(z) = \begin{cases} \dfrac{z}{2\sigma^2}\exp\left(-\dfrac{z^2}{2\sigma^2}\right), & z \geq 0 \\ 0, & z < 0 \end{cases}$$

$$H_1 : p(z) = \begin{cases} \dfrac{1}{2}\exp[-\dfrac{1}{2}(z+\lambda)]I_0(\sqrt{\lambda z}), & z \geq 0 \\ 0, & z < 0 \end{cases} \tag{6.2.54}$$

其中：$I_0(\cdot)$ 是零阶第一类修正的贝塞尔（Bessel）函数。

（3）检测性能分析

取检验统计量 $y = P_X[k] = X_R^2[k] + X_I^2[k]$，则 $y \sim \chi_2^2(\sigma^2, \lambda[k])$ 服从非中心化 χ^2 分布，中心化 $z = \dfrac{y}{\sigma^2}$ 后，则 $z \sim \chi_{2(\lambda)}^2(x)$，$\lambda = \dfrac{A^2 N^2}{4\sigma^2} = \dfrac{NA^2}{2\sigma_n^2}$。

$$P_F = \Pr\{T(x) > \gamma; H_0\} = \Pr\left\{\dfrac{T(x)}{\sigma^2} > \dfrac{\gamma}{\sigma^2}; H_0\right\} = Q_{\chi_2^2}\left(\dfrac{\gamma}{\sigma^2}\right) \quad （此时\ \sigma^2 = 1） \tag{6.2.55}$$
$$= \exp\left(-\dfrac{\gamma}{2\sigma^2}\right)$$

$$P_D = P_r\{T(x) > \gamma; H_1\} = P_r\left\{\dfrac{T(x)}{\sigma^2} > \dfrac{\gamma}{\sigma^2}; H_1\right\} = Q_{\chi_2'^2}\left(\dfrac{\gamma}{\sigma^2}\right) \tag{6.2.56}$$

图 6.2.12 为功率谱检测的 ROC 曲线，独立样本长度 $N = 1024$。功率谱线谱检测的增益为 $G = 10\lg WT$，其中 W 与 T 分别是处理带宽与观测时间。若 N 是数据长度，对于独立采样点数 $N = WT$。图 6.2.13 是虚警概率 $P_F = 10^{-4}$ 时，功率谱线谱检测和采样点数的关系。

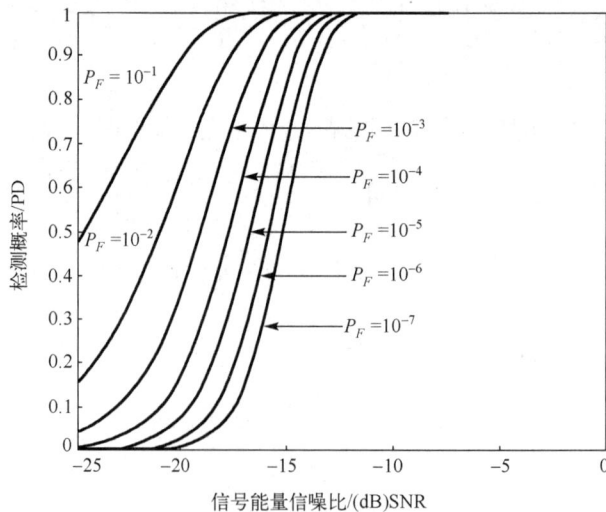

图 6.2.12　功率谱检测的 ROC 曲线

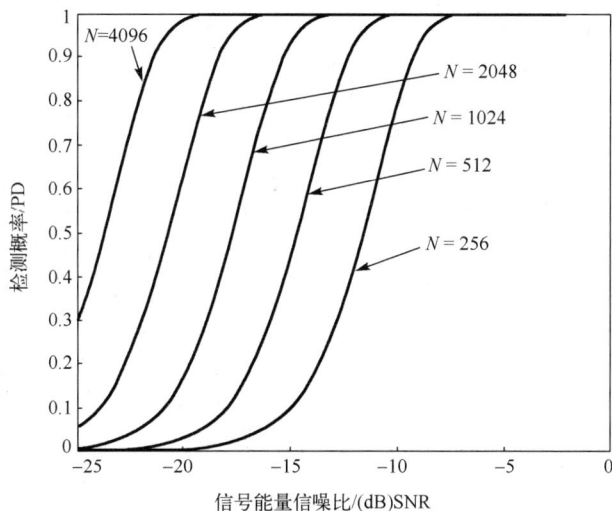

图 6.2.13　功率谱线和采样点数的关系曲线

6.3　舰船辐射噪声的线谱检测方法

6.2 节表明高斯白噪声中单频信号检测的准最佳接收机是谱估计检测。当信号的频域特征与干扰背景有明显的差异时，用谱估计方法做检测是微弱信号检测的有效手段，例如，谱结构中的线谱分量是时域中的周期性激励源引起的，由于线谱分量在频域的特征明显地不同于连续谱结构，因此在很强的随机干扰中，可用谱估计检测得到很微弱的线谱信号。讨论谱估计是信号分析的一个重要方面，它在不同领域都有广泛的应用。本节在介绍经典谱估计算法的基础上，给出舰船辐射噪声的线谱检测方法。

6.3.1　随机过程和随机序列的功率谱

若 $x(t)$ 为平稳且具有各态历经性的随机过程的一个样本函数，则其自相关函数和功率谱的定义为

$$R_{xx}(\tau) = E[x(t) \cdot x^*(t - \tau)] \tag{6.3.1}$$

$$S_x(\omega) = \lim_{T \to \infty} E\left\{ \frac{1}{2T} \left| \int_{-T}^{T} x(t) e^{-j\omega t} dt \right|^2 \right\} \tag{6.3.2}$$

相关函数和功率谱之间的关系是

$$S_x(\omega) = \int_{-\infty}^{+\infty} R_{xx}(\tau) e^{-j\omega\tau} d\tau \tag{6.3.3}$$

$$R_{xx}(\tau) = \frac{1}{2\pi} \int_{-\infty}^{+\infty} S_x(\omega) e^{j\omega\tau} dw \tag{6.3.4}$$

平稳随机序列 $\{X_n\}$ 的自相关序列 $\{r_m\}$ 定义为

$$r_m = E(X_n X_{n-m}^*) = E[X(n\Delta t) X^*(n\Delta t - m\Delta t)] = R_{xx}(m\Delta t) \tag{6.3.5}$$

它是自相关函数 $R_{xx}(\tau)$ 的均匀采样。平稳随机序列的功率谱定义为

$$S_{x_n}(\omega) = \lim_{N \to +\infty} E\left\{ \frac{\Delta t}{2N} \left| \sum_{n=-N}^{+N} X_n e^{-jn\omega\Delta t} \right|^2 \right\} \tag{6.3.6}$$

它是平稳随机过程功率谱的定义式（6.3.2）中积分改为求和的结果，即

$$\frac{1}{2T} \left| \int_{-T}^{T} x(t) e^{-jwt} dt \right|^2 \approx \frac{1}{2N\Delta t} \left| \sum_{n=-N}^{N} x(n\Delta t) \cdot e^{-jwn\Delta t} \cdot \Delta t \right|^2$$

所以 $S_{x_n}(\omega) \neq S_x(\omega)$。理论上可以证明 $S_{x_n}(\omega)$ 是 $S_x(\omega)$ 以 $\dfrac{2\pi}{\Delta t}$ 为周期向两边延拓的结果，即

$$S_{x_n}(\omega) = \sum_{K=-\infty}^{+\infty} S_x\left(\omega - K \cdot \frac{2\pi}{\Delta t} \right) \tag{6.3.7}$$

只有当 $S_x(\omega)$ 的频宽小于 $\dfrac{2\pi}{\Delta t}$ 时，即 $|\omega| > \dfrac{\pi}{\Delta t}$，$S_x(\omega) = 0$，才有 $S_{x_n}(\omega) = S_x(\omega)$。由式（6.3.7）有

$$
\begin{aligned}
S_{x_n}(\omega) &= \lim_{N \to \infty} \frac{\Delta t}{2N} \sum_{n=-N}^{N} \sum_{m=-N}^{N} E(X_n X_m^*) e^{-j(n-m)\omega\Delta t} \\
&= \lim_{N \to +\infty} \frac{\Delta t}{2N} \sum_{n=-N}^{N} \sum_{m=-N}^{N} r_{n-m} e^{-j(n-m)\omega\Delta t} \\
&\overset{m_1=n-m}{=} \lim_{N \to +\infty} \frac{\Delta t}{2N} \sum_{n=-N}^{N} \sum_{m_1=n-N}^{n+N} r_{m_1} e^{-jm_1\omega\Delta t}
\end{aligned}
$$

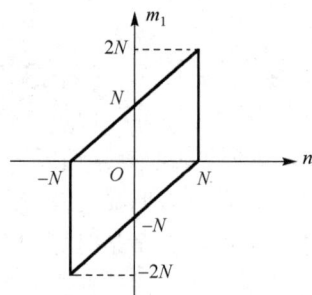

图 6.3.1 求和区域

求和区域如图 6.3.1 所示。

交换求和顺序，则有

$$
\begin{aligned}
S_{x_n}(\omega) &= \lim_{N \to +\infty} \frac{\Delta t}{2N} \left[\sum_{m_1=-2N}^{0} \sum_{n=-N}^{m_1+N} r_{m_1} e^{-jm_1\omega\Delta t} + \sum_{m_1=1}^{2N} \sum_{n=m_1-N}^{N} r_{m_1} e^{-jm_1\omega\Delta t} \right] \\
&= \lim_{N \to +\infty} \frac{\Delta t}{2N} \left[\sum_{m_1=-2N}^{0} (2N+m_1) r_{m_1} e^{-jm_1\omega\Delta t} + \sum_{m_1=1}^{2N} (2N-m_1) r_{m_1} e^{-jm_1\omega\Delta t} \right] \\
&= \lim_{N \to \infty} \Delta t \sum_{m_1=-2N}^{2N} \left(1 - \frac{|m_1|}{2N} \right) r_{m_1} e^{-jm_1\omega\Delta t} = \Delta t \sum_{m_1=-\infty}^{+\infty} r_{m_1} e^{-jm_1\omega\Delta t}
\end{aligned}
$$

因此，自相关序列和功率谱的关系是

$$S_{x_n}(\omega) = \Delta t \cdot \sum_{m=-\infty}^{+\infty} r_m \cdot e^{-jm\omega\Delta t} \tag{6.3.8}$$

式（6.3.2）和式（6.3.8）都可以作为平稳随机序列功率谱的定义。对式（6.3.8）积分，则有

$$\int_{-\pi/\Delta t}^{\pi/\Delta t} S_{x_n}(\omega) e^{jn\omega\Delta t} dw = \Delta t \sum_{m=-\infty}^{+\infty} r_m \int_{-\pi/\Delta t}^{\pi/\Delta t} e^{j(n-m)\omega\Delta t} d\omega$$

注意到，当 $m=n$ 时，$\int_{-\pi/\Delta t}^{\pi/\Delta t} e^{j(n-m)\omega\Delta t}d\omega = 2\pi/\Delta t$，当 $m \neq n$ 时，$\int_{-\pi/\Delta t}^{\pi/\Delta t} e^{jm\omega\Delta t}d\omega = 0$，所以有

$$r_m = \frac{1}{2\pi}\int_{-\frac{\pi}{\Delta t}}^{\frac{\pi}{\Delta t}} S_{x_n}(\omega)e^{jm\omega\Delta t}d\omega \qquad (6.3.9)$$

如果改变时间尺度，将 Δt 归一化为 1，则有

$$S_{x_n}(\omega) = \lim_{N\to+\infty} E\left\{\frac{1}{2N}\left|\sum_{n=-N}^{N} X_n e^{-jn\omega}\right|\right\} = \sum_{m=-\infty}^{+\infty} r_m \cdot e^{-jm\omega} \qquad (6.3.10)$$

$$r_m = \frac{1}{2\pi}\int_{-\pi}^{\pi} S_{x_n}(\omega)e^{jm\omega}d\omega \qquad (6.3.11)$$

以上为了区分随机过程功率谱和随机序列功率谱使用两个符号。本书在不致引起混淆时，随机序列功率谱也记作 $S_x(\omega)$。同样，r_m 记作 $R_{xx}(m)$。

6.3.2　经典功率谱的估计方法

由功率谱的定义得到接收信号的功率谱，在实际的检测系统中几乎是不可能的（除非接收信号可以用解析法精确地表示），因此，只能用所得的有限次记录（往往仅一次）的有限长数据来予以估计，于是就产生了功率谱估计这一极其活跃，同时也是极其重要的研究领域。谱估计理论虽然可以纳入一般估计理论之中，但在用一般"最佳"估计方法进行功率谱估计时，要求信号的信息常常多于实际系统所能得到的信息。此外，不同的应用对谱估计性能的要求不同。例如，当用于检测时，要求有尽可能高的检测概率，当用于线谱跟踪时，要求频率估计误差小以及好的分辨率；还有时要求估计方差小（稳定性高）等；通常一种谱估计技术在某一准则下最好，在另一准则下不一定最好。因此，谱估计技术是一个具有强大生命力的研究领域，其内容、方法不断更新，谱估计方法的大致分类如图 6.3.2 所示。

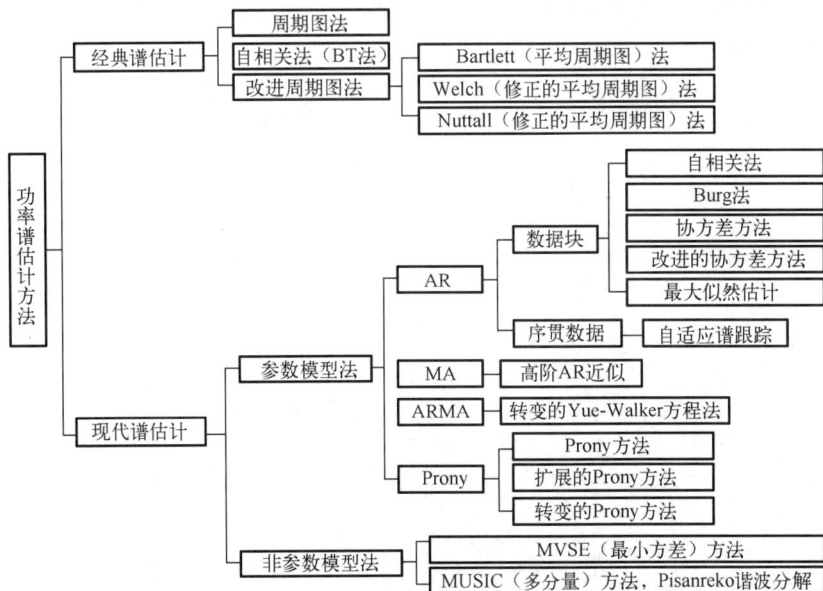

图 6.3.2　谱估计方法的大致分类

　　由于快速傅里叶变换算法的出现，傅氏谱分析方法有了很大的提高，迅速进入了工程应用称之为经典谱估计方法。经典谱估计方法的优点有：仅假设信号是平稳随机序列，对于任何平稳过程都适用，具有一般性；其缺点有：缺少针对性，频率分辨力与样本的长度保持倒数关系，结果受观察时间的限制，观测时间越短，傅氏谱分析的分辨力越差，信噪比的提升能力变差。实际情况有时只能得到短时间信号，这是由于有时只能在一段时间内观察到信号，有时是信号只能在短时间内被看作平稳过程。如果想对信号特点做更多了解，那么针对信号特点进行谱估计会更有效。

　　1970 年以后，非傅氏现代谱分析的研究形成了高潮。现代谱估计方法把观测时间间隔内的数据外推到观测时间间隔之外，延长了有效观测时间，从而提高了对短时间信号的谱分析的分辨力。该方法对信号特性做了不同的假设，最常用的假设有两种：一种是认为平稳随机序列是白噪声序列通过线性时不变离散系统产生的；另外一种是除了一个常数因子，功率谱特性由线性时不变系统决定，这种假设下的功率谱是连续谱。通常考虑下述三种线性时不变网络：①白噪声序列通过延迟叠加离散网络得到移动平均序列（MA 序列）；②白噪声序列通过延迟反馈叠加离散网络得到自回归序列（AR 序列）；③白噪声序列通过延迟反馈叠加和延迟叠加混合结构离散网络得到自回归移动平均序列（ARMA 序列）。另一种假设是随机序列为白噪声背景下的多个随机相位的单频信号的叠加，这时功率谱是线谱。

　　本节讨论经典谱估计方法。

6.3.2.1　周期图（periodogram）谱估计（直接法谱估计）

　　将归一化功率谱的定义式（6.3.10）中，去掉统计平均和 N 取有限值，就得到功率谱估计。因为没有 N 趋向无限大，将 X_n 的双向编号，改为单向编号，得到

$$\hat{S}_x(\omega) = \frac{1}{N}\left|\sum_{n=0}^{N-1}X_n e^{-jn\omega}\right|^2 \qquad (6.3.12)$$

等式右边称为周期图。这种谱估计称为**周期图谱估计**。

（1）$\hat{S}_x(\omega)$ 的均值为

$$E[\hat{S}_x(\omega)] = \frac{1}{N}\sum_{n=0}^{N-1}\sum_{k=0}^{N-1}E(X_n X_k^*)e^{-jn\omega+jk\omega} = \frac{1}{N}\sum_{n=0}^{N-1}\sum_{k=0}^{N-1}R_x(n-k)e^{-j(n-k)\omega}$$

$$\overset{m=n-k}{=}\ \frac{1}{N}\sum_{n=0}^{N-1}\sum_{m=n}^{n-N+1}R_x(m)e^{-jm\omega}$$

交换求和顺序，则有

$$E[\hat{S}_x(\omega)] = \frac{1}{N}\left[\sum_{m=-N+1}^{0}\sum_{n=0}^{m+N-1}R_x(m)e^{-jm\omega} + \sum_{m=1}^{N-1}\sum_{n=m}^{N-1}R_x(m)e^{-jm\omega}\right]$$

$$= \frac{1}{N}\left[\sum_{km=-N+1}^{0}R_x(m)(N+m)e^{-jm\omega} + \sum_{m=1}^{N-1}R_x(m)(N-m)e^{-jm\omega}\right] \qquad (6.3.13)$$

$$= \sum_{m=-N+1}^{N-1}R_x(m)\left(1-\frac{|m|}{N}\right)e^{-jm\omega} = \sum_{m=-\infty}^{+\infty}R_x(m)\cdot w(m)\cdot e^{-jm\omega}$$

求和区域如图 6.3.3 所示。其中：$w(m)$ 是三角窗 $w(m) = \begin{cases} 1 - \dfrac{|m|}{N}, & |m| \leqslant N-1 \\ 0, & |m| \geqslant N \end{cases}$，其傅里叶变换

为 $W(\omega) = \dfrac{1}{N}\left(\dfrac{\sin\dfrac{N\omega}{2}}{\sin\dfrac{\omega}{2}}\right)^2$，所以

$$E[\hat{S}_x(\omega)] = \frac{1}{2\pi}\int_{-\pi}^{\pi} S_x(\omega_1) \cdot W(\omega - \omega_1)\mathrm{d}\omega_1 \qquad (6.3.14)$$

因为 $E[\hat{S}_x(\omega)]$ 是 $S_x(\omega)$ 与 $W(\omega)$ 的卷积，不等于 $S_x(\omega)$，所以
$\hat{S}_x(\omega)$ 是 $S_x(\omega)$ 的有偏估计。

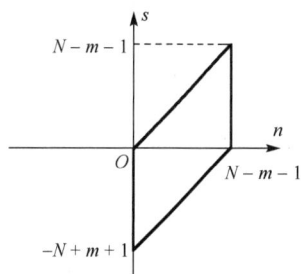

图 6.3.3　求和区域

由于 $\displaystyle\lim_{N\to\infty} W(\omega) = \begin{cases} +\infty, & \omega = K \cdot 2\pi \\ 0, & \omega \neq K \cdot 2\pi \end{cases}$，$\displaystyle\int_{-\pi}^{\pi}\left(\dfrac{\sin\dfrac{N\omega}{2}}{\sin\dfrac{\omega}{2}}\right)\mathrm{d}\omega = N \cdot 2\pi$，因此有

$$\lim_{N\to+\infty} W(\omega) = 2\pi \cdot \delta_{2\pi}(\omega) \qquad (6.3.15)$$

$\delta_{2\pi}(\omega)$ 是周期为 2π 的 δ 函数列，则有

$$\lim_{N\to+\infty} E[\hat{S}_x(\omega)] = \frac{1}{2\pi}\int_{-\pi}^{\pi} S_x(\omega_1) \cdot 2\pi\delta(\omega - \omega_1)\mathrm{d}\omega_1 = S_x(\omega) \qquad (6.3.16)$$

因此 $\hat{S}_x(\omega)$ 是**渐近无偏估计**。

（2）$\hat{S}_x(\omega)$ 的方差为

$$\begin{aligned}
\mathrm{Var}[\hat{S}_x(\omega)] &= E[\hat{S}_x(\omega) \cdot \hat{S}_x^*(\omega)] - E[\hat{S}_x(\omega)] \cdot E^*[\hat{S}_x(\omega)] \\
&= \frac{1}{N^2}\sum_{n=0}^{N-1}\sum_{m=0}^{N-1}\sum_{l=0}^{N-1}\sum_{s=0}^{N-1} E(x_n x_m^* x_l x_s^*)\mathrm{e}^{-jn\omega + jm\omega - j l\omega + js\omega} - \\
&\quad \frac{1}{N^2}\sum_{n=0}^{N-1}\sum_{m=0}^{N-1}\sum_{l=0}^{N-1}\sum_{s=0}^{N-1} E(x_n x_m^*) \cdot E(x_l x_s^*)\mathrm{e}^{-jn\omega + jm\omega - j l\omega + js\omega}
\end{aligned} \qquad (6.3.17)$$

对于均值为 0 的实高斯过程，有

$$E(x_n x_m x_l x_s) = E(x_n x_m)E(x_l x_s) + E(x_n x_l)E(x_m x_s) + E(x_n x_s)E(x_m x_l)$$

所以

$$\mathrm{Var}[\hat{S}_x(\omega)] = \frac{1}{N^2}\sum_{n=0}^{N-1}\sum_{m=0}^{N-1}\sum_{l=0}^{N-1}\sum_{s=0}^{N-1} E(x_n x_l)E(x_m x_s)\mathrm{e}^{j(m-n+s-l)\omega} +$$
$$\frac{1}{N^2}\sum_{n=0}^{N-1}\sum_{m=0}^{N-1}\sum_{l=0}^{N-1}\sum_{s=0}^{N-1} E(x_n x_s)E(x_m x_l)\mathrm{e}^{j(m-n+s-l)\omega}$$

$$\mathrm{Var}[\hat{S}_x(\omega)] = \frac{1}{N^2}\left[\sum_{n=0}^{N-1}\sum_{l=0}^{N-1} R_x(n-l) \cdot \mathrm{e}^{-j(n+l)\omega}\right] \cdot \left[\sum_{m=0}^{N-1}\sum_{s=0}^{N-1} R_x(m-s)\mathrm{e}^{j(m+s)\omega}\right] +$$

$$\frac{1}{N^2}\left[\sum_{n=0}^{N-1}\sum_{s=0}^{N-1}R_x(n-s)\cdot e^{-j(n-s)\omega}\right]\cdot\left[\sum_{m=0}^{N-1}\sum_{l=0}^{N-1}R_x(m-s)e^{j(m-l)\omega}\right]$$

$$\frac{1}{N}\sum_{n=0}^{N-1}\sum_{s=0}^{N-1}R_x(n-s)\cdot e^{-j(n-s)\omega}\xlongequal{k=n-s}\sum_{k=1-N}^{N-1}R_x(k)\left(1-\frac{|k|}{N}\right)e^{-jk\omega}$$

$$\frac{1}{N}\sum_{m=0}^{N-1}\sum_{l=0}^{N-1}R_x(m-l)\cdot e^{j(m-l)\omega}=\sum_{k=1-N}^{N-1}R_x(k)\cdot\left(1-\frac{|k|}{N}\right)e^{jk\omega}$$

$$\frac{1}{N}\sum_{n=0}^{N-1}\sum_{s=0}^{N-1}R_x(n-l)\,e^{-j(n+l)\omega}\xlongequal{k=n-l}\frac{1}{N}\sum_{l=0}^{N-1}\sum_{k=l}^{N-1}R_x(k)e^{-jk\omega-j2l\omega}$$

$$=\frac{1}{N}\sum_{k=0}^{N-1}R_x(k)e^{-jk\omega}\sum_{l=0}^{N-1-k}e^{-2jl\omega}+\frac{1}{N}\sum_{k=1-N}^{-1}R_x(k)e^{-jk\omega}\sum_{l=-k}^{N-1}e^{-j2l\omega}$$

$$=\frac{1}{N}\sum_{k=0}^{N-1}R_x(k)e^{-jk\omega}\frac{1-e^{2j(N-1-k)\omega}}{1-e^{-2j\omega}}+\frac{1}{N}\sum_{k=1-N}^{-1}R_x(k)e^{-jk\omega}\frac{e^{j2k\omega}-e^{-j2N\omega}}{1-e^{-2j\omega}}$$

$$=\sum_{k=1-N}^{N-1}R_x(k)\cdot\frac{\sin(N-|k|)\omega}{N\sin\omega}\cdot e^{-j(N-1)\omega}$$

所以

$$\mathrm{Var}[\hat{S}_x(\omega)]=\left|\sum_{k=1-N}^{N-1}R_x(k)\left(1-\frac{|k|}{N}\right)e^{-jk\omega}\right|^2+\left|\sum_{k=1-N}^{N-1}R_x(k)\cdot\frac{\sin(N-|k|)\omega}{N\sin\omega}e^{-j(N-1)\omega}\right|^2$$

当 $N\to\infty$ 时，上式右边第一项趋近于 $\left|\hat{S}_x(\omega)\right|^2$，第二项趋近于 0

$$\lim_{N\to+\infty}\mathrm{Var}[\hat{S}_x(\omega)]=\left|S_x(\omega)\right|^2 \tag{6.3.18}$$

这一结果表明 $\hat{S}_x(\omega)$ 不是一致估计。

由以上分析可知：

（1）采样间隔 Δt 不能太大，否则采样后的功率谱不等于采样前功率谱；

（2）采样数不能太少，否则功率谱估计的均值不等于功率谱（渐近无偏性）；

（3）即使采样数很大，也不能认定功率谱估计等于功率谱，只能说功率谱估计的均值等于功率谱（非一致估计）。

6.3.2.2　间接法谱估计

因为周期图功率谱估计不是无偏估计，也不是一致估计，所以需要改进。人们自然地想到，平稳随机过程具有各态历经性，即用一个样本计算的时间相关函数，其均值为相关函数，方差趋向于 0，用估计的语言说，时间相关函数是一致估计。布莱克曼（Blackman）和图基（Tukey）提出用观测数据估计自相关序列 $\hat{R}_x(m)$，再做傅里叶变换得到功率谱估计，称为间接法谱估计，也称为 BT 法谱估计。

如果相关函数估计 $\hat{R}_x(m)$ 定义为

$$\hat{R}_x(m) = \begin{cases} \dfrac{1}{N-m} \displaystyle\sum_{n=0}^{N-m-1} x_{n+m} \cdot x_n^* & ,0 \leqslant m \leqslant N-1 \\[3mm] \dfrac{1}{N+m} \displaystyle\sum_{n=0}^{N+m-1} x_n \cdot x_{n-m}^* & ,1-N \leqslant m \leqslant -1 \\[3mm] 0, & |m| \geqslant N \end{cases} \quad （6.3.19）$$

$\hat{R}_x(m)$ 的均值为

$$E[\hat{R}_x(m)] = \begin{cases} R_x(m), & |m| \leqslant N-1 \\ 0, & |m| > N \end{cases} \quad （6.3.20）$$

表明当 $|m| \leqslant N-1$ 时，$\hat{R}_x(m)$ 是 $R_x(m)$ 的无偏估计。

为了计算 $\hat{R}_x(m)$ 的方差，先计算 $E[\hat{R}_x(m)\hat{R}_x^*(m)]$。当 $0 \leqslant m \leqslant N-1$ 时，有

$$E[\hat{R}_x(m)\hat{R}_x^*(m)] = \frac{1}{(N-m)^2} \sum_{n=0}^{N-m-1} \sum_{k=0}^{N-m-1} E(x_{n+m}x_n^* x_{k+m}^* x_k)$$

对于均值为 0 的平稳实高斯过程，有

$$\begin{aligned} & E(x_{n+m}x_n x_{k+m}x_k) \\ &= E(x_{n+m}x_n)E(x_{k+m}x_k) + E(x_{n+m}x_{k+m})E(x_n x_k) + E(x_{n+m}x_k)E(x_n x_{k+m}) \\ &= R_x^2(m) + R_x^2(n-k) + R_x(n-k+m)R_x(n-k-m) \end{aligned}$$

这时有

$$\begin{aligned} \mathrm{Var}[\hat{R}_x(m)] &= E[\hat{R}_x^2(m)] - E^2[\hat{R}_x(m)] \\ &= \frac{1}{(N-m)^2} \sum_{n=0}^{N-m-1} \sum_{k=0}^{N-m-1} [R_x^2(n-k) + R_x(n-k+m)R_x(n-k-m)] \\ &\overset{s=n-k}{=} \frac{1}{(N-m)^2} \sum_{n=0}^{N-m-1} \sum_{s=n}^{s-N+m+1} [R_x^2(s) + R_x(s+m)R_x(s-m)] \end{aligned}$$

由于实序列对准时相乘求和最大，因此有

$$\sum_s R_x(s+m)R_x(s-m) \leqslant \sum_s R_x^2(m) \lim_{N \to +\infty} \mathrm{Var}[\hat{R}_x(m)]$$

$$\leqslant \lim_{N \to +\infty} \frac{2}{(N-m)^2} \sum_{n=0}^{N-m-1} \sum_{s=n}^{n-N+m+1} R_x^2(s)$$

$$0 \leqslant \lim_{N \to +\infty} \mathrm{Var}[\hat{R}_x(m)] \leqslant \lim_{N \to +\infty} \frac{2}{N-m} \sum_{s=-N+m+1}^{N-m-1} \left(1 - \frac{|s|}{N-m}\right) R_x^2(s) = 0$$

所以

$$\lim_{N \to +\infty} \mathrm{Var}[\hat{R}_x(m)] = 0 \quad （6.3.21）$$

故 $\hat{R}_x(m)$ 是一致估计。

如果 $\hat{R}_x(m)$ 定义为

$$\hat{R}_x(m) = \begin{cases} \dfrac{1}{N} \displaystyle\sum_{n=0}^{N-m-1} x_{n+m} \cdot x_n^*, & 0 \leqslant m \leqslant N-1 \\[3mm] \dfrac{1}{N} \displaystyle\sum_{n=0}^{N+m-1} x_n \cdot x_{n-m}^* = \dfrac{1}{N} \displaystyle\sum_{n=-m}^{N-1} x_{n+m} \cdot x_n^*, & 1-N \leqslant m \leqslant -1 \\[3mm] 0, & |m| > N \end{cases} \quad (6.3.22)$$

式（6.3.22）和式（6.3.19）相比相差一个系数 $a = \dfrac{N-|m|}{N}$，式（6.3.22）的均值是式（6.3.19）均值的 a 倍，$a \neq 1$，所以式（6.3.22）的 $\hat{R}_x(m)$ 不是无偏估计，但是渐进无偏估计。式（6.3.22）的方差是式（6.3.19）的方差的 a^2 倍，因而也趋向于 0。式（6.3.22）也是一致估计。实际中，用式（6.3.22）和式（6.3.19）都可以。

设 $\hat{R}_x(m)$ 由式（6.2.22）计算，则间接法和周期图法的关系为

$$\begin{aligned} \hat{S}_x(m) &= \sum_{m=0}^{N-1} \left[\frac{1}{N} \sum_{n=0}^{N-m-1} x_{n+m} x_n^* \right] \mathrm{e}^{-jm\omega} + \sum_{m=1-N}^{-1} \left[\frac{1}{N} \sum_{n=0}^{N-1} x_{n+m} x_n^* \right] \mathrm{e}^{-jm\omega} \\ &= \sum_{n=0}^{N-1} \left[\frac{1}{N} \sum_{m=-n}^{N-n-1} x_{n+m} x_n^* \mathrm{e}^{-jm\omega} \right] \overset{l=n+m}{=} \sum_{n=0}^{N-1} \left[\frac{1}{N} \sum_{l=0}^{N-1} x_l x_n^* \mathrm{e}^{-j(l-n)\omega} \right] \\ &= \frac{1}{N} \left| \sum_{n=0}^{N-1} x_n \mathrm{e}^{-j\omega n} \right|^2 \end{aligned} \quad (6.3.23)$$

以上分析说明，在这种情况下，间接法的性能和周期图法的性能一样。不能指望间接法有更好的性能。

6.3.2.3　Bartlett 法谱估计（平均周期图法）

周期图谱估计和功率谱的差别在于：①无限长序列变为有限长；②没有统计平均。因此为了改善周期图谱估计，要引入统计平均。由于只有随机序列的一个样本，因此将这个样本分为若干段，先对每段计算周期图谱估计，再把这些周期图谱估计平均。这便是**平均周期图法**，也称为 Bartlett 法。

将平稳随机序列 $X_0, X_1, \cdots, X_{N-1}$ 分为 L 段，每段 M 个数据，$N = LM$。把数据重新编号，第 i 段的第 $n+1$ 个数据是

$$X(n,i) = X(n+iM-M), \quad 0 \leqslant n \leqslant M-1, \quad 1 \leqslant i \leqslant L \quad (6.3.24)$$

第 i 段的周期图谱估计是

$$\hat{S}_i(\omega) = \frac{1}{M} \left| \sum_{n=0}^{M-1} X(n,i) \mathrm{e}^{-jn\omega} \right|^2 \quad (6.3.25)$$

平均周期图谱估计是

$$\hat{S}(\omega) = \frac{1}{L} \sum_{i=1}^{L} \hat{S}_i(\omega) \quad (6.3.26)$$

若满足条件 $|R_{xx}(M)| \ll 1$，则可以认为不同段之间是相互独立的，$\hat{S}(\omega)$ 的方差是 $\hat{S}_i(\omega)$ 的

方差的 $\dfrac{1}{L}$ 倍；若不满足条件 $|R_x(M)| \ll 1$，则不能认为不同段之间相互独立，方差也会减小，只是减小得少一些。平均周期图法可以减小估计的方差，但是也产生新的问题。因为周期图谱估计是渐进无偏的，由于每段长度减小，因此使 $E[\hat{S}_i(\omega)]$ 与 $S(\omega)$ 的差别加大。

周期图法是对输入加一个矩形窗，矩形窗有跳变，有比较大的高频分量，加窗后序列的频谱是序列频谱与窗的频谱的卷积，窗频谱高频分量大，造成加窗后序列频谱较大失真。既然较大失真是由于加了一个不好的窗，那么可以加一个较好的窗来减少这种失真，从而产生了修正的平均周期图法（Welch 法）。

6.3.2.4　Welch 法功率谱估计（修正的平均周期图法）

Welch 法是对 Bartlett 法的改进。改进之一是在对信号 $x_N(n)$ 进行分段时，允许相邻两段数据之间有部分交叠。例如，若每段数据重合一半，则这时的段数为 $L = \dfrac{N - M/2}{M/2}$，其中 M 为每段长度，如图 6.3.4 所示。

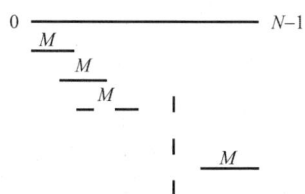

图 6.3.4　Welch 法的分段

改进之二是每段的数据窗口可以不是矩形窗，如汉宁窗或哈明窗，记为 $d_2(n)$。这样可以改善由于矩形窗瓣较大所产生的失真。然后按 Bartlett 法求每段信号的功率谱，使用周期图法求每段信号的功率谱，记为 $\hat{P}_{\mathrm{PER}}^i(\omega)$，即

$$\hat{P}_{\mathrm{PER}}^i(\omega) = \frac{1}{MU}\left|\sum_{n=0}^{M-1} x_N^i(n)d_2(n)\mathrm{e}^{-\mathrm{j}\omega n}\right|^2 \tag{6.3.27}$$

其中：$U = \dfrac{1}{M}\sum_{n=0}^{M-1} d_2^2(n)$ 是归一化因子，使用它是为了保证所得到的谱是渐进无偏估计。如果 $d_2(n)$ 是一个矩形窗，则平均后的功率谱是

$$\bar{P}_{\mathrm{PER}}^i(\omega) = \frac{1}{L}\sum_{i=1}^{L}\hat{P}_{\mathrm{PER}}^i(\omega) = \frac{1}{MUL}\sum_{i=1}^{L}\left|\sum_{n=0}^{M-1} x_N^i(n)d_2(n)\mathrm{e}^{-\mathrm{j}\omega n}\right|^2 \tag{6.3.28}$$

在实际应用中，经常使用快速傅里叶变换算法来计算数据 $x_N^i(n)$ 的傅里叶变换，由于在功率谱信号检测中经常使用相对量来进行计算，如在检测线谱时，常用其中一根线的能量和相邻几根线的平均能量进行比较，故为了减少计算量，将平均功率谱的计算式简化为

$$\bar{P}_{\mathrm{PER}}^i(\omega) = \sum_{i=1}^{L}\left|\sum_{n=0}^{M-1} x_N^i(n)d_2(n)\mathrm{e}^{-\mathrm{j}\omega n}\right|^2 \tag{6.3.29}$$

按此式估计出的信号的功率谱是有偏估计，但由于其对信号的所有频率成分都放大了 MUL 倍，因此对信号检测几乎没有影响，但却大大减少了计算量，提高了系统的实时性。概括来讲，使用 Welch 法估计功率谱可以分为以下 4 个步骤。

（1）将原始序列按前后两段 50% 的重叠率进行分段。

（2）选用合适的时窗函数对每段进行加窗。

（3）用快速傅里叶变换估计每段功率谱。

（4）对各段功率谱的和进行平均化处理。

由于 Welch 法允许各段交叠，因此增大段数 L，方差可得到更大的改善，但是由于数据的交叠又减小了每段的不相关性，使方差的减小不会达到理论计算的水平。

6.3.2.5　几种方法的估计结果举例

已知一个信号为 $x(t) = \cos(2\pi100t) + 0.5\cos(2\pi150t) + 4\cos(2\pi200t) + 2\cos(2\pi500t)$，噪声为加性高斯白噪声，信噪比为 $\mathrm{SNR} = 0\mathrm{dB}$，采样频率为 $f_s = 2000\mathrm{Hz}$，信号长度为 $T = 0.2\mathrm{s}$（400个样本点），用上述 4 种方法对该信号进行功率谱估计。其中，窗函数为矩形窗；快速傅里叶变换点数为 1024；Bartlett 法的窗长为 80，数据分为 5 段；Welch 法的窗长为 80，重叠样本数为窗长的一半，即 40 点。不同经典功率谱估计方法对同一信号的估计结果如图 6.3.5 所示。

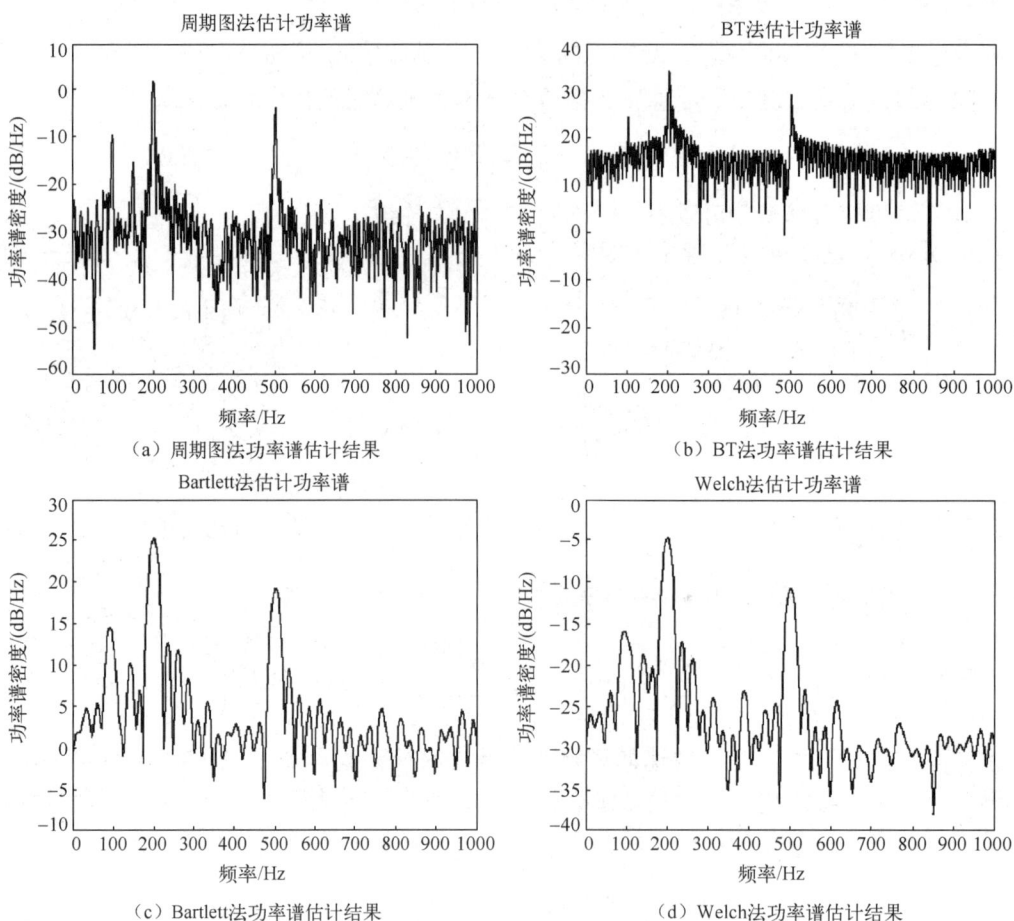

（a）周期图法功率谱估计结果　　　　　　　（b）BT法功率谱估计结果

（c）Bartlett法功率谱估计结果　　　　　　（d）Welch法功率谱估计结果

图 6.3.5　不同经典功率谱估计方法对同一个信号的估计结果

6.3.3　舰船辐射噪声包络谱的获取

由 3.4.4 节的分析可知，舰船辐射噪声由线谱及连续谱组成，因此可以用线谱检测的方法来检测舰船目标。

在许多工程应用中，通常信息是通过载波来传递的。载波频率较高，若直接估计其功率谱则运算量较大。而载波仅起了信息载体的作用，有用信息全部包含在包络中，因此通常获取接收信号的包络，再对包络进行谱估计，从而进行信号检测。因此舰船辐射噪声的线谱检测包括包络谱的获取及线谱检测。

包络的获取通常采用图 6.3.6 所示的框图，来取得周期调制特性的宽带噪声的包络谱的检测。

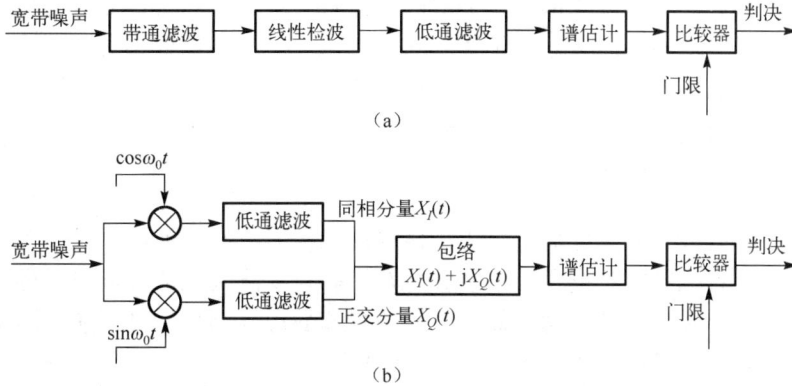

宽带噪声 → 带通滤波 → 线性检波 → 低通滤波 → 谱估计 → 比较器 → 判决
　　　　　　　　　　　　　　　　　　　　　　　　　↑门限

(a)

　　　　　cos$\omega_0 t$
宽带噪声 → ⊗ → 低通滤波 → 同相分量$X_I(t)$ → 包络 $X_I(t)+jX_Q(t)$ → 谱估计 → 比较器 → 判决
　　　　　⊗ → 低通滤波 → 正交分量$X_Q(t)$　　　　　　　　　　　　　　　↑门限
　　　　sin$\omega_0 t$

(b)

图 6.3.6　包络谱估计及检测框图

图 6.3.6 中（a）是用线性检波先检出包络波形，再进行谱估计，与门限值比较后进行判决。线性检波器的数学模型是将信号求绝对值后再进行低通滤波。为了保持带通滤波器的输出平稳，其带宽必须比最高调制频率大得多。为了保持包络波形不失真，线性检波器应当有很好的直线性与足够的动态范围，并且在检波时常数要做仔细设计。因为检波器的时常数与带通滤波器的中心频率有关，所以当改变带通滤波器的中心频率时，也应当相应的改变线性检波器的时常数。图 6.3.6（b）是用正交解调处理技术获得包络谱。两种解包络和求包络谱的系统均可全部用软件方法实现。

6.3.4　线谱检测中谱峰的获取方法

在许多场合，譬如利用振动或噪声对机器进行在线检测和故障诊断，或者利用噪声谱来判断船舶的类型都需要取得和储存频率谱中的线谱分量。可是，在连续谱起伏的基线上识别代表线谱的谱峰是一个特殊的问题，故需要提出适当的判断，这个问题多年来一直在研究，而且越来越受到重视；但显而易见，识别线谱的判据随着谱分析的精度提高而变化。下面讨论一种常用的数字谱识别检测方法。

6.3.4.1　数字谱的特点

舰船辐射噪声或振动信号的功率谱估计量是将信号经过抗混迭滤波采样加窗、快速傅里叶变换等步骤用硬件或软件方法得到的。相应于单频信号的线谱估计结果由于有限的信号长度，实际上并不是真正的线而是具有时窗函数的谱的形状。在常用的 Hanning 窗的情况下，谱峰的主瓣宽度总共为 4 个谱域采样间隔，而且第一旁瓣的幅度比主瓣大约低 32dB。谱峰两边的斜率通常是很大的。当线谱频率与快速傅里叶变换频率采样点重合时，峰尖与其左右相邻点的幅度差为 6dB，再靠外斜率就更大。当线谱频率与频域采样点不一致时，峰两边的斜率就不同了，一边增加些，另一边减小些。如果在信号分析的长度中线谱频率发生漂移，那么谱峰会相应展宽，但一般情况下，峰宽也达不到 10 个频域采样间隔。相应地，这时谱峰两边的斜率也将有所下降。连续谱与线谱的主要区别在于变化比较平缓，谱的斜率通常比较小。不过也不排斥在连续谱部分谱曲面偶然发生局部较快的上升或下降的情况，但决不会像线谱那样在较小的频率范围突然上升之后又发生很快的下降，因而连续谱是构不成"峰"的。连续谱中只能有平缓而宽广的隆起，这种隆起的斜率比谱峰的斜率要小得多，而宽度则大得多。

连续谱估计量是一个随机变量，对于谱的真值有一个随机起伏。当谱估计的平均次数 n 较大时，其相对标准差 $\varepsilon = 1/\sqrt{n}$。由于实际条件的限制，平均次数不可能无限增大，因此连续谱估计量往往不是平滑的，经常会出现一些毛刺。在识别谱峰时，应该用卡峰高门限的方法将它们剔除，否则，经常会引入一些伪峰。

6.3.4.2　线谱的识别判据

识别线谱的判据可有 4 个特征量组成：谱峰的左边界、右边界，以及峰宽、峰高。

一个峰的左、右边界成对出现，不能独立存在。在检测到左边界后，必须继续找到右边界。找不到右边界，原左边界也就无效了。左边界和右边界的斜率必须超过斜率门限；峰高必须大于峰高门限。所以识别线谱的判据是四维的。

6.3.4.3　谱峰检测算法

根据提出的识别判据用以下的检测算法提取线谱。

（1）由低频向高频，根据左斜率门限检测谱峰的左边界。

（2）从有谱峰的最高点起检测右边界。右边界必须在峰宽门限以内出现。若存在这样的右边界，则确认一对边界的存在；否则，删去已检测的左边界。

（3）右边界的斜率为负斜率。

（4）预先设定峰宽门限。需要注意的是，峰宽门限、斜率门限均与窗函数有关。

（5）用峰高门限确定全频率的谱峰。

下面对峰高门限做进一步的讨论。

在选出的峰中可能包含一些由于谱估计的随机起伏而造成的毛刺，它们是伪峰。当进行谱估计所用的平均次数较大时，这种伪峰的幅度是不大的。为了从初选的峰中剔除伪峰，只有采用峰高门限的方法，即将峰高门限的峰取消。

所谓峰高，应该是从当地连续谱的基线起算的相对峰高。我们把在所选峰处连续谱基线取为谱峰左右边界点之间的连线。

峰高根据以下两方面的考虑来选择。

（1）连续谱部分的功率谱估计量服从 χ^2 分布，当平均次数较大时，我们用可查卡方分布表给出不同的平均次数 n 对应的 $(1+\varepsilon)/(1-\varepsilon)$ 和 $(1+2\varepsilon)/(1-2\varepsilon)$ 值。谱估计量落在真值周围 $(1-\varepsilon, 1+\varepsilon)$ 及 $(1-2\varepsilon, 1+2\varepsilon)$ 范围内的概率分别为 68.3％ 和 95.4％。一般来说，取接近于 $(1-2\varepsilon)/(1+2\varepsilon)$ 值比较可靠。

（2）谱峰的下部总是埋在连续谱之中。由于谱峰具有下宽上窄的形状，故宽度较大的峰应有较大的高度。在设置峰高门限时，也应考虑这个因素。为此我们采用一个简单的模型：当峰宽 $\mathrm{BW} \leqslant 3$（频率间隔）时，峰高门限 H_P 取为由考虑①确定的常数 H；当 $\mathrm{BW} > 3$ 时，取 $H_P = H + a(\mathrm{BW} - 3)$，这里 a 是一个大于 0 且小于 1 的常数。

6.3.5　干扰背景的平滑处理

为了检测微弱信号进行的不同类型的处理，其结果都带有随机性，所以自动检测器需要平滑干扰背景，以下主要讨论两种平滑的方法，两种方法都是利用数据存储单元（k）附近区域的若干数据计算当地背景均值的估值。

6.3.5.1　连续两次分裂窗平均算法（two-pass split-window algorithm）

这种算法借助计算每个样本点 $X(k)$ 的当地均值的方法来估计噪声背景的谱值。计算当地均值所利用的数据称为窗口。窗口的中心在第 k 个输出，窗口的尺度定义为

$$R_k = \{k-M, k-M+1, \cdots, k-L, \cdots k \cdots k+L, \cdots, k+M\} \tag{6.3.30}$$

式中，$0 \leqslant L \leqslant M$。窗口中的数据单元总数为

$$k = \begin{cases} 2M+1, & L=0 \\ 2M+2-2L, & L \neq 0 \end{cases} \tag{6.3.31}$$

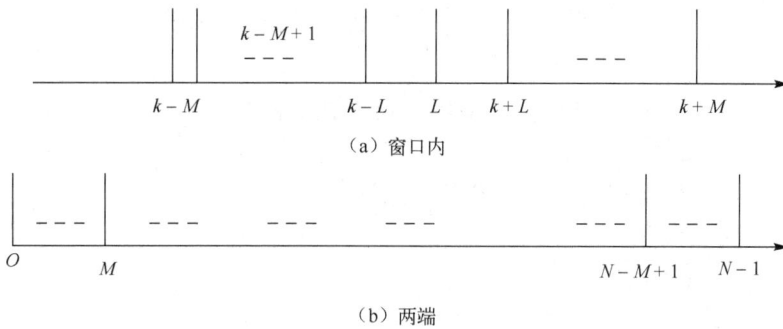

（a）窗口内

（b）两端

图 6.3.7　窗口内和两端样本点的分布

窗口内数据分布的示意图如图 6.3.7（a）。若取 $L \neq 0$，则窗口将包含一个宽度为 $2L-1$，以 k 为中心的裂缝。但是当数据的输出单元处于数据样本段的两端时（图 6.3.7（b），即当 $0 \leqslant k \leqslant M$ 或 $N-M-1 \leqslant k \leqslant N-1$ 时，表示窗口尺度的表达式（6.3.30）需修改。假定数据不在数据样本段的两端区域，则当地均值的第一次平均估值为

$$\hat{X}[k] = \frac{1}{k} \sum_{i \in R_k} X[i] \tag{6.3.32}$$

注意，用 R_k 区域内所有的数据来计算平均估值。R_k 由式（6.3.30）定义，k 由式（6.3.31）定义。

若窗口内包含信号，即出现一个线谱（对相关函数就是一个相关峰），则估计值是有偏的。为防止这种由于出现信号引起的有偏估计，可把每个参与平均的数据 $X[k]$ 与当地均值的估值 $\hat{X}[k]$ 比较，如果 $X[k]$ 超过 $\alpha \hat{X}[k]$，则 $X[k]$ 用 $\hat{X}[k]$ 代替，α 是一个常数。这样一来，参与平均的数据变成一组新数据

$$y[k] = \begin{cases} X[k], & X[k] \leqslant \alpha \hat{X}[k] \\ \hat{X}[k], & X[k] > \alpha \hat{X}[k] \end{cases} \tag{6.3.33}$$

于是，当地均值的第二次平均估计值为

$$\hat{m}[k] = \frac{1}{k} \sum_{i \in R_k} y[i] \tag{6.3.34}$$

式（6.3.34）就是这种算法的结果，但是当窗口区域处于纯噪声区域内时，上述算法对噪声背景的估值是有偏的，因为有些高电平的噪声值被取消了，使噪声背景的估计值偏低。如果 α 增大，那么这种影响会减小；但在包含信号的窗口区，信号出现引起的有偏估计又会增大。

连续两次分裂窗平均算法的运算量小，应用广泛。不过在出现多个信号时，这种算法不适用，因为弱信号易被另一个强信号抑制。

6.3.5.2　顺序截断平均算法（Order-Truncate Average algorithm）

这种算法利用窗口区域内所有单元的输出数据，即在式（6.3.30）中取 $L=0$。对每个 k，利用其窗口区域的数据形成一个新的数据序列 $X[k]$，其数值是由小到大按增值数列排列的，总数为 K 个，这个新的序列就是 $\{y(1), y(2), \cdots, y(k)\}$，其中 $y(1)$ 等于 $X[k]$ 中的最小的一个。求出样本均值为

$$y_{\mathrm{sm}} = \frac{1}{K}\sum_{i=1}^{K} y[i] \tag{6.3.35}$$

比较 $y[k]$ 与 y_{sm}，消去所有大于 αy_{sm} 的 $y[k]$，得当地均值为

$$\hat{m} = \frac{1}{I}\sum_{i=1}^{I} y[i] \tag{6.3.36}$$

其中：$y[I] \leqslant \alpha y_{\mathrm{sm}}$；$y[I+1] > \alpha \dfrac{1}{y_{\mathrm{sm}}}$；$\alpha$ 是一个常数。

由于消去了高电平的 $X[k]$ 而不是代之以求平均值，因此在存在强信号的区域内，弱信号的检测性能得到了改善，但代价是运算量较第一种算法大。

6.3.5.3　门限权系数 α 的确定

本节讨论的两种算法事实上均导致有偏估计，不过正确选择权系数 α，可使估值的偏差减小。对连续两次分裂窗使用平均算法，即

$$\alpha \hat{X}[k] = \left(1 + \frac{c}{\sqrt{k}}\right)\hat{X}[k] \tag{6.3.37}$$

$$\alpha = \left(1 + \frac{c}{\sqrt{k}}\right) \tag{6.3.38}$$

其中：k 是平方律平均的统计独立样本点数，$c \geqslant 1$，为一常数。导出上式的假定，平方律检测系统输出端的噪声服从指数律概率密度函数。为了保证估值的偏差最小，式（6.3.38）中的常数 c 取 $c=3.2$，因此

$$\alpha = \left(1 + \frac{3.2}{\sqrt{k}}\right) \tag{6.3.39}$$

类似的分析证明，对顺序截断使用平均算法，则有

$$\alpha y_{\mathrm{sm}} = \left(1.44 + \frac{4.61}{\sqrt{k}}\right) Y_{\mathrm{sm}} \tag{6.3.40}$$

$$\alpha = \left(1.44 + \frac{4.61}{\sqrt{k}}\right) \tag{6.3.41}$$

功率谱分析相当于平方律处理装置，故上述分析是适用的。

习 题

1. 希望在方差为 σ^2 的 AWGN 中检测已知信号 $s[n] = Ar^n$，$n = 0, 1, 2, \cdots, N-1$，求 NP 检测器并确定它的检测性能。解释一下对于 $0 < r < 1$、$r = 1$ 和 $r > 1$ 三种情况，当 $r \to \infty$ 时会发生什么情况？

2. 在方差为 $\sigma^2 = 1$ 的 AWGN 中接收到声呐信号 $s[n] = \begin{cases} A\cos 2\pi f_0 n, & n = 0, 1, \cdots, N-1 \\ 0, & n = 其他 \end{cases}$，设计一个 $P_f = 10^{-8}$ 的检测器，如果 $f_0 = 0.25$，$N = 25$，求检测概率与 A 的关系曲线。

3. 为了在加性高斯白噪声中得到最佳检测性能，试问以下两个信号哪一个更好？

$$s_1[n] = A \quad n = 0, 1, \cdots, N-1, \quad s_2[n] = A(-1)^n \quad n = 0, 1, \cdots, N-1$$

4. 在方差为 σ^2 的 WGN 噪声中检测已知信号 $s[n] = \begin{cases} A\cos 2\pi f_0 n, & n = 0, 1, \cdots, N-1 \\ 0, & n = 其他 \end{cases}$。假定 $0 < f_0 < 0.5$ 且 N 很大。输入 SNR 为 $\mathrm{SNR_{in}} = \dfrac{A^2}{2}\Big/\sigma^2$，求匹配滤波器输出的 SNR 及处理增益。然后确定匹配滤波器的频率响应，画出幅度特性随 N 的变化曲线。解释为什么匹配滤波器改善了正弦信号的检测性能。

5. 在方差为 σ^2 的 WCN 噪声中检测信号 $s[n] = A \cdot \sin(2\pi f_0 n + \theta)$ 时，若 θ 未知，却采用了 $\theta = 0$ 的匹配滤波器，得到了检验统计量 $T(x) = \sum\limits_{n=0}^{N-1} x[n] A \cdot \sin 2\pi f_0 n$，讨论 θ 值对其检测性能的影响。

6. 对于检测问题 $\begin{cases} H_0 : x[n] = w[n], & n = 0, 1, \cdots, N-1 \\ H_1 : x[n] = r^n + w[n], & n = 0, 1, \cdots, N-1 \end{cases}$，其中 $0 < r < 1$，但却未知，$w[n]$ 是方差为 σ^2 的 WGN，求检验统计量。

7. 对于检测问题 $\begin{cases} H_0 : x[n] = w[n], & n = 0, 1, \cdots, N-1 \\ H_1 : x[n] = A\cos(2\pi f_0 t + \phi) + w[n], & n = 0, 1, \cdots, N-1 \end{cases}$，其中 A 是未知的但是确定性的幅度（$A > 0$），f_0 是已知的，ϕ 是未知的均匀分布的随机变量，$w[n]$ 是方差为 σ^2 的 WGN，推导出检验统计量。

8. 如果接收机同时接收到下述两种信号：

（1）一个平稳随机过程的正弦波：$X(t) = A \cdot \sin(2\pi f_0 t + \theta)$，其初相位是随机的，$\theta$ 在 $(0 \sim 2\pi)$ 上服从均匀分布，即 $\rho(\theta) = \dfrac{1}{2\pi}, 0 \leqslant \theta \leqslant 2\pi$；

（2）一个窄带随机信号，自功率谱在中心频率为 f_0 的窄带 B 上均匀，且值等于 G，而谱值在 B 之外为 0；

试求接收机输出信号的 $R_{XX}(\tau)$，给出相应的波形，并设计相关接收机。

9. 简述功率谱分析方法中的线谱检测基本准则。

第7章 高斯背景中随机信号的检测

在许多实际应用场景中，接收信号表现为随机过程，例如，在被动检测中可将舰船辐射噪声视为随机信号。此时，信号和噪声都可以被视为时限带限的零均值高斯随机过程，并且具有任意功率谱。本章讨论这种噪声干扰和信号都是高斯分布的随机过程的检测方法，分为信号方差已知和方差未知的两种情况讨论。这种分类研究方式能够更全面地反映实际工程应用中可能遇到的不同场景，为不同先验信息条件下的微弱信号检测提供理论指导。

7.1 高斯分布信号方差已知的检测

本节讨论噪声服从零均值高斯分布的白噪声、信号是零均值高斯分布，并且方差、协方差矩阵均已知条件下的信号检测方法和性能。本节分两种情况讨论：信号为带限白谱和非白谱。

7.1.1 带限白谱信号的检测

本小节讨论信号为带限高斯随机过程，已知其方差为 σ_s^2、均值为零；噪声是已知方差为 σ_n^2 的加性高斯白噪声；噪声与信号相互独立条件下信号的检测方法及性能。此时二元假设检验问题的观测数据序列可表示为

$$\begin{cases} H_0 : x(t) = n(t) \\ H_1 : x(t) = s(t) + n(t) \end{cases} \tag{7.1.1}$$

其中：$s(t)$ 是方差已知为 σ_s^2 且零均值带限高斯随机过程；$n(t)$ 是方差已知为 σ^2 且零均值的加性带限高斯白噪声。

根据模型假定，两种条件下的概率分布分别为

$$\begin{cases} H_0 : x(t) \sim N(0, \sigma^2) \\ H_1 : x(t) \sim N(0, (\sigma^2 + \sigma_s^2)) \end{cases} \tag{7.1.2}$$

当满足带限白噪声的不相关采样，且采样点数为 N 时，似然比函数为

$$L(x) = \frac{p(x|H_1)}{p(x|H_0)} = \frac{\dfrac{1}{[2\pi(\sigma^2 + \sigma_s^2)]^{N/2}} \exp\left[-\dfrac{1}{2(\sigma^2 + \sigma_s^2)} \sum_{n=0}^{N-1} x^2[n] \right]}{\dfrac{1}{(2\pi\sigma^2)^{N/2}} \exp\left[-\dfrac{1}{2\sigma^2} \sum_{n=0}^{N-1} x^2[n] \right]}$$

对数似然比为

$$\begin{aligned} l(x) &= \frac{N}{2} \ln\left(\frac{\sigma^2}{\sigma^2 + \sigma_s^2} \right) - \frac{1}{2}\left(\frac{1}{\sigma^2 + \sigma_s^2} - \frac{1}{\sigma^2} \right) \sum_{n=0}^{N-1} x^2[n] \\ &= \frac{N}{2} \ln\left(\frac{\sigma^2}{\sigma^2 + \sigma_s^2} \right) + \frac{1}{2} \frac{\sigma_s^2}{\sigma^2(\sigma^2 + \sigma_s^2)} \sum_{n=0}^{N-1} x^2[n] \end{aligned}$$

因此，若令 $\gamma' = -\dfrac{N\sigma^2(\sigma^2 + \sigma_s^2)}{\sigma_s^2}\ln\left(\dfrac{\sigma^2}{\sigma^2 + \sigma_s^2}\right)$，则当满足式（7.1.3）时，判定为有目标。

$$T(x) = \sum_{n=0}^{N-1} x^2[n] > \gamma' \qquad (7.1.3)$$

式（7.1.3）表明，NP 检测器用于计算接收数据中的能量并与门限进行比较，因而也称为能量检测器。直观地理解，如果信号出现，那么接收数据的能量将会增大。事实上，等效的检验统计量 $T'(x) = \dfrac{1}{N}\sum_{n=0}^{N-1} x^2[n]$ 可以看成均值为零的方差估计器，将它与门限进行比较，就可以认为在 H_0 条件下方差为 σ^2；而在 H_1 条件下，方差增大到 $\sigma^2 + \sigma_s^2$。参见 6.2.5 节的分析可知检验统计量在两种假设下的分布分别满足

$$\begin{cases} H_0 : \dfrac{T(x)}{\sigma^2} \sim \chi_N^2 \\[2mm] H_1 : \dfrac{T(x)}{\sigma^2 + \sigma_s^2} \sim \chi_N^2 \end{cases}$$

由此可以确定检测性能，统计量是 N 个独立同分布高斯随机变量平方和。为了求 P_F 和 P_D，仿照 6.2.5 节的推导，并且 χ_N^2 的右尾函数为

$$Q_{\chi_N^2}(x) = \int_x^{\infty} p(t)\mathrm{d}t = \begin{cases} 2Q(\sqrt{x}), & N=1 \\[3mm] 2Q(\sqrt{x}) + \dfrac{\exp\left(-\dfrac{1}{2}x\right)}{\sqrt{\pi}}\sum_{k=1}^{\frac{N-1}{2}}\dfrac{(k-1)!(2x)^{k-\frac{1}{2}}}{(2k-1)!}, & N>1 \text{且} N \text{为奇数} \\[4mm] \exp\left(-\dfrac{1}{2}x\right)\sum_{k=0}^{\frac{N}{2}-1}\dfrac{\left(\dfrac{x}{2}\right)^k}{k!}, & N \text{为偶数} \end{cases}$$

因此可得

$$P_F = \Pr\{T(x) > \gamma'; H_0\} = \Pr\left\{\dfrac{T(x)}{\sigma^2} > \dfrac{\gamma'}{\sigma^2}; H_0\right\} = Q_{\chi_N^2}\left(\dfrac{\gamma'}{\sigma}\right) \qquad (7.1.4)$$

$$P_D = \Pr\{T(x) > \gamma'; H_1\} = Q_{\chi_N^2}\left(\dfrac{\gamma'}{\sigma^2 + \sigma_s^2}\right) \qquad (7.1.5)$$

若信噪比定义为 $\mathrm{SNR} = \dfrac{\sigma_s^2}{\sigma^2}$，则检测性能随 SNR 单调递增。为了更清楚地说明检测性能与信噪比的关系，定义 $\gamma'' = \dfrac{\gamma'}{\sigma^2}$，则 $P_D = Q_{\chi_N^2}\left(\dfrac{\gamma'/\sigma^2}{\sigma_s^2/\sigma^2 + 1}\right) = Q_{\chi_N^2}\left(\dfrac{\gamma''}{\sigma_s^2/\sigma^2 + 1}\right)$。随着 σ_s^2/σ^2 的增大，$Q_{\chi_N^2}$ 的自变量减小，检测概率 P_D 增大。图 7.1.1 给出了当 N=25 时能量检测器的性能。

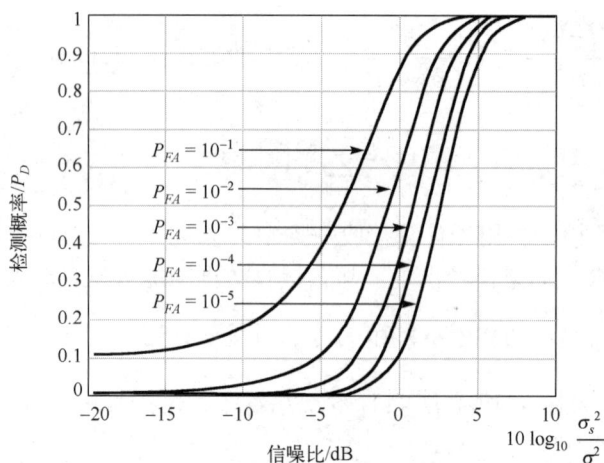

图 7.1.1 能量检测器的性能（$N=25$）

7.1.2 非白不相关信号的检测

本小节讨论信号是零均值非白谱的高斯随机过程，噪声是已知方差为 σ_n^2 的加性高斯白噪声的信号检测问题。假定信号是均值为零协方差矩阵为 $\boldsymbol{C}_s$ 的高斯随机过程。两种条件下的概率分布分别为

$$\begin{cases} H_0 : x(t) \sim N(0, \sigma^2 \boldsymbol{I}) \\ H_1 : x(t) \sim N(0, (\sigma^2 \boldsymbol{I} + \boldsymbol{C}_s)) \end{cases} \tag{7.1.6}$$

当满足不相关采样且采样 N 点数据时，有

$$L(\boldsymbol{x}) = \frac{p(\boldsymbol{x}; H_1)}{p(\boldsymbol{x}; H_0)} = \frac{\dfrac{1}{(2\pi)^{N/2} \det^{1/2}(\boldsymbol{C}_s + \sigma^2 \boldsymbol{I})} \exp\left[-\dfrac{1}{2} \boldsymbol{x}^{\mathrm{T}} (\boldsymbol{C}_s + \sigma^2 \boldsymbol{I})^{-1} \boldsymbol{x}\right]}{\dfrac{1}{(2\pi\sigma^2)^{N/2}} \exp\left[-\dfrac{1}{2\sigma^2} \boldsymbol{x}^{\mathrm{T}} \boldsymbol{x}\right]} > \gamma$$

忽略与数据无关的项，取对数得

$$-\frac{1}{2} \boldsymbol{x}^{\mathrm{T}} \left[(\boldsymbol{C}_s + \sigma^2 \boldsymbol{I})^{-1} - \frac{1}{\sigma^2} \boldsymbol{I}\right] \boldsymbol{x} > \gamma',$$

或者表示为

$$T(\boldsymbol{x}) = \sigma^2 \boldsymbol{x}^{\mathrm{T}} \left[\frac{1}{\sigma^2} \boldsymbol{I} - (\boldsymbol{C}_s + \sigma^2 \boldsymbol{I})^{-1}\right] \boldsymbol{x} > 2\gamma'\sigma^2$$

利用矩阵求逆引理

$$(\boldsymbol{A} + \boldsymbol{BCD})^{-1} = \boldsymbol{A}^{-1} - \boldsymbol{A}^{-1} \boldsymbol{B} (\boldsymbol{D}\boldsymbol{A}^{-1}\boldsymbol{B} + \boldsymbol{C}^{-1})^{-1} \boldsymbol{D}\boldsymbol{A}^{-1}$$

令 $\boldsymbol{A} = \sigma^2 \boldsymbol{I}$，$\boldsymbol{B} = \boldsymbol{D} = \boldsymbol{I}$，$\boldsymbol{C} = \boldsymbol{C}_s$，于是有

$$(\sigma^2 \boldsymbol{I} + \boldsymbol{C}_s)^{-1} = \frac{1}{\sigma^2} \boldsymbol{I} - \frac{1}{\sigma^4} \left(\frac{1}{\sigma^2} \boldsymbol{I} + \boldsymbol{C}_s^{-1}\right)^{-1}$$

此时

$$T(\boldsymbol{x}) = \boldsymbol{x}^{\mathrm{T}} \left[\frac{1}{\sigma^2} \left(\frac{1}{\sigma^2} \boldsymbol{I} + \boldsymbol{C}_s^{-1} \right)^{-1} \right] \boldsymbol{x} > 2\gamma' \sigma^2$$

再令

$$\hat{\boldsymbol{s}} = \frac{1}{\sigma^2} \left(\frac{1}{\sigma^2} \boldsymbol{I} + \boldsymbol{C}_s^{-1} \right)^{-1} \boldsymbol{x} = \frac{1}{\sigma^2} \left[\frac{1}{\sigma^2} (\boldsymbol{C}_s + \sigma^2 \boldsymbol{I}) \boldsymbol{C}_s^{-1} \right]^{-1} \boldsymbol{x} = \boldsymbol{C}_s (\boldsymbol{C}_s + \sigma^2 \boldsymbol{I})^{-1} \boldsymbol{x}$$

因此，如果

$$T(\boldsymbol{x}) = \boldsymbol{x}^{\mathrm{T}} \hat{\boldsymbol{s}} = \sum_{n=0}^{N-1} \boldsymbol{x}(n) \hat{\boldsymbol{s}}(n) > \gamma'' \qquad (7.1.7)$$

判决 H_1 成立，其中

$$\hat{\boldsymbol{s}} = \boldsymbol{C}_s (\boldsymbol{C}_s + \sigma^2 \boldsymbol{I})^{-1} \boldsymbol{x} \qquad (7.1.8)$$

可以理解为 NP 检测器将接收到的数据 $\boldsymbol{x}$ 与信号的估计 $\hat{\boldsymbol{s}}(n)$ 进行相关运算，因此式（7.1.7）也称为估计器–相关器。注意，检验统计量是接收数据的二次型形式，因此不是高斯随机变量。（回想一下，能量检测器是 χ_N^2 随机变量乘以一个因子。）实际上，$\hat{\boldsymbol{s}}(n)$ 是信号的维纳滤波器估计器。应该强调的是，尽管 $\hat{\boldsymbol{s}}(n)$ 是一个随机过程，但将 $\hat{\boldsymbol{s}}(n)$ 解释为信号给定现实的估计。为了看出 $\hat{\boldsymbol{s}}(n)$ 是维纳滤波器估计器，如果 $\boldsymbol{\theta}$ 是一个要根据数据矢量 $\boldsymbol{x}$ 来估计它的现实的未知随机矢量，并且 $\boldsymbol{\theta}$ 和 $\boldsymbol{x}$ 是联合高斯的，均值为零，参考 4.5 节的分析，最小均方误差估计器是

$$\hat{\boldsymbol{\theta}} = \boldsymbol{C}_{\theta s} \boldsymbol{C}_{xx}^{-1} \boldsymbol{x} \qquad (7.1.9)$$

其中：$\boldsymbol{C}_{\theta s} = E(\boldsymbol{\theta} \boldsymbol{x}^{\mathrm{T}})$ 和 $\boldsymbol{C}_{xx} = E(\boldsymbol{x} \boldsymbol{x}^{\mathrm{T}})$。注意，由于联合高斯的假定，最小均方误差估计器是线性的，因而有 $\boldsymbol{\theta} = \boldsymbol{s}$ 和 $\boldsymbol{x} = \boldsymbol{s} + \boldsymbol{n}$，$\boldsymbol{s}$ 和 $\boldsymbol{n}$ 是不相关的。根据式（7.1.9），信号现实的最小均方误差估计为

$$\hat{\boldsymbol{s}} = E[\boldsymbol{s}(\boldsymbol{s} + \boldsymbol{n})^{\mathrm{T}}](E[(\boldsymbol{s} + \boldsymbol{n})(\boldsymbol{s} + \boldsymbol{n})^{\mathrm{T}}])^{-1} \boldsymbol{x} = \boldsymbol{C}_s (\boldsymbol{C}_s + \sigma^2 \boldsymbol{I})^{-1} \boldsymbol{x}$$

这与式（7.1.8）是相同的。估计器–相关器如图 7.1.2 所示。

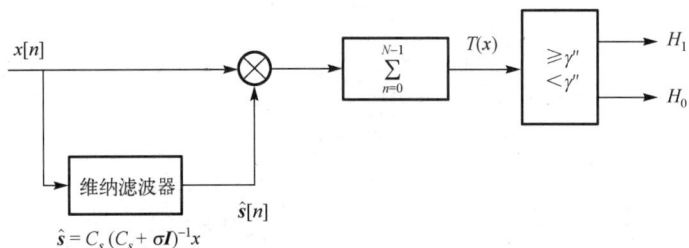

图 7.1.2　白高斯噪声中用于高斯随机信号检测的估计器–相关器

如果信号是白谱，则 $\boldsymbol{C}_s = \sigma_s^2 \boldsymbol{I}$，那么信号估计器为

$$\hat{\boldsymbol{s}} = \sigma_s^2 \boldsymbol{I} (\sigma_s^2 \boldsymbol{I} + \sigma^2 \boldsymbol{I})^{-1} \boldsymbol{x} = \frac{\sigma_s^2}{\sigma_s^2 + \sigma^2} \boldsymbol{x} \qquad (7.1.10)$$

这是一个零记忆滤波器，它用一个固定的比例因子 $\dfrac{\sigma_s^2}{\sigma_s^2 + \sigma^2}$ 对接收的数据进行加权。若 $\sigma_s^2 \gg \sigma^2$，则加权近似等于 1；若 $\sigma_s^2 \ll \sigma^2$，则加权近似等于零。在这种情况下，将已知的比例因子合并到门限中就可以简化检测器。这样，如果

$$\sum_{n=0}^{N-1} x(n)\hat{s}(n) = \frac{\sigma_s^2}{\sigma_s^2 + \sigma^2} \sum_{n=0}^{N-1} x^2(n) > \gamma''$$

或

$$\sum_{n=0}^{N-1} x^2(n) > \frac{\sigma_s^2 + \sigma^2}{\sigma_s^2} \gamma''$$

则判 H_1 成立，式与（7.1.3）相同。

7.1.3　非白相关信号的检测

色谱信号，即信号的自相关系数不为脉冲 δ。以 $N=2$ 为例，若 ρ 是信号在 $s[0]$ 及 $s[1]$ 时的相关系数，则此时 $\boldsymbol{C}_s = \sigma_s^2 \begin{bmatrix} 1 & \rho \\ \rho & 1 \end{bmatrix}$，由（7.1.7）及（7.1.8）式及可知，检验统计量是

$$T(\boldsymbol{x}) = \boldsymbol{x}^{\mathrm{T}} \boldsymbol{C}_s (\boldsymbol{C}_s + \sigma^2 \boldsymbol{I})^{-1} \boldsymbol{x}$$

令 $\boldsymbol{y} = \boldsymbol{V}^{\mathrm{T}} \boldsymbol{x}$，$\boldsymbol{V} = \begin{bmatrix} 1/\sqrt{2} & 1/\sqrt{2} \\ 1/\sqrt{2} & -1/\sqrt{2} \end{bmatrix}$。由于 $\boldsymbol{V}$ 是正交矩阵，$\boldsymbol{V}^{\mathrm{T}} = \boldsymbol{V}^{-1}$，于是有

$$\begin{aligned} T(\boldsymbol{x}) &= \boldsymbol{x}^{\mathrm{T}} \boldsymbol{V} \boldsymbol{V}^{\mathrm{T}} \boldsymbol{C}_s \boldsymbol{V} \boldsymbol{V}^{-1} (\boldsymbol{C}_s + \sigma^2 \boldsymbol{I})^{-1} \boldsymbol{V} \boldsymbol{V}^{\mathrm{T}} \boldsymbol{x} \\ &= (\boldsymbol{V}^{\mathrm{T}} \boldsymbol{x})^{\mathrm{T}} (\boldsymbol{V}^{\mathrm{T}} \boldsymbol{C}_s \boldsymbol{V}) [\boldsymbol{V}^{-1} (\boldsymbol{C}_s + \sigma^2 \boldsymbol{I}) \boldsymbol{V}]^{-1} \boldsymbol{V}^{\mathrm{T}} \boldsymbol{x} \\ &= (\boldsymbol{V}^{\mathrm{T}} \boldsymbol{x})^{\mathrm{T}} (\boldsymbol{V}^{\mathrm{T}} \boldsymbol{C}_s \boldsymbol{V}) (\boldsymbol{V}^{\mathrm{T}} \boldsymbol{C}_s \boldsymbol{V} + \sigma^2 \boldsymbol{I})^{-1} \boldsymbol{V}^{\mathrm{T}} \boldsymbol{x} \end{aligned}$$

现在 $\boldsymbol{V}^{\mathrm{T}} \boldsymbol{C}_s \boldsymbol{V} = \boldsymbol{\Lambda}_s$，其中 $\boldsymbol{\Lambda}_s = \sigma_s^2 \begin{bmatrix} 1+\rho & 0 \\ 0 & 1-\rho \end{bmatrix}$ 是对角阵。于是检验统计量变为

$$T(\boldsymbol{x}) = \boldsymbol{y}^{\mathrm{T}} \boldsymbol{\Lambda}_s (\boldsymbol{\Lambda}_s + \sigma^2 \boldsymbol{I})^{-1} \boldsymbol{y} = \boldsymbol{y}^{\mathrm{T}} \boldsymbol{A} \boldsymbol{y} \tag{7.1.11}$$

其中 $\boldsymbol{A}$ 是对角阵

$$\boldsymbol{A} = \begin{bmatrix} \dfrac{\sigma_s^2(1+\rho)}{\sigma_s^2(1+\rho) + \sigma^2} & 0 \\ 0 & \dfrac{\sigma_s^2(1-\rho)}{\sigma_s^2(1-\rho) + \sigma^2} \end{bmatrix}$$

这样可得检验统计量为

$$T(\boldsymbol{x}) = \frac{\sigma_s^2(1+\rho)}{\sigma_s^2(1+\rho) + \sigma^2} y^2[0] + \frac{\sigma_s^2(1-\rho)}{\sigma_s^2(1-\rho) + \sigma^2} y^2[1] \tag{7.1.12}$$

式（7.1.12）的物理含义是：先将数据从 $\boldsymbol{x}$ 线性地变换到 $\boldsymbol{y}$，再应用加权能量检测器。注意，如果 $\rho = 0$，则信号是白色的，$\boldsymbol{y}^{\mathrm{T}} \boldsymbol{y} = \boldsymbol{y}^{\mathrm{T}} \boldsymbol{V} \boldsymbol{V}^{\mathrm{T}} \boldsymbol{y} = \boldsymbol{x}^{\mathrm{T}} \boldsymbol{x}$，此时有

$$T(\boldsymbol{x}) = \frac{\sigma_s^2}{\sigma_s^2 + \sigma^2}(y^2[0] + y^2[1]) = \frac{\sigma_s^2}{\sigma_s^2 + \sigma^2}(x^2[0] + x^2[1])$$

也就是说线性变换的效果是对 $\boldsymbol{x}$ 去相关。

假设在 H_1 条件下，有

$$\boldsymbol{C}_y = E(\boldsymbol{y}\boldsymbol{y}^{\mathrm{T}}) = E(\boldsymbol{V}^{\mathrm{T}}\boldsymbol{x}\boldsymbol{x}^{\mathrm{T}}\boldsymbol{V}) = \boldsymbol{V}^{\mathrm{T}}\boldsymbol{C}_x\boldsymbol{V} = \boldsymbol{V}^{\mathrm{T}}(\boldsymbol{C}_s + \sigma^2\boldsymbol{I})\boldsymbol{V}$$

$$= \boldsymbol{V}^T\boldsymbol{C}_s\boldsymbol{V} + \sigma^2\boldsymbol{I} = \boldsymbol{\Lambda}_s + \sigma^2\boldsymbol{I}$$

其中：$\boldsymbol{C}_y$ 是一个对角矩阵。类似地，在 H_0 条件下，有 $\boldsymbol{C}_y = \sigma^2\boldsymbol{I}$。因此 $\boldsymbol{y}$ 是由不相关的随机变量组成的，尽管它们有不同的方差。由于方差不相等，能量检测器对 $y[n]$ 平方的加权也是不同的。

对比 7.1.2 节估计器–相关器的标准形式，可以看出，去相关矩阵正好是 $\boldsymbol{C}_s$ 的模态矩阵（Modal Matrix），它的列是 $\boldsymbol{C}_s$ 的特征矢量（由于 $\boldsymbol{C}_s$ 是对称的，所以 $\boldsymbol{V}^{\mathrm{T}} = \boldsymbol{V}^{-1}$）。另外，$\boldsymbol{\Lambda}_s$ 的对角元素是 $\boldsymbol{C}_s$ 对应的特征矢量。由于加上一个与单位矩阵成比例的矩阵到 $\boldsymbol{C}_s$ 中并不改变特征矢量，而只是给每个特征值都加上 σ^2，因此模态矩阵也去相关，即 $\boldsymbol{C}_x = \boldsymbol{C}_s + \sigma^2\boldsymbol{I}$。

更为一般的是，令 $N \times N$ 协方差矩阵 $\boldsymbol{C}_s$ 的特征分解为

$$\boldsymbol{V}^{\mathrm{T}}\boldsymbol{C}_s\boldsymbol{V} = \boldsymbol{\Lambda}_s$$

其中：$\boldsymbol{V} = [\boldsymbol{v}_0 \quad \boldsymbol{v}_1 \quad \cdots \quad \boldsymbol{v}_{N+1}]$，$\boldsymbol{v}_i$ 是 $\boldsymbol{C}_s$ 的第 i 个矢量；$\boldsymbol{\Lambda}_s = \mathrm{diag}(\lambda_{s0}, \lambda_{s1}, \cdots \lambda_{sN-1})$，$\lambda_{si}$ 是对应的第 i 个特征值。（由于 $\boldsymbol{C}_s$ 是对称半正定的，λ_{si} 是实的，因此 $\lambda_{si} \geqslant 0$）那么，根据式（7.1.7）、式（7.1.8）以及式（7.1.11），NP 检测器变成

$$T(\boldsymbol{x}) = \boldsymbol{x}^{\mathrm{T}}\boldsymbol{C}_s(\boldsymbol{C}_s + \sigma^2\boldsymbol{I})^{-1}\boldsymbol{x} = \boldsymbol{y}^{\mathrm{T}}\boldsymbol{\Lambda}_s(\boldsymbol{\Lambda}_s + \sigma^2\boldsymbol{I})^{-1}\boldsymbol{y}$$

$$= \sum_{n=0}^{N-1}\frac{\lambda_{sn}}{\lambda_{sn} + \sigma^2}y^2[n] \tag{7.1.13}$$

这是检测器的一种标准形式，如图 7.1.3 所示。

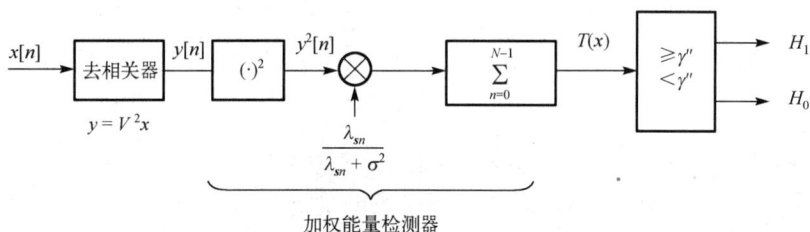

图 7.1.3　高斯噪声中高斯随机信号检测的标准形式

加权系数 $\dfrac{\lambda_{sn}}{\lambda_{sn} + \sigma^2}$ 实际上是变换空间中维纳滤波器的加权。例如，如果 $\lambda_{s0} \gg \sigma^2$，$\boldsymbol{x}$ 沿着 $\boldsymbol{v}_0$ 方向的信号分量大于噪声沿着 $\boldsymbol{v}_0$ 方向的分量，因此 $y[0]$ 的贡献就是对 $T(\boldsymbol{x})$ 更重的加权。考虑前一个例子，如果 $\rho \approx 1$ 且 $\sigma_s^2 \gg \sigma^2$，那么

$$\frac{\lambda_{s0}}{\lambda_{s0} + \sigma^2} = \frac{\sigma_s^2(1 + \rho)}{\sigma_s^2(1 + \rho) + \sigma^2} \approx 1$$

$$\frac{\lambda_{s1}}{\lambda_{s1}+\sigma^2}=\frac{\sigma_s^2(1-\rho)}{\sigma_s^2(1-\rho)+\sigma^2}\approx 0$$

这样 $y[0]$ 保留，而放弃 $y[1]$。而当 $\boldsymbol{x}$ 沿着 $\boldsymbol{v}_0=[1/\sqrt{2}\quad 1/\sqrt{2}]^{\mathrm{T}}$ 方向的分量保留时，沿着 $\boldsymbol{v}_1=[1/\sqrt{2}\quad -1/\sqrt{2}]^{\mathrm{T}}$ 方向的分量就将被放弃。图 7.1.4 给出了这种行为的解释，对于 $\rho\approx 1$，图 7.1.4 中表明信号的概率密度函数集中在直线 $\xi_1=\xi_0$。沿着这条直线的 $\boldsymbol{x}$ 分量有可能远大于当信号出现时沿着正交线 $\xi_1=-\xi_0$ 的分量。对于没有信号的情况，就不存在优先考虑的方向。另外，对 $y[0]$ 分量的信噪比大于对 $y[1]$ 分量的信噪比。由于在 H_1 条件下，有 $\boldsymbol{C}_y=\boldsymbol{\Lambda}_s+\sigma^2\boldsymbol{I}$，因此 $y[0]$ 分量和 $y[1]$ 分量的信噪比分别为

$$\eta_0^2=\frac{E(y_s^2[0])}{E(y_n^2[0])}=\frac{\lambda_{s0}}{\sigma^2}=\frac{\sigma_s^2(1+\rho)}{\sigma^2}\approx\frac{2\sigma_s^2}{\sigma^2}\gg 1$$

$$\eta_0^2=\frac{E(y_s^2[1])}{E(y_n^2[1])}=\frac{\lambda_{s1}}{\sigma^2}=\frac{\sigma_s^2(1-\rho)}{\sigma^2}\approx 0$$

这说明了能量检测器样本的加权。

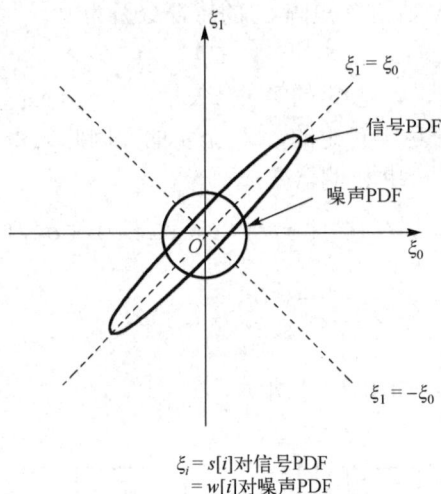

$\xi_i=s[i]$ 对信号PDF
$\quad\;\;=w[i]$ 对噪声PDF

图 7.1.4　对只有信号和只有噪声的概率密度函数的等值线

估计器–相关器的检测性能难以解析地确定。这是因为由式（7.1.13）给出的检验统计量 $T(\boldsymbol{x})$ 是独立 χ_1^2 随机变量的加权和。因此，不能像能量检测器那样得到成比例的 χ_N^2 的概率密度函数。对于能量检测器，由于 $s[n]$ 是白高斯过程，且有 $\boldsymbol{C}_s=\sigma_s^2\boldsymbol{I}$，$\lambda_{sn}=\sigma_s^2$，（$n=0,1,\cdots,N-1$），这样，$T(\boldsymbol{x})=\dfrac{\sigma_s^2}{\sigma_s^2+\sigma^2}\sum_{n=0}^{N-1}y^2[n]$。可以证明式（7.1.13）或等价的式（7.1.7）、式（7.1.8）的检测性能为

$$P_F=\int_{\gamma''}^{\infty}\int_{-\infty}^{\infty}\prod_{n=0}^{N-1}\frac{1}{\sqrt{1-2\mathrm{j}a_n\omega}}\exp(-\mathrm{j}\omega t)\frac{\mathrm{d}\omega}{2\pi}\mathrm{d}t \qquad (7.1.14)$$

$$P_D=\int_{\gamma''}^{\infty}\int_{-\infty}^{\infty}\prod_{n=0}^{N-1}\frac{1}{\sqrt{1-2\mathrm{j}\lambda_{sn}\omega}}\exp(-\mathrm{j}\omega t)\frac{\mathrm{d}\omega}{2\pi}\mathrm{d}t \qquad (7.1.15)$$

其中，$a_n = \dfrac{\lambda_{sn}\sigma^2}{\lambda_{sn}+\sigma^2}$。

可以看出，里面的积分是傅里叶反变换（尽管用的-j），并且是 $T(\boldsymbol{x})$ 的概率密度函数。一般情况下需要数值计算。

7.2　高斯分布信号方差未知的检测

本节讨论噪声为零均值高斯白噪声，并且信号为零均值带限白、非白高斯分布噪声，但方差未知条件下的接收机设计。

7.2.1　信号方差频域估计与最佳接收

在二元假设检验问题的观测数据序列 $\begin{cases} H_0 : x(t) = n(t) \\ H_1 : x(t) = s(t) + n(t) \end{cases}$ 中，$s(t)$ 是时限带限零均值高斯分布的随机信号，$n(t)$ 是均值为零的平稳高斯噪声。假设信号 $s(t)$ 的持续时间为 T，信号与噪声的傅里叶变换分别为 $s(t) \Leftrightarrow S(\omega)$，$n(t) \Leftrightarrow N(\omega)$，信号和噪声的频率范围均为 $-\Omega \leqslant \omega \leqslant \Omega$，$\Omega = 2\pi f_H$。

根据采样定理，对于一个时限带限的随机过程，可完善地用由时域抽样或频域抽样所得的 $2Tf_H$ 个随机变量来描述。由于噪声和信号均服从高斯分布且均值都为零，为了计算似然比，必须给出这 $2Tf_H$ 个随机变量的联合概率密度函数。其方法有两种：一种是采用时域抽样，另一种是采用频域抽样。由于在实际应用中，时域抽样点之间常是彼此相关的（协方差不等于零），因而相应的联合概率密度函数有比较复杂的形式，为了避免这种复杂形式本书采用频域抽样。以下给出基于频域抽样的随机过程方差的估计方法。

可以证明只要 T 足够大，当时限带限随机过程展开为傅里叶级数时，其不同频率的傅里叶系数是互不相关的。因为在大多数的被动声检测系统中，T 足够大的条件基本满足。若 T 不能保证足够大，为了得到严格的不相关抽样值，需以卡呼南-洛维展开（又称广义傅里叶级数）代替普通的傅里叶展开。因为在被动目标检测的声呐理论中通常 T 足够大，所以不需要这样做。

根据随机过程展开为傅里叶级数的理论，接收信号可表示为

$$x(t) = \sum_{i=-Tf_H}^{Tf_H} x[i]\mathrm{e}^{\mathrm{j}\omega_i t} \tag{7.2.1}$$

其中：$\omega_i = i2\pi/T$；$x[i] = \dfrac{1}{T}\displaystyle\int_0^T x(t)\mathrm{e}^{-\mathrm{j}w_i t}\mathrm{d}t$。由于只考虑样本波形中的非直流分量，因此 $x[0] = 0$；由于正负频率中的复共轭关系 $x[-i] = x^*[i]$，因此真正携带信息的频域复样点只有 $k = Tf_H$ 个。由于 $n(t)$ 为一个高斯随机过程，满足不相关采样的 k 个不同时刻的取值 $n_1, n_2, \cdots, n_k$，因此其联合概率密度函数为

$$\begin{aligned} f(n) = f(n_1, n_2, \cdots n_k) &= f(n_1)f(n_2)\cdots f(n_k) \\ &= \prod_{i=1}^{k} \frac{1}{\sqrt{2\pi}\sigma_i} \exp\left[-\frac{1}{2\sigma_i^2}\sum_{i=1}^{k} n_i^2\right] \end{aligned} \tag{7.2.2}$$

若观测时间 T 足够长，则对于零均值高斯随机过程，可估计噪声的方差为

$$\hat{\sigma}_{ni}^2 = E[n(t)n^*(t)] = \frac{N(\omega_i)}{T} \tag{7.2.3}$$

假设噪声在一定的时间段内是平稳的，且信号与噪声相互独立，则接收信号 $x(t) = s(t) + n(t)$ 的方差为

$$\hat{\sigma}_{xi}^2 = E[x(t)x^*(t)] = \frac{N(\omega_i)}{T} + \frac{S(\omega_i)}{T} \tag{7.2.4}$$

不管有无信号，采样后的 $x_1, x_2, \cdots, x_k$ 都是互不相关的高斯随机变量，针对估计的方差有

$$p(x|H_0) = A\exp\left[-\frac{1}{2}\sum_{i=1}^{k} \frac{Tx_i^2}{N(\omega_n)}\right]$$

$$p(x|H_1) = B\exp\left[-\frac{1}{2}\sum_{i=1}^{k} \frac{Tx_i^2}{[N(\omega) + S(\omega)]}\right]$$

其中，A、B 均是与 x_i 无关的量。其似然比为

$$\lambda = \frac{p(x|H_1)}{p(x|H_0)} = \frac{B}{A}\exp\left[\sum_{i=1}^{k} Tx_i^2\left(\frac{1}{N(\omega)} - \frac{1}{N(\omega) + S(\omega)}\right)\right] \tag{7.2.5}$$

对数似然比为

$$\ln\lambda = (\ln B - \ln A) + \sum_{i=1}^{k} Tx_i^2\left(\frac{1}{N(\omega)} - \frac{1}{N(\omega) + S(\omega)}\right) \tag{7.2.6}$$

若按一定的检测准则确定检测门限 λ_0，依据判决准则有：

当 $\displaystyle\sum_{i=1}^{k} Tx_i^2\left(\frac{1}{N(\omega)} - \frac{1}{N(\omega) + S(\omega)}\right) > \ln\lambda_0 - (\ln B - \ln A)$ 时，判决为有目标；

当 $\displaystyle\sum_{i=1}^{k} Tx_i^2\left(\frac{1}{N(\omega)} - \frac{1}{N(\omega) + S(\omega)}\right) < \ln\lambda_0 - (\ln B - \ln A)$ 时，判决为无目标。

记判决式为

$$\varphi(x) = \sum_{i=1}^{k} Tx_i^2\left(\frac{1}{N(\omega)} - \frac{1}{N(\omega) + S(\omega)}\right) \tag{7.2.7}$$

令某一滤波器的传输函数 $H(\omega)$ 满足

$$|H(\omega)| = \left[\frac{1}{N(\omega)} - \frac{1}{N(\omega) + S(\omega)}\right]^{\frac{1}{2}} = \left[\frac{S(\omega)}{N(\omega)[N(\omega) + S(\omega)]}\right]^{\frac{1}{2}} \tag{7.2.8}$$

并记 $y_i = x_i H(\omega_i)$，根据周期函数的怕塞瓦尔定理有 $\displaystyle\int_0^T y^2(t)\mathrm{d}t = 2T\sum_{i=1}^{k} y_i^2$，于是判决式（7.2.7）

可改写为

$$\varphi(x) = T\sum_{i=1}^{k} |x_i H(\omega_i)|^2 = T\sum_{i=1}^{k} |y_i|^2 = \frac{1}{2}\int_0^T y^2(t)\mathrm{d}t \tag{7.2.9}$$

式（7.2.9）表明，使时间截段 $(0, T)$ 内的随机过程 $x(t)$，通过一个幅度特性由式（7.2.8）所定

义的预选滤波器，然后进行平方积分，即能得到该输入波形的对数似然比中的判决函数。略去无关紧要的因子 1/2，则相应的最佳接收系统的结构如图 7.2.1（a）所示。进而将积分器做成滑移型的理想积分器 $\int_{t-T}^{T}(\cdot)\mathrm{d}t$，这时输出过程在任意瞬间的取值是此瞬间前长度为 T 的一段输入波形的对数似然比的判决式，如图 7.2.1（b）所示。理想积分器起着自动截段的作用，积分时间决定了观察波形的长度。

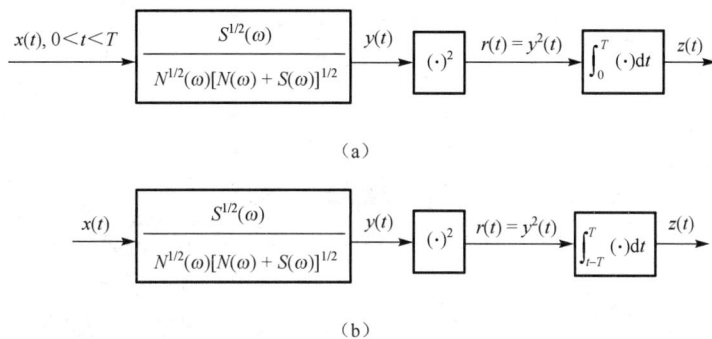

（a）

（b）

图 7.2.1　高斯噪声中检测高斯信号的最佳系统结构框图

图 7.2.1 中，$S(\omega)$ 是信号的功率谱密度；$N(\omega)$ 是干扰噪声的功率谱密度。而 $|H(\omega)| = \dfrac{S^{1/2}(\omega)}{N^{1/2}(\omega)[N(\omega)+S(\omega)]^{1/2}}$ 表示滤波器的频率响应。该系统未考虑信号与干扰噪声在空间分布的差异，它们的差异仅表现在功率谱密度形状的不同，以下分不同的情况加以讨论，即带限白谱的情况和任意功率谱的情况。

7.2.2　带限白谱的预选滤波器的输出信噪比

噪声和信号都是带限高斯分布白噪声的情况，这时 $S(\omega)$ 和 $N(\omega)$ 仅是在 $[-\omega,\omega]$ 内取非零的常数，称为带限白谱。不难看出，信号加噪声同样具有带限白谱。因此可资利用的信号和噪声的差异点是信号加噪声与噪声的功率不同。最佳检测系统应是一个平均功率检测器。从理论上说，不管背景噪声有多强（噪声功率 N 多大）、信号有多弱（信号功率 S 多小），只要它们平稳且方差能被完全、准确地估计出来，则可通过对 N 和 $N+S$ 的比较来发现信号，如图 7.2.2 所示。

若随机过程是各态历经的，可以通过对一个样本波形求时间平均而得到统计平均值。但严格的时间平均必须对无限长的样本波形进行处理，而实际上我们只能对长度为 T 的一段有限长波形进行处理，必须采用以下近似。

$$\hat{\sigma}_x^2 = E[x^2(t)] = \lim_{T\to\infty}\frac{1}{T}\int_{-\frac{T}{2}}^{\frac{T}{2}}x^2(t)\mathrm{d}t \approx \frac{1}{T}\int_{t-T}^{t}x^2(t)\mathrm{d}t \qquad (7.2.10)$$

不难看出，式（7.2.10）最后的表达式所对应的接收系统就是图 7.2.1（b），不过这时截取的样本时间是滑动的，即 $t-T<t<t$，因为当信号与噪声均为带限白谱时，预选滤波器的传输函数 $H(\omega)$ 等于常数。从而图 7.2.1 简化为平方积分系统，略去常数因子 $1/T$，输出 $\int_{t-T}^{t}x^2(t)\mathrm{d}t$ 代表了样本波形在 T 截段内的能量。由此可见，实际最佳系统并不是真正的平均功率检测器，而只是一个能量检测器（当略去 $1/T$ 时），或近似的平均功率检测器（当不略去 $1/T$ 时）。

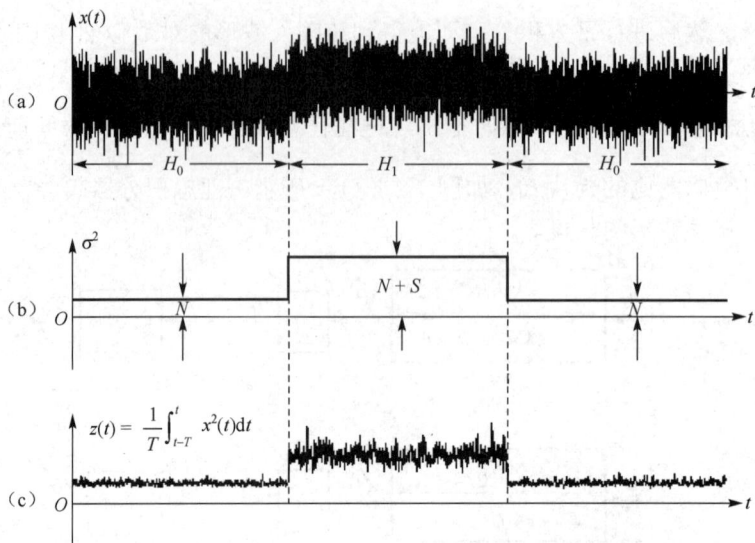

图 7.2.2　接收系统的输入波形、方差及能量检测器的输出波形

由于截段 T 不是无限长的，因此输出 $z(t)$ 并不等于 σ_x^2，而是随截段所在位置 t 而异，并以 σ_x^2 为平均值上下起伏的随机变量如图 7.2.2（c）所示。起伏的存在将掩蔽信号加噪声（H_1）与噪声（H_0）的差别。所以很自然地得出接收系统的输出信噪比为

$$(S|N)_z = \frac{\left[E(z|H_1) - E(z|H_0) \right]^2}{\sigma^2(z|H_0)} = \frac{[E_1(z) - E_0(z)]^2}{\hat{\sigma}_n^2(z)} \qquad （7.2.11）$$

其中：$E_1(z) \triangleq E(z|H_1)$ 是信号加噪声（H_1）情况下输出 $z(t)$ 的平均值；$E_0(z) \triangleq E(z/H_0)$ 是纯噪声情况下输出 $z(t)$ 的平均值，其差表示信号的大小，平方后表示信号功率。$\hat{\sigma}_n^2(z)$ 表示估计的输出干扰噪声功率，在低信比的情况下，$\sigma^2(z|H_0)$ 与 $\sigma^2(z|H_1)$ 差别很小。

前面的分析表明，在弱遍历条件下，在时域的观察时间 T 越长，最佳系统的检测性能越好。

7.2.3　任意谱预选滤波器的输出信噪比

当随机过程的功率谱不是白谱时，则可资利用的信息不仅有能量的差异，而且还有谱形状的差异。在似然比接收系统中，谱形状信息的利用体现在预选滤波器传输函数 $H(\omega)$ 的幅度特性上，即

$$|H(\omega)| = \frac{S^{1/2}(\omega)}{N^{1/2}(\omega)[N(\omega) + S(\omega)]^{1/2}} \qquad （7.2.12）$$

在微弱信号检测中，通常感兴趣的是输入信噪比比较低的情况，这时

$$|H(\omega)| \approx \frac{S^{1/2}(\omega)}{N(\omega)} \qquad （7.2.13）$$

式（7.2.13）所描述的滤波器称为厄卡特（Eckart）滤波器，若进一步假设信号与噪声具有相同的功率谱形状，即 $S(\omega) = KN(\omega)$，K 为常数则在略去不重要常数因子后，式（7.2.13）成为

$$|H(\omega)| = \frac{1}{N^{1/2}(\omega)} \qquad （7.2.14）$$

式（7.2.14）所描述的滤波器与式（4.1.17）所描述的滤波器相同，称为白化滤波器。

为了理解输入信噪比低情况时最佳预选滤波器 $|H(\omega)| = S^{1/2}(\omega) / N(\omega)$ 的作用，可把幅度传输特性 $|H(\omega)|$ 式（7.2.14）分解为以下两个因子，即

$$| H(\omega) |= \frac{1}{N^{1/2}(\omega)} \cdot \frac{S^{1/2}(\omega)}{N^{1/2}(\omega)} \qquad (7.2.15)$$

这两个因子分别代表了最佳预选滤波器的两项基本作用，如图 7.2.3 所示。

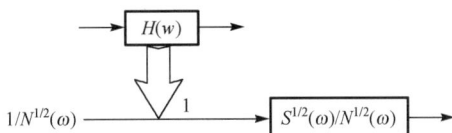

图 7.2.3　最佳预滤波器具有预白和预配两项基本作用

（1）第一个因子 $1/N^{1/2}(\omega)$ 表示对噪声的预白化作用，称为预白滤波。噪声通过预白滤波，功率谱变为常数 1，成了"白谱"；而信号通过预白网络后，功率谱变为 $S(\omega)/N(\omega)$。

（2）第二个因子 $S^{1/2}(\omega) / N^{1/2}(\omega)$ 表示对预白滤波的输出信号进行匹配，称为匹配滤波。匹配滤波的功率传输函数 $S(\omega) / N(\omega)$ 与经过预白后的功率谱有完全相同的函数形式，这就是说，在任何频率上，只要经过预白的信号功率谱取较大的值，匹配滤波相应地有较大的功率传输系数。所以匹配滤波的传输特性就是增大那些信噪比较大的频率成分，而抑制信噪比较小的成分，提高信噪比。

在信号与噪声有相同形状功率谱的特殊情况下，匹配滤波的频率传输函数等于常数，厄卡特滤波器退化为一个预白滤波。在这种特殊情况下，任何滤波器包括预选滤波器都不能使其本身输出端的信噪比有丝毫改善，此时滤波器的作用是通过改善噪声谱的形状（使任意形状的谱变为白色谱）来提高系统的等效噪声带宽，从而改善整个系统的性能。

7.2.4　积分器的信噪比增益

为了使讨论具有一般性，本书把积分器理解为一个低通滤波器，其带宽与输入过程的功率谱相比是很窄的。积分器的传输函数记为 $H(\omega)$，脉冲响应函数记为 $h(t)$。图 7.2.1 中积分器输出端 $z(t)$ 处与输入端 $r(t)$ 处的信噪比分别定义为

$$\left(\frac{S}{N}\right)_z = \frac{[E_1(z(t)) - E_0(z(t))]^2}{\sigma_0^{\,2}(z)} \qquad (7.2.16)$$

$$\left(\frac{S}{N}\right)_r = \frac{[E_1(r(t)) - E_0(r(t))]^2}{\sigma_0^{\,2}(r)} \qquad (7.2.17)$$

其中：$E_1(r(t))$ 和 $E_1(z(t))$ 分别表示 H_1 假设条件下 $r(t)$ 和 $z(t)$ 的平均；$E_0(r(t))$ 和 $\dot{E}_0(z(t))$ 分别表示 H_0 假设条件下 $r(t)$ 和 $z(t)$ 的平均。式（7.2.16）和式（7.2.17）中的分子表示信号出现引起的输出功率，分母表示干扰或起伏的输出功率。

（1）积分器的输出均值 $E[z(t)]$

图 7.2.1 中积分器的输入为 $r(t)$，输出 $z(t)$ 可表示为

$$z(t) = h(t) \otimes r(t) \qquad (7.2.18)$$

对 $z(t)$ 取系统平均（系统的直流输出）有

$$E[z(t)] = E\left[r(t) \int_{-\infty}^{\infty} h(t-\tau)\mathrm{d}\tau \right] = E\left[r(t) \int_{-\infty}^{\infty} h(u)\mathrm{d}u \right] \qquad (7.2.19)$$

因为系统传输函数为

$$|H(\omega)| = \int_{-\infty}^{\infty} n(t)\mathrm{e}^{-\mathrm{j}\omega t}\mathrm{d}t \qquad (7.2.20)$$

当 $\omega = 0$ 时，$H(0) = \int_{-\infty}^{\infty} h(t)\mathrm{d}t$，所以系统的直流输出为

$$E[z(t)] = E[r(t)]H(0) \qquad (7.2.21)$$

或写成

$$E[z(t)] = E[r(t)]\delta(\omega)H(\omega)$$

（2）积分器的输出方差为 $\sigma^2[z(t)]$

已知相关函数和功率谱间的傅里叶变换关系为 $R(\tau) = \dfrac{1}{2\pi}\int_{-\infty}^{\infty} G(\omega)\mathrm{e}^{\mathrm{j}\omega t}\mathrm{d}\omega$，且 $G_z(\omega) = |H(\omega)|^2 G_r(\omega)$，由 $\sigma^2[z(t)] = R(0) = \dfrac{1}{2\pi}\int_{-\infty}^{+\infty} G_z(\omega)\mathrm{d}\omega$ 得

$$\begin{aligned}
\sigma^2[z(t)] &= \frac{1}{2\pi}\int_{-\infty}^{\infty} G_z(\omega)\mathrm{d}\omega \\
&= \frac{1}{2\pi}\int_{-\infty}^{\infty} G_r(\omega)|H(\omega)|^2\mathrm{d}\omega
\end{aligned} \qquad (7.2.22)$$

令积分器的积分时间足够长，则积分器的传递函数接近于 $\delta(\omega)$ 函数的形式。换句话说，积分器的带宽极窄，当 $\omega = 0$ 时，输出直流分量比较大，而交流成分通过很弱，因此可把式（7.2.22）近似写为

$$\begin{aligned}
\sigma^2[z(t)] &\approx \frac{1}{2\pi}\int_{-\infty}^{\infty} G_r(0)|H(\omega)|^2\mathrm{d}\omega \\
&= G_r(0)\frac{1}{2\pi}\int_{-\infty}^{\infty}|H(\omega)|^2\mathrm{d}\omega
\end{aligned} \qquad (7.2.23)$$

式（7.2.23）的近似是以 $G_r(0)$ 代替了 $G_r(\omega)$，注意到，$G_r(0) = \int_{-\infty}^{\infty} R_r(\tau)\mathrm{d}\tau$，于是

$$\sigma^2[z(t)] = \int_{-\infty}^{\infty} R_r(\tau)\mathrm{d}\tau\,\frac{1}{2\pi}\int_{-\infty}^{\infty}|H(\omega)|^2\mathrm{d}\omega \qquad (7.2.24)$$

而 $R_r(\tau) = \sigma^2(r)\rho_r(\tau)$，其中 $\rho_r(\tau)$ 为 $r(t)$ 的归一化协方差函数，即归一化自相关函数，于是式（7.2.24）又可写成

$$\sigma^2[z(t)] = \sigma^2[r(t)]\int_{-\infty}^{\infty}\rho_r(\tau)\mathrm{d}\tau \cdot \frac{1}{2\pi}\int_{-\infty}^{\infty}|H(\omega)|^2\,\mathrm{d}\omega \qquad (7.2.25)$$

在单纯噪声 (H_0) 的情况下式（7.2.25）变为

$$\sigma_0^{\,2}[z(t)] = \sigma_0^{\,2}[r(t)]\int_{-\infty}^{\infty}[\rho_r(\tau)]_{H_0}\mathrm{d}\tau \cdot \frac{1}{2\pi}\int_{-\infty}^{\infty}|H(\omega)|^2\mathrm{d}\omega \qquad (7.2.26)$$

利用式（7.2.21），又有

$$[E_1(z) - E_0(z)]^2 = [E_1(r) - E_0(r)]^2 H^2(0) \tag{7.2.27}$$

把式（7.2.25）及式（7.2.26）代入式（7.2.16），得

$$
\begin{aligned}
(\frac{S}{N})_z &= \frac{[E_1(z) - E_0(z)]^2}{\sigma_0^2(z)} \\
&= \frac{[E_1(r) - E_0(r)]^2}{\sigma_0^2(r)} \cdot \frac{1}{\frac{1}{2\pi}\int_{-\infty}^{\infty}\left|\frac{H(\omega)}{H(0)}\right|^2 \mathrm{d}\omega} \cdot \frac{1}{\int_{-\infty}^{\infty}[\rho_r(\tau)]_{H_0}\mathrm{d}\tau}
\end{aligned}
\tag{7.2.28}
$$

令

$$W_r = \frac{1}{2\int_{-\infty}^{\infty}[\rho_r(\tau)]_{H_0}\mathrm{d}\tau}\quad（积分器输入噪声等效谱宽）\tag{7.2.29}$$

$$T = \frac{1}{\frac{1}{2\pi}\int_{-\infty}^{\infty}\left|\frac{H(\omega)}{H(0)}\right|^2 \mathrm{d}\omega}\quad（积分器等效积分时间）\tag{7.2.30}$$

那么式（7.2.28）可改写为

$$(S/N)_z = 2W_r T(S/N)_r \tag{7.2.31}$$

从式（7.2.31）看出，积分器输出信噪比与积分器的等效积分时间、积分器输入噪声过程的等效谱宽和积分器输入端的信噪比有关。

（3）积分器的处理增益

式（7.2.31）表明积分器的处理增益为

$$G = 2W_r T \tag{7.2.32}$$

以下从不同的角度解释积分器处理增益的物理含义。

① 等效积分时间为 T 的积分器对等效谱宽为 W_r 的输入波形进行 T 时段的积分，用抽样思想来说，就是把代表该波形全部信息的 $n = 2TW_r$ 个独立样点相加平均。由于在 SNR 的表达式中，信号功率是直流成分之差的平方，即信号体现在直流成分上，而 n 个点的直流成分是完全相干的，因而以幅度相加，故信号功率增加了 n^2 倍；各样本点的交变或起伏成分代表噪声，而噪声在矩形谱中是彼此不相关的，因而相加后输出噪声功率只增加 n 倍，所以合起来，输出信噪比提高了 $n = 2TW_r$ 倍。

② 从信息论的角度，$2TW_r$ 代表了所利用的信息的数量，利用的信息量越多，系统性能的改善越大。

③ 从电路系统的冲激响应来说，积分时间 T 大，意味着电路的时间常数大，快变化的噪声在输出端得不到显著的响应，因而被平滑了；W_r 越大，噪声中快变化成分就越多，平滑的效果相对也就越好。

④ 从电路系统的频率传输特性来说，输入过程在 $\omega = 0$ 处的线谱 $E^2(r)2\pi\delta(\omega)$ 由 H_0 情况到 H_1 情况的变化量是所需要的信号（直流成分），而交变连续谱 $S_{r-\bar{r}}(\omega)$ 则是叠加的起伏干扰成分。积分时间 T 越大，意味着积分器作为低通滤波器的通频带越窄，越能滤除掉不需要的

起伏干扰。在相同通频带下（积分时间 T 一定），若谱宽 W_r 越大，则噪声谱中落在通频带外的成分所占的百分比越大，低通滤波的相对效果就越显著。

可以证明，对于理想积分器，等效积分时间就等于积分器的积分时间，也等效于被观察信号的作用时间；RC 积分器的等效积分时间为 $T = 2RC$。关于等效噪声谱宽的意义可进行如下解释。

由于

$$R_r(\tau) = \sigma^2(r)\rho_r(\tau) \tag{7.2.33}$$

式（7.2.29）又可写作

$$W_r = \frac{\sigma_0^2(r)}{2\int_{-\infty}^{\infty}[R_r(\tau)]_{H_0}\mathrm{d}\tau} = \frac{\frac{1}{2\pi}\int_{-\infty}^{\infty}G_r(\omega)\mathrm{d}\omega}{2G_r(0)} \tag{7.2.34}$$

式（7.2.34）所表达的等效噪声谱宽 W_r 的意义可通过图 7.2.4 加以解释。从图 7.2.4 中可以看出，噪声过程 $r(t)$ 的等效噪声谱宽 W_r 就是用 $r(t)$ 的功率谱密度 $G_r(\omega)$ 代替高度为 $G(0)$ 的矩形谱而维持其面积不变时该矩形谱的宽度。为了计算各种实用常规接收机的输出信噪比，只要计算 W_r 和 $(S/N)_r$ 的表达式就可以了。W_r 还可以表示为

$$W_r = \frac{1}{2\tau_{\mathrm{ON}}} \tag{7.2.35}$$

$$\tau_{\mathrm{ON}} = \int_0^T [r(t)]_{H_0}\mathrm{d}t$$

τ_{ON} 称为积分器输入端噪声的等效相关半径。

平方率检波器是很难实现的，所以在实用接收机中常用易实现的线性检波器代替它，但相应的输出信噪比有所下降。在小输入信噪比条件下，下降只有 $\pi - 2 \approx 1.1416$ 倍，即 0.57dB，显然是微不足道的，在大输入信噪比的条件下，输出信噪比的损失明显增大，但在这种情况下不造成检测的困难。

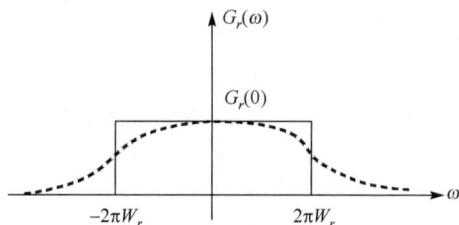

图 7.2.4　等效谱宽的意义

7.2.5　实用能量检测器的检测性能

7.1.1 节给出的最佳宽带能量检测器的性能成为宽带能量检测性能的一种性能上限，但其实现通常有较大困难。最主要的困难在于要预先知道干扰与信号的功率谱，而且实现预选滤波的网络往往有工艺上和技术上的困难。针对干扰及信号的功率谱均未知的情况，实用的宽带能量检测器结构如图 7.2.5 来表示。

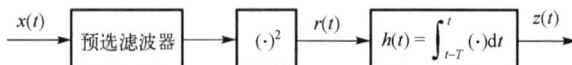

图 7.2.5　实用的宽带能量检测器结构示意图

与最佳检测系统不同的是：实用的宽带能量检测器的预选滤波器一般不具有对干扰进行白化处理和对特定信号与噪声功率谱进行匹配处理的能力。衡量该系统性能的物理量是系统的输出信噪比或系统处理增益。宽带能量检测器是一种重要的信号检测形式。能量统计平均检测是高斯

噪声中高斯信号的最佳检测器。统计平均可以消除随机信号的起伏特征，通过时间域的积分处理可使得目标辐射噪声的能量从背景噪声中显现出来。该系统的接收机无论对连续信号或脉冲信号在判决检测前都相应有一个等效积分器，用以获取时间处理的增益，所以可将积分器部分单独分析，计算出积分器的输出信噪比。如果预选滤波器是一个理想带通、高通或低通滤波器，则它对信号处理没有提供增益，则不再计算它。

可以证明当 $2TW_r$ 足够大时，输入信号的谱为任意形状的功率谱，如图 7.2.5 所示的系统中的输出信号 $z(t)$ 均服从高斯分布。假设 $z(t)$ 中信号是零均值的白高斯随机过程，方差为 σ_s^2；噪声是方差为 σ_n^2 的高斯随机过程，并且与信号独立。在 H_0 条件下，有 $z \sim N(0, \sigma_n^2)$；在 H_1 条件下，有 $z \sim N(0, (\sigma_n^2 + \sigma_s^2))$，于是有统计量似然比为

$$\lambda = \frac{p(x|H_1)}{p(x|H_0)} = \frac{\dfrac{1}{[2\pi(\sigma_s^2 + \sigma_n^2)]} \exp\left[-\dfrac{1}{2(\sigma_s^2 + \sigma_n^2)} \sum_{n=0}^{N-1} z^2[n]\right]}{\dfrac{1}{[2\pi\sigma_n^2]} \exp\left[-\dfrac{1}{2\sigma_s^2} \sum_{n=0}^{N-1} z^2[n]\right]} \qquad (7.2.36)$$

对数似然比为

$$\ln \lambda = \frac{N}{2} \ln\left(\frac{\sigma_n^2}{\sigma_n^2 + \sigma_s^2}\right) + \frac{1}{2}\left(\frac{\sigma_s^2}{\sigma_n^2 + \sigma_s^2}\right) \sum_{n=0}^{N-1} z^2[n] \qquad (7.2.37)$$

因此取检验统计量

$$T = \sum_{n=0}^{N-1} z^2[n] \qquad (7.2.38)$$

当 $T = \sum_{n=0}^{N-1} z^2[n] > \lambda_0$ 时，判 H_1 成立；当 $T = \sum_{n=0}^{N-1} z^2[n] < \lambda_0$ 时，判 H_0 成立。

由于 $\dfrac{T}{\sigma_n^2} \sim \chi_N^2$（在 H_0 条件下），并且 $\dfrac{T}{\sigma_n^2 + \sigma_s^2} \sim \chi_N^2$（在 H_1 条件下），所以检测概率和虚警概率分别为

$$P_{FA} = P\{T > \lambda_0; H_0\} = P\left\{\frac{T}{\sigma_n^2} > \frac{\lambda_0}{\sigma_n^2}; H_0\right\} = Q_{\chi_N^2}\left(\frac{\lambda_0}{\sigma_n^2}\right) \qquad (7.2.39)$$

$$P_D = P\{T > \lambda_0; H_1\} = P\left\{\frac{T}{\sigma_n^2 + \sigma_s^2} > \frac{\lambda_0}{\sigma_n^2 + \sigma_s^2}; H_1\right\} = Q_{\chi_N^2}\left(\frac{\lambda_0}{\sigma_n^2 + \sigma_s^2}\right) \qquad (7.2.40)$$

对于大的 N，可以近似得到检测概率和虚警概率的关系为

$$P_D = Q\left(\frac{Q^{-1}(P_{FA}) - \sqrt{N/2} \cdot \sigma_s^2/\sigma_n^2}{\sigma_s^2/\sigma_n^2 + 1}\right) \qquad (7.2.41)$$

其中：$Q(x) = \int_x^\infty \frac{1}{\sqrt{2\pi}} \exp\left(-\frac{1}{2}t^2\right) \mathrm{d}t$。

对于给定的 P_{FA}，令 $\lambda_0' = \dfrac{\lambda_0}{\sigma_n^2}$，那么

$$P_D = Q_{\chi_N^2}\left(\frac{\lambda_0/\sigma_n^2}{1+\sigma_s^2/\sigma_n^2}\right) = Q_{\chi_N^2}\left(\frac{\lambda_0'}{1+\sigma_s^2/\sigma_n^2}\right) \tag{7.2.42}$$

可以看出，随着 σ_s^2/σ_n^2 的增大， $Q_{\chi_N^2}$ 函数的自变量减小，这样 P_D 将增大。若定义信噪比 $SNR = 10\lg(\sigma_s^2/\sigma^2)$ ，可以画出能量检测器的性能曲线如图 7.2.6 所示。图 7.2.7 即是在虚警概率为 10^{-4} 的情况下，分别取信号长度为 256、512、1024、2048 四种情况下的能量检测器的检测性能曲线。

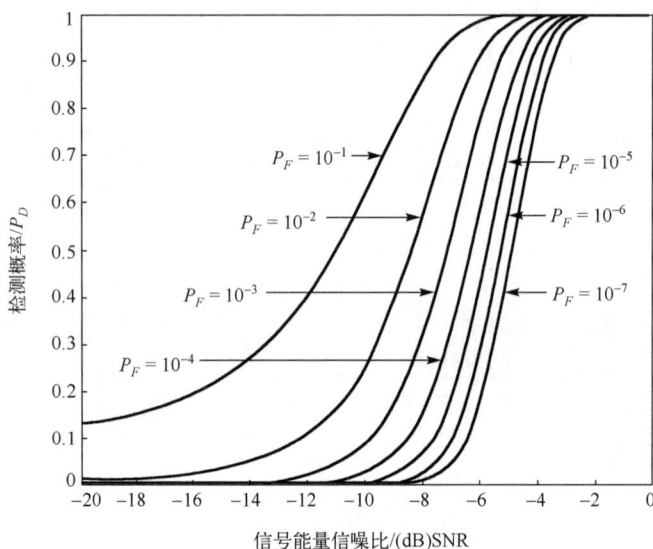

图 7.2.6　能量检测器的性能曲线

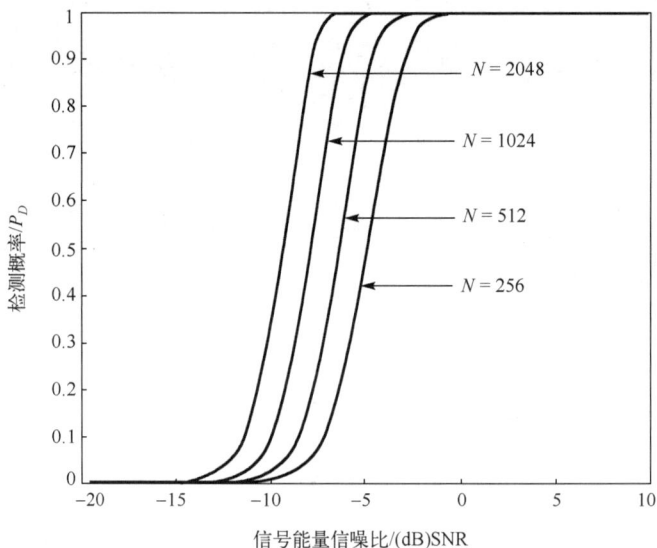

图 7.2.7　N 对能量检测器性能的影响

我们可以对海洋环境噪声背景长时间地进行实时观测，当有目标通过时，能量统计平均的输出电平将有所变化，此变化值可以用来估计出目标通过时接收到的信号功率变化，进而

估计出输入信噪比。因此，能量检测器可以用来估计信号的功率或是输入信噪比。当没有目标，且仅有噪声时，噪声的功率为

$$\hat{\sigma}_n^2 = \frac{1}{N} \sum_{n=0}^{N-1} n^2(n) \qquad (7.2.43)$$

当目标出现时，基于信号与噪声相互独立的假设，估计的信号功率加噪声功率可表示为

$$\hat{\sigma}_n^2 + \hat{\sigma}_s^2 = \frac{1}{N} \sum_{n=0}^{N-1} [s(n) + n(n)]^2 \qquad (7.2.44)$$

根据上述两式，即可估计出舰船通过时信噪比随时间的变化。

习　题

1. ①给出在低信噪比条件下进行微弱信号检测时实用宽带能量检测器的结构框图。②如果信号和噪声为任意功率谱的情况，请说明最佳宽带能量检测器中预选滤波器的功用和其传输函数的形式。③实用的宽带检测器与最佳宽带能量检测器的主要差异有哪些？

2. χ_N^2 随机变量可以看作为 N 个 $N(0,1)$ 独立随机变量平方之和，所以，根据中心极限定理，对于大的 N，可以用高斯随机变量来近似。首先，对于大的 N 求出 $Q_{\chi_N^2}(x)$ 的近似，然后根据这个近似来证明能量检测器的性能由下式给出

$$P_D \approx Q\left(\frac{Q^{-1}(P_f) - \sqrt{\dfrac{N}{2}} \dfrac{\sigma_s^2}{\sigma^2}}{\dfrac{\sigma_s^2}{\sigma^2} + 1} \right)$$

3. 求方差为 σ^2 的 WGN 中的随机信号 $s[n]$ 的 NP 检测器。假定信号的均值为零，协方差矩阵为 $\boldsymbol{C}_s = \mathrm{diag}(\sigma_{s_0}^2, \sigma_{s_1}^2, \cdots, \sigma_{s_{N-1}}^2)$，观测到的数据样本是 $x[n]$，$n = 0,1,\cdots,N-1$。

4. 在方差为的 σ^2 的 WGN 中检测信号 $s[n] = Ar^n$，$n = 0,1,\cdots,N-1$。其中 $0 < r < 1$，A 和 $n[n]$ 是相互独立的，求 NP 检验统计量。

*第8章 时变高斯背景的恒虚警检测

在实际工程应用中，信号检测系统设计通常假设环境噪声服从高斯分布，但是实际噪声的参数往往未知且时变。若噪声的强度是时变的，在奈曼–皮尔逊准则下采用传统固定门限的检测就会导致虚警概率产生不确定性的波动。针对这个问题，在声呐和雷达系统中普遍采用恒虚警（Constant False Alarm Rate，CFAR）检测技术。该技术通过动态调整检测门限，确保系统在噪声强度变化时总能保持恒定的虚警概率。恒虚警检测常采用的方法有两类，分别为参量型恒虚警检测器（背景分布已知或可检验的情况）和非参量型恒虚警检测器（干扰背景分布是变化的、未知的和不可检验的情况）。

本书特别针对小型便携式自主检测装置的应用需求，给出了两类实用化的恒虚警检测方法，包括时变噪声背景的恒虚警检测和混响背景的恒虚警检测。这些方法通过合理的近似处理和优化算法设计，在保证检测性能的同时，显著降低了计算复杂度，非常适合资源受限的嵌入式系统实现。

8.1 高斯分布时变背景中的恒虚警门限

由 2.3 节 NP 准则可知，当 $P_F = a$ 时，由 $P_F = \mathrm{Pr}\{T(x) > \gamma'; H_0\} = \int_{\gamma'}^{\infty} p(T; H_0)$ 求得检测门限 γ'，其中 $p(T|H_0)$ 是检验统计量在 H_0 条件下的概率密度函数，判断 H_1 成立的条件为

$$T(x) = \frac{1}{N} \sum_{n=1}^{N-1} x[n] > \frac{\sigma^2}{NA} \ln \gamma + \frac{A}{2} = \gamma'$$

在 H_0 条件下，$T(x) \sim N(0, \sigma^2/N)$，所以

$$P_F = Q\left(\frac{\gamma'}{\sqrt{\sigma^2/N}}\right) \tag{8.1.1}$$

由此得出 $\gamma' = \sqrt{\sigma^2/N} Q^{-1}(P_F)$。

很显然，门限 γ' 与高斯白噪声的方差 σ^2 有关，如果噪声方差 σ^2 未知，那么门限 γ' 就不能确定。在设计检测器时，噪声方差未知，甚至噪声概率密度函数不完全已知的情况是非常普遍的。在噪声方差未知的情况下，为了确定检测门限 γ'，一种可能的方法是在假定 H_0 为真的条件下估计噪声方差 $\hat{\sigma}^2$，然后令 $\gamma' = \sqrt{\hat{\sigma}^2/N} Q^{-1}(P_F)$。本节讨论噪声的分布为高斯分布，噪声的变化仅为参数的变化，这种情况下需要先对参数进行估计，然后进行归一化处理可达到恒虚警的目的。由于这种方法依赖于概率分布的具体形式，因此属于参量检测器。

变参数高斯分布噪声条件下理想的恒虚警检测器结构由图 8.1.1 给出，该恒虚警检测器由参数估计（均值和方差估计）和归一化处理两部分组成，其任务是对输入信号 $x(t)$ 先进行参数估计，然后将归一化运算的结果送入似然比检测器。取观察点前后共 M 组的数值平均得到估计参数，这种方法称为单位平均。这是一种滑动窗的平均，观察点位于滑动窗的中心。

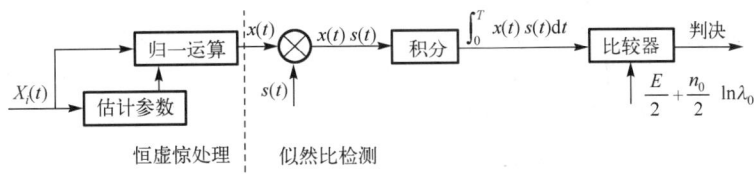

图 8.1.1　变参数高斯分布噪声条件下理想的恒虚警检测器结构

8.1.1　高斯分布随机过程的归一化方法及点估计

归一化运算所用的参数和方法与概率分布的具体形状有关，对于均值为 μ、方差为 σ^2 的高斯分布的随机过程 $X(t)$，其归一化运算为

$$X'(t) = \frac{X(t) - \mu}{\sigma} \tag{8.1.2}$$

在实际的信号检测运算中，μ 和 σ 都是未知的，必需通过采样所得的有限观测值得出均值和方差的估值 $\hat{\mu}$ 和 $\hat{\sigma}^2$，于是归一化运算实际上为

$$X'(t) = \frac{X(t) - \hat{\mu}}{\hat{\sigma}} \tag{8.1.3}$$

这样进行归一化处理后的检测性能较理想检测性能会有一定程度的下降，这是因为估计量 $\hat{\mu}$ 和 $\hat{\sigma}^2$ 是在有限次平均下得到的，仍为随机变量，从而增大了判决的不确定性。

在小型信号检测系统中，特别是实时性要求很高的引信系统，为了简化运算可以不必进行上述归一化运算。在以下几节讨论自动检测器中，利用自动门限的生成技术及某些实际的平均处理算法，目的是得到不同应用条件下实用的恒虚警处理的自动检测器。

在上述参数估计中，需注意的是随机变量存在着可能值的分布范围，因此，需要明确理解随机变量和随机变量的一个可能值之间的差别。假设 $x_1, x_2, \cdots, x_N$ 为总体 $N(\mu, \sigma^2)$ 的一个样本，根据数理统计理论，其平均值 $\bar{x}$ 是均值 μ 的无偏点估计；样本方差 s^2 是总体方差的无偏点估计。$\bar{x}$ 和 s^2 分别表示为

$$\bar{x} = \frac{x_1 + x_2 + \cdots + x_N}{N} = \frac{1}{N} \sum_{i=1}^{N} x_i = \hat{\mu} \tag{8.1.4}$$

$$\begin{aligned} s^2 &= \frac{(x_1 - \hat{\mu})^2 + (x_2 - \hat{\mu})^2 + \cdots + (x_N - \hat{\mu})^2}{N-1} \\ &= \frac{1}{N-1} \sum_{i=1}^{N} (x_i - \hat{\mu})^2 = \hat{\sigma}^2 \end{aligned} \tag{8.1.5}$$

随机过程总体的特征有：均值 μ 和方差 σ^2 是确定的；但相应的样本均值 $\bar{x}$ 和方差 s^2 的估计值却因样本不同而不同，是随机的。根据观测值取得 $\bar{x}$ 和 s^2 用于估计非随机量 μ 和 σ^2 只是一种逼近。

8.1.2　方差已知时均值的置信区间估计

方差已知时均值的置信区间估计的这种情形实际上并不多见，但却是一般性分析的基础。若随机过程的均值为 μ，则 $\bar{x}$ 是 μ 的无偏估计。一般情形下，观测值 $\bar{x}$ 不等于 μ，但 $\bar{x}$ 在 μ 附

近的一个区间内，$\bar{x}$ 可不同程度的逼近 μ，为此引入均值 μ 估计置信区间的概念。置信区间不是用一个数值给出均值的估值，而是用一个均值可能存在的区间表示均值的估值。如果样本的尺度为 N，则可以求出实际存在未知均值 μ 的区间估计，并用置信度表示 μ 存在于此区间的概率。对 μ 的这个区间估计称为置信区间。置信区间不仅表示 μ 的样本估值 $\bar{x}$，还表示 $\bar{x}$ 的可能变化范围。

对于方差已知为 σ^2、尺度为 N 的独立采样值，$\bar{x}$ 的分布是均值为 μ，方差为 σ^2/N 的高斯分布。如果采样值的总体是高斯分布的，这一结论严格正确；如果采样值的总体不服从高斯分布，但 N 充分大，可以认为 $\bar{x}$ 是近似高斯分布的。可以证明，当 N 很大时，有

$$z = \frac{\bar{x} - \mu}{\sigma/\sqrt{N}} \sim N(0,1) \tag{8.1.6}$$

且分布 $N(0,1)$ 不依赖于 μ。如果希望得到 μ 的 90% 的置信区间，即以 $1-\alpha = 90\%$ 的概率确定均值 μ 存在于此区间，则有

$$p(-z_{\alpha/2} < z < z_{\alpha/2}) = 1 - \alpha$$
$$p(-1.645 < z < 1.645) = 90\% \tag{8.1.7}$$

查正态分布表得 $z_{\alpha/2} = z_{0.05} = 1.645$，如图 8.1.2 所示。将式（8.1.6）代入式（8.1.7），得

$$0.90 = p\left(-1.645 < \frac{\bar{x} - \mu}{\sigma/\sqrt{N}} < 1.645\right)$$
$$= p\left(\bar{x} - 1.645\frac{\sigma}{\sqrt{N}} < \mu < \bar{x} + 1.645\frac{\sigma}{\sqrt{N}}\right) \tag{8.1.8}$$

式（8.1.8）表明，对一个尺度为 N 的样本计算估值 $\bar{x}$，则总体的均值 μ 存在于区间 $\bar{x} \pm 1.645 \cdot \dfrac{\sigma}{\sqrt{N}}$ 的概率为 90%。一般地说，如果希望求得 μ 的 $100(1-\alpha)\%$ 置信区间，则首先应该有

$$p(-z_{\alpha/2} < z < z_{\alpha/2}) = 1 - \alpha \tag{8.1.9}$$

代入 $z = (\bar{x} - \mu)/(\sigma/\sqrt{N})$，$100(1-\alpha)\%$ 置信区间可被导出为

$$[\bar{x} - z_{\alpha/2}\sigma/\sqrt{N}, \bar{x} + z_{\alpha/2}\sigma/\sqrt{N}) \tag{8.1.10}$$

概率 $1-\alpha$ 称为**置信度**。区间的宽度为 $2 \cdot z_{\alpha/2}\sigma/\sqrt{N}$，可表示 μ 的区间估计的精确程度。$\bar{x} - z_{\alpha/2}\sigma/\sqrt{N}$ 与 $\bar{x} + z_{\alpha/2}\sigma/\sqrt{N}$ 分别称为**置信下限**和**置信上限**，统称为**置信限**。

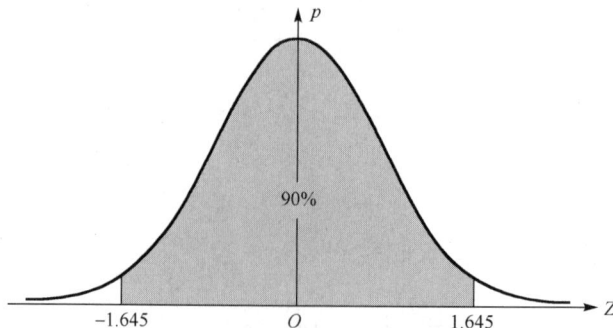

图 8.1.2　z 在 -1.645 和 1.645 之间的概率分布

8.1.3　方差未知时均值的置信区间估计

若被采样（观测）数据的总体具有均值 μ 和方差 σ^2，则样本统计量 $z = \dfrac{\overline{x} - \mu}{\sigma / \sqrt{N}} \sim N(0,1)$，并且与 μ 和 σ^2 的取值无关。但是，在大多数情况下，σ^2 是未知的，也需用估值 $\hat{s}^2$ 来逼近，这时，样本统计量为

$$z_s = \frac{\overline{x} - \mu}{\hat{s} / \sqrt{N}} \sim t(N-1) \tag{8.1.11}$$

且该分布与均值 μ 和方差 σ^2 都无关，但与样本尺度 N 有关，随着 N 的增大，t 分布的形状接近高斯分布。这个结果说明随着 N 增大，$\hat{s}^2$ 越来越接近 σ^2，故 $z_s = \dfrac{\overline{x} - \mu}{\hat{s} / \sqrt{N}}$ 的分布越来越接近 $z = \dfrac{\overline{x} - \mu}{\sigma / \sqrt{N}}$ 的分布。

影响 t 分布形状的唯一参数是自由度，t 统计量具有 $N-1$ 自由度。这是因为当用 s^2 估计 σ^2 时是由偏移量 $d_i = x_i - \overline{x}$ 的平方和导出的，有 $N-1$ 个独立的 d_i 是可自由选择的。**自由度的概念就是有多少个 d_i 是可自由选择的。**

因为 $\hat{s}^2 = \dfrac{1}{N-1} \sum\limits_{i=1}^{N}(x_i - \overline{x})^2 = \dfrac{d_1^2 + d_2^2 + \cdots + d_N^2}{N-1}$，虽然存在 N 个独立的采样值或观测值，但 $\sum\limits_{i=1}^{N} d_i = \sum\limits_{i=1}^{N}(x_i - \overline{x}) = \sum\limits_{i=1}^{N} x_i - n\overline{x} = 0$。如果有 N 个相对于均值的偏移量，则只能确定 $N-1$ 个偏移量，即自由度数为 $N-1$。由于 s^2 是由这些偏移量计算出的，不难理解 s^2 只来源于 $N-1$ 个独立的数据。这就是 t 分布具有 $N-1$ 个自由度的原因。

现在说明当总体方差未知时，如何计算未知均值的置信区间的问题。假定总体是高斯分布的，已知 $t = \dfrac{\overline{x} - \mu}{\hat{s} / \sqrt{N}} \sim t(N-1)$，若希望计算 $100(1-\alpha)\%$ 置信区间，则可由 t 分布表确定 $t_{\alpha/2}$ 值，得出

$$\begin{aligned}
1 - \alpha &= P\left\{ -t_{\alpha/2} < \frac{\overline{x} - \mu}{\hat{s} / \sqrt{N}} \leqslant t_{\alpha/2} \right\} \\
&= P\left\{ \overline{x} - \frac{\hat{s}}{\sqrt{N}} t_{\alpha/2} < \mu < \overline{x} + \frac{\hat{s}}{\sqrt{N}} t_{\alpha/2} \right\}
\end{aligned} \tag{8.1.12}$$

根据式（8.1.12），利用接收信号的观测值，可得到均值的置信区间。由于 $t_{\alpha/2}$ 满足

$$p\left\{ \left| \frac{\overline{x} - \mu}{\hat{s} / \sqrt{N}} \right| > t_{\alpha/2} \right\} = \alpha，\quad t_{\alpha/2} \text{ 也称双侧 } \alpha \text{ 百分位点。}$$

当自由度 $N-1 > 35$ 时，t 分布可以近似地用高斯分布表示，且这种代替引起的误差很小。

8.1.4　Neyman-Pearson 准则自动门限与上置信限的关系

以下证明**置信区间的置信限就是 Neyman-Pearson 准则下似然比检测的最佳门限。**在实

际信号检测中，可以利用干扰背景的观察值估计样本的均值 $\bar{x}$ 和方差 s^2。若计算置信度为 $100(1-\alpha)\%$ 的置信区间，即可得式（8.1.12）。根据统计数学的概念，这就意味着噪声的均值 μ 落入置信区间以外的概率为 α；而根据统计信号检测理论这相当于无信号时的虚警概率为 $P_F = \alpha$。自然，置信限 $\bar{x} - \dfrac{s}{\sqrt{N}} t_{\alpha/2}$ 与 $\bar{x} + \dfrac{s}{\sqrt{N}} t_{\alpha/2}$ 的物理意义等效于似然比检测的最佳门限，概率分布如图 8.1.3 所示。图 8.1.3 是存在上下双门限的情形，即置信区间存在上下置信限的情形。双门限的意义是不难理解的，它意味着无信号时噪声的均值 $\bar{x}$ 低于下门限或高于上门限的总概率为 α。而第 2 章的图 2.3.4 的结果表明虚警概率为单侧门限，因为这种情形下置信区间只有上置信限。图 8.1.4 为单侧百分位点即单门限的分布，该图更直观地解释了上置信限与最佳门限的关系。

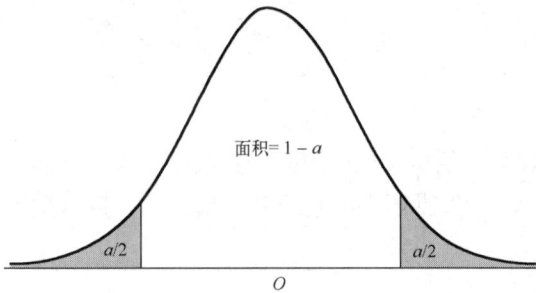

图 8.1.3　双门限即双侧百分位点　　　　　　　图 8.1.4　单门限即单侧百分位点

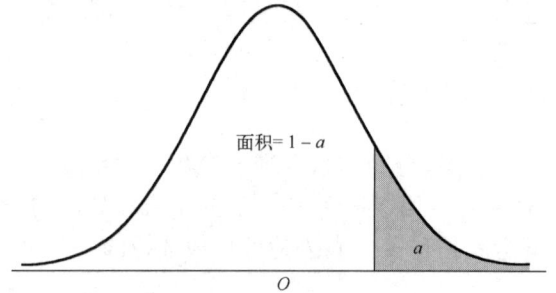

8.2　慢时变背景中的时域自动门限形成技术

实际的干扰背景通常是时变的，有时信号也存在起伏。如果噪声背景变化的时间尺度小于信号变化的时间尺度，则称为快起伏；如果噪声背景变化的时间尺度大于信号变化的时间尺度，则称为慢起伏。慢起伏也称为慢时变背景，实际情形下的许多背景噪声的变化是充分缓慢的，以水下噪声为例，有时需要 10 min 以上才能观测到明显的变化。

对于高斯分布，背景的变化可视为参数的变化。如果背景的变化总是缓慢的，对信号检测系统来说可以认为在充分长的一段时间里噪声背景是平稳的，并用噪声背景参数的估值来计算似然比检测器的准最佳门限，如图 8.2.1 所示。

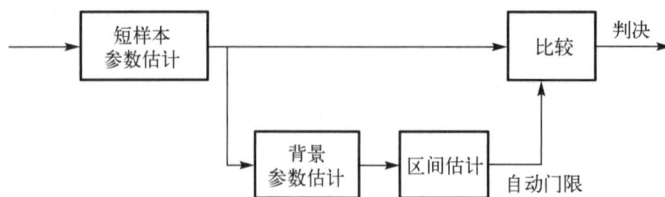

图 8.2.1　慢时变背景中自动门限技术框图

计算背景噪声参数所用的观测值越多，逼近最佳门限的效果越好。自然，由于背景的时变性，样本尺度的增大受到一定限制。在信号检测的实际问题中，为了得到背景参数的实时的精确估值，可以采用不同的平均算法，以下分别进行讨论。

8.2.1 均匀加权平均与指数加权平均

对随机信号进行多次采样后平均，可以平滑快速起伏，消除部分随机噪声，提高信噪比。如果随机过程是平稳的，可采用线性平均法，即

$$\overline{x} = \frac{1}{N}\sum_{n=1}^{N} x_n \tag{8.2.1}$$

线性平均还可以采用序贯算法，即

$$\overline{x_n} = \frac{(n-1)\overline{x_{n-1}} + x_n}{n} \tag{8.2.2}$$

其中：$\overline{x_n}$ 是当前平均值；$\overline{x_{n-1}}$ 是先前平均值；x_n 是当前采样值；n 是平均的次数（样本点数）。所有的 x_n 值对通过该算法得到的线性加权平均结果都产生同样的影响。当 $n=N$ 时，运算结束。

如果处理的非平稳信号缓慢地随时间变化，那么为了提高信噪比，也可以采用多次采样，用指数加权平均法。指数加权平均法可表示为

$$\overline{x_n} = (1-\alpha)\overline{x_{n-1}} + \alpha x_n, \quad (0 < \alpha < 1) \tag{8.2.3}$$

指数加权平均法既具有移动平均法的优点，又减少了运算过程中的数据计算所需要的储存量，同时还考虑到不同时期的数据起到的作用不同而对系数采用分别加权。指数平滑法的关键就是如何确定 α 的取值。通常 α 值的大小既与数据波动状况有关，也与其反映近期数据的能力有关。为了使最新的数据对平均值有最大影响，而旧的数据将逐渐被"忘却"，通常取 $\alpha = 2/N$，式（8.2.3）可表示为

$$\overline{x_n} = \frac{(N/2-1)\overline{x_{n-1}} + x_n}{N/2} \tag{8.2.4}$$

8.2.2 连续滑动平均与自动门限

针对不同数据用式（8.2.1）做不同点数的滑动平均，平滑点数越多越趋于全局平均，不能反映数据的上下浮动。在引信技术中，用平均计算求背景参数的估值会遇到更复杂的情况，一方面背景是时变的，给参数估计带来不确定性；另一方面当目标接近引信系统时无法得到纯净的背景。为此，本节介绍时域加窗的平均算法。以下讨论连续滑动平均线性算法及其窗函数效应。这种算法的优点是简单、实时性好。图 8.2.2 是三次连续滑动平均检测的原理。

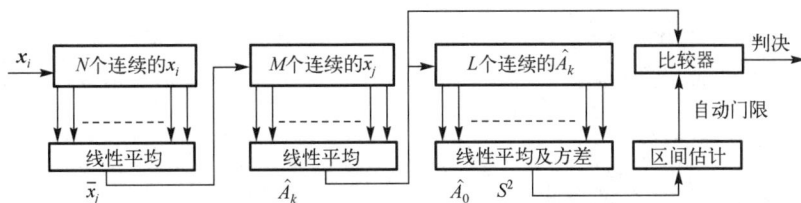

图 8.2.2 三次连续滑动平均检测的原理

在估计参数时先取观测点 x_i 前后共 N 个采样值 $\boldsymbol{x}_i$，平均得到 $\overline{x}_j$。为了得到连续的参数估计，被平均的 N 个点是时间滑动的，一个新的样本点顶掉一个旧的样本点，所以这是一种滑

动平均，观测点位于滑动窗的中心。在图 8.2.2 中，$\boldsymbol{x}_i = \begin{cases} [x_{i-(N-1)/2},,\cdots x_i,\cdots x_{i+(N-1)/2}]^{\mathrm{T}}, & N\text{为奇数} \\ [x_{i-1-N/2},,\cdots x_i,\cdots x_{i+N/2}]^{\mathrm{T}}, & N\text{为偶数} \end{cases}$

N 点时间滑动的平均结果为

$$\overline{x}_j = \frac{1}{N}\sum_{i=i}^{i+N-1} x_i \tag{8.2.5}$$

其中：$i=1,2,3,\cdots$；$j=\dfrac{N}{2},\dfrac{N}{2}+1,\cdots$。再对平均结果做第二次 M 点时间滑动的线性平均得

$$\hat{A}_k = \frac{1}{M}\sum_{j=j}^{j+M-1} \overline{x_j} \tag{8.2.6}$$

设 $M < N$，则

$$\begin{aligned}\hat{A}_k &= \frac{1}{MN}[x_i + 2x_{i+1} + \cdots (M-1)x_{i+M-2} + M(x_{i+M-1} + \cdots + x_{i+N-1}) + \\ &\quad (M-1)x_{i+N} + (M-2)x_{i+N+1} + \cdots + x_{i+N+M-2}] \\ &= \frac{1}{MN}\sum_{i=i}^{i+M+N-2} W_i x_i\end{aligned} \tag{8.2.7}$$

其中：$i=1,2,3\cdots$；$k=\dfrac{M+N}{2},\dfrac{M+N}{2}+1,\cdots$；$W_i$ 表示梯形窗函数，连续两次时间滑动线性平均得到的梯形窗的滑动平均结果。

对 $\hat{A}_k$ 做第三次滑动平均处理，得出背景噪声的均值和方差的估计值 $\hat{A}_o$ 和 S^2。设参与第三次平均处理的样本点 $\hat{A}_k$ 的个数为 L，假设 $L>N$，可用求 $\hat{A}_k$ 的类似方法得均值估计值

$$\hat{A}_o = \frac{1}{L}\sum_{o=0}^{o+L-1} \hat{A}_k = \frac{1}{MNL}\sum_{i=1}^{L+M+N-2} \overline{W_i} x_i \tag{8.2.8}$$

式中 $i=1,2,3\cdots$；$o=\dfrac{L+M+N}{2},\dfrac{L+M+N}{2}+1,\cdots$；$W_i$ 为时间窗函数，其分段表达式为

$$W_i = \begin{cases} \sum(i), & i=1\sim M \\ \sum(M)+(i-M)M, & i=M+1\sim N \\ \sum(M)+(N-M)M+[\sum(M-1)-\sum(N+M-i-1)], & i=N+1\sim N+M-2 \\ 2\sum(M-1)+(N-M)M, & i=N+M-1\sim L \\ \sum(M)+(N-M)M+[\sum(M-1)-\sum(i-L)], & i=L+1\sim L+M-2 \\ \sum(M)+(L+N-i-1)M, & i=L+M-1\sim L+N-2 \\ \sum(L+N+M-i-1), & i=L+N-1\sim L+N+M-2 \end{cases} \tag{8.2.9}$$

其中：$\sum(U)$ 表示由 1 到 U 的累积。

方差估值为

$$s^2 = \frac{1}{L-1}\sum_{k=1}^{L}(\hat{A}_k - \hat{A}_o)^2 = \frac{1}{MN(L-1)}\sum_{i=1}^{L+M+N-2}(W_i x_i - \hat{A}_o)^2 \tag{8.2.10}$$

图 8.2.3 是当 $M=8,N=12$ 时，连续两次滑动平均的窗函数。图 8.2.4 是的当 $M=8,N=12,L=37$ 时，连续三次滑动平均的窗函数。在这种变窗长的加窗背景参数估计中，加窗的效果不但减弱了旧样本点的影响，而且减弱了当目标接近时的边缘效应所导致的背景参数估计偏差。

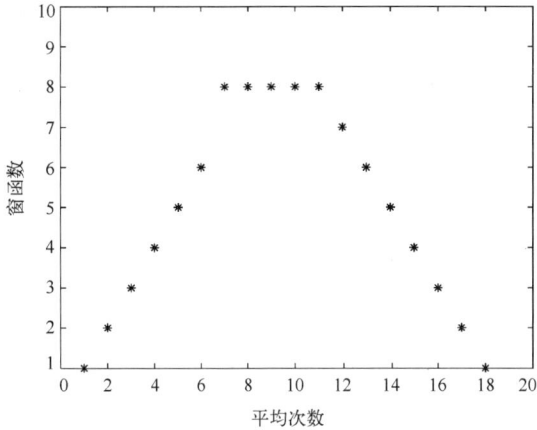

图 8.2.3　连续两次滑动平均的窗函数

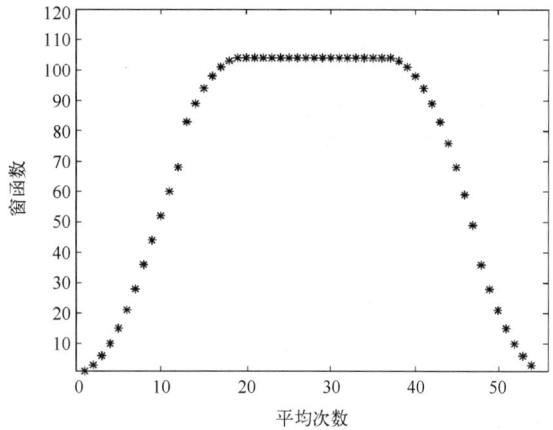

图 8.2.4　连续三次滑动平均的窗函数

8.3　混响背景中浮动门限恒虚警检测及性能

混响作为主动工作方式下特有的背景干扰，一直是水声信号处理的难题，它大大限制了近程探测系统的作用距离和参数估计性能。因此，如何根据背景干扰的特点，寻找简单有效的混响抑制方法一直以来都是研究的热点。本节讨论在一种利用混响自回归（AR）模型构造的预白化匹配滤波器的基础上，利用混响自回归模型匹配滤波处理的信号，在检测的同时结合自适应浮动门限，实现恒虚警检测的方法。

8.3.1　混响自回归模型

混响可以看成是由大量不均匀性物质对声波的散射所形成的。由 Word 分解可知，随机分布的混响随机时间序列 $u(n)$ 可以看成一个白噪声序列 $v(n)$ 激励一个线性系统的输出。对于线性系统，输入 $v(n)$ 和输出 $u(n)$ 之间有如下关系

$$u(n) = -\sum_{k=1}^{p} a_k u(n-k) + v(n) \tag{8.3.1}$$

$$H(z) = \frac{1}{1 + \sum\limits_{k=1}^{p} a_k z^{-k}} \tag{8.3.2}$$

其中：a_k 是混响 AR 模型系数；p 是混响 AR 模型的阶数；$v(n)$ 是方差为 σ^2 的白噪声。由式（8.3.2）可以得出混响序列 $u(n)$ 的功率谱密度为

$$P(z) = \frac{\sigma^2}{\left| 1 + \sum\limits_{k=1}^{p} a_k z^{-k} \right|^2} \tag{8.3.3}$$

混响 AR 模型系数可以用自相关法、协方差法、最大似然法等求出。

8.3.2 预白化匹配滤波

混响 AR 模型给出了混响预白化的思路，即如果输入 $v(n)$ 是一个白噪声，方差为 σ^2，可求得一组系数 $a_1, a_2, \cdots, a_p$，使得模型输出为一个混响信号，那么我们就可以利用混响 AR 模型的逆过程得到一个白噪声序列，从而实现混响序列的预白化。

本节根据上述方法，把混响看成一个局部平稳的色高斯随机过程，按照发射信号长度对接收数据分段，利用混响 AR 模型谱估计方法估计出第 k 段数据的谱，进而构造白化滤波器对第 $k+1$ 段数据进行预白化处理，先把色噪声转化为白噪声，再去除其相关性，达到混响抑制目的。

在混响局部平稳条件下，若混响 AR 模型系数已经由混响数据有效地估计出，即 $a_1, a_2, \cdots, a_p$，则预白化滤波器可表示为

$$A(z) = \frac{1}{H(z)} = 1 + \sum_{k=1}^{p} a_k z^{-k} \qquad (8.3.4)$$

经过预白化处理的信号的检测问题变为高斯白噪声背景下的二元检测问题，即

$$\begin{cases} H_0 : x(t) = s(t) + n(t) \\ H_1 : x(t) = n(t) \end{cases} \qquad (8.3.5)$$

其中，$x(t)$ 为白化后的数据段；$s(t)$ 为白化后的信号；$n(t)$ 为白化处理后的干扰。

在主动声呐中，匹配滤波器是高斯白噪声背景下的最佳检测器，广泛应用于检测中的降噪与抗混响处理。可以用将预白化滤波器与匹配滤波器相结合的方法进行检测，此时，匹配滤波器的复制信号为发射信号经预白化处理后的信号。

8.3.3 自适应浮动门限检测

由于混响 AR 模型是建立在混响局部平稳等假设前提下，实际中有时并不能很好地满足这些条件。由于信号出现时间未知，数据段划分等问题也都会对混响 AR 模型建立的准确性产生影响，从而降低匹配滤波器的性能。对于传统的经匹配滤波后，根据 N-P 准则确定固定门限对信号进行恒虚警检测的方法，其检测性能会受到很大影响。针对此问题，在基于混响 AR 模型预白化匹配滤波的基础上，采用自适应浮动门限的恒虚警检测方法。

经白化及匹配滤波处理后的数据，其输出噪声包络的概率密度函数服从瑞利分布，即

$$p(x|H_0) = \frac{x}{\sigma^2} \exp\left(-\frac{x^2}{2\sigma^2}\right) \qquad (8.3.6)$$

如果信号的检测门限为 VT，则虚警概率为

$$P_F = \int_{VT}^{\infty} p(x|H_0)\mathrm{d}x = \exp\left(-\frac{VT^2}{2\sigma^2}\right) \qquad (8.3.7)$$

这样，当在恒虚警条件下，采用固定门限检测时，由于预白化匹配滤波效果不佳，混响干扰的非平稳性仍然存在，其方差 σ^2 会不断变化，这样就会影响恒虚警概率，所以必须采取一定的恒虚警处理方法，实现恒虚警检测，提高检测性能。

进行归一化处理，令 $u = x/\sigma$，则

$$p(u \mid H_0) = u \exp\left(-\frac{u^2}{2}\right) \tag{8.3.8}$$

显然，变量 u 的分布与干扰强度 σ 无关。这样对 u 采用固定门限检测就不会因为噪声强度改变而引起虚警概率变化。

对式（8.3.7）进行推导可得

$$\mathrm{VT} = \sigma\sqrt{2\ln P_F^{-1}} = 2E(x)\sqrt{\ln P_F^{-1}/\pi} \tag{8.3.9}$$

其中：$E(x)$ 为背景干扰均值。　可见，恒虚警检测技术的关键是自动形成与噪声干扰环境相匹配的自动门限检测电平。根据上述推导，只要准确估计出背景干扰噪声的均值 $E(x)$，就能实现恒虚警检测。

为了尽可能准确地估计 $E(x)$，用于估计的样本应合理选择。假设用于噪声电平估计的样本总数为 N_t，若其中出现虚警的单元数为 N_{fa}，则虚警频率为 N_{fa}/N_t。当 $N_t \to \infty$ 时，虚警频率等于虚警概率 P_F。根据概率论中 Bernoulli 大数定理，假如允许虚警频率与虚警概率之间的差别小于 εP_F（εP_F 为小于 1 的任意正数），则满足这一要求的概率为

$$P\left[\left|\frac{N_{fa}}{N_t} - P_F\right| < \varepsilon P_F\right] \geq 1 - \frac{P_F(1-P_F)}{\varepsilon^2 P_F N_t} \tag{8.3.10}$$

如果要求这一概率必须大于某值 p，解得

$$N_t \geq \frac{1 - P_F}{\varepsilon^2 P_F(1-p)} \tag{8.3.11}$$

例如，若 $\varepsilon = 0.5, p = 0.9$，则当 $P_F = 10^{-2}$ 时，$N_t \geq 4000$。

在实际信号处理中，要获得如此大的噪声样本数是不现实的，需要采用一种简单而有效的自适应浮动门限恒虚警检测方法。该方法首先采集一段背景噪声，对其求和取平均。完成平均值估计，并将其设为浮动门初始门限。当开始对信号进行检测时，取一段加了噪声干扰的信号，计算其均值，将其与浮动门限进行比较，根据浮动门限电平进行判决检测。如果没有超过门限，则认为信号不存在，并将此次计算出的均值与上次递归运算得到的门限值进行加权运算，对浮动门限进行修正。所得结果即为信号检测的自动门限电平，其流程如图 8.3.1 所示。

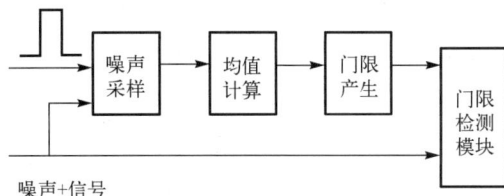

图 8.3.1　自适应浮动门限恒虚警检测流程图

利用蒙特卡罗方法对 5000 次试验结果做统计分析,得到了自适应浮动门限的经验公式为

$$\mathrm{VT}_{K+1} = \mathrm{VT}_K + \frac{1}{P + \overline{C}\big/\mathrm{VT}_K} \cdot (\overline{C} - \mathrm{VT}_K) \tag{8.3.12}$$

其中：P 为调整门限浮动大小的参数；$\overline{C}$ 为每次所截取数据的均值。

这种方法不仅利用了当前处理的数据，还利用了过去的数据平均电平估计结果，这相当于增大了用于噪声平均电平估计的噪声样本数，所以能够获得良好的检测效果。

8.3.4　检测性能分析

混响数据是在某外场采集的，采样频率为 50kHz。试验中，发射信号脉宽为 5ms，频率为 10kHz 的 CW 脉冲，实测混响信号如图 8.3.2 所示。利用基于混响 AR 模型分段预白化方法对混响进行预白化处理，图 8.3.3 是混响未经预白化处理与经预白化处理的自相关函数对比。从图 8.3.3 中可以看出，由于混响的非平稳性以及混响 AR 模型建模精确性以及数据段划分等因素的影响，混响不能很好地被白化，仍具有一定的相关性，这将会影响后续的检测性能。图 8.3.4 为信号出现在 3000 点、信混比为 2dB 时，回波信号经预白化匹配滤波处理后的结果。可以看出，混响背景预白化效果不佳，仍具有起伏。在假设预白化效果理想的前提下，利用奈曼–皮尔逊准则确定固定门限检测目标回波的方法会增大虚警概率。

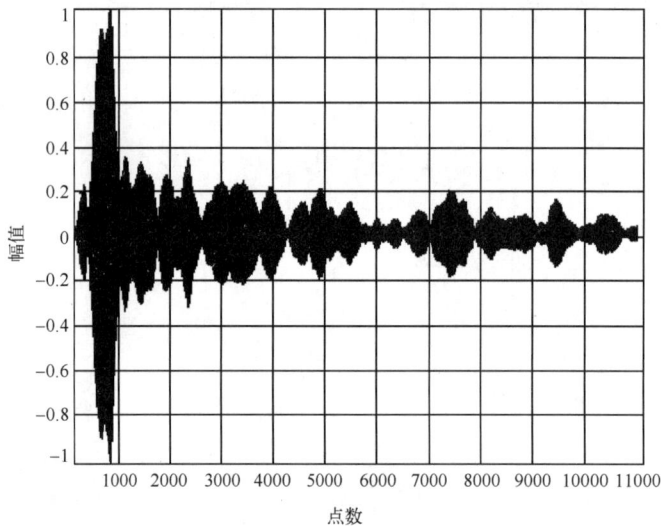

图 8.3.2　实测混响信号

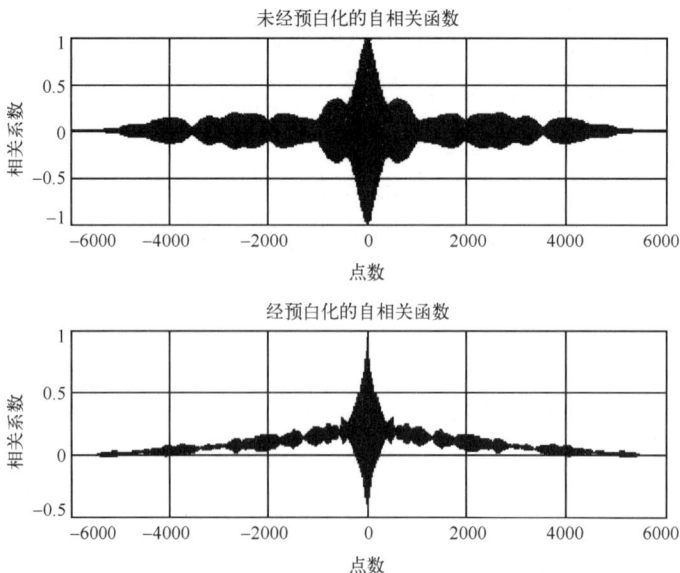

图 8.3.3　混响自相关函数对比

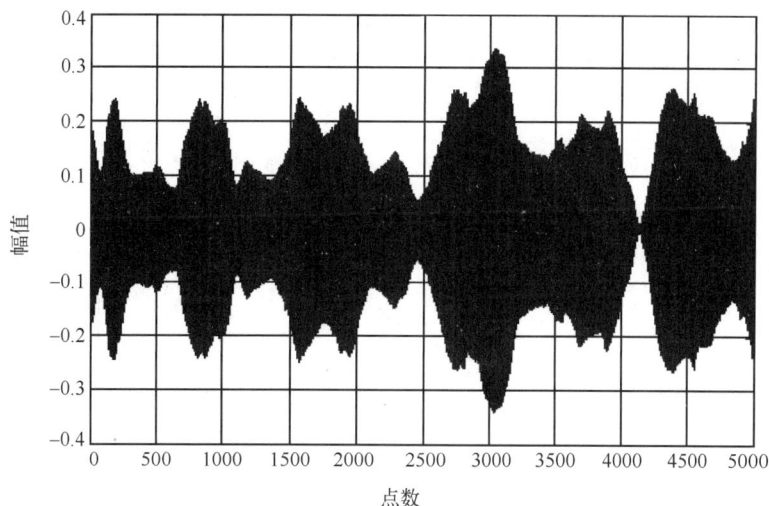

图 8.3.4 预白化匹配滤波输出结果

对于这一问题，对输出信号包络采用自适应浮动门限检测方法进行检测。图 8.3.5 所示为匹配滤波输出信号包络及其浮动门限变化示意图。由图可见，若采用固定门限检测，虚警概率将会大大提高，而采用自适应浮动门限修正方法能使检测门限很好地跟随信号的变化趋势，实现恒虚警检测。

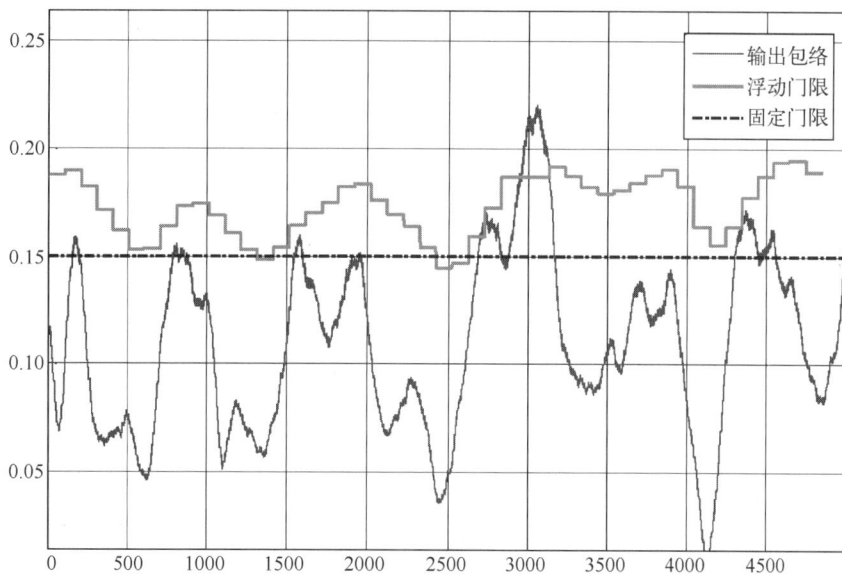

图 8.3.5 浮动门限示意图

为了更好地说明问题，利用蒙特卡罗法对 1000 次试验结果做统计。图 8.3.6、图 8.3.7 分别是虚警概率当 $P_F = 0.01$ 时，不同信混比下的检测概率与虚警概率。由图 8.3.6 和图 8.3.7 可见，由于前述因素影响，传统检测方法检测性能下降，已不能保证恒虚警检测，而采用自适应浮动门限检测方法能提高检测概率，在背景干扰不稳定的情况下仍能保证恒虚警检测。

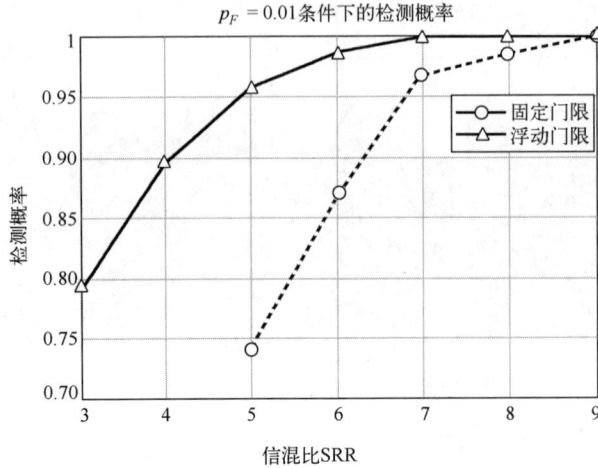

图 8.3.6　当 $P_F = 0.01$ 时的检测概率

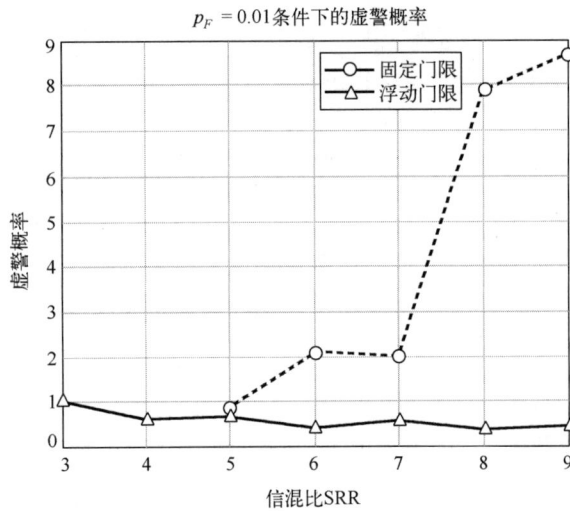

图 8.3.7　两种检测方法的虚警概率对比

习　　题

1.　① 对实测的噪声样本进行恒虚警检测时，为什么要设置自动门限？

　　② 如果给定虚警概率为 α，试推导噪声方差未知时的自动门限？

　　③ 试对时变背景设计一个恒虚警处理的自动检测器框图。

2.　已知单元平均恒虚警率的检测概率 P_D 为

$$P_D = P_F \left(\frac{k}{k + d^2/2} \right)^k \sum_{i=0}^{\infty} \frac{\Gamma(k+i)}{\Gamma(k)\Gamma(i+1)} \left(\frac{d^2/2}{k + d^2/2} \right)^i \sum_{j=0}^{i} \frac{\Gamma(N+j)}{\Gamma(N)\Gamma(j+1)} (1 - P_F^{1/N})^j$$

其中，k 是与信号起伏特性有关的参数，取值通常为 1，2，或趋于 ∞；N 是单元平均恒虚警率处理的参考单元数；d^2 是功率信噪比；P_F 是错误判决概率。请导出其递推计算公式；编

写以 P_F、N 和 k 为参变量，检测概率 P_D 随功率信噪比 d^2 变化的计算程序；计算出几组结果，并绘成曲线。

3．设混响干扰经数字信号处理后，所得复数为 $x_R + \mathrm{j}x_1$，其模 $x = (x_R^2 + x_1^2)^{1/2}$ 的概率密度函数为瑞利分布，即

$$p(x) = \begin{cases} \dfrac{x}{\sigma^2}\exp\left(-\dfrac{x^2}{2\sigma^2}\right), & x \geqslant 0 \\ 0, & x < 0 \end{cases}$$

现为避免开方，令 $y = (x_R^2 + x_1^2)$，推导恒虚警检测器。

*第 9 章　广义匹配随机共振检测理论与方法

随着信号与信息处理技术的快速发展，新的检测理论及方法层出不穷，研究方向也不仅仅局限于理想环境和线性系统，非线性的方法被研究人员逐步重视。

噪声在非线性系统中表现出了对输出反常的增强作用，如一些生物被发现能够利用环境噪声提高其神经元的感知能力、美海军利用噪声提高超导量子干涉仪的弱磁场检测能力等，这种利用噪声增强弱信号感知的特殊现象称为随机共振（Stochastic Resonance，SR）。作为一种非线性系统中普遍存在的动力学现象，非线性随机共振对周期信号增强的能力逐渐成为突破低信噪比检测的一个发展方向，应用研究的学科领域也非常广泛。相关研究结果表明利用随机共振能够在低信噪比环境下有效增强微弱信号，尤其是在复杂噪声条件下更具优势。Steven M.Kay 教授提出在一定条件下次优非线性系统中添加噪声来增强信号检测是可行的，开启了噪声增强的随机共振检测理论快速发展。后续经典的广义随机共振检测理论、超阈值随机共振检测理论等均是围绕对静态非线性系统的外加噪声优化问题展开研究的，但是在低信噪比、先验信息不足时，对次优检测器（如能量检测器、功率谱检测器）再添加噪声也无法产生增益，在实际中难以实现。随着研究的不断深入，人们认识到一个自然的、更普遍的随机共振理论能在固定的噪声强度下调节系统参数产生随机共振现象。那么随机共振效应是否也可以从动态非线性滤波增强的角度去理解，从非线性滤波器的角度去分析研究更具工程实用价值，也逐渐被学者广泛关注。我们知道在复杂噪声下，利用输出功率型信噪比最大化熵准则得出的广义匹配滤波器在奈曼–皮尔逊准则下是渐进最优的，其本质也可以理解成一种特殊的非线性（高斯噪声下为线性）滤波结构。从这一角度来看，任意静态非线性系统均可被等价为一个非线性传递函数，对于更复杂的阵列系统也可被理解为一个类似神经网络的复杂非线性滤波器。已有随机共振理论研究表明：噪声、信号及非线性系统三要素发生随机共振是有严格条件的，其相互关系的动力学特性十分复杂。那么从非线性滤波的角度如何进行随机共振的微弱信号检测？其增益信号检测的本质内涵是什么？如何参数化地给出动态非线性系统的匹配随机共振实现方法？

围绕这些问题本章将从非线性滤波角度概要介绍随机共振基本理论以及广义匹配随机共振检测理论方法及应用，在奈曼–皮尔逊准则下剖析了经典噪声增强的广义随机共振检测理论的应用局限性，明确对噪声可增强次优检测器的"上界"条件。在此基础上，阐述 SR 约束下动态非线性滤波效应的匹配随机共振检测理论本质内涵，并以动态过阻尼双稳系统为原型详细介绍匹配随机共振检测方法，分析其在高斯和非高斯噪声环境下对微弱信号的增益检测性能。

9.1　随机共振的基本理论

9.1.1　随机共振的内涵与模型

随机共振最早是在 1981 年由意大利 Benzi 等研究地球古气象冰川问题时提出的，用来解释古气象学中冰川期与暖气候期周期交替出现的现象。地球暖气候期与冰川期每隔 10 万年会交替出现一次,地球绕太阳转动的偏心率变化周期也大约是 10 万年,这一变化意味着太阳对地球施加了周期变化的作用信号。然而,这一周期信号很微弱,其本身不足以使地球气候发生从冰川期到暖期如此大的变化。Benzi 等提出一种解释:可以将地球看成一个非线性系统,将这一周期信号与地球本身非线性条件以及在这一时期所受的随机力结合起来,使地球可能取冰川期和暖气候期两种状态。这样的非线性系统可以由双稳态系统表示,而小周期信号在随机力作用下产生大的输出(暖气候期与冰期的跃迁)现象称为“随机共振”。后续随机共振现象在各类非线性系统中被发现并研究,是一种普遍存在的自然规律。在发生随机共振时,直接来看信噪比最大,这对信号处理具有极大的意义,如何利用随机共振效应解决微弱特征信号增强处理、视觉图像与听觉识别、微弱电磁系统感知等应用领域的实际问题被研究人员关注,总而言之,利用随机共振效应进行微弱信号检测是一种具有实用价值的新技术方向。

随机共振的内涵是:在一定的非线性条件下,由弱周期信号和噪声共同作用而导致的非线性系统增强周期性输出的现象。严格地说,随机共振存在于小周期力和宽带随机力共同作用的系统中。对于一个双稳态的非线性系统,系统响应在两种不同时间尺度的力共同驱动下,两种力相互竞争/协同会使得系统在两种稳态间切换。当周期力足够小使得系统本身不存在切换响应态时,会发现实际切换偶尔发生,这被认为是存在噪声的积极作用。研究发现,当噪声非常小时,不会出现切换,系统输出响应没有明显的周期性结果;当噪声足够大时,系统响应在一个周期内大量切换,系统输出响应表现为明显随机性结果。令人惊奇的是,在上述两种极端情况之间,存在一个优化的噪声值,可以使得周期力几乎精确地出现切换(此时信噪比最大)。这种有利于输出状态的切换可由两个时间尺度的匹配来定量确定,即正弦周期(确定性尺度)和 Kramer 跃迁率(噪声导致的平均切换率的倒数——随机尺度)。

经典的随机共振的一般结构框图如图 9.1.1 所示,共包含以下 3 个基本要素。

(1)输入信号 $s(t)$。信号的类型可以是周期信号、非周期信号、数字脉冲信号,也可以是确定性信号或随机信号。

(2)噪声 $\Gamma(t)$。实际上噪声是一种符合某种统计特性的随机信号,可以是白噪声或有色噪声,也可以是高斯噪声或者非高斯噪声。

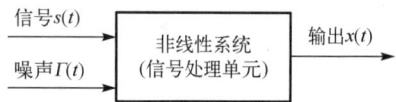

图 9.1.1　随机共振的一般结构框图

(3)非线性系统。在给定信号输入和噪声输入后,输出信号则完全由非线性系统决定,因此也可以将其看作非线性信号处理单元(或非线性滤波器)。

有关随机共振的研究方向基本是围绕三要素展开的。对于输入信号 $s(t)$,目前主要有人为放大信号幅度、频移等;对于噪声 $\Gamma(t)$,主要是针对添加噪声改变分布进行研究,包括不同噪声激励下的系统输出响应等;对于非线性系统,包括不同类型的系统模型如阈值系统、单稳态系统、双稳态系统、三稳态系统、混沌系统、阵列耦合等,随着研究的不断深入,对于复杂非线性模型的研究越来越被关注,这也是未来主要的发展趋势。相关研究结果表明,利用随机共振能够在低信噪比环境下有效增强微弱信号,尤其是在复杂噪声条件下更具优势。

9.1.2　双稳态随机共振系统

受到随机噪声和微弱周期信号作用下的布朗(Brownian)运动过程可以描述为

$$m\ddot{x} + \gamma\dot{x} + \dot{V}(x) = s(t) + n(t) \tag{9.1.1}$$

其中：m 是布朗粒子的质量：x 是布朗粒子的运动位移轨迹；γ 为摩擦系数；$V(x)$ 为非线性势函数；$s(t) = A_0 \cos(\Omega t + \phi_0)$ 中的 A_0、Ω 和 ϕ_0 分别为周期信号的幅值、角频率和初始相位；$n(t)$ 为零均值噪声强度 D 的噪声，高斯白噪声的噪声强度为 $D = \sigma_n^2/(2\gamma)$；$V(x)$ 为非线性势函数，其势表达式为

$$V(x) = \frac{1}{2}ax^2 + \frac{1}{4}bx^4 \tag{9.1.2}$$

其中：$a \in R^+$、$b \in R^+$ 为双阱势参数。如图 9.1.2 所示，双稳态系统势函数有三个定态解，分别为不稳定解 $x_0 = 0$ 以及被势垒 $\Delta V = a^2/(4b)$ 分开的两个稳态解 $\pm x_m = \pm\sqrt{a/b}$。对于一个确定的静态非线性系统（系统参数固定），其受外力驱动存在如下两种情况。

（1）当系统只有噪声激励作用时（H_0 假设），粒子在双势阱的运动行为表现出一定的统计特性，可由 Kramer 跃迁率 r_k 给出，即

$$r_k = \frac{\omega_0 \omega_b}{2\pi\gamma} \exp\left(-\frac{\Delta V}{D}\right) \tag{9.1.3}$$

其中：$w_0 = [V''(\pm x_m)]^{1/2} = (2a)^{1/2}$ 和 $w_b = [V''(x_0)]^{1/2} = (a)^{1/2}$ 为双稳态系统的固有特征频率。

（2）当系统同时受噪声和微弱外部周期信号激励时（H_1 假设），双稳态势会被周期调制，左右势阱以周期 $T = 1/f_0$ 倾斜变化，交替抬升或降低（见图 9.1.2）。当势函数 $V(x)$ 的零点与拐点重合时，达到一个布朗粒子可以跃迁的临界状态，即在微弱周期信号幅值 A_0 大于系统临界阈值 $A_c\left(A_c = \sqrt{4a^2/(27b)}\right)$ 时，在一定噪声能量的辅助下，即便 $A_0 \ll A_c$ 也可以诱发粒子发生周期性阱间跃迁，触发非线性系统、噪声和外部周期激励之间的协同匹配机制，产生随机共振现象，这时布朗粒子周期性往复跃迁，可得到修正的克莱默斯速率形式，即

$$r_k' = \frac{\omega_0 \omega_b}{2\pi\gamma} \exp\left(-\frac{\Delta V \pm A_0 \cos(\Omega t + \phi_0)}{D}\right) \tag{9.4.4}$$

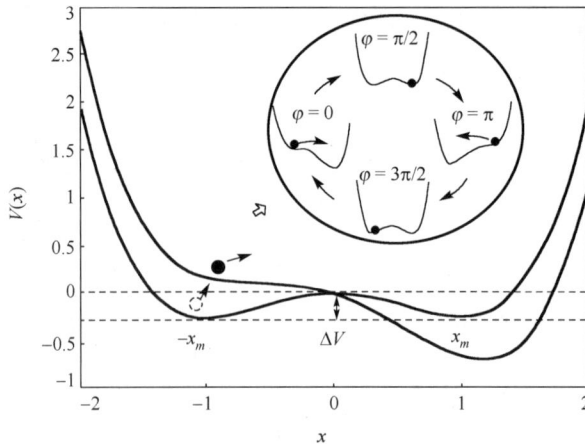

图 9.1.2 周期调制的双稳态势及其粒子周期性跃迁示意图

通常认为在绝热近似条件下，局部平衡时间可忽略不计，这就要求输入系统的周期信号频率远小于系统在每个势阱趋于平衡的速率，即 $\Omega \ll 2a$。

考虑过阻尼的情况（$\gamma = 1$），忽略 x 的二阶导数项，式（9.4.1）是非线性系统，可以由

如下一阶郎之万方程（Langevin Equation，LE）简化描述，即

$$\frac{dx}{dt} = ax - bx^3 + s(t) + n(t) \tag{9.4.5}$$

由于式（9.4.5）中存在非线性项，一般通过分析概率分布函数 $\rho(x,t)$ 的变化规律以实现质点运动轨迹 x 的统计特性描述。在不加任何外力和噪声时，可以得到其宏观方程为

$$\begin{cases} \dot{x} = f(x) \\ f(x) = ax - bx^3 \end{cases} \tag{9.1.6}$$

对式（9.1.6）两边进行统计平均发现两边并不相等，所以对于这种非线性方程，直接对 LE 方程进行统计平均是得不到宏观方程的，然而当非线性系统受到噪声和外力的同时作用时，又会出现类似随机共振这种有趣的现象。LE 方程对于随机性问题的讨论，主要是在于对变量各阶矩的计算，但是像这种非线性的 LE 方程，没办法求出它的各阶矩，因为非线性 LE 方程与高阶矩相耦合，所以我们仅关注的是变量的概率分布函数 $\rho(x,t)$。

设 $\rho(x,t)$ 满足马尔可夫过程，将其展开后可的概率分布函数遵循 Fokker-Planck（FPE），即

$$\frac{\partial \rho(x,t)}{\partial t} = -\frac{\partial}{\partial x}[(ax - bx^3 + A\cos\omega_0 t)\rho(x,t)] + D\frac{\partial^2}{\partial x^2}\rho(x,t) \tag{9.1.7}$$

其中：$\rho(x,t)$ 的初始条件为 $\rho(x,t|x_0,t_0) = \delta(x - x_0)$ 及 $x_0 = x(t_0)$。

FPE 在随机共振的理论研究中具有重要的地位，经典随机共振的理论重点就是分析这一方程的行为。由于 $-\frac{\partial}{\partial x}[A\cos\omega_0 t\rho(x,t)]$ 为时变项，因此不能求出任何解的精确表达式，人们便通过各种近似手段来处理这一方程，如绝热近似理论和线性响应理论就是最常见的两个理论。

9.1.3　绝热近似理论

1989 年，McNamara 提出的绝热近似理论是描述周期随机共振较为全面和系统的经典理论，它既适用于离散系统也适用于连续系统的稳态跃迁分析。考虑双稳态系统，它有两个稳态 $\pm x_m$，将 t 时刻系统处于 $\pm x_m$ 的概率定义为 $p_\pm(t)$，在周外力 $s(t) = A\cos(w_0 t)$ 的驱动下，双势阱将发生周期性的改变，系统的输出在两个稳态点间的 Kramer 跃迁率也发生改变。将 t 时刻从稳态 $\pm x_m$ 跃迁的概率定义为 $w_\pm(t)$，由此可以得到一个关于 $p_\pm(t)$ 的主导方程为

$$\dot{p}_\pm(t) = -w_\pm(t)p_\pm(t) + w_\mp(t)p_\mp(t) \tag{9.1.8}$$

由归一化条件有

$$p_\pm(t) + p_\mp(t) = 1 \tag{9.1.9}$$

因此可以得到

$$\dot{p}_\pm(t) = -w_\pm(t)p_\pm(t) + w_\mp(t)(1 - p_\pm(t)) = -(w_\pm(t) + w_\mp(t))p_\pm(t) + w_\mp(t) \tag{9.1.10}$$

对于给定的 $w_\pm(t)$，解方程可得到解析解为

$$\begin{cases} p_\pm(t) = g(t)[p_\pm(t_0) + \int_{t_0}^{t} w_\mp(\tau)g^{-1}(\tau)d\tau] \\ g(t) = \exp\left(-\int_{t_0}^{t} w_+(\tau) + w_-(\tau)d\tau\right) \end{cases} \tag{9.1.11}$$

其中：$p_{\pm}(t_0)$ 为 t_0 时刻的初始概率。$w_{\pm}(t)$ 为

$$w_{\pm}(t) = r_k \exp\left(\pm \frac{Ax_m}{D}\cos(w_0 t)\right) \tag{9.1.12}$$

其中：r_k 为 Kramer 跃迁率，r_k 的表达式为

$$r_k = \frac{a}{\sqrt{2}\pi}\exp\left(-\frac{\Delta V}{D}\right) \tag{9.1.13}$$

r_k 是一个很重要的指标，它反映了在势垒间跃迁的快慢程度。r_k 越大，跃迁率就越高，在势垒间来回跃迁的速度就越快。

绝热近似有三个假设条件即 $w_0 \ll r_k$，$A \ll 1$，$D \ll 1$。此时，可以对式（9.1.12）进行泰勒级数展开，可得

$$w_{\pm}(t) = r_k\left[1 \pm \frac{Ax_m}{D}\cos(w_0 t) + \frac{1}{2}\left(\frac{Ax_m}{D}\right)^2 \cos^2(w_0 t) \pm \cdots\right] \tag{9.1.14}$$

由式（9.1.14）计算可得

$$w_+(t) + w_-(t) = 2r_k\left[1 + \frac{1}{2}\left(\frac{Ax_m}{D}\right)^2 \cos^2(w_0 t) + \cdots\right] \tag{9.1.15}$$

将式（9.1.14）和式（9.1.15）代入式（9.1.11），初始条件 $x_0 = x(t_0)$，t 时刻处于"+"状态的条件概率密度为

$$\begin{aligned}
p_+(t|x_0,t_0) &= 1 - p_-(t|x_0,t_0) \\
&= \frac{1}{2}\left\{\exp[-2r_k(t-t_0)] \times \left[2\delta_{x0xm} - 1 - \frac{2r_k A\cos(w_0 t_0 + \phi)}{D(4r_k^2 + w_0^2)^{1/2}}\right] + 1 + \frac{2r_k x_m A\cos(w_0 t_0 + \phi)}{D(4r_k^2 + w_0^2)^{1/2}}\right\}
\end{aligned} \tag{9.1.16}$$

其中：$\phi = -\arctan(w_0/(2r_k))$，当系统的初始状态为"+"时，有 $\delta_{x0,xm} = 1$，所以可以得到条件概率密度为 $p_+(t|x_0,t_0)$，因此可以将 $x(t)$ 的任何统计量计算到 Ax_m/D 的一次项。

定义在初始条件下 $x_0 = x_0(t_0)$，t 时刻系统输出为 x 的条件概率为

$$P(x,t|x_0,t_0) = p_+(t)\delta(x-x_m) + p_-(t)\delta(x+x_m) \tag{9.1.17}$$

系统时间响应的均值为

$$\langle x(t)|x_0,t_0\rangle = \int xP(x,t|x_0,t_0)\,\mathrm{d}x \tag{9.1.18}$$

可以得到

$$\langle x(t)\rangle = \bar{x}(D)\langle\cos(\omega_0 t + \bar{\phi}(D))\rangle \tag{9.1.19}$$

其中

$$\bar{x}(D) = \frac{Ax_m^2}{D}\frac{2r_k}{\sqrt{4r_K^2 + \omega_0^2}} \tag{9.1.20}$$

$$\bar{\phi}(D) = \arctan\left(\frac{\omega_0}{2r_k}\right) \tag{9.1.21}$$

进而可以得到双稳态系统输出的功率谱放大因子 η 为

$$\eta = \frac{\overline{x}(D)^2}{A^2} = \frac{4r_k^2 x_m^4}{D^2(4r_k^2 + \omega_0^2)} \tag{9.1.22}$$

根据自相关的定义有

$$\langle x(t+\tau)x(t)|x_0,t_0 \rangle = \iint xy\, p(x,t+\tau \mid y,t)p(y,t \mid x_0,t_0)\mathrm{d}x\mathrm{d}y \tag{9.1.23}$$

当 $t_0 \to \infty$ 时，有

$$\lim_{t_0 \to \infty}\langle x(t+\tau)x(t)|x_0,t_0 \rangle = \langle x(t+\tau)x(t)\rangle = x_m^2 \exp(-2r_k|\tau|)[1-k(t)^2] + x_m^2 k(t+\tau)k(t) \tag{9.1.24}$$

其中

$$k(t) = \frac{2r_k A x_m \cos(\omega_0 t + \phi)}{D(4r_k^2 + \omega_0^2)^{1/2}} \tag{9.1.25}$$

至此输出自相关函数仍由 t 和 $t+\tau$ 决定，对自相关函数再做时域平均有

$$\langle\langle x(t+\tau)x(t)|x_0,t_0 \rangle\rangle = \frac{1}{T_{\omega_0}}\int_0^{T_{\omega_0}}\langle x(t+\tau)x(t)|x_0,t_0\rangle \tag{9.1.26}$$

将式（9.1.19）代入式（9.1.20）得

$$\langle\langle x(t+\tau)x(t)|x_0,t_0 \rangle\rangle$$
$$= x_m^2 \exp(-2r_k|\tau|)\left[1-\frac{1}{2}\left(\frac{Ax_m}{D}\right)^2\frac{4r_k^2}{4r_k^2+\omega_0^2}\right] + \frac{x_m^2}{2}\left(\frac{Ax_m}{D}\right)^2\frac{4r_k^2}{4r_k^2+\omega_0^2}\cos(\omega_0\tau) \tag{9.1.27}$$

因为自相关函数和功率谱是傅里叶变换对，所以可以得到系统的输出功率谱为

$$G(\omega) = G_N(\omega) + G_s(\omega)$$
$$= \left[1-\frac{1}{2}\left(\frac{Ax_m}{D}\right)^2\frac{4r_k^2}{4r_k^2+\omega_0^2}\right]\frac{4r_k x_m^2}{4r_k^2+\omega_0^2} + \frac{\pi}{2}\left(\frac{Ax_m}{D}\right)^2\frac{4r_k^2}{4r_k^2+\omega_0^2}[\delta(\omega-\omega_0)+\delta(\omega+\omega_0)] \tag{9.1.28}$$

其中：$G(\omega)$ 由两部分组成，一是 $G_N(\omega)$，由噪声引起；二是 $G_s(\omega)$，由外部信号引起的，系统总的能量守恒为 $2\pi x_m^2$ 并且与信号的幅度和频率无关，因此共振现象可由能量守恒下噪声能量转移的多少来量化。其中，$\left[1-\frac{1}{2}\left(\frac{Ax_m}{D}\right)^2\frac{4r_k^2}{4r_k^2+w_0^2}\right]$ 称为噪声功率谱部分的校正系数，在满足绝热近似假设条件下，我们可以得到如下结论。

（1）当输入周期信号幅度足够小或是无周期信号时（H_0 假设），校正系数的值接近 1，此时噪声对输出信号能量几乎没有影响，不能产生随机共振现象，系统输出的频率响应服从洛伦兹分布。

（2）当周期信号幅值逐渐增加时（H_1 假设），校正系数逐渐减小，此时噪声向信号转移的能量也逐渐增加，由洛伦兹分布的特性可知，当满足如下的时间尺度匹配条件时，噪声向信号的能量转移趋于最大，即产生随机共振效应，即

$$r_k = \frac{\omega_0}{\pi} \tag{9.1.29}$$

其中：$\omega_0 = 2\pi f_0$。

这时输出信噪比为

$$\text{SNR} = \frac{P_s}{G_N(\omega_0)} \tag{9.1.29}$$

$$P_s = \lim_{\Delta\omega \to 0} \int_{\omega_0-\Delta\omega}^{\omega_0+\Delta\omega} G_s(\omega)\mathrm{d}\omega \tag{9.1.30}$$

由式（9.1.29）和式（9.1.30）计算可得输出信噪比为

$$\text{SNR} = \frac{\pi}{2}\left(\frac{Ax_m}{D}\right)^2 r_k \left/ \left[1 - \frac{1}{2}\left(\frac{Ax_m}{D}\right)^2 \frac{4r_k^2}{4r_k^2 + \omega_0^2}\right] \right. \tag{9.1.31}$$

省去分母中的高阶项可得

$$\text{SNR} \approx \frac{\pi}{2}\left(\frac{Ax_m}{D}\right)^2 r_k = \sqrt{2}\Delta V\left(\frac{A}{D}\right)^2 \exp\left(-\frac{\Delta V}{D}\right) = \sqrt{2}\frac{a^2 A^2}{4bD^2}\exp\left(-\frac{a^2}{4bD}\right) \tag{9.1.32}$$

由式（9.1.26）可知，输出信噪比和噪声强度并不是单调递减的而是一种非线性关系，先增大后减小并在 $D = \Delta V / 2$ 时存在一个最大值，变化关系如图 9.1.3 所示。当噪声强度 D 非常小时，$\exp(-\Delta V / D)$ 趋近于 0 的速度要快于分母 $4bD^2$ 趋近于 0 的速度，所以 $\text{SNR} \to 0$；当噪声强度 D 非常大时，$\exp(-\Delta V / D)$ 趋近于 1，而分母 $4bD^2$ 趋近于 0，导致 $\text{SNR} \to 0$。

图 9.1.3 给出了绝热近似理论下输出信噪比随噪声强度 D 的变化关系，我们看到的信噪比随噪声强度先增大后减小的这一现象正是随机共振典型的特征曲线，对应输出信噪比最大时随机共振效应最为明显（共振峰），信号、噪声、非线性系统达到最佳匹配关系。可以说绝热近似理论给出了随机共振的经典理论解释，但是由于绝热近似理论只考虑两稳态间的交替变化，不考虑具体的过渡过程，它要求输入周期信号的频率与噪声引起的 Kramer 跃迁率相比足够小，也限制了其适用范围。按理当噪声强度趋于 0 时信噪比应为无穷大，但是实际该理论结果却为 0，这也是其不足之处。

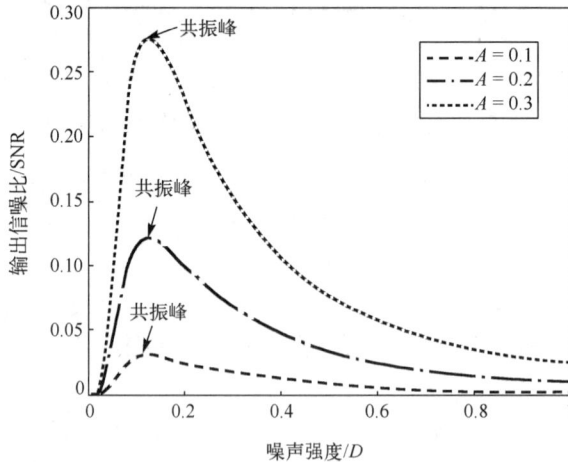

图 9.1.3　绝热近似理论下输出信噪比随噪声强度 D 的变化关系

9.1.4　线性响应理论

随机共振的线性响应理论本质上是微扰展开理论的一种特殊应用。当非线性随机系统输

出受到外部微弱周期信号作用时，长时间的渐进过程的极限由以下积分关系决定，即

$$\langle x(t) \rangle = \langle x(t) \rangle_0 + \int_{-\infty}^{t} A\cos(\omega_0 \tau)\chi(t-\tau)\mathrm{d}\tau \tag{9.1.33}$$

其中：$\langle x(t) \rangle_0$ 为当 $s(t)=0$ 时，未受扰随机过程的稳态平均值；$\chi(t)$ 为响应函数。

通过微扰展开理论可以将未受扰系统的自相关函数 $K_{xx}^0(t)$ 与响应函数 $\chi(t)$ 联系起来，有以下关系成立

$$\chi(t) = -\frac{H(t)}{D}\frac{\mathrm{d}}{\mathrm{d}t}K_{xx}^0(t) \tag{9.1.34}$$

其中：$H(t) = \begin{cases} 0, & t<0 \\ 1, & t>0 \end{cases}$ 为 Heaviside 单位函数，在线性响应意义下可以得到系统在外部周期扰动作用下的输出 $\langle x(t) \rangle$ 的表达式，即

$$\langle x(t) \rangle = A|\chi(\omega)|\cos(\omega_0 t + \psi) \tag{9.1.35}$$

其中，$\chi(\omega)$ 为响应函数 $\chi(t)$ 的傅里叶变换，相移由式（9.1.29）决定，即

$$\psi = -\arctan\frac{\mathrm{lm}\chi(\omega)}{\mathrm{Re}\,\chi(\omega)} \tag{9.1.36}$$

将系统输入/输出的功率谱放大因子 η 定义为

$$\eta = |\chi(\omega)|^2 \tag{9.1.37}$$

则系统输出的功率谱密度可以表示为

$$G_{xx}(\omega) = G_{xx}^0(\omega) + +\frac{\pi}{2}A^2|\chi(\omega)|^2[\delta(\omega-\omega_0) + \delta(\omega+\omega_0)] \tag{9.1.38}$$

其中：$G_{xx}^0(\omega)$ 为未受到外部微弱周期扰动的随机系统输出功率谱。可以得到线性响应理论下系统的输出信噪比为

$$\mathrm{SNR} = \frac{\pi A^2|\chi(\omega_0)|^2}{G_{xx}^0(\omega)} \tag{9.1.39}$$

考虑式（9.1.5）所描述的双稳态系统，利用 Fokker-Planck 算子特征函数展开，考虑最小的非零特征值，则有以下关系成立，即

$$\lambda_m = 2r_k = \frac{\sqrt{2}a}{\pi}\exp\left(-\frac{\Delta V}{D}\right) \tag{9.1.40}$$

可以得到自相关函数及未受扰系统的功率谱密度表达式

$$K_{xx}^0(\tau, D) = \langle x^2 \rangle_{st}\exp(-\lambda\tau) \tag{9.1.41}$$

$$G_{xx}^0(\omega) = \frac{2\lambda_m\langle x^2 \rangle_{st}}{\lambda_m^2 + \omega^2} = \frac{2\sqrt{2}a\pi\langle x^2 \rangle_{st}\exp\left(\dfrac{\Delta V}{D}\right)}{2a^2 + \pi\omega^2\exp\left(\dfrac{2\Delta V}{D}\right)} \tag{9.1.42}$$

其中，$\left\langle x^2 \right\rangle_{st}$ 为未受扰系统输出二阶矩的稳态值，其表达式为

$$\left\langle x^2 \right\rangle_{st} = \int_{-\infty}^{+\infty} x^2 P_{st}(x)\mathrm{d}x = C \int_{-\infty}^{+\infty} x^2 \left[\frac{1}{D} \left(\frac{ax^2}{2} - \frac{bx^4}{4} \right) \right] \mathrm{d}x \qquad (9.1.43)$$

其中：C 为相对于稳态概率密度的归一化常数。考虑粒子在势阱间跃迁的动态过程，则自相关函数及系统的功率谱密度可以进一步表示为

$$K_{xx}^0(\tau, D) = g_1 \exp(-\lambda_m \tau) + g_2 \exp(-\alpha \tau) \qquad (9.1.44)$$

$$G_{xx}^0(\omega) = \frac{2\lambda_m g_1}{\lambda_m^2 + \omega^2} + \frac{2\alpha g_2}{\alpha^2 + \omega^2} \qquad (9.1.45)$$

其中：指数因子 λ_m 可以反映势阱间的整体跃迁行为；指数因子 α 可以反映势阱内的局部动态行为。$\alpha = |V''(x_m)|$，x_m 为相应势函数的最小值点，对于双稳态系统有 $\alpha = 2a$，系数 g_1、g_2 由自相关函数及其微分在时的值确定，即

$$g_1 = \left\langle x^2 \right\rangle_{st} - g_2 \qquad (9.1.46)$$

$$g_2 = \frac{\lambda_m \left\langle x^2 \right\rangle_{st}}{\lambda_m - \alpha} + \frac{\left\langle x^2 \right\rangle_{st} - \left\langle x^4 \right\rangle_{st}}{\lambda_m - \alpha} \qquad (9.1.47)$$

$$\left\langle x^4 \right\rangle_{st} = C \int_{-\infty}^{+\infty} x^4 \exp\left[\frac{1}{D} \left(\frac{ax^2}{2} - \frac{bx^4}{4} \right) \right] \mathrm{d}x \qquad (9.1.48)$$

得到 $\chi(\omega)$ 的表达式，在仅考虑阱间跃迁时，有

$$\chi(\omega) = \frac{1}{D} \frac{\lambda_m \left\langle x^2 \right\rangle_{st}}{\lambda_m^2 + \omega^2} (\lambda_m - i\omega) \qquad (9.1.49)$$

在外部周期信号 $s(t) = A\cos(\omega_0 t)$ 作用下，可以得到系统的输出功率谱放大因子和输出信噪比，即

$$\eta = |\chi(\omega)|^2 = \frac{1}{D^2} \frac{(\lambda_m \left\langle x^2 \right\rangle_{st})^2}{\lambda_m^2 + \omega_0^2} \qquad (9.1.50)$$

$$\mathrm{SNR} = \frac{\pi A^2}{2D^2} \left\langle x^2 \right\rangle_{st} \lambda_m \qquad (9.1.51)$$

其中：当 $\left\langle x^2 \right\rangle_{st} = x_m^2$ 时，与绝热近似理论一致。

在同时考虑阱间与阱内动态行为时，有

$$\chi(\omega) = \frac{1}{D} \left(\frac{\lambda_m^2 g_1}{\lambda_m^2 + \omega^2} + \frac{\alpha^2 g_2}{\alpha^2 + \omega^2} \right) - i\omega \left(\frac{\lambda_m g_1}{\lambda_m^2 + \omega^2} + \frac{\alpha g_2}{\alpha^2 + \omega^2} \right) \qquad (9.1.52)$$

由此可以得到，在外部周期信号 $s(t)$ 激励下，系统的输出功率谱放大因子和输出信噪比为

$$\eta = |\chi(\omega)|^2 = \frac{1}{D^2} \frac{(g_1 \lambda_m)^2(\alpha^2 + \omega_0^2) + (g_2 \alpha)^2(\lambda_m^2 + \omega_0^2) + 2g_1 g_2 \alpha \lambda_m (\alpha \lambda_m + \omega_0^2)}{(\lambda_m^2 + \omega_0^2)(\alpha^2 + \omega_0^2)} \qquad (9.1.53)$$

$$\text{SNR} = \frac{\pi A^2}{2D} \frac{(g_1\lambda_m)^2(\alpha^2+\omega_0^2)+(g_2\alpha)^2(\lambda_m^2+\omega_0^2)+2g_1g_2\alpha\lambda_m(\alpha\lambda_m+\omega_0^2)}{g_2\alpha(\lambda_m^2+\omega_0^2)+g_1\lambda_m(\alpha^2+\omega_0^2)} \qquad (9.1.54)$$

两种理论对于随机共振现象的解释是一致的，但是信噪比出现了差异，这是由于线性响应理论考虑周期调制的阱内响应特性决定的。绝热近似理论认为，随着噪声强度 D 的取值从零开始增加，双稳态系统输出信噪比在输入周期信号频率较大时也会产生随机共振现象。然而，线性响应理论认为只有当周期信号频率足够小时，系统输出信噪比才会发生随机共振现象，随着信号频率的逐渐增加，随机共振效应逐渐减弱并最终消失。

总体来看，在微弱周期信号和噪声混合输入双稳态系统时，能否产生随机共振现象，一方面取决于噪声强度的大小，另一方面取决于输入信号的频率，只有综合分析这两方面的因素，才能对周期信号输入条件下的双稳态随机共振现象做出准确和全面的分析。

9.2　噪声增强的随机共振检测理论：
添加噪声增强次优检测器"上界"

噪声中有无目标信号的检测问题可以采用二元假设检验的方式进行分析，然而实际中海洋背景噪声复杂多变，其统计特性随空间、时间变化具有非平稳、非高斯等特性，因此在一定分布假设下，设计的最优系统在实际环境下会失配而产生性能损失，如假设高斯噪声分布设计的最优线性匹配滤波器在非高斯噪声下性能急剧下降。此外，在实际应用中（如被动声呐探测系统），目标特征频率等信息可以通过预先分析获知，但目标信号到达接收机时的幅度、相位等先验信息往往难以估计，这时只能设计次优检测器。

对于一个给定的次优检测器，Steven M.Kay 和 H.Chen 等人提出了在一定条件下添加独立噪声可增强次优检测器性能的广义随机共振检测理论。这种增加的噪声可以是直流信号、高斯噪声、均匀噪声等，也称为噪声增强的检测器（Noise Enhanced Detector，NED），其检测原理如图 9.2.1 所示。

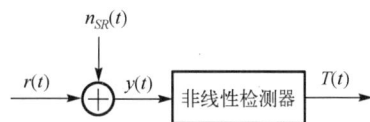

图 9.2.1　广义随机共振检测原理

广义随机共振检测理论描述了一般性噪声环境假设下，当系统最优传递函数 $g(\cdot)$ 给定时，在接收信号 $r(t)$ 中加入一定的共振噪声 $n_{SR}(t)$ 来提升检测性能的过程。假设最优外加噪声的概率密度函数为 $P_{SR}(\cdot)$，则其可以建模为如下带约束的优化问题，即

$$\max_{P_{SR}(\cdot)} P_D^{g(y)}$$
$$\text{st.} P_D^{g(y)} > P_D^{g(r)} \qquad (9.2.1)$$
$$P_{FA}^{g(y)} \leqslant P_{FA}^{g(r)} \leqslant a$$

其中：$P_D^{g(\cdot)}$ 与 $P_{FA}^{g(\cdot)}$ 分别表示传递函数 $g(\cdot)$ 检测器的信号检测概率和虚警概率。考虑其约束条件，其可增强的必要条件需要满足：①检测器必须是非最优的，或者在某种条件下为非最优的；②系统传递函数必须是非线性的。这是噪声增强的检测问题的必要非充分条件，也就是说，其最优外加噪声解的存在性并不是总能满足的。

围绕被动声呐探测系统，对接收机接收信号 s 参数（如幅度、相位、噪声分布等）未知的情况，通过广义似然比检验（Generalized Likelihood Ratio Tests，GLRT）方法使似然函数在信号样本上的估计最大时，即 $\hat{s}[1] = r[1]$，可得到如下次优的能量检测器为

$$T_{ED}(r) = \sum_{l=1}^{N} r[l]\hat{s}[l] = \sum_{l=1}^{N} r^2[l] \underset{H_0}{\overset{H_1}{\gtrless}} \gamma_{ED} \tag{9.2.2}$$

其中：γ_{ED} 为其相应判决门限。

在一般噪声假设下其可以进一步表达为如下广义能量检测器为

$$T_{ED}(r) = \sum_{l=1}^{N} g_{ED}^2(r[l]) \underset{H_0}{\overset{H_1}{\gtrless}} \gamma_{ED}^{'} \tag{9.2.3}$$

其中：$g_{ED}(\cdot)$ 表示对应噪声分布的最优传递函数。假设 $E[T_{ED}|H_0] = 0$，$\mathrm{Var}[T_{ED}|H_0] = NE[g_{ED}^2(n)]$，则其渐进相对效率可由下式得到

$$\eta_{ED} = \lim_{N \to \infty} \frac{\left\{ \dfrac{\mathrm{d}E[T_{ED}(y)]}{\mathrm{d}A^2} \Big|_{A^2=0} \right\}^2}{N\mathcal{E}\mathrm{Var}[T_{ED}(y)]_{A^2=0}} = \frac{E^2[g_{ED}''(n)]}{4E[g_{ED}^2(n)]} \tag{9.2.4}$$

$$\le \frac{1}{4} E\left[\frac{f_n''^2(n)}{f_n^2(n)} \right] = \frac{1}{4} I_2(f_n(n))$$

其中：$I_2(f_n(n))$ 为背景噪声概率密度分布的二阶 Fisher 信息，当 $g_{ED} = g_{LO}$ 时，取等号。

直观地，相比最优的广义匹配滤波器，使用 $\hat{s}[1]$ 的能量检测器必然会对检测性能产生损耗。那么在假设高斯噪声条件下，其在可以有具备满足式（9.2.1）的可优化条件：$P_{D(MF)}^{g(r)} \ge P_{D(ED)}^{g(y)} > P_{D(ED)}^{g(r)}$。那么考虑噪声增强的次优能量检测器，假设给定最优传递函数 $g_{LO}(\cdot)$，添加独立噪声 $n_{SR}(t)$ 使其产生广义随机共振效应，则其噪声增强的检测器可以描述为

$$T_{\text{GSR-ED}}(y) = \sum_{l=1}^{N} g_{LO}^2(y[l]) \underset{H_0}{\overset{H_1}{\gtrless}} \gamma_{\text{GSR-ED}}^{'} \tag{9.2.5}$$

其中：对应噪声为复合噪声 $z(t) = n(t) + n_{SR}(t)$。设其概率密度函数分别为：$\int_{-\infty}^{\infty} f_n(z-x)f_\xi(x)\mathrm{d}x$，$f_n(x)$，$f_\xi(x)$，则对应 y 的最优传递函数可以修正为

$$g_{LO}'(x) = Cf_z'(x)/f_z(x) \tag{9.2.6}$$

那么参照式（9.2.4）可以得到：$\eta_{\text{GSR-ED}}' \le \frac{1}{4} I_2(z)$。假设噪声独立，则其 Fisher 信息满足

$$I_2^{-1}(f_z) \ge I_2^{-1}(f_n) + I_2^{-1}(f_\xi) \tag{9.2.7}$$

则

$$\frac{I_2(f_z)}{I_2(f_n)} \le 1 - \frac{I_2(f_z)}{I_2(f_\eta)} \le 1 \tag{9.2.8}$$

我们知道对于任意的噪声其 Fisher 信息都应该大于 0，因此式（9.2.8）取等号的条件为无添加噪声 $n_{SR}(t)$，即对于次优能量检测器再添加噪声无法增强检测性能。

根据随机共振理论中噪声增强信号的本质特性，也有研究考虑噪声增强的双稳态非线性

滤波效应。直观地，对于一个给定的静态系统（系统参数固定），根据随机共振输出信噪比与噪声强度的非单调性曲线可知，在接收信号的噪声强度小于共振峰对应的噪声强度时，添加噪声可以优化信噪比，而在接收信号噪声强度很大时，再添加噪声反而会有损检测性能。这在工程应用中价值有限且可实现性差，即对于可增强检测性能的小噪声情况通常对应高信噪比，而对于更关注的低信噪比情况则难以得到有效增强甚至反而恶化。因此，对于非高斯噪声、不确定性噪声等模型失配的条件下，噪声增强的广义随机共振检测理论给出了一种利用噪声优化检测性能的可能的途径，可以在滤波器极限状态或渐进最优检测器（如 GLRT）逼近最优，但是其增益是有限的（或有上界的）。正如 Steven M.Kay 教授描述的"在信噪比恶化时反而增强检测性能的反常现象"，对这种添加噪声的理解应当是在适当噪声辅助下使接收机的噪声趋于更平稳，其对检测性能的增益应当来源于使 $Q^{-1}(P_{FA})$ 项更平稳与一定信噪比增益恶化的最优折中。即噪声增强的随机共振检测理论其核心解决的是非高斯和不确定背景噪声下噪声不平稳带来的模型失配问题，而对先验信息不足时的次优检测器（如能量检测器、功率谱检测器）再添加噪声也无法产生增益，要想提升检测性能使之逼近最优，就必须要从非线性滤波的角度出发最大化接收机的处理增益，即利用输出信噪比最大化熵准则逼近最佳广义匹配滤波器。由于添加噪声的方式本身在实际中难以实现，因此从非线性滤波器的角度去分析研究更具工程实用价值，也将是未来研究的主要方向。

9.3　广义匹配随机共振检测理论模型：多自由度的动态非线性滤波器

纵观随机共振统计检测理论的发展历程，已有随机共振的统计信号检测理论及方法核心关注了一定非线性系统下的最优噪声分布优化问题，证明了一定条件下添加特定噪声可以增强次优检测器性能，尤其是在复杂非高斯噪声背景下。但是，通过外加噪声调优的方式在实际应用中具有局限性，在低信噪比条件下，通常不满足可增益检测性能的条件，这时进一步添加噪声一般只会恶化系统的检测性能。从系统的复杂度来看，被研究的检测器逐步从单一静态非线性单元趋于更加复杂的阵列耦合模型，随着模型复杂度的增加其性能也不断向最优逼近。

从非线性滤波器设计的角度来看，我们可以将匹配随机共振微弱信号检测的内涵描述为：对一个动态非线性系统，在随机共振效应发生的约束条件下，通过参数化调优系统非线性，实现对微弱信号的输出信噪比增益最大化的共振匹配输出。其数学模型可以表示为

$$\max a, b, R \qquad \text{SNRI}$$
$$\text{s.t.} \qquad \text{SR conditions} \qquad\qquad (9.3.1)$$

其中：$\text{SNRI} = \text{SNR}_{SR} - \text{SNR}_{in}$ 表示随机共振处理的信噪比增益，a、b 为双稳态系统的势参数，R 为龙格库塔算法的修正时间尺度因子，其等价于将信号频率 f_0 变换 f_0/R 为以满足随机共振的小参数限制约束。随着非线性系统复杂度的提升，调优参数也将随之增大。对于一个双稳态系统，随机共振现象发生的条件（SR conditions）可由经典理论及方法给出，包括时间尺度匹配条件、稳定性条件、阈值条件、弱噪声极限下的幅度增益条件等。考虑微弱信号检测问题，接收信号往往是小幅度、大噪声的情况，因此这里对弱信号假设下的随机共振约束条件从以下三个方面给出。

（1）时间尺度匹配条件：系统的响应速度反映了布朗粒子在势阱之间概率交换随着信号变化的演化过程，通常由系统非零的最小特征值给出。对于双稳态系统，时间尺度可以由平均通过时间给出，是经典克莱默斯逃逸速率的倒数 $T = 1/r_k$，当其与外部周期力的调制同步时则能发生随机共振。从统计意义上，双稳态系统的广义时间匹配条件可以由式（9.1.29）给出，其小参数约束一般可以在数值计算中引入时间尺度因子 R 调制计算步长来解决。

（2）稳定性条件：稳定性条件解决的是随机共振系统数值仿真的发散（数值无穷）问题。一阶过阻尼双稳态系统的数值稳定性条件可通过欧拉法分析给出，即

$$\begin{cases} ah \leqslant 1 \\ |x_0| \leqslant \sqrt{\dfrac{ah+2}{bh}} \end{cases} \tag{9.3.3}$$

其中：$h = R/f_s$ 为龙格库塔方法的计算步长，通常由时间尺度因子 R 与采样频率 f_s 的比值得到，是系统输入的初始值。考虑水中目标的特征频率通常远大于小参数的约束，同时势参数 a 与信号频率相关，因此为满足数值稳定性和输出性能，一般需要高采样的条件（ $f_s > 50 f_0$ ）。而在一定采样条件下，可以通过调节尺度因子 R 处理，但是当 R 太大时就难以满足稳定性条件。

（3）阈值条件：系统阈值表达了布朗粒子跃迁难度的量化，从阈值的角度可以将现有理论发展分为亚阈值和超阈值两大类。对于弱信号的检测问题，考虑恒虚警的情况对接收带噪信号进行功率白化预处理，那么随着信噪比的降低输入系统的必然是小信号、大噪声的情况。这时为了使系统不被大噪声主导，就需要给出一个大的系统阈值，即对弱信号的检测问题我们约束其为亚阈值条件为 $A < A_c < \sqrt{2D}$ 。

围绕上述 SR 约束下的动态非线性滤波模型，我们可以给出从双稳态系统到更复杂的多稳态系统推广，将其描述为多约束下的多参数优化问题，而对其参数模型的设计决定了非线性滤波器是否满足期望。我们知道基于正交定理（orthogonality principle），使得均方误差最小的最优线性滤波器是维纳滤波器，而在实际中由于缺少统计信息就需要借助迭代构建自适应滤波器，使传递函数逼近最优的维纳滤波器。如果将最优传递函数看成一个"黑箱"，那么直观上当自适应滤波器具有足够多的自由度（可调节参数）时，其就可以任意程度地逼近这个"黑箱"。从更一般的角度来看，匹配随机共振的非线性滤波效应，对于动态过阻尼双稳系统的非线性滤波器有两个自由度：双稳态势参数 a、b，那么这个双自由度的非线性滤波器模型是否就是最优的模型呢，当非线性滤波器有更多参数化的自由度时，是否就能取得更优的结果呢？这是一个启发性的问题，可以让我们从更广义的角度理解和研究随机共振的非线性滤波效应。

目前，噪声增强的阵列随机共振检测就是以相同的静态非线性单元建立复杂的非线性系统，G.Guo 等利用阈值量化器在未添加噪声的情况下也验证了优化非线性系统能够大幅提升在非高斯噪声下的检测性能，说明了其多自由度非线性滤波的本质。事实上，在随机共振微弱特征信号增强的大量文献中也有很多从这一角度改进与优化的系统模型，如不饱和势模型、二阶 Duffing 振子模型、Woods-Saxon 势模型、三稳态势模型、多稳态周期势模型、指数双稳态势模型、非对称势模型、FitzHug-Nagumo 神经模型、阈值阵列耦合系统模型等。其本质都反映在通过增加系统模型的复杂度来增大系统的可调节参数，进而获得更多的自由度以期获得更好的输出增益。根据最优检测系统设计原理，广义匹配滤波器（或 LOD）是输出功率型信噪比最大化原则推导的结果，即基于最大输出信噪比准则设计的广义匹配滤波检测器无论

在高斯或非高斯噪声下均是 N-P 准则下最优或渐进最优的接收机。那么广义匹配随机共振检测理论的内涵可以表达为：对一个多自由度的动态复杂非线性系统，在一定约束下以输出信噪比增益最大化熵准则来参数化调优系统非线性，使之向广义匹配滤波器最优系统传递函数优化逼近。

由于本书章节篇幅限制，这里主要阐述广义匹配随机共振检测理论的多自由度动态非线性滤波的思想。读者值得注意的是，由于高次项的存在难以通过变换得到显性的传递函数，对随机共振滤波器的理论分析十分困难，至今尚未有完善的随机共振滤波器理论提出。而当系统复杂度过高后，对其约束条件的准确定义、理论描述及求解也会更加复杂，数值求解也更容易发散，这时候如何控制复杂非线性系统的输出，合理地给出匹配随机共振约束条件将成为研究的重点。考虑经典双稳态系统因其本身在多学科应用的广泛性及便于向其他更加复杂的非线性系统推广性，9.4 节将围绕经典双稳态模型讲述过阻尼双稳态匹配随机共振的微弱信号检测方法，更多对改进非线性模型及检测方法的深入探讨可参考作者的相关学术研究成果，这里不再逐个列举。

9.4　过阻尼双稳态匹配随机共振的微弱信号增强检测方法

9.4.1　双稳态随机共振系统的数值求解

在双稳态系统产生随机共振现象的理论解释中，绝热近似理论和线性响应理论是使用最多的理论解释，但是利用随机共振的绝热近似理论和线性响应理论在做近似假设时有着极强的限制条件，只有在低频小信号时才能产生，而理论角度的分析研究都是以这个假设为前提条件进行的，因此随机共振的一个默认限制条件就是只能处理低频小信号。而其他各种理论上的研究也证明了这一点，只有在信号为小参数（信号频率、幅值都远小于 1）的情况下，才会产生明显的随机共振现象。但是在实际应用中的信号大多数情况下并不满足这一条件，所以需要将不满足限制条件的大参数信号转换成满足随机共振条件的小参数信号，从而满足发生随机共振的条件，实现微弱信号检测。目前，可用的主要方法有二次采样、尺度变换、频移尺度变换、归一化尺度变换等，这些方法也是为了解决随机共振对于频率条件的局限性而提出来的。这里我们简要介绍尺度变换和归一化尺度变换的原理。

（1）尺度变换

对于周期信号有

$$s(t) = A\sin(2\pi f_0 t + \varphi_0) \tag{9.4.1}$$

其中：信号频率 $f_0 \gg 1$。为了满足小参数条件，我们可以将式（9.4.1）等价写为

$$s(t) = A\sin\left(2\pi \frac{f_0}{\alpha} \cdot \alpha t + \varphi_0\right) \tag{9.4.2}$$

其中：α 为一个很大的值，这时待测信号的频率倍改变为 $f_1 = f_0/\alpha$，相当于缩小了 α 倍。根据上面的变量替换原则，相应地，时间尺度从 t 变为了 αt，在实际实现时，只要在龙格库塔的数值求解中，将步长 h 的值由 $h = 1/f_s$ 变为 $h = a/f_s$ 即可。

给出一阶双稳态系统的龙格库塔计算方法为

$$x_{n+1} = x_n + \frac{1}{6}(k_1 + 2k_2 + 2k_3 + k_4)$$

$$k_1 = h(ax_n - bx_n^3 + u_n)$$

$$k_2 = h\left[a\left(x_n + \frac{k_1}{2}\right) - b\left(x_n + \frac{k_1}{2}\right)^3 + u_{n+1}\right]$$

$$k_3 = h\left[a\left(x_n + \frac{k_2}{2}\right) - b\left(x_n + \frac{k_2}{2}\right)^3 + u_{n+1}\right]$$

$$k_4 = h\left[a\left(x_n + \frac{k_3}{2}\right) - b\left(x_n + \frac{k_3}{2}\right)^3 + u_{n+1}\right]$$

$$(9.4.3)$$

其中：u 为输入带噪信号，x 为系统输出信号，k_1、k_2、k_3、k_4 为中间变量。

（2）归一化尺度变换

假定输入的周期信号的幅度是 A，频率 $f_0 \ll 1\text{Hz}$，高斯白噪声的强度为 D，系统的模型为

$$\begin{cases} \dfrac{\mathrm{d}x}{\mathrm{d}t} = ax - bx^3 + A\cos(2\pi f_0 t + \varphi) + \Gamma(t) \\ \langle \Gamma(t) \rangle = 0, \langle \Gamma(t), \Gamma(0) \rangle = 2D\sigma(t) \end{cases} \tag{9.4.4}$$

当参数 a、b 为实数且大于零时，可以引入以下变量替换，把模型转换成归一化的形式，即

$$z = x\sqrt{\frac{b}{a}}, \tau = at \tag{9.4.5}$$

将式（9.4.5）代入式（9.4.4）中可得

$$a\sqrt{\frac{a}{b}}\frac{\mathrm{d}z}{\mathrm{d}\tau} = a\sqrt{\frac{a}{b}}z - a\sqrt{\frac{a}{b}}z^3 + A\cos\left(2\pi\frac{f_0}{a}t + \varphi\right) + \Gamma\left(\frac{\tau}{a}\right) \qquad 11 \tag{9.4.6}$$

式（9.4.6）中的噪声 $\Gamma\left(\dfrac{\tau}{a}\right)$ 满足

$$\left\langle \Gamma\left(\frac{\tau}{a}\right)\Gamma(0) \right\rangle = 2Da\sigma(\tau) \tag{9.4.7}$$

因此有

$$\Gamma\left(\frac{\tau}{a}\right) = \sqrt{2Da}\xi(\tau) \tag{9.4.8}$$

式中

$$\langle \xi(\tau) \rangle = 0, \langle \xi(\tau), \xi(0) \rangle = \sigma(\tau) \tag{9.4.9}$$

将式（9.4.8）代入式（9.4.6）中得到

$$a\sqrt{\frac{a}{b}}\frac{\mathrm{d}z}{\mathrm{d}\tau} = a\sqrt{\frac{a}{b}}z - a\sqrt{\frac{a}{b}}z^3 + A\cos\left(\frac{w}{a}t + \varphi\right) + \sqrt{2Da}\xi(\tau) \tag{9.4.10}$$

将式（9.4.10）化简得

$$\frac{\mathrm{d}z}{\mathrm{d}\tau} = z - z^3 + \sqrt{\frac{b}{a^3}}A\cos\left(\frac{w}{a}t + \varphi\right) + \sqrt{\frac{2Db}{a^2}}\xi(\tau) \tag{9.4.11}$$

其中：系统势参数被等价变换为 1，其与式（9.4.4）为等价变换，两者意义一致。归一化后的频率变成了原来信号频率的$1/a$，信号的强度、噪声的强度也产生了变化。因此对于高频信号，如果将参数a选择的比较大，则可以让其归一化频率满足随机共振的条件，进而产生随机共振。在数值仿真中，噪声强度会受到采样步长h的影响实际变为$D = \dfrac{\sigma_n^2}{2} h$，在归一化变换后，相当于给信号和噪声同时乘以比例因子$\sqrt{\dfrac{b}{a^3}}$。

给出一组仿真示例对比，参数取值$a = b = 1$，$A = 0.3$，$\sigma_n = 3$，$f_0 = 0.1$Hz，$f_s = 20$Hz，$N = 2000$。图 9.4.1 为输入信号的时域及归一化频谱波形，可以看到经过随机共振处理后单频谱线被增强。

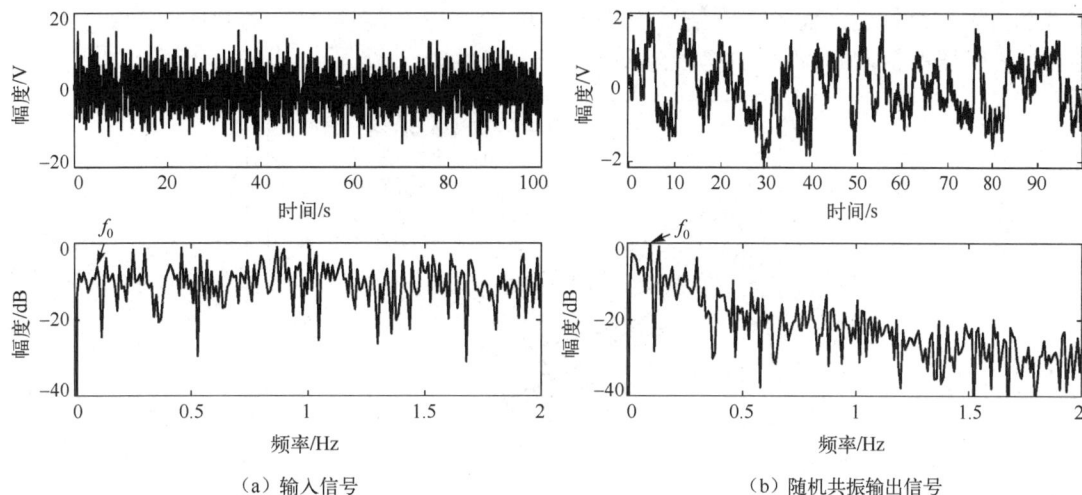

（a）输入信号　　　　　　　　　　　（b）随机共振输出信号

图 9.4.1　当信号频率 $f_0 = 0.1$Hz 时系统输入、输出时域波形及归一化频谱

改变待测信号频率$f_0 = 100$Hz，这时直接进行随机共振则无法求解，根据参数取值规则等效$a = b = 1000$，代入双稳态系统模型求解，得到输入信号 $f_0 = 100$Hz 的时域及归一化频谱波形如图 9.4.2 所示。

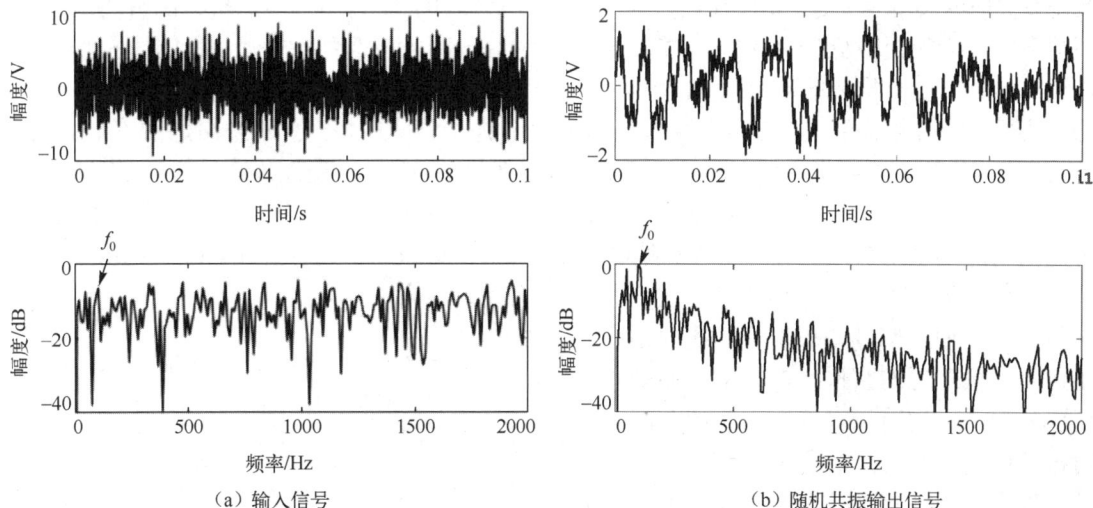

（a）输入信号　　　　　　　　　　　（b）随机共振输出信号

图 9.4.2　当信号频率 $f_0 = 100$Hz 时系统输入、输出时域波形及归一化频谱

9.4.2 动态过阻尼双稳态匹配随机共振的线谱增强检测方法

根据双稳态系统的绝热近似理论分析，对双稳态随机共振的弱周期信号增强现象可由信噪比直观描述，即在产生共振时，系统输出信噪比最大，其物理意义是可与最优检测器输出增益最大化的准则相对应的准则进行对应。那么，对于确定的静态非线性系统（系统参数固定），考虑高斯白噪声环境，其输出信噪比随噪声的变化曲线是一条单峰的类"共振"曲线（见图 9.4.3），即存在一个最优的噪声强度值 D_{opt} 使得输出信噪比最大。对比输入信噪比，对于固定势参数的双稳态系统，其可增益检测性能的区间有限，对应广义噪声增强的随机共振检测理论，只有当接收信号的背景噪声强度满足 $D < D_{opt}$（对应高信噪比情况）时，添加噪声才可能改善检测性能；而当接收信号的背景强度大于共振峰对应最优噪声时（当 $D > D_{opt}$ 时对应低信噪比的情况），再添加噪声会快速降低系统性能。

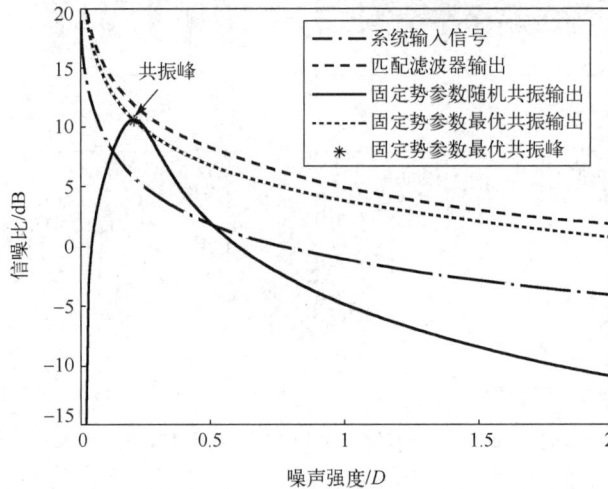

图 9.4.3 不同噪声强度下过阻尼双稳态系统随机共振输出信噪比特性对比分析

我们知道实际中目标的距离、源级、环境等多种因素是未知且变化的，尤其是微弱信号检测系统面向的环境大多是低信噪比的，这种情况下噪声调优几乎不可实现。可以证明：在动态的环境下，只有通过优化系统参数才可能提升输出信噪比，并且在系统参数最优化的情况下，再通过添加噪声的方式不能进一步提升输出性能。对于一个信号检测系统，我们可以合理假设一定时间（快拍）内信号幅度 A 和噪声强度 D 是不变的，那么可以通过对这段信号的参数估计，再利用动态非线性系统参数优化来实现最优输出，即得到动态势参数的最优共振输出。

在此基础上，我们讨论动态过阻尼双稳态匹配随机共振的线谱增强问题。考虑系统参数可调的动态双稳系统模型，构建匹配随机共振（Matched Stochastic Resonance，MSR）系统，利用可估计的接收信号参数信息，调优非线性系统使得信号、噪声及非线性系统达到最优匹配的共振状态来增益弱周期信号输出。过阻尼双稳态系统的匹配随机共振检测器结构如图 9.4.4 所示。

根据双稳态随机共振的弱周期信号增强原理，对应式（9.1.32）可建立对系

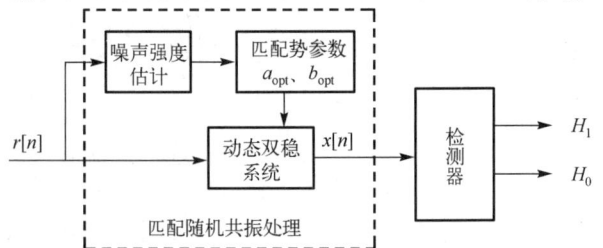

图 9.4.4 过阻尼双稳态系统的匹配随机共振检测器结构

统势垒 ΔV 的输出信噪比优化模型为

$$\Delta V_{\text{opt}} = \underset{\Delta V}{\arg\max}\, \text{SNR}_{\text{SR}} \tag{9.4.12}$$

通过对式（9.4.12）求其一阶偏微分方程的最大似然估计，可以得输出信噪比最大对应的最优势垒条件为 $\Delta V_{\text{opt}} = \hat{D}$。$\hat{D}$ 为接收信号的噪声强度估计，通常可由最大似然方法得到。根据 9.3.2 节给出的随机共振时间尺度匹配条件和最优势垒条件，可以得到过阻尼双稳态最优势参数的解析表达式为

$$\begin{cases} a_{\text{opt}} = 2\sqrt{2}\pi \hat{f}_0 e \\ b_{\text{opt}} = a_{\text{opt}}^2 / (4\hat{D}) \end{cases} \tag{9.4.13}$$

其中：$\hat{f}_0$ 为对信号频率的估计值。将式（9.4.13）代入式（9.1.32）得到

$$\text{SNR}_{\text{SR}} = \frac{16 A_0^2}{a_{\text{opt}}^2 (2 + \pi^2 / 2)} \bigg/ \left(\frac{a_{\text{opt}}}{b_{\text{opt}}} - \frac{16 A_0^2}{a_{\text{opt}}^2 (2 + \pi^2 / 2)} \right) \tag{9.4.14}$$

容易计算得到系统的输入信噪比 $\text{SNR}_{\text{in}} = A_0^2 / 4D$，可知式（9.4.14）的理论模型要使系统的信噪比增益大于 1，需要满足如下关系，即

$$\begin{cases} \dfrac{a_{\text{opt}}}{b_{\text{opt}}} - \dfrac{16 A^2}{a_{\text{opt}}^2 (2 + \pi^2 / 2)} > 0 \\[3mm] \dfrac{16}{b_{\text{opt}} (2 + \pi^2 / 2)} > \dfrac{a_{\text{opt}}}{b_{\text{opt}}} - \dfrac{16 A^2}{a_{\text{opt}}^2 (2 + \pi^2 / 2)} \end{cases} \tag{9.4.15}$$

在绝热近似条件下（$\hat{f}_0 \ll 1$），式（9.4.15）可以进一步简化为

$$\begin{cases} 0 < A < \dfrac{a_{\text{opt}}}{2} \sqrt{\dfrac{a_{\text{opt}} (2 + \pi^2 / 2)}{b_{\text{opt}}}} \\[3mm] a_{\text{opt}} \ll 2\sqrt{2}\pi e \end{cases} \tag{9.4.16}$$

式（9.4.16）描述了在双稳态系统参数调优过程中，周期信号的幅度与系统势参数的约束关系，由于小参数下的 a_{opt} 是一个很小的数，因此接收信号幅值需要满足弱信号的假设。我们再对照图 9.4.3 给出了动态势参数的最优共振输出曲线，可以看出在任意噪声强度下调优系统参数都能够取得最优值，在高斯噪声下，动态系统的匹配随机共振输出增益性能可以逼近最优匹配滤波。

给出一组仿真示例。不失一般性，我们以 10Hz 单周期信号模拟舰船甚低频线谱特征，考虑高斯白噪声的情况，设定仿真参数如下：信号频率 $f_0 = 10\text{Hz}$，高斯噪声方差 $\sigma_n^2 = 1$，采样频率 $f_s = 2\text{kHz}$，离散信号采样点数 $N = 6000$。信号频率过大不满足绝热近似假设条件，这里采用经典的尺度变换方法，设定一个足够小的参考频率 $f_{\text{ref}} = 0.005\text{Hz}$，对应双稳态系统最优匹配参数可根据式（9.4.13）得到 $a_{\text{opt}} = 0.12$、$b_{\text{opt}} = 0.0072$，尺度变换因子 $R = f_0 / f_{\text{ref}}$。

由双稳态系统信噪比增益的理论分析结果可知，当输入周期信号幅值满足 $A < 0.4217$ 时，系统的信噪比增益大于 1，因此后续分析中需要对接收信号进行幅度归一化预处理。给出两种假设下的接收信号及 MSR 的输出时域、频域结果对比，如图 9.4.5 所示，可以看出，对于 H_0 假设情况（$A = 0$），MSR 输出并未产生共振现象，时域表现为大周期跃迁，对应频域功率

谱表现为低频响应的洛伦兹分布特性；对于 H_1 假设情况（$A=0.1$），MSR 输出可以很好地跟随输入周期信号的频率变化，经过双稳态随机共振系统处理后的输出信号能量在信号频率处聚焦，高频段噪声能量被极大化抑制，表现为一种特殊的低通滤波效应，全局信噪比有较大提升，但是对目标频率窄带内的局部信噪比增益并不是特别明显。

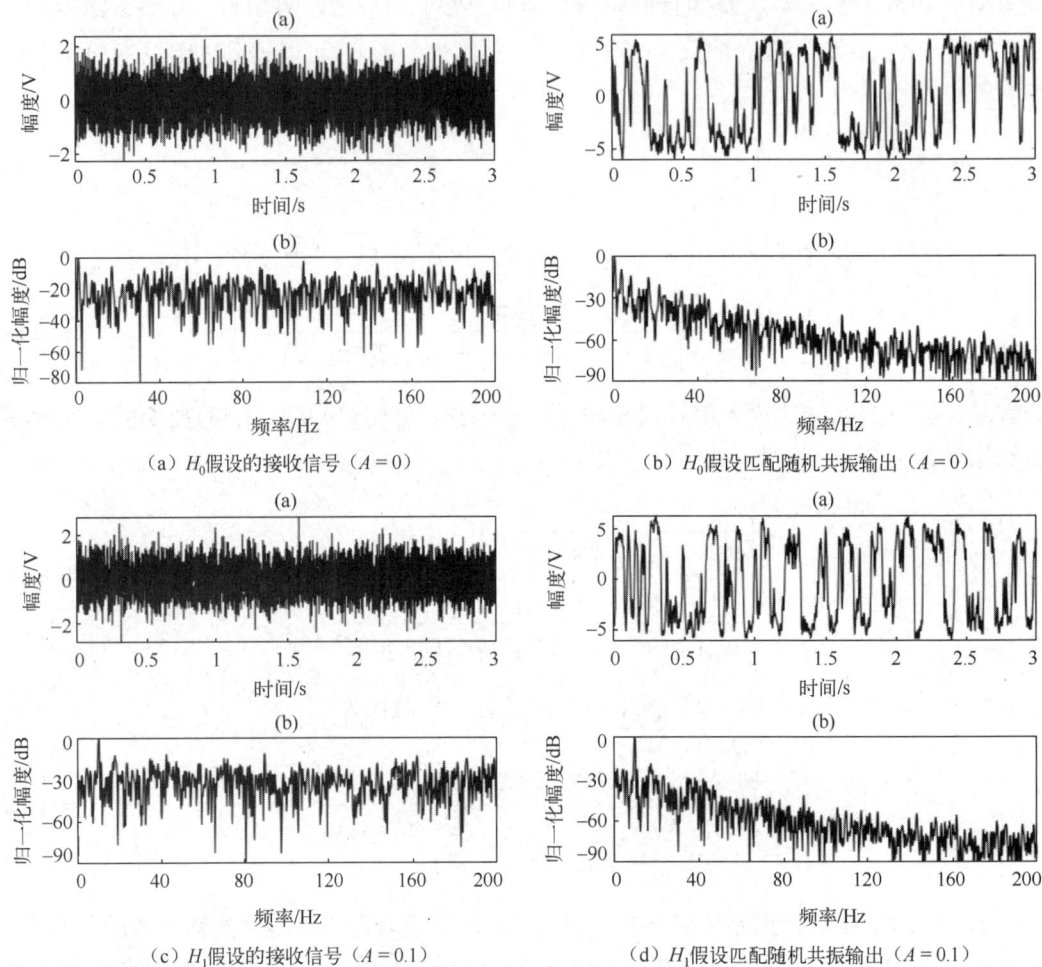

（a）H_0 假设的接收信号（$A = 0$）　　　（b）H_0 假设匹配随机共振输出（$A = 0$）

（c）H_1 假设的接收信号（$A = 0.1$）　　　（d）H_1 假设匹配随机共振输出（$A = 0.1$）

图 9.4.5　两种假设下的输入及匹配随机共振输出时域、频域结果对比（10 次平均）

考虑水中目标被动探测的线谱检测问题，我们通常会构建频域能量检测器（或功率谱检测器），这是由于离散傅里叶变换对线谱信号而言是相干累积，其性能优于宽带能量检测方法。

从频域进行数学描述，可以得到其检验统计量的定义，即

$$T(x) = \frac{1}{N}\sum_{k=1}^{N}|X[k]|^2 \tag{9.4.17}$$

其中：$X[k]$ 是接收带噪信号 $x[n]$ 的线性组合，服从高斯分布。设输入信噪比为 $\mathrm{SNR}_i = A^2/\sigma_n^2$，在噪声相互独立的条件下，根据帕塞瓦尔（Parseval Theorem）定理，可以得到线谱所在频率的输出信噪比 SNR_o 为

$$\mathrm{SNR}_o = N^2 A^2 / (N\sigma_n^2) = N\mathrm{SNR}_i \tag{9.4.18}$$

其中: N 为数据长度,对于独立采样, N 等于时间带宽积,可得线谱频域检测的增益为 $10\lg N$。鉴于周期线谱在频域具有相干累积增益,本书构建 MSR 对周期图谱的峰值能量检测器(PED)以及线性仿形相关器(或称匹配滤波器,MF),并对比其增益性能。

高斯白噪声下两种假设的检验统计量概率密度函数对比如图 9.4.6 所示,曲线由 MATLAB 自带 ksdensity 函数进行 10 万次数据拟合得到,仿真条件同上。图 9.4.6(a)和(b)分别给出了不同信号幅度对应的 PED 以及匹配随机共振处理后的 MSR-PED 的检验统计量概率密度分布对照,可以看出 MSR-PED 相比 PED 检测器的概率密度分布更加尖锐,无法直接判别其检测性能优劣。图 9.4.6(c)和(d)分别给出了不同信号幅度对应的 PED 和 MSR-PED 的检验统计量的概率密度分布对照,可以看出线性仿形相关器 MF 的检验统计量分布相比匹配随机共振处理后的 MSR-MF 可分度更大,预期其检测性能更优。这与高斯白噪声下理论上最优检测器是匹配滤波器的结论相一致,即在高斯白噪声条件下随机共振处理并不能突破最优检测器的性能。

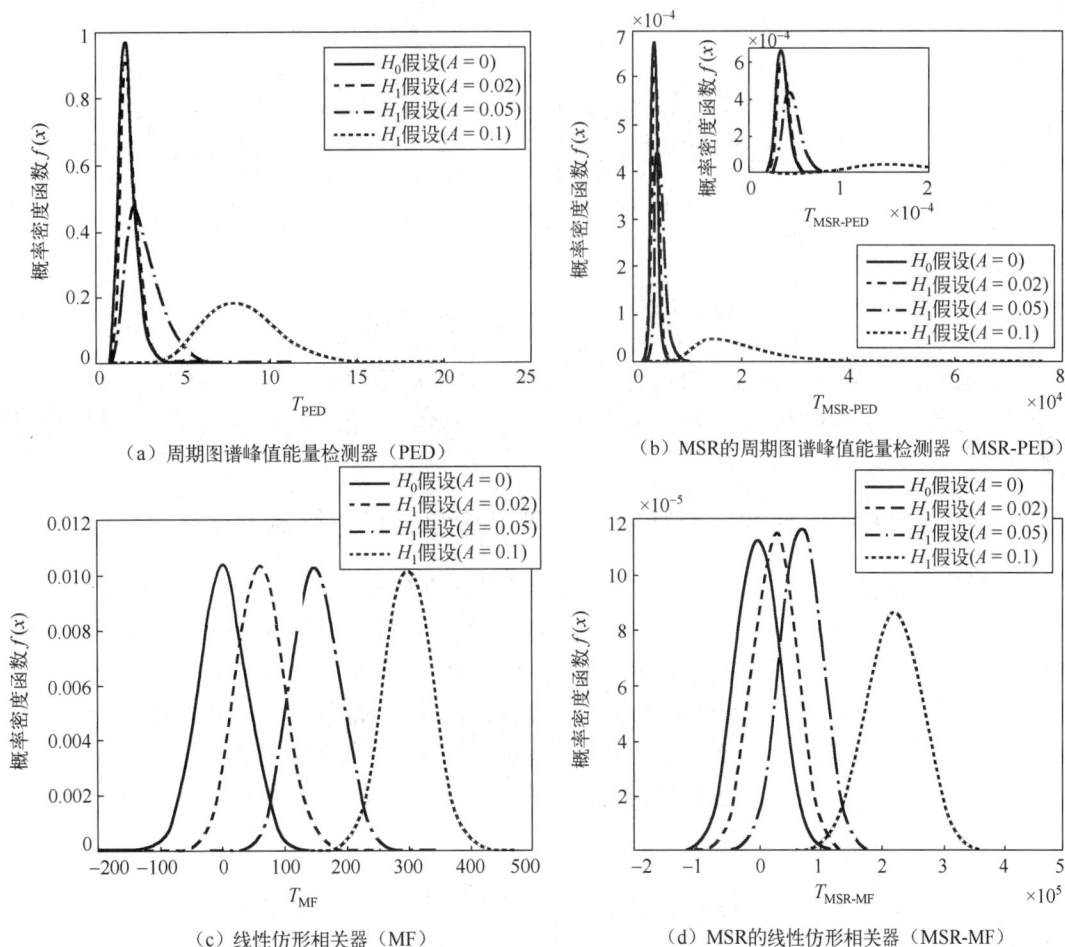

(a)周期图谱峰值能量检测器(PED)

(b)MSR的周期图谱峰值能量检测器(MSR-PED)

(c)线性仿形相关器(MF)

(d)MSR的线性仿形相关器(MSR-MF)

图 9.4.6 高斯白噪声下两种假设的检验统计量概率密度函数对比(10^5 次统计)

进一步给出不同信噪比条件下的检测性能对比,对应每个输入信噪比进行 10 万次蒙特卡罗实验,检测性能曲线如图 9.4.7 所示。图 9.4.7(a)对比了虚警概率 $P_{FA} = 0.01$ 时接收信号 PED、MF 和 MSR 处理后对应的 MSR-PED、MSR-MF 检测器性能,为了更好地说明图中还给出了 20Hz 低通滤波的能量检测器（LPF-ED）结果对照。可以看出，MSR-PED 与 PED 的检测性能总体接近，在大于–25dB 的较高信噪比时，PED 更优，而在小于–25dB 的低信噪比情况下，MSR-PED 更好，说明了 MSR 处理后能够提升低信噪比条件下次优检测器 PED 的性能。而对于 MSR-MF 与 MF 检测器，显然 MF 更优，说明了在高斯白噪声下，MSR 处理并不能突破最优检测理论的约束，这与前面分析的结论相一致。图 9.4.7（b）分别给出了–20dB 和–30dB 情况下对应几种检测器的接收机工作曲线（Receiver Operator Characteristic Curve，ROC）。能够看到，在–20dB 时 PED 优于 MSR-PED，而对应–30 dB 时 MSR-PED 性能更好。

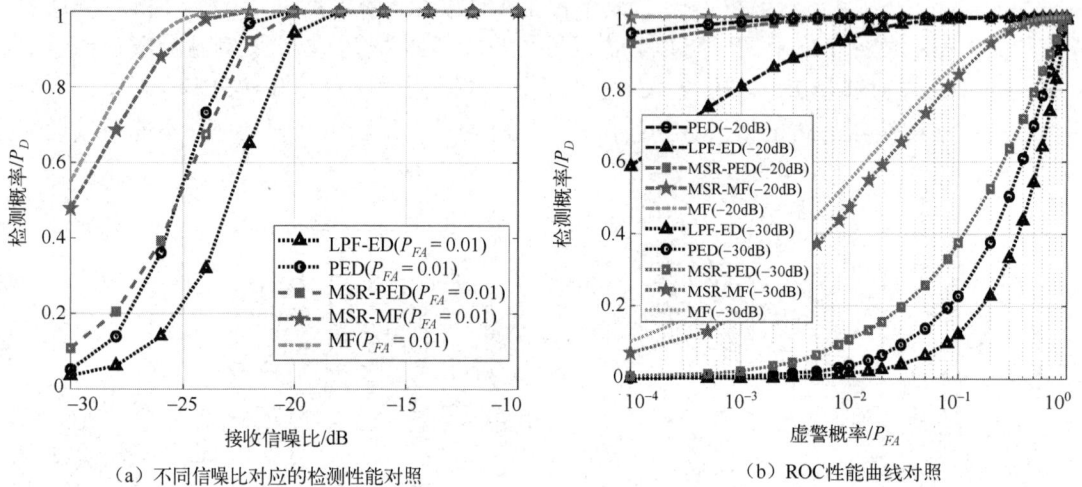

（a）不同信噪比对应的检测性能对照　　　　（b）ROC性能曲线对照

图 9.4.7　高斯白噪声下的匹配随机共振检测性能结果对比（10^5 次统计）

总体看来，匹配随机共振的微弱周期信号的检测本质是构建了一种特殊非线性滤波器，在高斯白噪声下，能够提升低信噪比条件下次优检测器的性能，但是并不能突破最优检测理论的约束。

9.4.3　基于峰值信噪比的匹配随机共振甚低频线谱优化检测方法

9.4.2 节构建了匹配随机共振的检测器模型，并仿真分析了其对 PED 和 MF 检测器的性能。考虑匹配随机共振对输出信噪比的优化模型，那么从检验统计量的设计角度来看，利用输出信噪比应当是一个更优的选择。对照图 9.4.5 两种假设下的匹配随机共振输出结果，可以发现在 H_0 假设下其输出具有特殊的洛伦兹分布特性，即在 H_0 假设下输出能量会向着零频转移，其低频强的能量可以使得 H_0 假设下输出信噪比更低，更有利于检测。

鉴于此，本节构建基于峰值信噪比随机共振线谱检测器，设计检验统计量为

$$T(x) = 10\log_{10}\left(\frac{N_0 X[k_0]}{\sum_{k=1}^{N_0/2} X[k] - X[k_0]}\right) \tag{9.4.19}$$

其中：$X[k]$ 是对接收信号 $x[n]$ 的离散傅里叶变换；N_0 为傅里叶变换的点数，$k_0 \in [1, N_0/2]$。

考虑高斯白噪声的情况，仿真分析其检测性能，仿真条件同上节。图 9.4.8 给出了两种假设下 MSR-PED 与 MSR-PSNR 检验统计量的概率密度分布对照。可以看出，对应当 $A = 0.02$ 时，

MSR-PSNR 相比 MSR-PED 显然能够分得更开，输入信号幅值越大，检验统计量 TMSR-PSNR
的概率密度分布越尖锐，说明在较高信噪比时其计算结果相对稳定。进一步给出不同信噪比
条件下的检测性能对照曲线，检测性能曲线如图 9.4.9 所示。图 9.4.9（a）对比了虚警概率当
P_{FA}=0.01 时接收信号 MSR-PSNR 与 MSR-PED、PED 及最优 MF 检测器的性能。可以看出，
MSR-PSNR 相比 MSR-PED 的检测性能有明显提升，尤其是在低信噪比条件下。对应检测概
率当 P_D=0.8 时，MSR-PSNR 的最低可检测信噪比可达到–24 dB，相比 MSR-PED 能够提升约
0.5 dB。图 9.4.9（b）给出了–20 dB 和–30 dB 情况对应几种检测器的 ROC 曲线。能够看到，对应
不同虚警概率 MSR-PSNR 检测器更优，尤其能够提升低虚警概率下的检测性能。综上所述，构建
基于峰值信噪比的检验统计量能够取得更优的检测性能，尤其是在低信噪比、低虚警概率条件下。

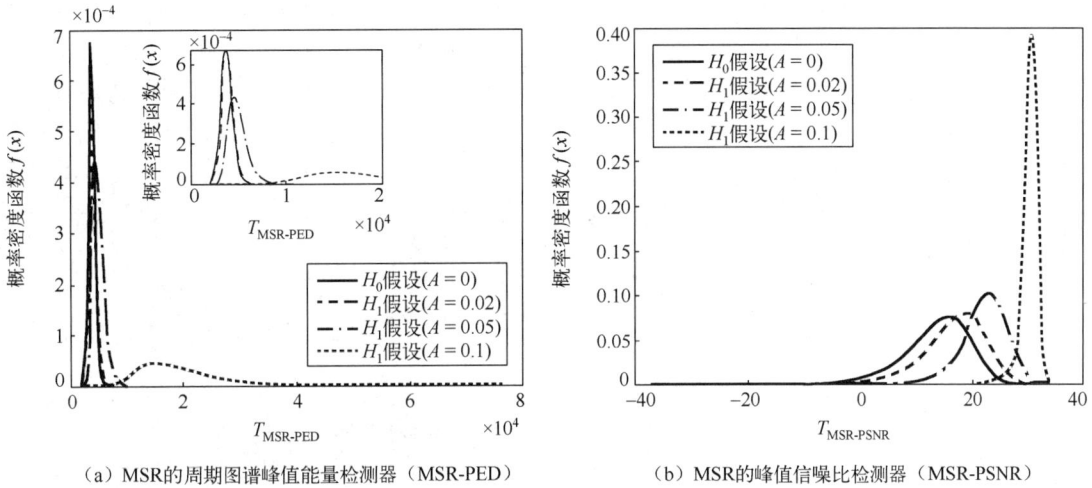

（a）MSR的周期图谱峰值能量检测器（MSR-PED） （b）MSR的峰值信噪比检测器（MSR-PSNR）

图 9.4.8 高斯白噪声下两种假设对应峰值信噪比的概率密度函数对比（10^5 次统计）

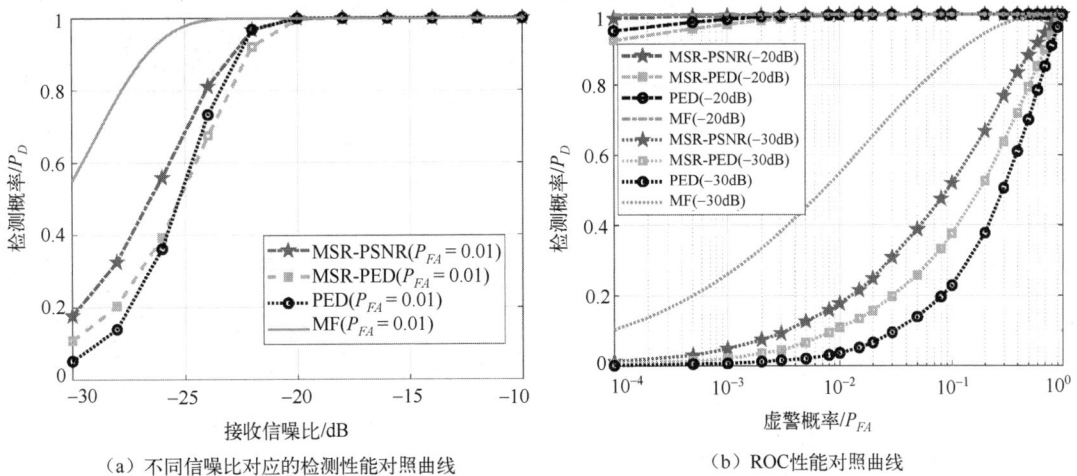

（a）不同信噪比对应的检测性能对照曲线 （b）ROC性能对照曲线

图 9.4.9 高斯白噪声下的峰值信噪比的优化检测性能结果对比（10^5 次统计）

9.4.4 非高斯脉冲噪声下的匹配随机共振检测性能分析

海洋环境噪声级较大，除了包括工业噪声、远处航船辐射噪声，还有气枪爆炸声、地质

活动噪声和海洋生物噪声等宽带脉冲噪声。近 30 年来，国内外不断重视对海洋环境噪声的非高斯特性分析与建模研究。α 稳定分布（Symmetric α Stable，SαS）模型是一种广义的噪声分布模型，是满足广义中心极限定理的唯一分布，对具有显著脉冲的尖峰态噪声具有好的适配性，甚至可以描述许多不满足中心极限定理的数据。近年来被很多学者应用于复杂海洋环境噪声统计建模中。

我们知道非高斯噪声下最优 N-P 检测器是由广义匹配滤波器给出的，这时线性仿形相关器的检测性能随噪声的非高斯性增加而急剧下降，成为一种次优检测器。从接收信号能量最大化的角度看，在线性预处理的条件下，线性仿形相关器仍然是传统能量检测器的性能上界。鉴于匹配随机共振可以理解为特殊的非线性预处理器，比较分析其与线性仿形相关器的检测性能能够表达非线性预处理对检测性能的积极作用。鉴于此，本节将进一步分析匹配随机共振在典型 α 稳定分布噪声下的线谱检测性能，确定非高斯噪声下其对检测性能的增益效果。

对于 α 稳定分布噪声，α 称为特征指数（Characteristic Exponent），它决定了 α 稳定分布概率密度函数的拖尾厚度，其值越小，分布的拖尾越厚，冲击性越强。当 $\alpha=2$ 时，退化为高斯分布；当 $\alpha=1$ 时，为柯西分布；当 $\alpha=0.5$ 时，为皮尔森分布，其概率密度函数如图 9.4.10 所示。不同特征指数 α 下的 α 稳定分布噪声序列可根据 Janicki-Weron 算法分别生成。

当 $\alpha \neq 1$ 时，有

$$X = D_{\alpha,\beta,\sigma} \frac{\sin[\alpha(U + C_{\alpha,\beta})]}{(\cos U)^{1/\alpha}} \left\{ \frac{\cos[U - \alpha(U + C_{\alpha,\beta})]}{W} \right\}^{(1-\alpha)/\alpha} + \mu \qquad (9.4.20)$$

其中：$C_{\alpha,\beta} = \dfrac{\arctan[\beta \tan(\pi\alpha/2)]}{\alpha}$；$D_{\alpha,\beta,\sigma} = \sigma \left(\cos\{\arctan[\beta \tan(\pi\alpha/2)]\} \right)^{-1/\alpha}$。

当 $\alpha = 1$ 时，有

$$X = \frac{2\sigma}{\pi} \left\{ (\pi/2 + \beta U)\tan(U) - \beta \ln\left[\frac{(\pi/2)W \cos(U)}{(\pi/2) + \beta U} \right] \right\} + \mu \qquad (9.4.21)$$

其中：U 和 W 为两个独立的变量，U 服从 $(-\pi/2, \pi/2)$ 的二项分布，W 服从标准的指数分布。

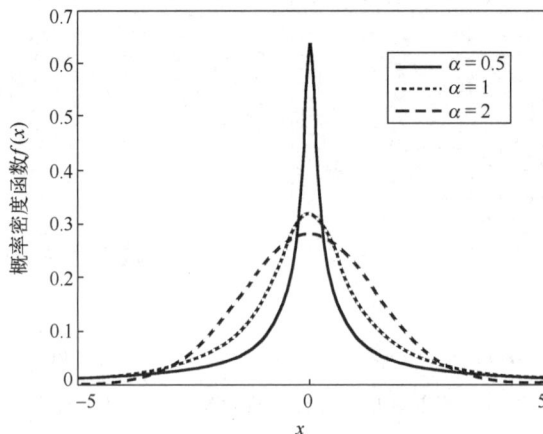

图 9.4.10　α 稳定分布的典型概率密度函数

仿真条件设定与高斯白噪声时基本一致，仅改变输入的噪声分布特性。为了仿真结果前后表述的一致性，在非高斯条件下，我们将线性仿形相关器的结果表示为 LCD-MF，局部最

优检测器表示为 LOD-GMF。本节主要围绕 $\alpha = 1.5$、$\alpha = 1$ 两种典型非高斯噪声参数给出仿真性能分析，对于 $\alpha = 2$ 的高斯分布情况这里不再赘述。由于 α 稳定分布不存在有限方差，因此本书中采用如下几何功率来描述，即

$$S_0 = (C_g \eta)^{1/\alpha} / C_g \tag{9.4.20}$$

其中：$C_g \approx 1.78$ 为指数形式的欧拉常数，η 为分散系数，为保证对信噪比的定义与高斯白噪声能相对应，可通过 $2C_g$ 进行归一化得到其输入信噪比的表达式为

$$\mathrm{SNR}_{\mathrm{in}} = 10 \log_{10} \frac{1}{2C_g} \left(\frac{\sqrt{E}}{S_0} \right)^2 \tag{9.4.21}$$

输入信噪比取值范围设定为 [−20dB, 10dB]，噪声强度可由 $\hat{D} = \eta \alpha$ 估计得到，为简化仿真令分散系数 $\eta = 1$。给出两种特征指数下的检测性能如下。

（1）特征指数 $\alpha = 1.5$

首先考虑特征指数 $\alpha = 1.5$ 的情况，如图 9.4.11（a）、（b）所示，可以看出，这时背景噪声非高斯脉冲特性明显增加。分别对两种假设下的接收信号进行 MSR 处理，如图 9.4.11（c）、（d）所示。对于 H_0 假设，其时域输出信号为随机噪声，频域仍然表现为典型洛伦兹分布特性；对于 H_1 假设，其时域输出信号的周期性明显增强，从频域可以看到在信号频率处明显的峰值，相比接收信号其局部信噪比约有 10dB 的增益。进一步给出两种假设下 MF 与 MSR-MF 的时域相关结果对比，如图 9.4.11（e）、（f）所示，可以看出经 MSR 处理后相关峰值在两种假设下的比值更大，可以预期 MSR 处理后能够为 PED 和 MF 带来更好的检测性能。

分别给出了两种假设下 PED、LCD-MF、MSR-PED、MSR-PSNR 和 MSR-MF 检验统计量的概率密度分布对比，如图 9.4.12 所示。可以看出，在非高斯脉冲噪声下 PED 与 LCD-MF 的检验统计量的概率密度分布具有较强的拖尾效应，这会严重影响检测性能，尤其是在探测系统要求的低虚警概率条件下。经过 MSR 处理后，对应概率密度分布的强拖尾性被极大的抑制，直观的可以预期更好的检测性能。

上述内容分别从处理增益和检验统计量的概率密度分布两个角度进行了分析说明，其表达了在非高斯脉冲噪声下匹配随机共振增益检测性能的本质，即非线性滤波效应对两种假设下检验统计量概率密度分布的优化。进一步仿真分析不同信噪比条件下的检测性能，对应每个输入信噪比进行 10 万次蒙特卡罗测试，对比了不同虚警概率下接收信号 PED、MSR-PED、MSR-PSNR、MSR-MF、LCD-MF 及最优 LOD-GMF 方法的检测性能，检测性能曲线如图 9.4.13 所示。从图 9.4.13（a）可以看出，对应虚警概率 $P_{FA} = 0.01$ 时 MSR-PED 相比 PED 方法有更好的检测性能；对应虚警概率 $P_{FA} = 0.01$ 时 MSR-PED 相比 PED 方法的检测性能有显著提升，在设定检测概率 $P_D = 0.8$ 的情况下，MSR-PED 相比 PED 方法的最低可检测信噪比能够下降约 16dB。MSR-PSNR 方法可进一步提升检测性能，在设定检测概率 $P_D = 0.8$ 的情况下，MSR-PSNR 方法相比 MSR-PED 的最低可检测信噪比还能下降约 8dB。进一步对比接收信号 LCD-MF 及 MSR-MF 方法的检测性能，可以看到 MSR-MF 有明显的性能优势，尤其是在低信噪比条件下。图 9.4.13（b）分别给出了输入信噪比 0dB 情况下对应几种检测器的 ROC 曲线，可以看到 MSR-PSNR 在低虚警条件下（$P_{FA} < 0.005$）能够取得超越 LCD-MF 的性能，并且虚警概率越低其检测性能的优势越大。这表明 MSR 能够有效增强在非高斯脉冲噪声下的检测性能，构建的 MSR-PSNR 检测器更能提升 N-P 准则下的低虚警检测性能。

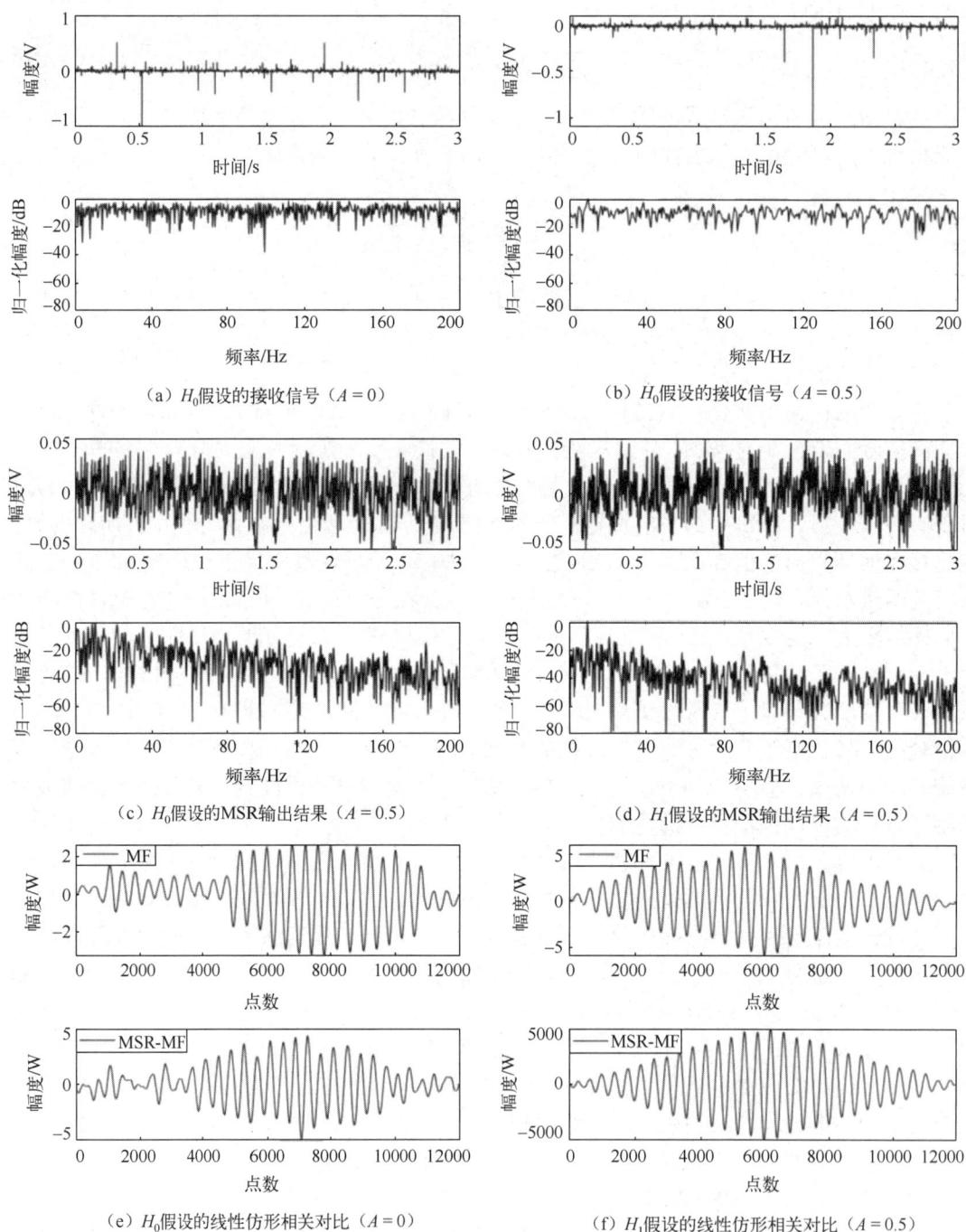

（a）H_0假设的接收信号（$A=0$）

（b）H_0假设的接收信号（$A=0.5$）

（c）H_0假设的MSR输出结果（$A=0.5$）

（d）H_1假设的MSR输出结果（$A=0.5$）

（e）H_0假设的线性仿形相关对比（$A=0$）

（f）H_1假设的线性仿形相关对比（$A=0.5$）

图 9.4.11　两种假设下的输入及 MSR 输出结果分析对照（$\alpha=1.5$）

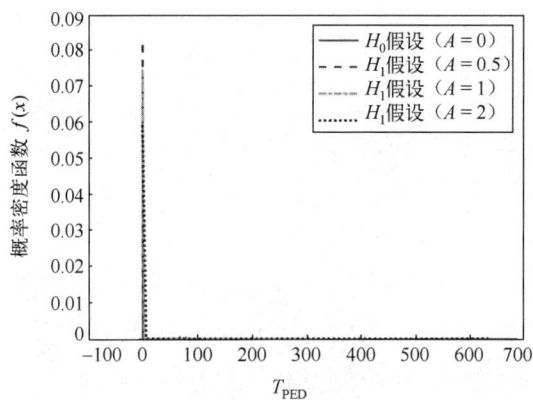

（a）周期图谱峰值能量检测器（PED）

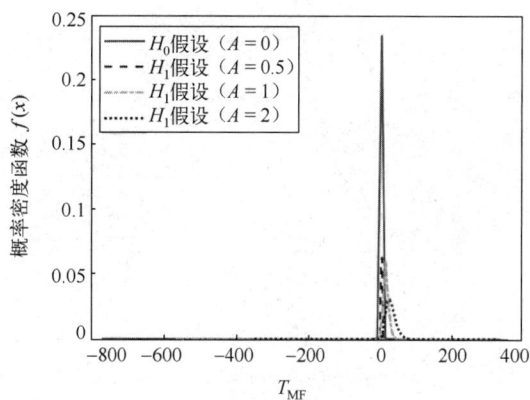

（b）线性仿形相关器（LCD-MF）

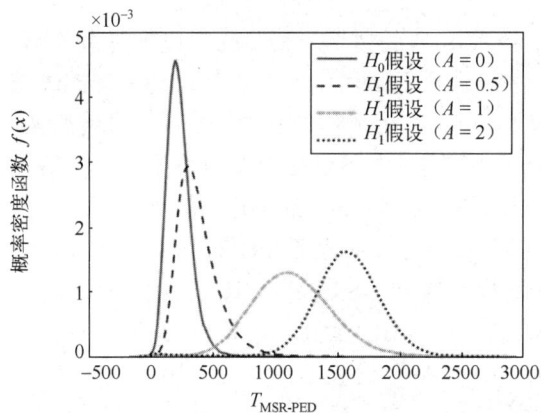

（c）MSR的周期图谱峰值能量检测器（MSR-PED）

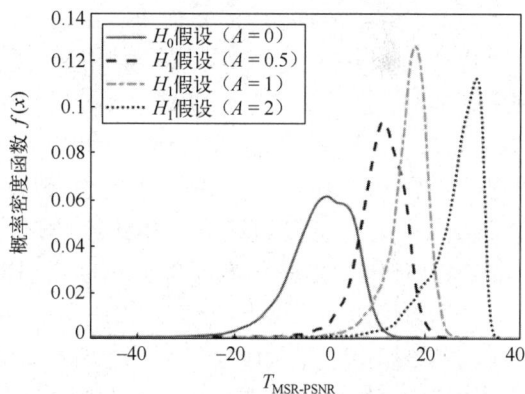

（d）MSR的峰值信噪比检测器（MSR-PSNR）

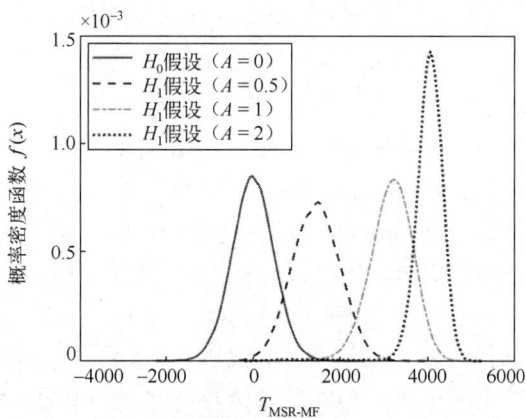

（e）MSR的线性仿形相关器（MSR-MF）

图 9.4.12　$\alpha=1.5$ 稳定分布噪声下两种假设检验统计量的概率密度分布（10^5 次统计）

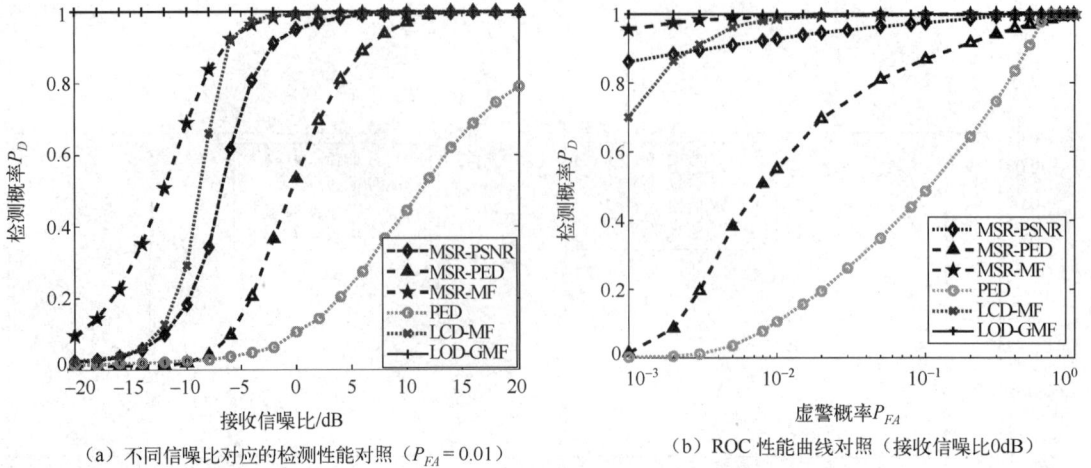

（a）不同信噪比对应的检测性能对照（$P_{FA}=0.01$）　　　（b）ROC 性能曲线对照（接收信噪比0dB）

图 9.4.13　特征指数当 $\alpha=1.5$ 时稳定分布噪声下的检测性能结果对比（10^5 次统计）

（2）特征指数 $\alpha=1$（柯西分布）

在前面分析的基础上，我们进一步考虑特征指数 $\alpha=1$ 的情况，其对应了更加复杂的脉冲噪声特性。图 9.4.14（a）～（d）分别给出了两种假设下接收信号及其 MSR 处理后的时域、频域结果对比。可以看到，受复杂脉冲噪声的影响两种假设下接收信号在时域、频域均难以辨识目标特征线谱。经 MSR 处理后，对应 H_0 假设的频域结果仍表现为典型洛伦兹分布特性，在目标特征频率处未产生共振。对应 H_1 假设，对照图 9.4.14（b）与（d），从频域可以看到，在信号频率处有明显的峰值，相比接收信号其局部信噪比有近 20dB 的增益，可以预期 MSR-PED 能够大幅提升被动检测性能。同样可直观地看出 MSR-MF 相比 MF 的明显优势。

分别给出两种假设下 PED、LCD-MF、MSR-PED、MSR-PSNR 及 MSR-MF 5 种检验统计量的概率密度分布对比如图 9.4.15 所示。PED、LCD-MF 检验统计量的概率密度分布的拖尾效应更强，因此可预期其在 N-P 准则下的检测性能将会进一步恶化，尤其是在低虚警概率条件下。经过 MSR 处理后，对应概率密度分布的强拖尾性被极大的抑制，但是从图 9.4.15（c）可以看到，MSR-PED 的概率密度分布表现为典型的双峰结构，因此在低虚警条件下，仍难以获得优异的检测性能。对照图 9.4.15（d）给出的 MSR-PSNR 的概率密度分布，其概率密度分布的双峰性能够被抑制，可以获得更好的检测性能。

仿真分析不同信噪比条件下的检测性能。图 9.4.16（a）、（b）分别给出了两组虚警概率情况下的检测性能对照，对应虚警概率 $P_{FA}=0.01$ 时 MSR-PED 与 PED 两种方法的性能都极差，随着虚警概率约束的放宽（$P_{FA}=0.05$）其性能相应提升，总体而言，MSR-PED 更优。对于 MSR-PSNR 方法，在不同虚警概率下，均显著优于 MSR-PED 与 PED，尤其是在低虚警概率的情况下（$P_{FA}=0.01$），其性能甚至优于 MSR-MF 与 LCD-MF。随着虚警概率约束的放宽，MSR-MF 与 LCD-MF 的检测性能相对更优，说明本书基于峰值信噪比的优化方法在对非高斯强脉冲噪声时的低虚警检测更具优势。图 9.4.16（c）、（d）分别给出了对应接收信噪比为 10 dB 和 0 dB 时不同检测器的 ROC 性能曲线对比，能够看出在低虚警概率条件下，MSR-PSNR 方法具有性能上的优势。对照前文 $\alpha=1.5$ 情况的结果可知，随着背景噪声非高斯脉冲性的增强，对应 PED 以及 MF 的能量型检测器性能均会受到影响，尤其是在低虚警概率条件下，这时 MSR-PSNR 方法可有效应对这一问题。

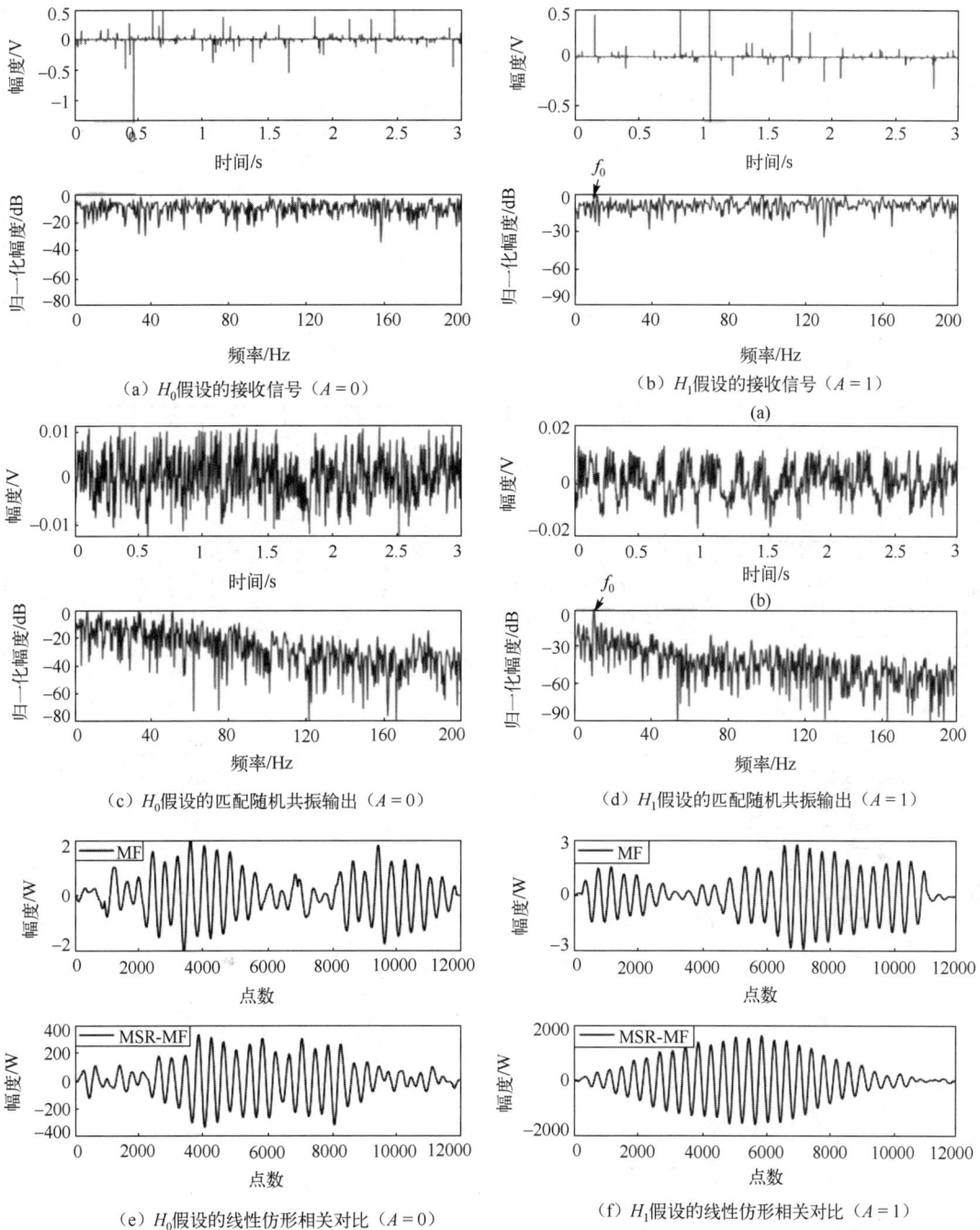

（a）H_0假设的接收信号（$A=0$）

（b）H_1假设的接收信号（$A=1$）

（c）H_0假设的匹配随机共振输出（$A=0$）

（d）H_1假设的匹配随机共振输出（$A=1$）

（e）H_0假设的线性仿形相关对比（$A=0$）

（f）H_1假设的线性仿形相关对比（$A=1$）

图 9.4.14 两种假设下的输入及 MSR 输出结果分析对比（$\alpha=1$）

分析结果表明，匹配随机共振检测理论建立了 SR 约束下的动态非线性滤波器，能够有效提升复杂非高斯脉冲噪声、低虚警概率下的检测性能。从处理增益的角度来看，MSR 处理后局部信噪比有明显提升，因此可以提升次优 PED 检测器以及 LCD-MF 检测器。其对低虚警概率条件下检测性能增益的本质可以理解为：特殊非线性变换后对检验统计量概率密度分布产生了有益于检测的变化，尤其是处理脉冲噪声分布的强拖尾性。如何更好地利用非线性滤波效应来优化概率密度分布仍是一个值得深入探讨的问题。

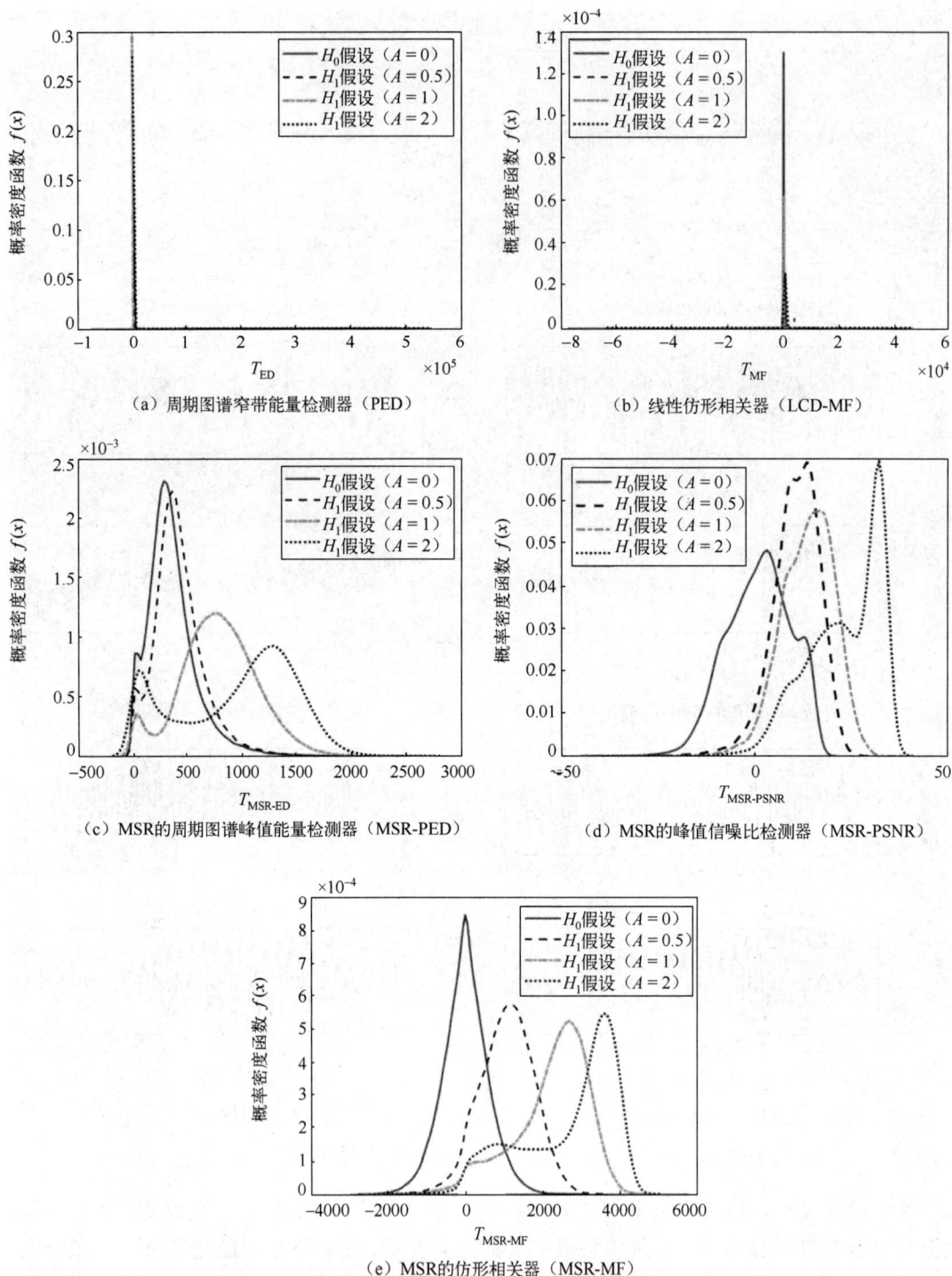

（a）周期图谱窄带能量检测器（PED）

（b）线性仿形相关器（LCD-MF）

（c）MSR的周期图谱峰值能量检测器（MSR-PED）

（d）MSR的峰值信噪比检测器（MSR-PSNR）

（e）MSR的仿形相关器（MSR-MF）

图 9.4.15　特征指数 $\alpha = 1$ 时两种假设的检验统计量概率密度分布（10^5 次统计）

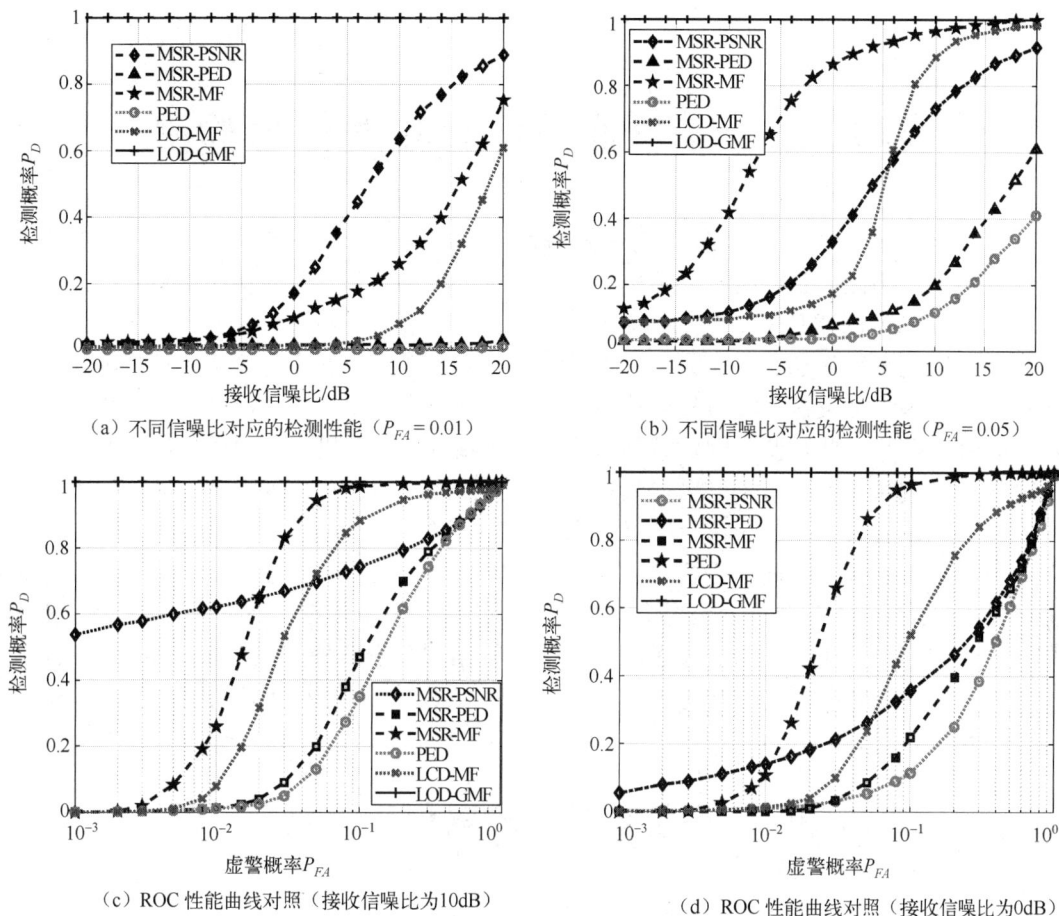

（a）不同信噪比对应的检测性能（$P_{FA} = 0.01$）

（b）不同信噪比对应的检测性能（$P_{FA} = 0.05$）

（c）ROC 性能曲线对照（接收信噪比为10dB）

（d）ROC 性能曲线对照（接收信噪比为0dB）

图 9.4.16　特征指数当 $\alpha = 1$ 时稳定分布噪声下的检测性能结果对比（10^5 统计）

习　题

1. 随机共振模型可以被看成一个非线性滤波结构，从非线性滤波的角度画出如下一阶双稳态 Langevin 方程（LE）的滤波器结构图。

$$\frac{\mathrm{d}x}{\mathrm{d}t} = ax - bx^3 + r(t)$$

其中：$r(t)$ 为接收机接收的信号；$x(t)$ 为系统的输出信号。

2. 假设信号的形式为 $s(t) = A\cos(2\pi f_0 t + \varphi)$，相位 φ 是均匀分布在 $[0, 2\pi]$ 中的随机数，噪声 $n(t)$ 为高斯白噪声，根据绝热近似理论或线性响应理论，推导使得双稳态 Langevin 方程输出信噪比增益最大的参数匹配关系，并分析检测性能。

3. 双稳态系统的数值求解需要通过龙格库塔计算方法实现，在广义匹配随机共振检测理论模型中约束了稳定性条件，其解决的是随机共振系统数值仿真的发散（数值无穷）问题，试通过欧拉法分析推导数值求解的稳定性条件。

4. 围绕多自由度的动态非线性滤波的广义匹配随机共振检测理论模型，尝试更复杂非线性模型下的匹配随机共振检测算法设计，并分析在高斯及非高斯噪声下的检测性能。

第10章 基于高阶统计量的信号检测

信号检测的理论和方法主要采用了似然比检测，但在低信噪比条件下其性能往往难以满足应用的需求。为此，我们期望寻求信号与干扰噪声具有显著差异的特征量进行检测，其中高阶统计量、熵理论等方法展现出独特优势。高阶统计量的核心价值在于：对于高斯过程，所有高于二阶的累积量及其谱均为零，这一特性可为区分高斯噪声与非高斯信号提供了理论依据。也就是说，如果在接收信号的波形中，干扰噪声为高斯分布，而被检测的信号为非高斯分布，那么利用这些观测数据估计其高阶统计量就可以得到更好的检测性能，而在信号的先验信息未知的条件下，基本可以得到与匹配滤波器相当的检测性能。

高阶统计量包含了二阶统计量所不具备的丰富信息，不仅可用于信号检测，还可应用于参数估计、目标识别等。此外还要说明的是，高阶统计量在下列问题中是非常有用的：非高斯性、非线性、非因果、非最小相位、高斯有色噪声或盲信号处理。高阶统计量包含高阶矩、高阶累积量以及高阶矩谱（多维傅里叶变换）、高阶累积量谱四种类型。本章在讨论了高阶统计量的基本概念，并选择较低阶的三种常用特征量：三阶矩、双谱或1½维谱，建立其信号检测模型并给出检测性能分析。

10.1 高阶矩和高阶累积量的概念

10.1.1 单个随机变量的高阶矩和高阶累积量

单个随机变量 x 具有概率密度函数 $f(x)$，定义第一特征函数为

$$\Phi(\omega) = \int_{-\infty}^{+\infty} f(x)\mathrm{e}^{\mathrm{j}\omega x}\mathrm{d}x = E[\mathrm{e}^{\mathrm{j}\omega x}] \tag{10.1.1}$$

第一特征函数实际上是概率密度 $f(x)$ 的傅里叶变换，也成为矩生成函数。因为 $f(x) \geq 0$，所以第一特征函数在原点具有最大值，$|\Phi(\omega)| \leq \Phi(0) = 1$。

定义随机变量的第二特征函数为

$$\Psi(\omega) = \ln[\Phi(\omega)] \tag{10.1.2}$$

随机变量的高阶矩：随机变量的第一特征函数 $\Phi(\omega)$ 在原点的 k 阶导数等于随机变量 x 的 k 阶矩 m_k 为

$$m_k = \Phi^k(\omega)|_{\omega=0} = E[x^k] = \int_{-\infty}^{+\infty} x^k f(x)\mathrm{d}x \tag{10.1.3}$$

若 $m_1 = E(x) = \eta$，则随机变量的 k 阶（中心距）定义为

$$\mu_k = E[(x-\eta)^k] = \int_{-\infty}^{\infty} f(x)(x-\eta)^k \mathrm{d}x \tag{10.1.4}$$

其中：x 的二阶中心矩为其方差。对于零均值的随机变量 x，k 阶中心距 μ_k 与 k 阶（原点）

矩 m_k 等价。

　　随机变量的高阶累积量：随机变量 x 的第二特征函数 $\Psi(\omega)$ 在原点的 k 阶导数等于随机变量 x 的 k 阶累积量 c_k 为

$$c_k = \Psi^k(\omega)\big|_{\omega=0} \tag{10.1.5}$$

10.1.2　多个随机变量的高阶矩和高阶累积量

　　令 $X = [x_1, x_2, \cdots, x_n]^{\mathrm{T}}$ 是一个 n 维随机变量，其联合概率密度函数为 $f(x_1, x_2, \cdots, x_n)$，定义其第一联合特征函数为

$$\begin{aligned}
\Phi(\omega_1, \omega_2, \cdots, \omega_n) &= \int_{-\infty}^{\infty}\int_{-\infty}^{\infty}\cdots\int_{-\infty}^{\infty} f(x_1, x_2, \cdots, x_n) \mathrm{e}^{\mathrm{j}(\omega_1 x_1 + \omega_2 x_2 + \cdots + \omega_n x_n)} \mathrm{d}x_1 \mathrm{d}x_2 \cdots \mathrm{d}x_n \\
&= E\{\exp[j(\omega_1 x_1 + \omega_2 x_2 + \cdots + \omega_n x_n)]\}
\end{aligned} \tag{10.1.6}$$

定义第二联合特征函数为

$$\Psi(\omega_1, \omega_2, \cdots, \omega_n) = \ln \Phi(\omega_1, \omega_2, \cdots, \omega_n) \tag{10.1.7}$$

　　多个随机变量的高阶矩：阶数为 $r = k_1 + k_2 + \cdots + k_n$ 的联合矩可用第二联合特征函数定义为

$$m_{k_1 k_2 \cdots k_n} = E[x_1^{k_1} x_2^{k_2} \cdots x_n^{k_n}] = (-j)^r \frac{\partial^r \Phi(\omega_1, \omega_2, \cdots, \omega_n)}{\partial \omega_1^{k_1} \partial \omega_2^{k_2} \cdots \partial \omega_n^{k_n}}\bigg|_{\omega_1 = \omega_2 = \cdots = \omega_n = 0} \tag{10.1.8}$$

　　多个随机变量的高阶累积量：阶数为 $r = k_1 + k_2 + \cdots + k_n$ 的联合累积量可用第二联合特征函数定义为

$$\begin{aligned}
c_{k_1 k_2 \cdots k_n} &= (-j)^r \frac{\partial^r \Psi(\omega_1, \omega_2, \cdots, \omega_n)}{\partial \omega_1^{k_1} \partial \omega_2^{k_2} \cdots \partial \omega_n^{k_n}}\bigg|_{\omega_1 = \omega_2 = \cdots = \omega_n = 0} \\
&= (-j)^r \frac{\partial^r \ln \Phi(\omega_1, \omega_2, \cdots, \omega_n)}{\partial \omega_1^{k_1} \partial \omega_2^{k_2} \cdots \partial \omega_n^{k_n}}\bigg|_{\omega_1 = \omega_2 = \cdots = \omega_n = 0}
\end{aligned} \tag{10.1.9}$$

如果取 $k_1 = k_2 = \cdots = k_n = 1$，则可得到 n 个随机变量的 n 阶矩和 n 阶累积量分别为

$$m_{11\cdots1} = E[x_1 x_2 \cdots x_n] = (-j)^n \frac{\partial^n \Phi(\omega_1, \omega_2, \cdots, \omega_n)}{\partial \omega_1^{k_1} \partial \omega_2^{k_2} \cdots \partial \omega_n^{k_n}}\bigg|_{\omega_1 = \omega_2 = \cdots = \omega_n = 0} \tag{10.1.10}$$

$$c_{11\cdots1} = (-j)^n \frac{\partial^n \Psi(\omega_1, \omega_2, \cdots, \omega_n)}{\partial \omega_1^{k_1} \partial \omega_2^{k_2} \cdots \partial \omega_n^{k_n}}\bigg|_{\omega_1 = \omega_2 = \cdots = \omega_n = 0} \tag{10.1.11}$$

10.1.3　平稳随机过程的高阶矩和高阶累积量

　　平稳随机过程的高阶矩：设 $\{x(n)\}$ 为零均值的 k 阶平稳随机过程，并且满足各态历经性，则该过程的 k 阶矩定义为

$$\begin{aligned}
m_{kx}(\tau_1, \tau_2, \ldots, \tau_{k-1}) &= E[x(t)x(t+\tau_1)\cdots x(t+\tau_{k-1})] \\
&= \mathrm{mom}\{x(n), x(n+\tau_1), \cdots, x(n+\tau_{k-1})\}
\end{aligned} \tag{10.1.12}$$

　　平稳随机过程的高阶累积量：设 $\{x(n)\}$ 为零均值的 k 阶平稳随机过程，且满足各态历经

性，则该过程的 k 阶累积量定义为

$$c_{kx}(\tau_1, \tau_2, \cdots, \tau_{k-1}) = \text{cum}\{x(n), x(n+\tau_1), \cdots, x(n+\tau_{k-1})\} \quad (10.1.13)$$

其中 $\text{mom}(\cdot)$ 和 $\text{cum}(\cdot)$ 分别代表联合矩和联合累积量。

根据平稳性的假设，可知 $\{x(n)\}$ 的 k 阶累积量仅是 $k-1$ 个间隔 $\tau_1, \tau_2, \cdots, \tau_{k-1}$ 的函数。可得

$$c_{2,x}(\tau_1) = E[x(t)x(t+\tau_1)] = R_x(\tau_1)$$

$$c_{3,x}(\tau_1, \tau_2) = E[x(t)x(t+\tau_1)x(t+\tau_2)]$$

$$\begin{aligned}
c_{4,x}(\tau_1, \tau_2, \tau_3) = {} & E[x(t)x(t+\tau_1)x(t+\tau_2)x(t+\tau_3)] \\
& - R_x(\tau_1)R_x(\tau_2-\tau_3) - R_x(\tau_2)R_x(\tau_3-\tau_1) \\
& - R_x(\tau_3)R_x(\tau_1-\tau_2)
\end{aligned}$$

也就是说，对于一个零均值的平稳随机过程，二阶累积量 $c_{2,x}(\tau_1)$ 就是 $x(t)$ 的自相关；三阶累积量 $c_{3,x}(\tau_1, \tau_2)$ 等于 $x(t)$ 的三阶矩。

10.2 高斯随机过程的高阶矩和高阶累积量

10.2.1 单个变量的高阶矩和高阶累积量

设随机变量 x 服从高斯分布 $N(0, \sigma^2)$，即 x 的概率密度函数为 $f(x) = \dfrac{1}{\sqrt{2\pi}\sigma} e^{-\frac{x^2}{2\sigma^2}}$，于是 x 的特征函数为

$$\Phi(\omega) = E[e^{j\omega x}] = \int_{-\infty}^{+\infty} f(x)e^{j\omega x}dx = \int_{-\infty}^{+\infty} \frac{1}{\sqrt{2\pi}\sigma} e^{-\frac{x^2}{2\sigma^2}+j\omega x}dx \quad (10.2.1)$$

利用积分公式

$$\int_{-\infty}^{+\infty} \exp(-Ax^2 \pm 2Bx - C)dx = \sqrt{\frac{\pi}{A}} \exp\left(-\frac{AC-B^2}{A}\right) \quad (10.2.2)$$

若令 $A = \dfrac{1}{2\sigma^2}$，$B = \dfrac{j\omega}{2}$，$C = 0$，代入式（10.2.1），可得

$$\Phi(\omega) = e^{-\frac{\sigma^2\omega^2}{2}} \quad (10.2.3)$$

高斯随机变量 x 的第二特征函数为

$$\Psi(\omega) = \ln\Phi(\omega) = -\frac{\sigma^2\omega^2}{2} \quad (10.2.4)$$

利用高阶矩与 $\Phi(\omega)$ 的关系式（10.2.3）有

$$m_1 = \Phi'(\omega)\big|_{\omega=0} = -\sigma^2\omega e^{-\frac{\sigma^2\omega^2}{2}}\bigg|_{\omega=0} = 0$$

$$m_2 = \Phi''(\omega)|_{\omega=0} = \sigma^2(\omega^2-1)e^{-\frac{\sigma^2\omega^2}{2}}\Big|_{\omega=0} = -\sigma^2$$

$$m_3 = \Phi'''(\omega)|_{\omega=0} = \sigma^2\omega(\sigma^2+2\omega-\sigma^2\omega^2)e^{-\frac{\sigma^2\omega^2}{2}}\Big|_{\omega=0} = 0$$

$$\cdots$$

由此得高斯随机变量 x 的各阶矩为

$$m_k = E[x^k] = \Phi^k(\omega)|_{\omega=0} = \begin{cases} 1\cdot3\cdots(k-1)\sigma^2, & k\text{为偶数} \\ 0, & k\text{为奇数} \end{cases} \quad (10.2.5)$$

利用累积量与 $\Psi(\omega)$ 的关系式（10.2.5），则有

$$\begin{aligned} c_1 &= 0 \\ c_2 &= \sigma^2 \\ c_k &\equiv 0 \quad (k>2) \end{aligned} \quad (10.2.6)$$

综上式（10.2.5）和式（10.2.6）有以下结论：

（1）高斯随机变量 x 的奇次高阶矩恒等于零；

（2）高斯随机变量 x 的高阶矩只取决于二阶矩 σ^2，高阶矩的信息是冗余的。

（3）高斯随机变量 x 的一阶累积量 c_1 和二阶累积量 c_2 恰好分别是 x 的均值和方差；

（4）高斯随机变量 x 的高阶累积量 $c_k(k>2)$ 恒等于零；

上述结论可推广到高斯随机过程。

10.2.2　高斯随机过程的高阶矩和高阶累积量

设 n 维高斯随机向量 $\boldsymbol{x} = [x_1, x_2, \cdots, x_n]^T$ 是高斯分布的，其均值向量为 $\boldsymbol{a} = [a_1, a_2, \cdots, a_n]^T$，

协方差矩阵为 $\boldsymbol{C} = \begin{bmatrix} c_{11} & c_{12} & \cdots & c_{1n} \\ c_{21} & c_{22} & \cdots & c_{2n} \\ \vdots & \vdots & & \vdots \\ c_{n1} & c_{n2} & \cdots & c_{nn} \end{bmatrix}$，其中 $c_{ij} = E\{(x_i-a_i)(x_j-a_j)\}$，$i,j=1,2,\cdots,n$。$n$ 维高斯

向量 $\boldsymbol{x}$ 的联合概率密度函数为

$$f(\boldsymbol{x}) = \frac{1}{(2\pi)^{n/2}|\boldsymbol{C}|^{1/2}} e^{-\frac{1}{2}(\boldsymbol{x}-\boldsymbol{a})^T \boldsymbol{C}^{-1}(\boldsymbol{x}-\boldsymbol{a})} \quad (10.2.7)$$

$\boldsymbol{x}$ 的第一联合特征函数为

$$\Phi(\boldsymbol{\omega}) = e^{j\boldsymbol{a}^T\boldsymbol{\omega}-\frac{1}{2}\boldsymbol{\omega}^T\boldsymbol{C}\boldsymbol{\omega}} \quad (10.2.8)$$

其中 $\boldsymbol{\omega} = [\omega_1, \omega_2, \cdots, \omega_n]^T$

$\boldsymbol{x}$ 的第二联合特征函数为

$$\begin{aligned} \Psi(\boldsymbol{\omega}) &= \ln\Phi(\boldsymbol{\omega}) = j\boldsymbol{a}^T\boldsymbol{\omega} - \frac{1}{2}\boldsymbol{\omega}^T\boldsymbol{C}\boldsymbol{\omega} \\ &= j\sum_{i=1}^{n}a_i\omega_i - \frac{1}{2}\sum_{i=1}^{n}\sum_{k=1}^{n}c_{ik}\omega_i\omega_k \end{aligned} \quad (10.2.9)$$

利用联合高阶矩 $m_{k_1k_2\cdots k_n}$ 的定义式（10.1.8）和累积量 $c_{k_1k_2\cdots k_n}$ 的定义式（10.1.9），n 维高斯

随机变量 $\boldsymbol{x} = [x_1, x_2, \cdots, x_n]^{\mathrm{T}}$ 的阶数 $r = k_1 + k_2 + \cdots + k_n$ 联合高阶矩及联合高阶累计量定义如下。

（1）当 $r = 1$ 时，即 $k_1, k_2, \cdots, k_n$ 中只有一个值为 1（设 $k_i = 1$），此时有

$$m_{00\ldots010\ldots0} = (-j) \frac{\partial \Phi(\omega)}{\partial \omega_i} \bigg|_{\omega_1 = \omega_2 = \cdots = \omega_k = 0} = a_i = E\{x_i\} \qquad (10.2.10)$$

$$c_{00\ldots010\ldots0} = (-j) \frac{\partial \Psi(\omega)}{\partial \omega_i} \bigg|_{\omega_1 = \omega_2 = \cdots = \omega_k = 0} = a_i = E\{x_i\} \qquad (10.2.11)$$

（2）当 $r = 2$ 时，此时有两种情况：① k_i 取 2，其余为零；② k_i, k_j 各取 1，其余为零。

$$m_2 = (-j)^2 \frac{\partial \Phi^2(\omega)}{\partial \omega_i^2} \bigg|_{\omega_1 = \omega_2 = \cdots = \omega_k = 0} = \begin{cases} r_{ii} + a_i^2 \\ r_{ij} + a_i a_j \end{cases} \qquad (10.2.12)$$

$$c_2 = (-j)^2 \frac{\partial \Psi^2(\omega)}{\partial \omega_i^2} \bigg|_{\omega_1 = \omega_2 = \cdots = \omega_k = 0} = \begin{cases} r_{ii} = E\{(x_i - a_i)^2\} \\ r_{ij} = E\{(x_i - a_i)(x_j - a_j)\} \end{cases} \qquad (10.2.13)$$

（3）当 $r \geq 3$ 时，由于 $\Psi(\boldsymbol{\omega})$ 只是 ω_i 的二次多项式，因此 $\Psi(\boldsymbol{\omega})$ 关于自变量 ω_i 的三阶或更高阶的偏导数等于零，从而有

$$c_{k_1 k_2 \cdots k_n} \equiv 0, \qquad r \geq 3 \qquad (10.2.14)$$

然而，高阶矩却不等于零，因为它是指数形式的。对于零均值高斯过程，有

$$m_{kx}(\tau_1, \tau_2, \cdots, \tau_{k-1}) = \begin{cases} \equiv 0, & \text{若} k \geq 3 \text{且为奇数} \\ \neq 0, & \text{若} k \geq 4 \text{且为偶数} \end{cases} \qquad (10.2.15)$$

以上各式表明，高斯随机过程 $\boldsymbol{x} = [x_1, x_2, \cdots, x_n]^{\mathrm{T}}$ 阶次高于 2 的 k 阶累积量恒等于零，即 $c_{k_1 k_2 \cdots k_n} \equiv 0$，$r \geq 3$。即高阶累积量对高斯过程不敏感，而高阶矩却不具备这一性质。因此当加性噪声是高斯随机过程时，高阶累积量在理论上可以完全抑制噪声。

10.3　高阶矩谱和高阶累积量谱

10.3.1　高阶矩谱和高阶累积量谱的概念

高阶矩谱： 设 $\sum\limits_{\tau_1 = -\infty}^{+\infty} \cdots \sum\limits_{\tau_{k-1} = -\infty}^{+\infty} \left| m_{kx}(\tau_1, \tau_2, \cdots, \tau_{k-1}) \right| < \infty$，即高阶矩 $m_{kx}(\tau_1, \tau_2, \cdots, \tau_{k-1})$ 是绝对可和的，则 k 阶矩的 $k - 1$ 维傅里叶变换定义为 k 阶矩谱，即

$$M_{kx}(\omega_1, \omega_2, \cdots, \omega_{k-1}) = \sum_{\tau_1 = -\infty}^{+\infty} \cdots \sum_{\tau_{k-1} = -\infty}^{+\infty} m_{kx}(\tau_1, \tau_2, \cdots, \tau_{k-1}) \exp\left[-\mathrm{j} \sum_{i=1}^{k-1} \omega_i \tau_i \right] \qquad (10.3.1)$$

高阶累积量谱： 设 $\sum\limits_{\tau_1 = -\infty}^{+\infty} \cdots \sum\limits_{\tau_{k-1} = -\infty}^{+\infty} \left| c_{kx}(\tau_1, \tau_2, \cdots, \tau_{k-1}) \right| < \infty$，即高阶累积量 $c_{kx}(\tau_1, \tau_2, \cdots, \tau_{k-1})$ 是绝对可和的，则 k 阶累积量的 $k-1$ 维傅里叶变换，定义为 k 阶累积量谱，即

$$S_{kx}(\omega_1, \omega_2, \cdots, \omega_{k-1}) = \sum_{\tau_1 = -\infty}^{+\infty} \cdots \sum_{\tau_{k-1} = -\infty}^{+\infty} c_{kx}(\tau_1, \tau_2, \cdots, \tau_{k-1}) \exp\left[-j \sum_{i=1}^{k-1} \omega_i \tau_i\right] \quad (10.3.2)$$

高阶矩、高阶累积量及其相应的谱是主要的 4 种高阶统计量，但通常用高阶累积量而不用高阶矩作为分析非高斯随机过程的主要分析工具。高阶统计量方法主要是指高阶累积量和高阶累积量谱方法。最常见的高阶累积量谱有

三阶累积量谱（双谱）为

$$B_x(\omega_1, \omega_2) = \sum_{\tau_1 = -\infty}^{+\infty} \sum_{\tau_2 = -\infty}^{+\infty} c_{3x}(\tau_1, \tau_2) e^{-j(\omega_1 \tau_1 + \omega_2 \tau_2)} \quad (10.3.3)$$

四阶累积量谱（三谱）为

$$T_x(\omega_1, \omega_2, \omega_3) = \sum_{\tau_1 = -\infty}^{+\infty} \sum_{\tau_2 = -\infty}^{+\infty} \sum_{\tau_3 = -\infty}^{+\infty} c_{4x}(\tau_1, \tau_2, \tau_3) e^{-j(\omega_1 \tau_1 + \omega_2 \tau_2 + \omega_3 \tau_3)} \quad (10.3.4)$$

若随机变量 $\{x(n)\}$（$n = 0, \pm 1, \pm 2, \cdots$）是一个具有有限能量的确定性信号，则其傅里叶变换、能量谱、双谱及三谱的定义及关系如下。

傅里叶变换为

$$X(\omega) = \sum_{k=-\infty}^{+\infty} x(k) e^{-j\omega k} \quad (10.3.5)$$

能量谱为

$$P_x(\omega_1, \omega_2) = X(\omega) X^*(\omega) \quad (10.3.6)$$

双谱为

$$B_x(\omega_1, \omega_2) = X(\omega_1) X(\omega_2) X^*(\omega_1 + \omega_2) \quad (10.3.7)$$

三谱为

$$T_x(\omega_1, \omega_2, \omega_3) = X(\omega_1) X(\omega_2) X(\omega_3) X^*(\omega_1 + \omega_2) \quad (10.3.8)$$

10.3.2　双谱的性质

由于高阶谱是多维函数，因此计算复杂且不直观，高阶谱中的双谱阶数最低，估计方法简单，并且含有功率谱中所没有的相位信息，又能有效地抑制高斯噪声，是高阶谱研究的"热点"。本节讨论双谱的性质，并由双谱的对称性给出其估计方法。

从双谱的定义和三阶累积量的对称性，可以推知双谱 $B(\omega_1, \omega_2)$ 具有以下性质。

（1）$B(\omega_1, \omega_2)$ 一般是复值，它具有幅值和相位，即

$$B(\omega_1, \omega_2) = |B(\omega_1, \omega_2)| \exp[j\varphi_B(\omega_1, \omega_2)] \quad (10.3.9)$$

（2）$B(\omega_1, \omega_2)$ 是双周期函数，其周期为 2π，即

$$B(\omega_1, \omega_2) = B(\omega_1 + 2\pi, \omega_2 + 2\pi) \quad (10.3.10)$$

（3）$B(\omega_1, \omega_2)$ 具有以下对称形式，即

$$B_x(\omega_1, \omega_2) = B_x(\omega_2, \omega_1) = B_x^*(-\omega_2, -\omega_1) = B_x^*(-\omega_1, -\omega_2)$$
$$= B_x(-\omega_1 - \omega_2, \omega_2) = B_x(\omega_1, \omega_1 - \omega_2) \qquad (10.3.11)$$
$$= B_x(-\omega_1 - \omega_2, \omega_1) = B_x(\omega_2, -\omega_1 - \omega_2)$$

双谱的对称线有 $\omega_1 = \omega_2$，$2\omega_1 = -\omega_2$，$2\omega_2 = -\omega_1$，$\omega_1 = 0$ 和 $\omega_2 = 0$，这些对称线将双谱的定义区域分成 12 个扇形区，画线区域 $C = \{\omega_2 \geq 0, \omega_1 \leq \omega_2, \omega_1 + \omega_2 \leq \pi\}$ 是连续时间信号 $x(t)$ 的双谱 $B_x(\omega_1, \omega_2)$ 在 (ω_1, ω_2) 平面内的主域，如图 10.3.1 所示。由双谱的对称性（3 可）知，只要知道主域内的双谱就能够完全描述所有的双谱。在实际的应用中，通常是先计算该主域内的双谱，然后使用对称关系式求出其他扇形区内的双谱。

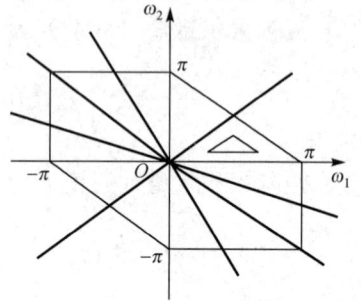

图 10.3.1　双谱的对称区域

（4）对于持续时间有限序列 $\{x(n)\}$，如果它的离散时间傅里叶变换 $X(\omega)$ 存在，那么，$\{x(n)\}$ 的双谱可由式（10.3.12）确定，即

$$B_x(\omega_1, \omega_2) = X(\omega_1) X(\omega_2) X^*(\omega_1 + \omega_2) \qquad (10.3.12)$$

（5）对于三阶平稳的零均值非高斯白噪声序列 $\{w(n)\}$，其功率谱和双谱均为常数。

（6）高斯过程的双谱恒为零。

（7）双谱具有检测信号平方相位耦合的能力。

10.3.3　双谱估计方法

双谱估计与功率谱估计类似，也有参数模型法和非参数模型法，以下讨论两种常用的非参数模型双谱估计方法——直接法和间接法。

假设有一组 N 个观测数据 $x(1), x(2), \cdots, x(N)$，设 f_s 是采样频率，$\Delta_0 = f_s / N$ 是在双谱区域沿水平和垂直上所要求的两采样频率点之间的间隔。也就是说，N 是总的频率采样数。

（1）直接法

直接法双谱估计与功率谱估计的周期图法类似，将观测数据分段，利用快速傅里叶变换计算各数据段的离散傅里叶变换，进而估计各阶频域矩，利用累积量谱与矩谱之间的关系求得双谱估计。为了减小估计方差，要对数据进行加窗平滑。具体算法步骤如下。

步骤 1：将所给出的数据分成 K 段，每段含 M 个观测样本，$N = KM$，对每段数据减去该段的均值。如有必要，在每段数据中增添零，以满足快速傅里叶变换的通用长度的要求。

步骤 2：计算每段的离散傅里叶变换系数，即

$$Y^{(i)}(\lambda) = \frac{1}{M} \sum_{n=0}^{M-1} y^{(i)}(n) \exp(-\mathrm{j}2\pi n \lambda / M), \qquad \lambda = 0, 1, \cdots, M/2; \ i = 1, 2, \cdots, K$$

其中：$\{y^{(i)}(n), n = 1, 2, \cdots, M-1\}$ 是第 i 段数据。

步骤 3：计算离散傅里叶变换系数的三重相关，即

$$\hat{b}_i(\lambda_1, \lambda_2) = \frac{1}{\Delta_0^2} \sum_{k_1 = -L_1}^{L_1} \sum_{k_2 = -L_1}^{L_1} Y^{(i)}(\lambda_1 + k_1) Y^{(i)}(\lambda_2 + k_2) \times Y^{(i)}(-\lambda_1 - \lambda_2 - k_1 - k_2), \quad i = 1, 2, \cdots, K$$

其中：$0 \leqslant \lambda_2 \leqslant \lambda_1, \lambda_1 + \lambda_2 \leqslant f_s / 2$，并且 N 和 L_1 应选择为 $M = (2L_1 + 1)N$ 的值。

步骤 4：所给数据的双谱估计由 K 段双谱估计的平均值给出，即

$$\hat{B}_D(\omega_1, \omega_2) = \frac{1}{K} \sum_{i=1}^{K} \hat{b}_i(\omega_1, \omega_2)$$

其中：$\omega_1 = \left(\dfrac{2\pi f_s}{N}\right)\lambda_1$；$\omega_2 = \left(\dfrac{2\pi f_s}{N}\right)\lambda_2$。

（2）间接法

间接法类似于以自相关函数为基础的平均周期图法和修正的平均周期图法。其具体步骤如下。

步骤 1：将数据 $x(1), x(2), \cdots, x(N)$ 分成 K 段，每段均含有 M 个样本，并减去各自的均值。

步骤 2：设 $\{x^{(i)}(n), n = 1, 2, \cdots, M-1\}$ 是第 i 段数据，估计各段的三阶累积量，即

$$c^{(i)}(l.k) = \frac{1}{M} \sum_{t=M_1}^{M_2} x^{(i)}(t) x^{(i)}(t+l) x^{(i)}(t+k), i = 1, 2, \cdots, K$$

其中：$M_1 = \max(0, -l, -k)$；$M_2 = \min(M-1, M-l-1, M-k-1)$。

步骤 3：取所有段的三阶累积量的平均作为整个观测数据组的三阶累积量估计，即

$$\hat{c}(l,k) = \frac{1}{K} \sum_{i=1}^{K} c^{(i)}(l,k)$$

步骤 4：产生双谱估计，即

$$\hat{B}_{IN}(\omega_1, \omega_2) = \sum_{l=-L}^{L} \sum_{k=-L}^{L} \hat{c}(1,k)\omega(l,k)\exp\{-\mathrm{j}(\omega_1 l + \omega_2 k)\}$$

其中 $L < M-1$；$\omega(1,k)$ 是二维窗函数。

由于在步骤 2 中利用了三阶累积量的对称性，并在步骤 4 中利用了双谱的对称性，因此间接法的计算量大大降低。不过经典双谱估计（直接法和间接法）也存在明显的局限，表现为估计结果的统计方差过大、计算时间过长、占用计算机内存过大等不足。

10.3.4　累积量谱的一维切片

为了利用高阶统计量的特性，Nagata 建议利用多维累积量序列的一维片段以及它们的一维傅里叶变换，作为从非高斯平稳信号的高阶统计量信息中提取有用信息的手段。双谱的一维对角切片谱 $1\frac{1}{2}$ 维谱和三谱的对角切片谱 $2\frac{1}{2}$ 维谱，不但运算量大大减少，而且都是一维平面图，有很好的直观性；由对称性 $1\frac{1}{2}$ 维谱和 $2\frac{1}{2}$ 维谱可以完全反映双谱和三谱所包含的信号信息。在工程中常采用信号的 $1\frac{1}{2}$ 维谱和 $2\frac{1}{2}$ 维谱进行检测和参数估计。

$1\frac{1}{2}$ **维谱的定义**：随机变量 $x(t)$，其三阶累积量 $c_{3x}(\tau_1, \tau_2)$ 的对角切片 $c_{3x}(\tau, \tau)$，$(\tau_1 = \tau_2 = \tau)$ 的 Fourier 变换定义为 $1\frac{1}{2}$ 维谱 $c(\omega)$。即

$$c(\omega) = \int_{-\infty}^{+\infty} \left[\int_{-\infty}^{+\infty} x(t) x^2(t+\tau) \mathrm{d}t \right] \mathrm{e}^{-\mathrm{j}\omega\tau} \mathrm{d}(t+\tau) \qquad (10.3.13)$$

$1\frac{1}{2}$ 维谱的算法：

$$c(\omega) = \left[\int_{-\infty}^{+\infty} x(t) \mathrm{e}^{-\mathrm{j}(-\omega)t} \mathrm{d}t \int_{-\infty}^{+\infty} x^2(t+\tau) \mathrm{d}t \right] \mathrm{e}^{-\mathrm{j}\omega(t+\tau)} \mathrm{d}(t+\tau) \qquad (10.3.14)$$

$$= X^*(\omega) [X(\omega) * X(\omega)]$$

其中：$X(\omega)$ 为 $x(t)$ 的 Fourier 变换；$X^*(\omega)$ 为 $X(\omega)$ 的复共轭。

$2\frac{1}{2}$ 维谱的定义：随机变量 $x(t)$，其四阶累积量 $c_{4x}(\tau_1, \tau_2, \tau_3)$ 的对角切片 $c_{4x}(\tau, \tau, \tau)$

$(\tau_1 = \tau_2 = \tau_3 = \tau)$ 的傅里叶变换定义为 $2\frac{1}{2}$ 维谱 $c(\omega)$。

10.3.5　1½谱的估计方法与对噪声的抑制

假定观测数据为 $\{x_1, x_2, \cdots, x_{N=KM}\}$ 共 K 个记录，每个记录有 M 个数据，则 $1\frac{1}{2}$ 维谱可估计如下。

步骤 1：对每个记录去均值。

步骤 2：假定 $\{x^{(i)}(n), n = 0, 1, \cdots, M+1\}$ 是第 $i = 1, 2, \cdots, K$ 个记录的数据，则

$$c^{(i)}(\tau) = \frac{1}{M} \sum_{n=M_1}^{M_2} x^{(i)}(n) x^{(i)}(n+\tau) x^{(i)}(n+\tau)$$

其中：$i = 1, 2, \cdots, K$；$M_1 = \max(0, -\tau)$；$M_2 = \min(M-1, M-1-\tau)$。

步骤 3：对各个记录的 $c^{(i)}(\tau)$ 取平均，得 $\hat{c}(\tau) = \frac{1}{K} \sum_{i=1}^{K} c^{(i)}(\tau)$。

步骤 4：对 $\hat{c}(\tau)$ 做一维傅里叶变换，得到 $1\frac{1}{2}$ 维谱。

下面定量地比较 $1\frac{1}{2}$ 维谱估计方法和间接法双谱估计方法的计算量。

假定 K 个记录，每个记录有 M 个数据，三阶累积量估计的延迟范围是从 $-L$ 到 L（即 $c(\tau_1, \tau_2)$，$-L \leqslant \tau_1, \tau_2 \leqslant L$）。计算量的大小以复数乘法的次数表示，得到两种方法的计算量分别如下。

双谱估计的计算量为 $\dfrac{KM(L^2 + 2L + 1)}{2} + 4L^2 \log_2 2L$ 次复数乘法。

$1\frac{1}{2}$ 维谱估计的计算量为 $\dfrac{KM(2L+1)}{2} + L \log_2 2L$ 次复数乘法。

可见 $1\frac{1}{2}$ 维谱方法的计算量较之双谱有了明显减小。

$2\frac{1}{2}$ 维谱和 $1\frac{1}{2}$ 维谱的计算方法是一致的，这里就不再具体讨论了。由于它们采取相同的

计算方法，因此 $2\frac{1}{2}$ 维谱和三谱相比计算量也大大减小。

对于时间序列 $x(n) = \cos(2\pi f n) + n(n)$ ，其中 $f = 19\text{kHz}$ ； $n(n)$ 为加性高斯白噪声，以频率的 2 倍采样，即 $f_s = 2 \times 19\text{kHz} = 38\text{kHz}$ ，每个记录长度均为 256 个采样点。分别在无噪声和 -10dB 信噪比条件下仿真信号的功率谱、 $1\frac{1}{2}$ 维谱和 $2\frac{1}{2}$ 维谱估计，结果如图 10.3.2 和图 10.3.3 所示。

在没有噪声的影响时，功率谱分析、 $1\frac{1}{2}$ 维谱、 $2\frac{1}{2}$ 维谱分析的图几乎一样，很容易分辨出信号；当信噪比较低时，功率谱图较难分辨出信号，这时的信号已经淹没在噪声中了，而 $1\frac{1}{2}$ 维谱和 $2\frac{1}{2}$ 维谱的分析图中还是可以较清楚地分辨出信号的大致情况。虽然高斯过程的高阶累积量恒等于零，但是在工程应用中，由于对信号的截断，使得高斯过程的双谱及三谱不为零。即使这样也不难看出高阶统计量在信号检测中的优势。

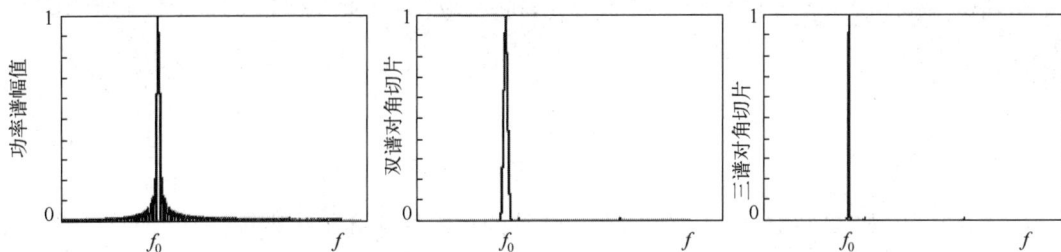

图 10.3.2　无噪声时单频信号的功率谱、 $1\frac{1}{2}$ 维谱和 $2\frac{1}{2}$ 维谱图

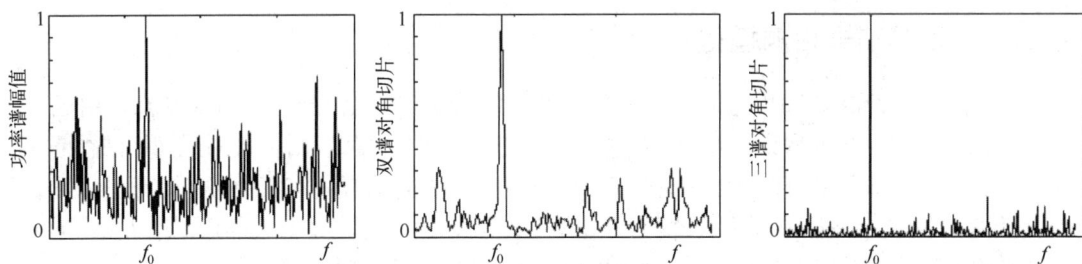

图 10.3.3　信噪比为 -10dB 时单频信号的功率谱、 $1\frac{1}{2}$ 维谱和 $2\frac{1}{2}$ 维谱图

应该注意到，为达到上述目的，信号必须具有非高斯性，即信号必须有足够的谱成分，以克服由高斯噪声截断引起的谱估计的误差。

10.4　基于高阶累积量谱的信号检测

基于高阶累积量谱的信号检测是在高斯噪声背景，以一定的检测准则，对接收非高斯信号的最佳检测。二元假设检验的数学模型为

$$H_0 : x(t) = n(t)$$
$$H_1 : x(t) = s(t) + n(t)$$

其中：$s(t)$ 为一零均值的实信号；$n(t)$ 为加性高斯白噪声，信号与噪声是统计独立的。由 $s(t)$ 与 $n(t)$ 相互统计独立可得，在两种假设下的高阶累积量谱为

$$H_0 : S_{kx}(\omega_1, \omega_2, \cdots, \omega_{k-1}) = 0$$
$$H_1 : S_{kx}(\omega_1, \omega_2, \cdots, \omega_{k-1}) = S_{ks}(\omega_1, \omega_2, \cdots, \omega_{k-1})$$

即在无信号时接收到的仅为高斯噪声，其高阶谱为零；在有信号时接收到序列为信号与噪声之和，由于信号和噪声统计独立，因此其高阶累积量谱只有信号的高阶累积量谱。

以下比较双谱和周期图谱估计的性能。若 $B_x(\omega_1, \omega_2)$ 和 $B_s(\omega_1, \omega_2)$ 分别为 $x(t)$ 和 $s(t)$ 的双谱，则

$$H_0 : B_x(\omega_1, \omega_2) = 0$$
$$H_1 : B_x(\omega_1, \omega_2) = B_s(\omega_1, \omega_2)$$ （10.4.1）

其中：$B_x(\omega_1, \omega_2) = \sum_{i=-\infty}^{\infty} \sum_{k=-\infty}^{\infty} c_x(i,k) e^{-j(\omega_1 i + \omega_2 k)}$；$c_x(i,k)$ 是 $x(t)$ 的三阶累积量。而对于周期图谱估计来说

$$H_0 : P_x(\omega) = P_n(\omega)$$
$$H_1 : P_x(\omega) = P_s(\omega) + P_n(\omega)$$ （10.4.2）

对比式（10.4.1）和式（(10.4.2)，显然双谱估计的检测性能高于周期图谱估计的检测性能。

实际上，由于接收序列的截断，使得信号的高阶谱密度函数估计值有误差，高斯噪声的高阶谱密度函数估计值不为零，从而影响了其检测性能。以下以低阶的双谱为例进行检测性能的分析。

10.4.1　双谱的信号检测模型

若 $x = [x(1), x[2], \cdots x[N]]^T$ 为信号持续时间 T 内对到达接收机信号采样的 N 个点，用这 N 个采样点来估计接收信号的双谱，并进行检测。由 10.3.3 节可知，可以用直接法或间接法得到渐进无偏的双谱估计，本节采用直接法来估计双谱。为了减小估计方差，将相邻频率点处的双谱进行平均，为此，将 N 个采样点分为 K 个互不相交的数据段，每段有 M 个采样点，$N=KM$；若其中的第 i 段数据估计的双谱为 $\hat{b}_{xi}(\omega_1, \omega_2)$，这样可以得到平均的双谱估计为

$$\hat{B}_{x_{av}}(\omega_1, \omega_2) = \frac{1}{K} \sum_{i=1}^{K} \hat{b}_{xi}(\omega_1, \omega_2)$$ （10.4.3）

由双谱的定义可知，对于足够大的 M 和 N，直接法和间接法的估计值在双谱主域内每个点上的估计都是渐进无偏的，呈复正态分布。直接法双谱估计的均值和方差分别为

$$E\{\hat{B}_{x_{av}}(\omega_1, \omega_2)\} \approx B_x(\omega_m, \omega_n)$$ （10.4.4）

$$\mathrm{Var}\{\mathrm{Re}\{\hat{B}_{x_{av}}(\omega_1, \omega_2)\}\} = \mathrm{Var}\{\mathrm{Im}\hat{B}_{x_{av}}(\omega_m, \omega_n)\}\}$$
$$\approx \frac{N}{2KM^2} S_x(\omega_m) S_x(\omega_n) S_x(\omega_m, \omega_n)$$ （10.4.5）

假设在双谱主域内共有 P 个双谱频率点，将所有的双谱估计结果写入一个向量，即

$$\boldsymbol{\xi} = (\xi_1, \cdots, \xi_p)^{\mathrm{T}} \tag{10.4.6}$$

其中：ξ_p（$p = 1, 2, \cdots, P$）为每个频率点处平均后的双谱。每个 ξ_p 都是对 KM^2 个估计平均而得到的。将所有的 PKM^2 个估计值重新排列为 $P \times KM^2$ 的矩阵，即

$$\boldsymbol{B} = \begin{bmatrix} \xi_{11} & \xi_{12} & \cdots & \xi_{1KM^2} \\ \xi_{21} & \xi_{22} & \cdots & \xi_{2KM^2} \\ \vdots & \vdots & \ddots & \vdots \\ \xi_{P1} & \xi_{P2} & \cdots & \xi_{PKM^2} \end{bmatrix}_{P \times KM^2} \tag{10.4.7}$$

其中：$\xi_{P1}, \cdots, \xi_{PKM^2}$ 为双谱向量 $\boldsymbol{\xi}$ 的 KM^2 个样本，若设 $\boldsymbol{\xi}_n$ 为矩阵 $\boldsymbol{B}$ 的第 n 列，则均值和协方差矩阵分别为

$$\hat{\boldsymbol{\mu}} = \frac{1}{KM^2} \sum_{n=1}^{KM^2} \boldsymbol{\xi}_n \tag{10.4.8}$$

$$\hat{\boldsymbol{\Sigma}} = \frac{1}{KM^2} \sum_{n=1}^{KM^2} (\boldsymbol{\xi}_n - \hat{\boldsymbol{\mu}})(\boldsymbol{\xi}_n - \hat{\boldsymbol{\mu}})^* \tag{10.4.9}$$

因此，B 服从均值为真实双谱 $\boldsymbol{\mu}$，协方差矩阵为 $\boldsymbol{\Sigma}$（Hermitian 正定矩阵）的复正态分布。这样，检测问题就等价为一个二元假设检验问题，即

$$\begin{aligned} H_0 &: \boldsymbol{\mu} \equiv 0 \\ H_1 &: \boldsymbol{\mu}^* \boldsymbol{\Sigma}^{-1} \boldsymbol{\mu} > 0 \end{aligned} \tag{10.4.10}$$

对上述问题进行广义最大似然比检验，如果

$$T_c^2 = \hat{\boldsymbol{\mu}}^* \hat{\boldsymbol{\Sigma}}^{-1} \hat{\boldsymbol{\mu}} > \eta \tag{10.4.11}$$

检测假设 H_1 成立。其中 η 为检测门限，由虚警概率 P_f 决定。

当假设 H_1 成立时，有

$$H_1 : \frac{2(KM^2 - P)}{2P} T_c^2 \sim F_{2P, 2(KM^2 - P)}(2KM^2 \hat{\boldsymbol{\mu}}^* \hat{\boldsymbol{\Sigma}}^{-1} \hat{\boldsymbol{\mu}}) \tag{10.4.12}$$

其中：F 是非中心 Fisher 分布，自由度为 $2P$ 和 $2(KM^2 - P)$，非中心参数为 $2KM^2 \hat{\boldsymbol{\mu}}^* \hat{\boldsymbol{\Sigma}}^{-1} \hat{\boldsymbol{\mu}}$。将 $\boldsymbol{\mu} \equiv 0$ 代入上式，即得在假设 H_0 成立时，有

$$H_0 : \frac{2(KL^2 - P)}{2P} T_c^2 \sim F_{2P, 2(KM^2 - P)}(0) \tag{10.4.13}$$

它服从自由度 $2P$ 和 $2(KM^2 - P)$ 的中心化 Fisher 分布。

上述方法已经被 Subba Rao、Cabr 和 Hinich 等人用于检测时间序列的非高斯性和非线性。

利用协方差矩阵 $\boldsymbol{\Sigma}$ 的渐进性质可以简化上述算法。由于 $\boldsymbol{\Sigma}$ 是渐进对角的，可以假设

$$\hat{\boldsymbol{\Sigma}} = \mathrm{diag}[\hat{\sigma}_1^2, \hat{\sigma}_2^2, \cdots, \hat{\sigma}_p^2] \tag{10.4.14}$$

为了使 $\hat{\boldsymbol{\Sigma}}$ 接近对角，需要加大数据样本数。由式（10.4.11）可得

$$T_c^2 = \sum_{p=1}^{P} \frac{\hat{\mu}_p^* \hat{\mu}_p}{\hat{\sigma}_p^{\ 2}} = \sum_{p=1}^{P} \frac{\left| \hat{\mu}_p \right|^2}{\hat{\sigma}_p^{\ 2}} \tag{10.4.15}$$

其中，$\hat{\mu}_p$ 为 $\hat{\boldsymbol{\mu}}$ 的第 p 个分量，$\hat{\sigma}_p^{\ 2}$ 为 $\hat{\boldsymbol{\Sigma}}$ 相应位置的值。将式（10.4.4）和式（10.4.5）代入式（10.4.15）得

$$T_c^2 = \sum_{(\omega_m, \omega_n) \in \text{主域}} \frac{2 \left| \hat{B}_{x_{av}}(\omega_m, \omega_n) \right|^2}{\dfrac{N}{KM^2} S_x(\omega_m) S_x(\omega_n) S_x(\omega_m + \omega_n)} \tag{10.4.16}$$

定义 $x(n)$ 的双相干函数，或称斜度函数为

$$\hat{\beta}_x(\omega_m, \omega_n) = \frac{\hat{B}_{x_{av}}(\omega_m, \omega_n)}{\left[\dfrac{N}{KM^2} S_x(\omega_m) S_x(\omega_n) S_x(\omega_m + \omega_n) \right]^{1/2}} \tag{10.4.17}$$

由式（10.4.5）可知，$\hat{\beta}_x(\omega_m, \omega_n)$ 为渐进复正态分布，方差为 1，实部与虚部相互独立。进一步，由各频率点上的双相干函数之间相互独立，有

$$2 \left| \hat{\beta}_x(\omega_m, \omega_n) \right| \sim \chi_2^2[\lambda(\omega_m, \omega_n)] \tag{10.4.18}$$

其中

$$\lambda(\omega_m, \omega_n) = \frac{2 \left| B_x(\omega_m, \omega_n) \right|^2}{\dfrac{N}{KM^2} S_x(\omega_m) S_x(\omega_n) S_x(\omega_m + \omega_n)} \tag{10.4.19}$$

也就是说，每个频率估计点上的 $\hat{\beta}_x(\omega_m, \omega_n)$ 是 χ^2 分布的，其自由度为 2，非中心参数为 $\lambda(\omega_m, \omega_n)$，将式（10.4.18）代入式（10.4.16）得

$$T_c^2 = 2 \sum_{(\omega_m, \omega_n) \in \text{主域}} \left| \hat{\beta}_x(\omega_m, \omega_n) \right|^2 \tag{10.4.20}$$

由式（10.4.16）可知，T_c^2 服从非中心 χ^2 分布，即

$$T_c^2 \sim \chi_{2p}^2[\lambda] \tag{10.4.21}$$

其中：$\lambda = \displaystyle\sum_{(\omega_m, \omega_n) \in \text{主域}} \lambda(\omega_m, \omega_n)$ 为非中心参数。

10.4.2　双谱估计的信号检测性能仿真

如果信号是非高斯而加性噪声是高斯分布的，则可以在高阶谱域对其进行检测。由于高阶谱中的双谱对高斯干扰的抑制，以及在对高阶谱中的双谱估计时，运算量可满足在线检测的要求，因此当信噪比较低时可用双谱估计进行信号检测。基于双谱估计的信号检测流程如图 10.4.1 所示，首先对接收到的时间序列做双谱估计（直接法或间接法），然后构建检验统计量，最后进行似然比检测。

两种假设下的接收信号模型为

$$H_1 : x(t) = s(t) + n(t)$$
$$H_0 : x(t) = n(t)$$

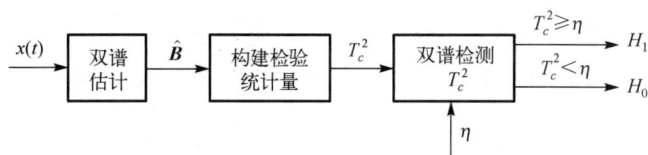

图 10.4.1　双谱域检测流程框图

其中：$s(t)$ 为一零均值的实信号；$n(t)$ 为加性高斯噪声。$s(t)$ 和 $n(t)$ 相互独立。基于奈曼–皮尔逊准则的双谱检测的具体算法步骤如下。

（1）估计输入信号的双谱 $\hat{\beta}_x(\omega_m, \omega_n)$。

（2）计算检验统计量 $T_c^2 = 2 \sum\limits_{(\omega_m, \omega_n) \in \text{主域}} \left| \hat{\beta}_x(\omega_m, \omega_n) \right|^2$。

（3）由给定的虚警概率 $P_f = \alpha = \mathrm{Prob}\{T_c^2 \geqslant \eta \mid H_0\}$ 计算出门限，即

$$\eta = \frac{P}{KL^2 - P} F_{2P, 2(KL^2 - P)}(\alpha)$$

利用协方差矩阵 $\boldsymbol{\Sigma}$ 的渐进对角性可知，检验统计量 T_c^2 服从自由度为 $2P$ 的中心化 χ^2 分布，即

$$H_0 : T_c^2 \sim \chi^2_{2p}[0]$$

因此

$$P_f = \alpha = \mathrm{Prob}\{\chi^2_{2p}(0) > \eta \mid H_0\}$$

（4）将 T_c^2 与门限 η 比较，得出判决结果。

（5）计算检测概率 P_d，即

$$P_d = \mathrm{Prob}\{T_c^2 > \eta \mid H_1\}$$

当将 $\boldsymbol{\Sigma}$ 看作一对角阵时，有

$$P_d = \mathrm{Prob}\{\chi^2_{2p}(\lambda) > \eta \mid H_1\}$$

经化简可得

$$P_d = 1 - \mathrm{erf}\left(\frac{\eta - 2P - \lambda}{2\sqrt{P + \lambda}} \right)$$

其中：$\mathrm{erf}(x) = \dfrac{2}{\sqrt{\pi}} \displaystyle\int_0^x \mathrm{e}^{-\eta^2} \mathrm{d}\eta$ 为误差函数。

按以上步骤进行仿真来测试双谱估计的检测性能。假设信号为 $s(t) = \cos(2\pi f_0 t + \varphi)$，其中 $f_0 = 20\text{kHz}$，相位 φ 是均匀分布在 $[0, 2\pi]$ 中的随机数，以 $f_s = 3f_0$ 对信号采样，取采样点数 $N = 2048$ 个。海洋环境的色噪声用二阶 AR 模型模拟为

$$v(i) = a_1 v(i-1) - a_2 v(i-2) + n(i), \quad i = 1, 2, \cdots, L \tag{10.4.22}$$

其中：$n(i)$ 为高斯白噪声；$a_1 = -2\rho\cos 2\pi f_c$；$a_2 = \rho^2$；$0 < f_c < 1$，本书取 $f_c = 0.7$；$0 \leqslant \rho \leqslant 1$ 反映了谱宽，ρ 越小，噪声 $v(i)$ 的功率谱越宽，在极限情况下，当 $\rho = 0$ 时，$v(i)$ 为白噪声。

图 10.4.2 为当 $\rho = 0$ 和 $\rho = 0.5$ 时，双谱估计和周期图谱估计的结果，双谱检测器对噪声的变化不敏感。图 10.4.3 为当 $P_f = 10^{-2}$、不同信噪比时，接收序列的双谱估计及功率谱估计

的检测性能对比图（每个信噪比上 1000 次平均），可以看出，在低信噪比时，基于双谱检测方法的性能要优于功率谱估计的检测方法，这是因为双谱对高斯噪声的抑制能力更强，所有这种方法更有利于对低信噪比信号的检测。图 10.4.4 和图 10.4.5 是当 $P_f = 10^{-2}$、不同有色噪声时的检测性能，可以看出，双谱估计对色噪声的敏感度不大，而色噪声的不同功率谱估计的检测性能影响比较大。

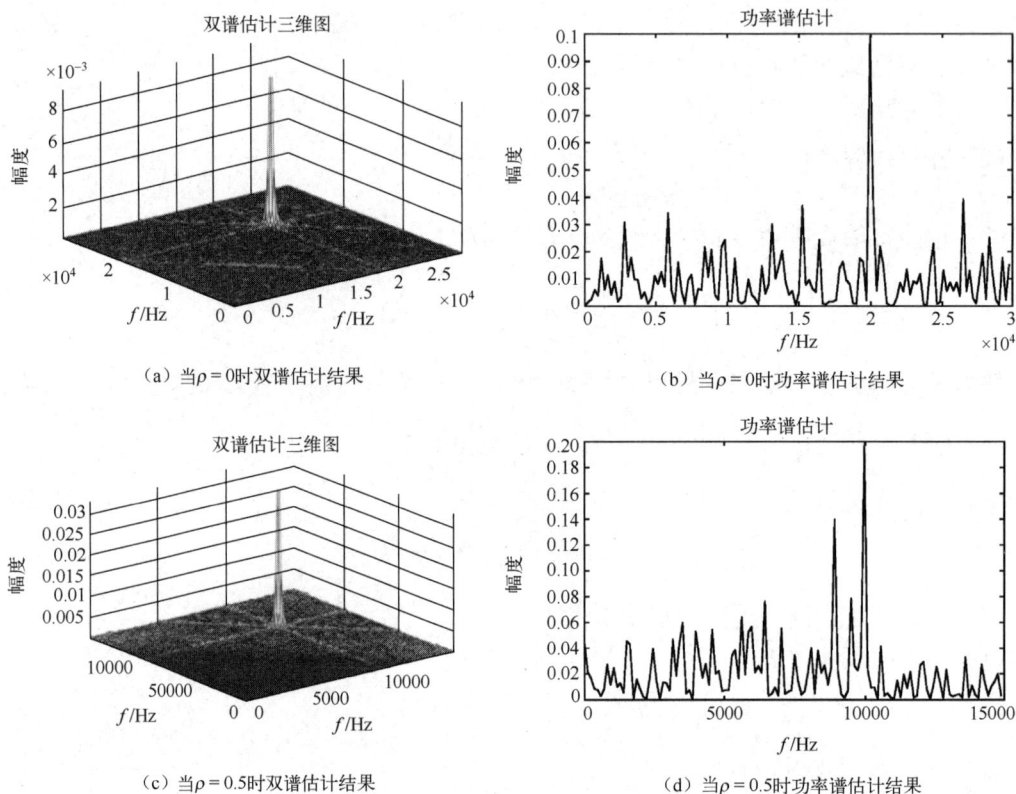

（a）当 $\rho = 0$ 时双谱估计结果

（b）当 $\rho = 0$ 时功率谱估计结果

（c）当 $\rho = 0.5$ 时双谱估计结果

（d）当 $\rho = 0.5$ 时功率谱估计结果

图 10.4.2　双谱估计与功率谱估计结果

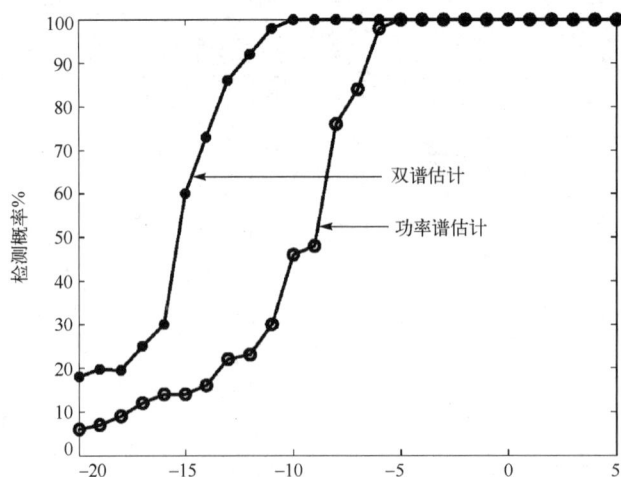

图 10.4.3　双谱检测方法与能量检测器比较

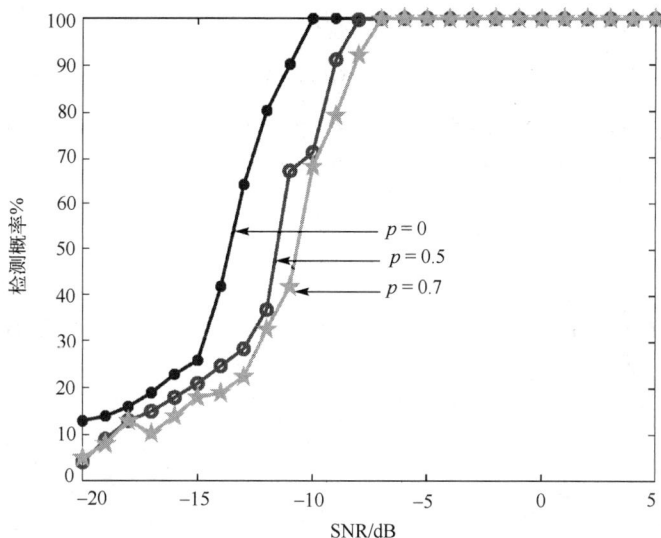

图 10.4.4　不同色噪声时双谱检测方法性能

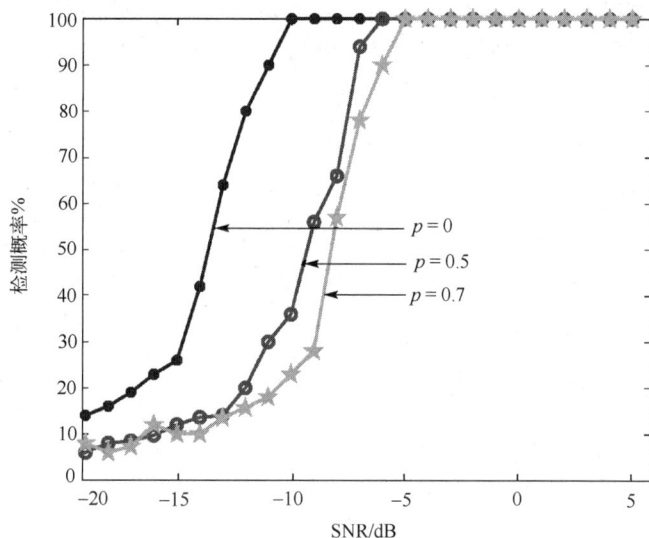

图 10.4.5　不同色噪声时功率谱估计检测性能

10.5　基于高阶矩的信号检测

　　基于高阶矩的信号检测是利用高斯噪声的奇次高阶矩为零的特性，对加性高斯噪声背景中的确定性信号和非高斯随机信号进行检测。另外，对于概率密度函数对称于零的平稳噪声，其采样的奇次阶矩为零，故该方法不要求加性噪声是高斯的，只要噪声具有对称分布的概率密度函数即可。该方法的检测性能与接收信号确切已知时匹配滤波器的检测性能接近，弥补了匹配滤波器必须有先验知识才能达到良好检测效果的不足。利用该方法不仅可检测到信道对信号产生畸变的已知信号，而且还可检测非高斯随机信号。

　　二元假设检验的数学模型为

$$H_0 : x(t) = n(t)$$
$$H_1 : x(t) = s(t) + n(t)$$

其中：$s(t)$ 为实信号；$n(t)$ 为零均值概率密度维对称分布的加性噪声，并且 $s(t)$ 与 $n(t)$ 相互独立。由 $s(t)$ 与 $n(t)$ 相互统计独立可得，两种假设下的奇数次高阶矩为

$$H_0 : m_k^x = E[x^k] = 0$$
$$H_1 : m_k^x = E[s^k]$$

若信号持续时间为 T，在 T 时间间隔内，对信号采样 N 个点为 $\boldsymbol{x} = [x(1), x(2), \cdots x(N)]^T$，则确定性信号的高阶矩可表示为

$$m_k^x = \frac{1}{N}\sum_{i=0}^{N} x^k(i) \tag{10.5.1}$$

随机信号的高阶矩可表示为

$$m_k^x = E[x^k(i)] \tag{10.5.2}$$

其中：$x(t)$ 在两种假设条件下均为随机信号，只不过在 H_1 假设条件下为不平稳的随机过程。由 N 个采样点估计的高阶矩可由式（10.5.3）得到一致估计，即

$$\hat{m}_k^x = \frac{1}{N}\sum_{i=0}^{N} x^k(i) \tag{10.5.3}$$

利用五阶矩与七阶矩的方法类似，仿真结果表明，若观测数据不够多，则五阶矩的方差大于三阶矩的方差，七阶矩的方差大于五阶矩的方差；若观测数据足够多，则七阶矩的检测性能优于五阶矩的检测性能，五阶的检测性能优于三阶矩的检测性能。说明统计量的阶次越高，提取信号的信息越丰富。

10.5.1　三阶矩的信号检测模型

以下以三阶矩的一致估计为例来分析其检测性能。三阶矩的一致估计为

$$\hat{m}_3^x = \frac{1}{N}\sum_{i=0}^{N} x^3(i) \xrightarrow{N\to\infty} m_3^x \tag{10.5.4}$$

因为噪声 $n(t)$ 为高斯（对称）分布，所以有 $m_3^n = 0$，即

$$H_0 : \hat{m}_3^x = \frac{1}{N}\sum_{i=0}^{N} x^3(i) \xrightarrow{N\to\infty} 0 \tag{10.5.5}$$

当存在 R 个统计独立的数据记录，每个记录中有 N 个采样时，检验统计量可设为

$$l = \frac{1}{R}\sum_{r=1}^{R} \hat{m}_3^{x(r)} = \frac{1}{R}\frac{1}{N}\sum_{r=1}^{R}\sum_{i=0}^{N} x^3(i) \tag{10.5.6}$$

则有

$$H_0 : l_0 = \frac{1}{R}\frac{1}{N}\sum_{r=1}^{R}\sum_{i=0}^{N} x^3(i) \xrightarrow{R\to\infty, N\to\infty} 0 \tag{10.5.7}$$

$$H_1 : l_1 = \frac{1}{R}\frac{1}{N}\sum_{r=1}^{R}\sum_{i=0}^{N}x^3(i) = \frac{1}{R}\frac{1}{N}\sum_{r=1}^{R}\sum_{i=0}^{N}[s(i)+n(i)]^3 \tag{10.5.8}$$

在 H_1 假设下，当 $s(t)$ 为确定性信号时，有

$$l_1 \xrightarrow{R\to\infty} \frac{1}{N}m_3^s + \frac{3}{N}E[n^2(i)]\sum_{i=0}^{N}s(i) \tag{10.5.9}$$

即在 H_1 假设下，检验统计量与确定性信号的三阶矩及噪声方差有关，而三阶矩及式（10.5.9）中的 $\sum_{i=0}^{N-1}s(i)$ 项又与信号波形有关。

在 H_1 假设下，当 $s(t)$ 为随机信号时，有

$$l_0 \xrightarrow{R\to\infty} m_3^s \tag{10.5.10}$$

在 H_1 假设下，检验统计量与随机信号的三阶矩有关。

从以上分析可知，若有 $R\to\infty$ 组统计独立的数据记录，则只需将上述检验统计量与零比较，即可判断信号是否存在。若不存在 R 组统计独立数据，只有一组数据，或 R 不能趋于 ∞，或 N 不能无限大，则在 H_0 假设下检验统计量不再为零，因此需确定检测门限。

当数据长度 N 充分大时，三阶矩的估计服从正态分布，即

$$\hat{m}_3^x \sim N[m_3^x, \sigma^2(\hat{m}_3^x)] \tag{10.5.11}$$

对于 H_0 假设，有

$$m_3^x = 0; \sigma^2(\hat{m}_3^x) = \sigma^2(\hat{m}_3^n)$$

对于 H_1 假设，有

$$m_3^x = \frac{1}{N}m_3^s + \frac{3}{N}E[n^2(i)]\sum_{i=0}^{N}s(i) \quad（确定信号）$$

$$m_3^x = m_3^s \quad（随机信号）$$

$$\sigma^2(\hat{m}_3^x) = \sigma^2(\hat{m}_3^s) = E[(\hat{m}_3^x - \hat{m}_3^s)^2]$$

即

$$H_0 : \hat{m}_3^x \sim N[0, \sigma^2(\hat{m}_3^n)] \tag{10.5.12a}$$

$$H_1 : \hat{m}_3^x \sim N[m_3^x, \sigma^2(\hat{m}_3^n)] \tag{10.5.12b}$$

接收信号 $x(t)$ 三阶矩的概率密度函数分别为

$$p(\hat{m}_3^n \mid H_0) = \left[\frac{1}{2\pi\sigma^2(\hat{m}_3^n)}\right]^{\frac{1}{2}}\exp\left[-\frac{(\hat{m}_3^n)^2}{2\sigma^2(\hat{m}_3^n)}\right] \tag{10.5.13a}$$

$$p(\hat{m}_3^x \mid H_1) = \left[\frac{1}{2\pi\sigma^2(\hat{m}_3^n)}\right]^{\frac{1}{2}}\exp\left[-\frac{(\hat{m}_3^n - m_3^x)^2}{2\sigma^2(\hat{m}_3^n)}\right] \tag{10.5.13b}$$

得似然比检验为

$$\lambda(\hat{m}_3^x) = \exp\left[\frac{2\hat{m}_3^n\hat{m}_3^x - (m_3^x)^2}{2\sigma^2(\hat{m}_3^n)}\right] \underset{H_0}{\overset{H_1}{\gtrless}} \eta \tag{10.5.14}$$

整理得判决表示式为

$$l(\hat{m}_3^x) = \hat{m}_3^n \underset{H_0}{\overset{H_1}{\gtrless}} \frac{(m_3^x)^2 + 2\sigma^2(\hat{m}_3^n)\ln\eta}{2m_3^x} = \gamma \qquad (10.5.15)$$

若设虚警概率为 α ，则检测门限由式（10.5.16）确定

$$p(H_1 \mid H_0) = \int_\eta^\infty \left[\frac{1}{2\pi\sigma^2(\hat{m}_3^n)}\right]^{\frac{1}{2}} \exp\left[-\frac{(x)^2}{2\sigma^2(\hat{m}_3^n)}\right] \mathrm{d}(x) \qquad (10.5.16)$$

检测概率为

$$P_D = \frac{1}{\sqrt{2\pi}} \frac{1}{\sigma^2(\hat{m}_3^3)} \int_\eta^\infty \exp\left[-\frac{(x - m_3^x)^2}{2\sigma^2(\hat{m}_3^s)}\right]\mathrm{d}x = Q\left[\frac{\eta - m_3^x}{\sigma^2(\hat{m}_3^x)}\right] \qquad (10.5.17)$$

可见检测概率与 m_3^x 有关，而对于确定性信号， m_3^x 又与信号波形有关。

10.5.2　三阶矩的检测性能仿真

对以上算法进行仿真来测试其检测性能。信号的形式为 $s(t) = \cos(2\pi f_0 t + \varphi)$ ， $f_0 = 20\mathrm{kHz}$ ，相位 φ 是均匀分布在 $[0, 2\pi]$ 中的随机数，以 $f_s = 3f_0$ 采样信号长度 $N = 50 \sim 300$ 个点不相等。海洋环境的色噪声用二阶 AR 模型模拟为

$$v(i) = a_1 v(i-1) - a_2 v(i-2) + n(i), \qquad i = 1,2,\cdots,L \qquad (10.5.18)$$

其中： $n(i)$ 为高斯白噪声， $a_1 = -2\rho\cos 2\pi f_c$ ， $a_2 = \rho^2$ ； $0 < f_c < 1$ ，此处取 $f_c = 0.7$ ； $0 \leqslant \rho \leqslant 1$ 反映了谱宽， ρ 越小，噪声 $v(i)$ 的功率谱越宽，在极限情况下，当 $\rho = 0$ 时， $v(i)$ 为白噪声。

表 10.5.1 是当信号长度不同时，高斯白噪声与高斯色噪声三阶矩的估计方差 $\sigma^2(\hat{m}_3^n)$ ，可以看出，当信号长度 N 增大时， $\sigma^2(\hat{m}_3^n)$ 减小。这是因为计算机产生的高斯噪声当信号长度 N 较小时，产生的序列相关性较强，概率密度也不是理想的高斯分布；当 N 增大时，序列的相关性减弱，并且分布也越接近理想的高斯分布，其三阶矩的估计值也越接近于 0，估计的方差也越小。

表 10.5.1　三阶矩的估计方差

噪声形式 噪声长度	高斯白噪声（$\rho=0$）的 $\sigma^2(\hat{m}_3^n)$	高斯色噪声的 $\sigma^2(\hat{m}_3^n)$	
		当 $\rho=0.3$ 时	当 $\rho=0.5$ 时
50	0.28	0.36	1.0
100	0.15	0.184	0.51
300	0.05	0.064	0.17

如无特别说明，以下仿真中的虚警概率为 $p_f = 10^{-3}$ ，Monte-Carlo 均为 1000，信号的长度 N 为 100 个采样点。

图 10.5.1 是在高斯白噪声条件下，三阶矩与匹配滤波器检测性能的比较。可以看出在高信噪比时二者的效果一致，而在低信噪比时，基于三阶矩的检测方法要优于匹配滤波器方法。这是因为三阶矩对高斯噪声有更强的抑制能力。因此，这种方法更有利于对低信噪比信号的

检测。

图 10.5.2 是白噪声背景下检测概率随信号长度 N 变化的情况。可以看出用三阶矩进行检测能得到很好的效果（-10dB），且随 N 的增大效果越来越好。这是因为 N 增大时，高斯噪声的三阶矩越来越接近于 0，而信号的三阶矩不发生变化。

图 10.5.3 是在高斯白噪声和高斯色噪声背景下的检测结果。曲线 1、2、3 分别是 p 为 0、0.5 和 0.7 时的 ROC 曲线。可见这种方法对高斯噪声是否有色，谱密度是否已知并不敏感。无论是白噪声还是色噪声，只要概率密度是高斯的，其检测效果大致相同。

图 10.5.4 给出了虚警概率变化时在高斯白噪声中检测信号的效果。

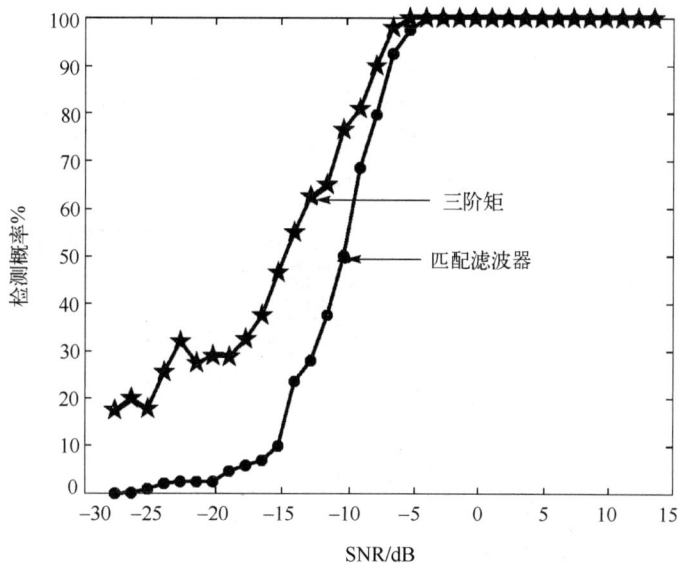

图 10.5.1　三阶矩与匹配滤波器检测性能对比

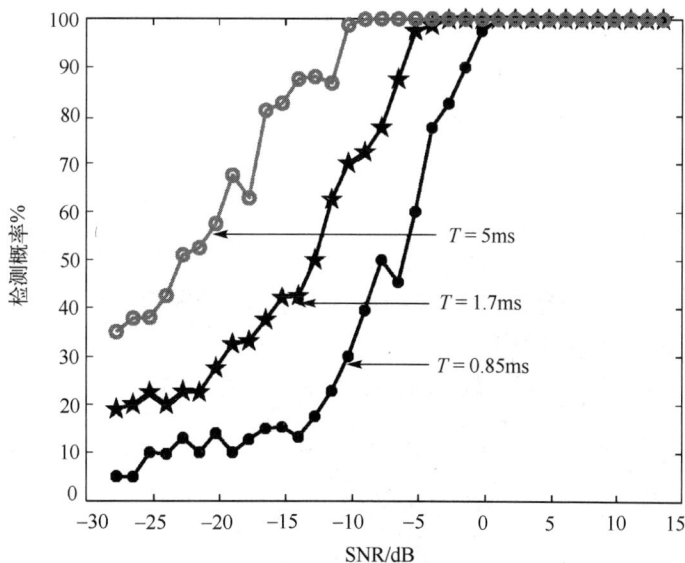

图 10.5.2　白噪声下信号长度对检测性能的影响

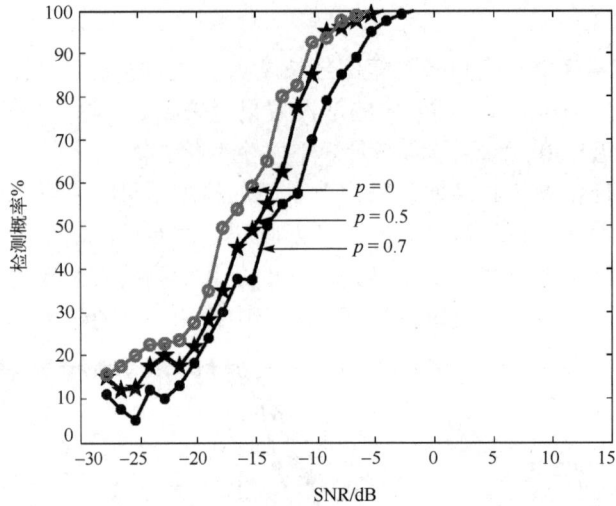

图 10.5.3　高斯白噪声和高斯色噪声检测性能对比

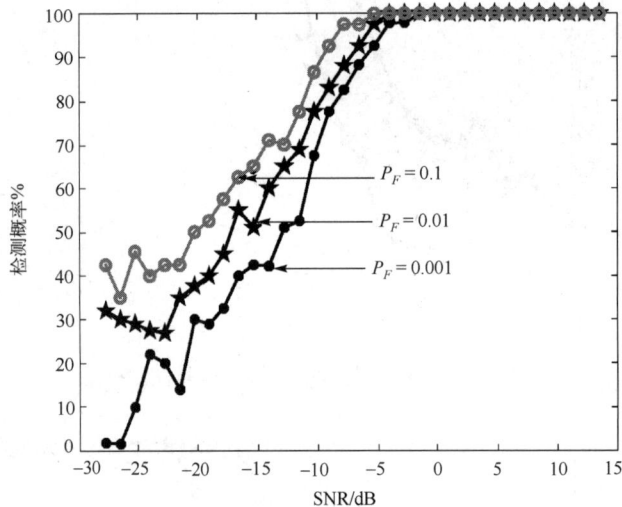

图 10.5.4　不同虚警概率的检测结果

习　　题

1. 假设信号的形式为 $s(t) = A\cos(2\pi f_0 t + \varphi)$，其中 $f_0 = 20\text{kHz}$，相位 φ 是均匀分布在 $[0, 2\pi]$ 中的随机数，海洋环境的色噪声用二阶 AR 模型模拟，即

$$v(i) = a_1 v(i-1) - a_2 v(i-2) + n(i) \qquad i = 1, 2, \cdots, L$$

其中：$n(i)$ 为高斯白噪声；$a_1 = -2\rho\cos 2\pi f_c$；$a_2 = \rho^2$；并且 $0 < f_c < 1$，$0 \leqslant \rho \leqslant 1$。

试用 $1\frac{1}{2}$ 及 $2\frac{1}{2}$ 维谱分析信号的检测性能。

2. 推导 $1\frac{1}{2}$ 及 $2\frac{1}{2}$ 的检验统计量及检测性能。

3. 分析微弱信号检测方法的发展方向。

第11章 预警（值更）轻量化检测方法

对于水下长期无人值守的自主决策系统来说，使用电池供电能量受限且难维护。为了延长系统的服役时间，检测系统通常会采用分级检测架构，其中第一级称为预警检测分系统。预警检测分系统通常是一个轻量化的检测系统，主要是针对完整检测系统连续工作运算量大、操作复杂、功耗大的问题，通过设置低功耗预警子系统，在预警子系统报警时检测系统才全部启动，从而提升系统整体服役时间。例如，在值更引信中，只有当其判决目标存在时才会激活整个引信系统上电工作，能够显著降低系统功耗。显然，预警（值更）系统的性能指标对整个检测系统有很重要的影响。它应该具有对微弱信号的高检测概率以确保发现目标，较低虚警概率以减少频繁误动作，以及低的算法复杂度以保证实时性。所以，研究适用于预警（值更）系统的微弱信号检测技术在工程应用中十分重要。本章重点针对水下小尺度无人平台探讨预警（值更）的轻量化检测方法，讨论小型检测系统中的一些常用技术，希望学生能够思考实际系统的设计理念，提高实际工程能力。

11.1 时变背景带限信号的检测

在时变背景中带限信号幅度检测流程如图 11.1.1 所示，图中算法是用两种不同尺度样本的统计平均做参数估计。用小尺度样本参数估计平滑输入数据的快随机起伏，但同时能跟踪被检测信号。例如，在运动目标接近的过程中，目标引起信号均值的变化；先用大尺度样本参数估计给出干扰背景的均值和方差的估值 $\hat{A}_o$ 和 $\hat{s}^2$，同时跟踪背景参数的缓慢变化；再用置信区间估计算法根据实时观测值估计出背景参数 $(\hat{A}_o, \hat{s}^2)$，从而计算出符合 N-P 准则的自适应门限。

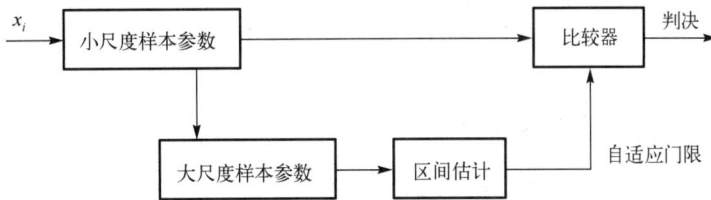

图 11.1.1 在时变背景中带限信号幅度检测流程

本节所提到的各种算法在第 8 章已有详细介绍，需要注意的是，产生实时自适应门限的置信区间应仅存在上置信限区间。根据第 8 章中关于自适应门限的讨论，可将式（8.1.11）和式（8.1.12）写作

$$1-\alpha = p\left\{\mu < \hat{A}_o + \frac{\hat{s}}{\sqrt{N}}t_\alpha\right\} \tag{11.1.1}$$

即虚警概率为 $P_F = \alpha$ 的自适应门限 A_T 为

$$A_T = \hat{A}_o + \frac{\hat{s}}{\sqrt{N}} t_\alpha \qquad (11.1.2)$$

其中：N 为采样获得的独立的样本点数。

11.2 二项检测方法

11.2.1 二项检测方法的原理

可以证明对于统计检测的大多数情况，为了得到有效的检测性能并不需要精确的量化，采用 1～3 比特的量化已经足够了。1 比特量化相当于限幅运算或限幅电路，最为简单。检测的性能损失很多情况下小于 2 分贝，可以证明二项检测器的可检测信噪比损失为 0.18～1.4dB。二项检测方法原理如图 11.2.1 所示。

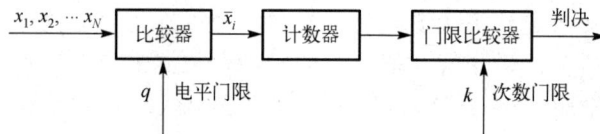

图 11.2.1 二项检测方法原理

接收数据 $X = \{x_1, x_2, \cdots, x_N\}$ 进入电平比较器，先与电平门限 q 比较，变成[0,1]二值信号 $\bar{x}_i$，即

$$\bar{x}_i = \begin{cases} 1, x_i \geq q \\ 0, x_i < q \end{cases} \qquad (11.2.1)$$

因为 $\bar{x}_i$ 是[0,1]二进制信号，所以似然比检测时积分运算可用计数器代替，简化设备是一种轻量化的检测方法。k 是 $\bar{x}_i = 1$ 的次数的门限。检测器用二进制计数器将超过第一门限 q 的脉冲数（$\bar{x}_i = 1$ 的信号）相加起来，其和数再与第二个门限 k 进行比较；如果和数超过第二门限值，则判断有信号；反之则判断无信号。由于这种检测器有两个门限，故称为二项检测器。又由于该检测方法包括一个计数器，用于数字积累，这种检测器也被称为二进制积累器。下面分析这种检测器的性能。

在 H_0 假设下，一个采样值超过第一门限的概率为

$$P_0 = \int_q^\infty p(x|H_0)\mathrm{d}x \qquad (11.2.2)$$

在 N 个采样值中，j 个超过门限 q 的概率为

$$P(j) = C_N^j P_0^j (1-P_0)^{(N-j)} = \frac{N!}{j!(N-j)!} P_0^j (1-P_0)^{(N-j)} \qquad (11.2.3)$$

虚警概率为

$$P_F = P(j \geq k) = \sum_{j=k}^N P(j) = \sum_{j=k}^N \frac{N!}{j!(N-j)!} P_0^j (1-P_0)^{(N-j)} \qquad (11.2.4)$$

在 H_1 假设下，一个采样值超过第一门限的概率为

$$P_1 = \int_q^\infty p(x|H_1)\mathrm{d}x \qquad (11.2.5)$$

检测概率为

$$P_D = \sum_{j=k}^{N} \frac{N!}{j!(N-j)!} P_1^j (1-P_1)^{(N-j)} \tag{11.2.6}$$

因此，只要能够求出无信号和有信号时（在 H_0 假设或 H_1 假设下）二项检测器输入波形采样值 $\bar{x}_i$ 的分布律就可以根据式（11.2.4）和式（11.2.6）计算虚警概率 P_F 和检测概率 P_D。

11.2.2　二项检测与双门限的关系

二项检波器用计数器代替积累器置于幅值门限之后形成了双门限检测系统，双门限 q 与 k 的选择有多种可能的组合，因而存在着最佳组合的问题，故确定门限的最佳值不像单门限系统那样简单。

N-P 准则要求在一定的虚警概率时检测概率最大，单门限值由虚警概率值唯一确定。而在双门限系统中，虚警概率 P_F 是值超过第一门限的概率 P_0 和第二门限 k 的函数；根据式（11.2.2），P_0 又是 q 的函数。所以，P_F 同时是 q 和 k 两个门限的函数。以下仅给出当 P_F 确定时双门限最佳值确定的两种思路。

第一种确定门限的思路是：给定 P_F 通过式（11.2.4），解出 k 和 q 的函数关系为

$$k = k(q) \tag{11.2.7}$$

同理，检测概率 P_D 也是 k 和 q 的函数关系为

$$P_D = P_D(k,q) \tag{11.2.8}$$

将式（11.2.7）代入式（11.2.8）可得

$$P_D = P_D(k,q) = P_D(k(q),q) = P_D(q) \tag{11.2.9}$$

求 $P_D = P_D(q)$ 的极值可得最佳门限 q^*，然后由式（11.2.7）可得最佳门限

$$k^* = k(q^*) \tag{11.2.10}$$

上述方法在实际运行时有不少困难，特别是在做实时检测处理时。

另一种确定双门限较简单的方法是：选取第一门限值保证第二门限比较器输入端获得最大偏移信噪比，为了方便，偏移信噪比用有效值表示为

$$r = \frac{E[x(t)] - E[n(t)]}{\sigma_n} \tag{11.2.11}$$

根据式（11.2.3）求出

$$E[n(t)] = NP_0 \tag{11.2.12}$$

$$\sigma_n = \sqrt{NP_0(1-P_0)} \tag{11.2.13}$$

类似可得

$$E[x(t)] = NP_1 \tag{11.2.14}$$

则

$$r = \frac{NP_1 - NP_0}{\sqrt{NP_0(1-P_0)}} = \sqrt{N} \frac{P_1 - P_0}{\sqrt{P_0(1-P_0)}} = \sqrt{N} r_0 \tag{11.2.15}$$

其中

$$r_0 = \frac{P_1 - P_0}{\sqrt{P_0(1 - P_0)}} \qquad (11.2.16)$$

求 r_0 的最大值。P_0 是 q 的函数，P_1 是模拟信号最大信噪比 λ_{max} 与第一门限 q 的函数，所以 r_0 是 λ_{max} 与 q 的函数，即

$$r_0 = (\lambda_{max}, q) \qquad (11.2.17)$$

根据式（11.2.17），可在给定 λ_{max} 的条件下，确定 r_0 达到最大值的第一门限

$$r_{0max} = (\lambda_{max}, q^*) \qquad (11.2.18)$$

在实际应用中，由式（11.4.18）求出 q^* 也比较困难。考虑到 P_0 与 q^* 互为单值函数，故 r_0 可表示为 λ_{max} 与 P_0 的函数

$$r_{0max} = (\lambda_{max}, P_0) \qquad (11.2.19)$$

根据式（11.2.19），以 λ_{max} 为参数求出 P_0 的最佳值 P_0^* 可得

$$r_{0max} = (\lambda_{max}, P_0^*) \qquad (11.2.20)$$

再将求得的 P_0^* 代入式（11.2.2）便可确定第一门限的最佳值 q^*，将 P_0^* 代入式（11.2.4），根据确定的虚警概率 P_F 可求得第二门限的最佳值。

将 q^* 代入式（11.2.5）可求出 P_1 的最佳值 P_1^*，再把 k^* 和 P_1^* 代入式（11.2.6）便可求出最佳检测概率 P_D^*。

对于不同的输入信噪比和系统要求检测概率 P_D、虚警概率 P_F，可找出最佳的 q 和 k 的组合，以及要求的积累次数 N。表 11.2.1 给出输入信号为瑞利分布，总积累次数 $N=20$，$P_D = 90\%$，$P_F = 10^{-8}$，取不同 k、q 值时的检测阈（最小可检测的输入信噪比）。

表 11.2.1　取不同 k、q 值时的检测阈

k	1	2	3	4	5
q 对应的 P_1	0.1687	0.181	0.245	0.305	0.361
q 对应的 P_0	5×10^{-10}	7.25×10^{-6}	2.06×10^{-4}	1.2×10^{-3}	3.45×10^{-3}
检测阈/dB	9.37	7.73	7.52	6.69	6.54
检测性能差/dB	2.86	1.22	0.51	0.18	0.03
k	6	7	8	9	10
q 对应的 P_1	0.415	0.467	0.508	0.567	0.614
q 对应的 P_0	8.1×10^{-3}	1.48×10^{-2}	2.38×10^{-2}	3.51×10^{-2}	4.9×10^{-2}
检测阈/dB	6.51	6.57	6.70	6.91	7.14
检测性能差/dB	0	0.06	0.19	0.40	0.63

由表 11.2.1 可知，检测性能对 k 不是很敏感；对不同的 k 和 q 应取不同的值，以达到最佳配合；k 越大，q 取得越小，P_0 取得越大。

对于一个二进检测器，q 取得大些或小些，对设备的复杂性没有影响。二进检测器中的第一次门限 q 比较器相当于减数据率处理，q 越大，减数据率效果越好。

11.3　过零检测方法

信号过零检测只要求对输入波形进行 1 比特量化，本质上是无 A/D 数字处理系统，它借助计算带限输入噪声波形在单位时间内过零点数变化来检测微弱信号，是一种轻量化周期信号或准周期信号的检测方法。过零点数的均值与噪声的功率谱密度函数的形状有关，但对噪声幅度的变化不敏感。如果一个新出现目标的声源引起了噪声功率谱形状的变化，则噪声波形的单位时间过零点数也变化，这种性质很适合噪声功率谱中出现线谱分量的预警。以下讨论过零检测方法及其在时变背景噪声中的应用。

11.3.1　过零检测方法的原理

图 11.3.1 是过零检测方法的原理图，可见其运算相当简单，无须 A/D 变换，不涉及复杂的乘除运算，是一种轻量化的检测方法。

信号输入 → 放大 → 带通 → 整形 → 微分 → 计数 → 过零点数输出

图 11.3.1　过零检测方法的原理图

Rice S.O 最先推导出了平稳高斯噪声在单位时间内过零点数的期望值 A 与其功率谱之间的关系，即

$$A = 2\left[\frac{\int_0^\infty f^2 W(f)\mathrm{d}f}{\int_0^\infty W(f)\mathrm{d}f}\right]^{1/2} \tag{11.3.1}$$

其中：$W(f)$ 是噪声的功率谱密度函数；A 为过零点数。过零点数与功率谱的形状有关，当信号的谱成分发生变化时，其过零点数随之变化。信号的过零点数反映了信号谱成分的变化。当高频分量强度增加时，过零点数变大；当低频分量强度增加时，过零点数变小，这样的特性很适合舰船噪声的特性分析。

过零点数均值通常是通过大尺度的样本统计平均处理获得的，只要被分析的样本尺度 N 远大于带宽的倒数，干扰背景噪声与目标辐射噪声的单位时间过零点数就都可以视为趋近于高斯分布，并且均值为 A。

在目标出现前，过零点数的均值为

$$A_0 = 2\sqrt{(f_L^2 + f_L f_H + f_H^2)/3} \tag{11.3.2}$$

在目标出现后，过零点数的均值为

$$A_1 = 2\sqrt{\frac{(f_L^2 + f_L f_H + f_H^2)/3 + r f_s^2}{1+r}} \tag{11.3.3}$$

其中：f_L 与 f_H 分别是处理带宽的下限与上限频率；f_s 是目标辐射线谱的频率；r 是线谱分量与带限内连续谱噪声的功率信噪比。

单位时间过零点数的方差为

$$\sigma^2 = (N-1)\lambda(1-\lambda) \tag{11.3.4}$$

$$\lambda = \frac{1}{2} + \frac{1}{\pi}\sin^{-1}\rho_1 \tag{11.3.5}$$

其中：N 是样本点数；ρ_1 是噪声自相关函数 $\rho(k)$ 当 $k=1$ 时的值。对于下限频率为 f_L、上限频率为 f_H 的低通带限白噪声，式（11.3.5）中的 $\rho(k) = \mathrm{sinc}[2\pi(f_H - f_L)\cdot k]$。

检验统计量 T 为单位时间过零点数，有

$$T \sim \begin{cases} N(\mu_0, \sigma^2), & H_0 \\ N(\mu_1, \sigma^2), & H_1 \end{cases} \tag{11.3.6}$$

这是一个均值偏移的高斯–高斯问题。偏移系数定义为

$$d^2 = \frac{(E(T; H_1) - E(T; H_0))^2}{\mathrm{Var}(T; H_0)} = \frac{(\mu_1 - \mu_0)^2}{\sigma^2}$$

为了验证检测性能与 d^2 的关系，可推导出

$$P_F = P_r\{T > \gamma'; H_0\} = Q\left(\frac{\gamma' - \mu_0}{\sigma}\right) \tag{11.3.7}$$

$$P_D = P_r\{T > \gamma'; H_1\} = Q\left(\frac{\gamma' - \mu_1}{\sigma}\right) \tag{11.3.8}$$

这样可以得到检测概率 P_D 和虚警概率 P_F 的关系为

$$P_D = Q(Q^{-1}(P_F) - \sqrt{d^2}) \tag{11.3.9}$$

从式（11.3.9）可以看到检测概率的大小，检测概率的大小是与偏移系数 d^2 有很大关系的，当偏移系数大时，检测概率高；当偏移系数小时，检测概率低。

图 11.3.2 是偏移系数与信噪比的关系仿真图，从图中可以看到信噪比越大，偏移系数也越大。图 11.3.3 是偏移系数与 f_L 的关系仿真图，这里取 f_s=200 Hz，f_H=2000 Hz，信噪比为 -5 dB，从图中可以看到，在信号频率和上限频率一定的情况下，下限频率越接近信号，偏

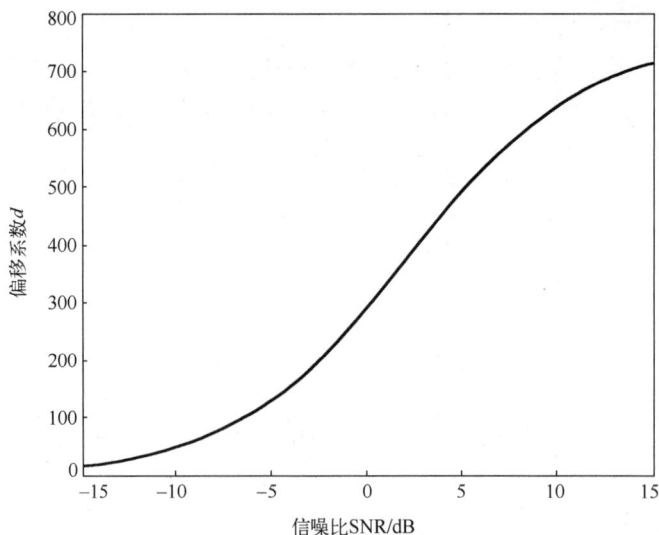

图 11.3.2　偏移系数与信噪比的关系仿真图

移系数越大。图 11.3.4 是偏移系数与 f_H 的关系仿真图，这里取 f_s =200 Hz，f_L =0 Hz，信噪比为 -5 dB。从图中可以看到信号频率一定，下限频率一定的情况下，上限频率越远离信号，偏移系数越大。图 11.3.5 是偏移系数与 f_s 的关系仿真图，这里取 f_L =200 Hz，f_H =2000 Hz，信噪比为 -5 dB，从图中可以明显地看到，在带宽一定的情况下，信号的频率越靠近下限或者上限，偏移系数越大。从以上的分析可以看出，通常 f_s 越靠近 f_L 或 f_H，偏移系数越大，检测效果也越好。

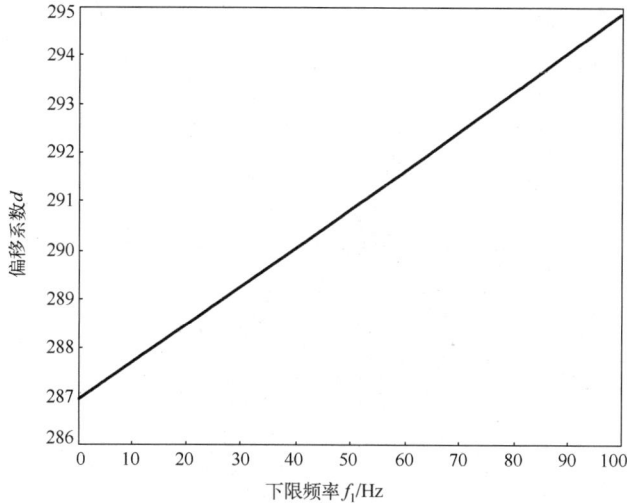

图 11.3.3　偏移系数与 f_L 的关系仿真图

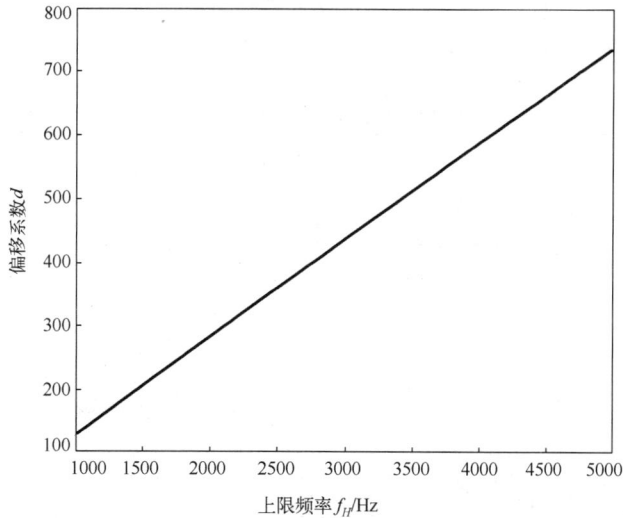

图 11.3.4　偏移系数与 f_H 的关系仿真图

可以根据检测概率和虚警概率的关系得到过零检测的性能曲线。图 11.3.6 即为过零检测的性能曲线，其中 SNR $= -10$ dB，f_s =500Hz，f_L =0Hz，f_H =3000Hz。

图 11.3.7 是在信噪比为 -10dB、虚警概率为 10^{-3}、f_L =0Hz、f_H =3000Hz 的条件下，检测概率和线谱频率的关系。从图中可以看到，线谱分量的频率越靠近接收频带的上限或是下限频率，检测概率越高。

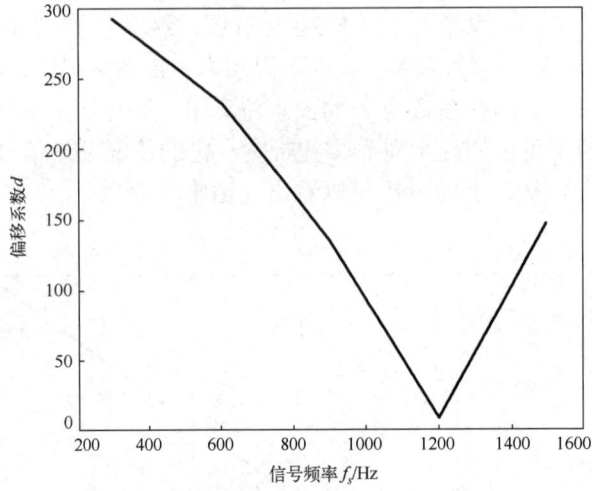

图 11.3.5　偏移系数与 f_s 的关系仿真图

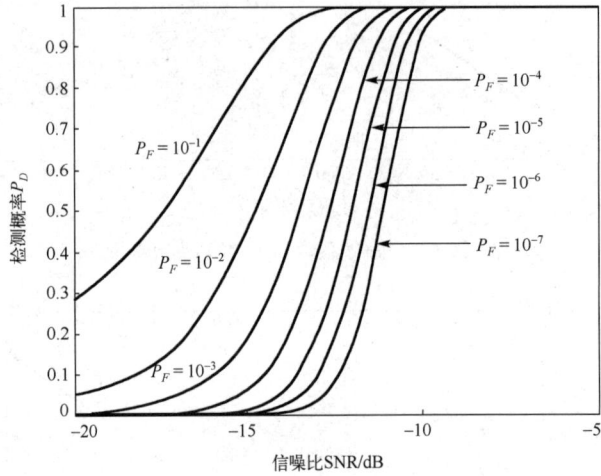

图 11.3.6　过零检测的性能曲线

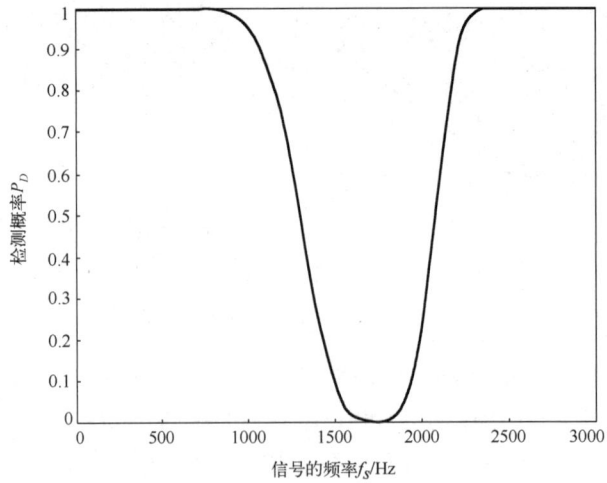

图 11.3.7　检测概率和线谱频率的关系

11.3.2 时变背景的过零检测方法

在时变背景中，过零信号的恒虚警似然比检测算法流程如图 11.3.8 所示。该算法原理与图 11.1.1 所示的时变背景中带限信号幅度检测流程相似，所不同的是产生自适应门限的置信区间存在上置信区间和下置信区间，即

$$1-\alpha = p\left\{\bar{x} - \frac{\hat{s}}{\sqrt{N}}t_{\alpha/2} < \mu < \bar{x} + \frac{\hat{s}}{\sqrt{N}}t_{\alpha/2}\right\} \tag{11.3.10}$$

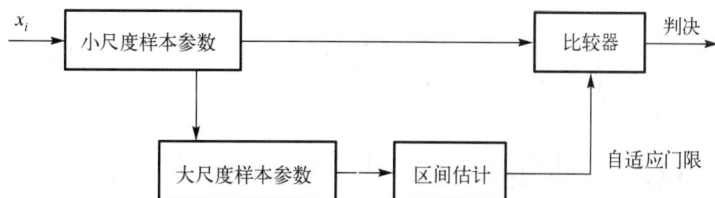

图 11.3.8 过零信号的恒虚警似然比检测算法流程

置信区间所定义的上、下双门限为

$$A_{\text{TH}} = \bar{x} - \frac{\hat{s}}{\sqrt{N}}t_{\alpha} \quad （下门限） \tag{11.3.11}$$

$$A_{\text{TL}} = \bar{x} + \frac{\hat{s}}{\sqrt{n}}t_{\alpha} \quad （上门限） \tag{11.3.12}$$

信号过零检测存在两个门限的物理意义：样本均值可以大于或小于背景均值，样本均值落入大于置信上限或小于置信下限的区间，说明输入波形谱结构中出现了高频或低频的线谱或谱峰。

以下是关于带限信号过零检测的分析。

（1）过零信号检测能有效预报噪声背景中线谱分量的出现，同时也可反映连续谱形状的变化。

（2）被检测的线谱频率应尽可能接近接收频带的上限或下限频率。如果被检测的线谱分量频率在接收通带内随机分布，则至少要用两个频率覆盖信号可能出现的频域才不会发生漏检。

（3）因为实际接收系统的频率响应不是一个理想的矩形，所以带限噪声的过零点数均值与声级的大小有关。例如，若要保持过零点数不受声级大小的影响，则需要用自动增益控制。

11.4 极性相关方法

极性相关检测是用输入波形的 1 比特量化进行相关运算进行检测。用 1 比特量化进行极性相关检测与相关检测方法相比，虽然会引起一定的信噪比损失，但是该方法无须使用 A/D 转换，而且可使相关计算中的乘法运算得到进一步简化（轻量化），运算速度更快，是一种低能耗的轻量化方法。极性相关检测方法的这一特性与过零检测器相似，可在低功耗要求苛刻的条件下用于预警检测或值更引信，而且对微弱单频信号或周期信号的检测性能良好。

极性相关运算的定义为

$$\hat{R}''_{xy}(\tau) = \frac{1}{T} \int_0^T \mathrm{sgn}[y(t)] \mathrm{sgn}[x(t-\tau)] \mathrm{d}t \tag{11.4.1}$$

$$\hat{R}''_{xy}(m) = \frac{1}{N} \sum_{n=0}^{N-1} \mathrm{sgn}[y[n]] \mathrm{sgn}[x[n-m]] \tag{11.3.2}$$

其中：sgn[·] 表示取符号运算。当输入信号为高斯分布时，极性相关函数与原函数之间的关系为

$$\hat{R}''_{xy}(\tau) = \frac{2}{\pi} \cdot \arcsin \frac{R_{xy}(\tau)}{\sqrt{R_x(0)R_y(0)}} = \frac{2}{\pi} \cdot \arcsin[\rho_{xy}(\tau)] \tag{11.4.3}$$

极性相关函数是有偏估计，取值范围为 $-1 \leqslant \hat{R}''_{xy}(\tau) \leqslant 1$，与归一化函数之间呈单调的反函数关系，而且输入信号的幅度信息对 $\hat{R}''_{xy}(\tau)$ 无贡献。

11.5　强随机脉冲干扰的符合检测方法

在 11.2 节讨论的二进制（二次门限）积累检测系统中，要求在 N 个取样值（脉冲）中有等于或多于 M（$M \leqslant N$）个取样值超过第一门限作为系统判断有信号的前提。在本节将要介绍的符合检测中，作为判断有信号出现的前提，要求有 M 个或更多的相邻取样对（两个）或相邻取样群（三个或更多）超过第一门限，图 11.5.1 为符合检测与未加符合时二进制积累检测系统的结构。在双符合系统中，仅当相邻的两个脉冲（取样值）相继超过第一门限时，符合电路才有输出，计数器便计 1 个数。而三符合系统则仅当相邻的三个脉冲相继超过第一门限时计数器才计 1 个数。

符合检测对强随机脉冲干扰（即强度足够超过第一门限的干扰）所引起的虚警错误具有良好的抑制能力。

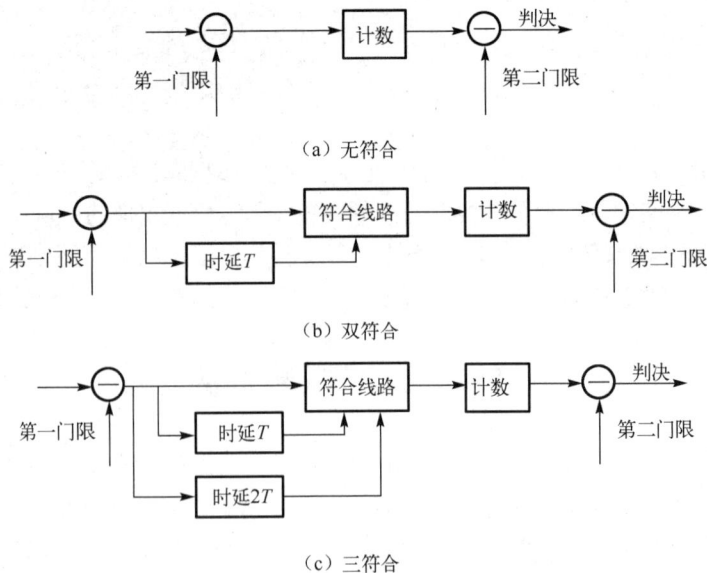

（a）无符合

（b）双符合

（c）三符合

图 11.5.1　三种二进制符合累积系统

上述三种不同系统对强脉冲干扰的抑制性能如图 11.5.2 所示，图中给出相对有效干扰时

间与脉冲干扰平均占空因子之间的关系，图中取 $N=10$，$M=5$。例如。当脉冲干扰占空因子为 0.2 时，对无符合系统的相对有效干扰时间为 3.5%，而对双符合系统和三符合系统分别为 0.05%和 0.005%。符合检测系统对强脉冲干扰抑制能力的提高，是以系统检测能力在一定程度上降低为代价的。

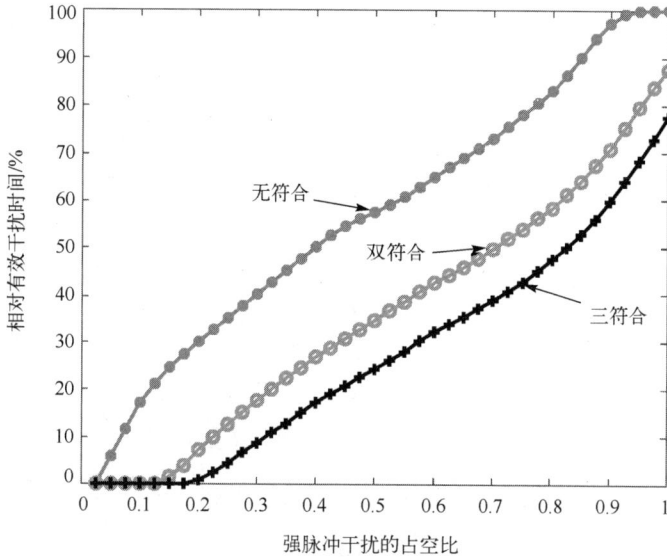

图 11.5.2　三种符合系统抗脉冲干扰能力比较（$N=10$，$M=5$）

从表 11.5.1 中可以看出系统检测能力相对降低的程度，表中列出在达到同样检测能力的条件下（同样的 P_F 和 P_D），上述三种不同系统要求的最大信噪比 r_{max}，其中取 $N=10$，$M=5$，$\alpha = P_F = 10^{-5}$。例如，在恒定信号检测中，为了达到同样的检测概率 $P_D = 50\%$，双符合系统要求的最大信噪比 r_{max} 比无符合系统的增加 0.6dB；而三符合系统则比无符合系统的增加 1.2dB。

表 11.5.1　三种二进制累积系统的检测能力与信噪比 r 的关系（$\alpha = P_F = 10^{-5}$，$N=10$，$M=5$）

条件	信噪比 r		
	无符合/dB	双符合/dB	三符合/dB
$P_D = 50\%$，恒定信号	7.0	7.6	8.2
$P_D = 90\%$，恒定信号	9.0	9.6	10.2
$P_D = 50\%$，瑞利信号	8.0	10.3	12.2
$P_D = 90\%$，瑞利信号	11.4	14.6	18.0

11.6　序　列　检　测

长期值守的无人自主检测装置判决有无信号不是根据一次观测，而是根据多次观测进行统计判决，这就是一个采样时间尺度的问题。以前讨论的固定采样器的采样时间尺度是固定的，观测 N 次后计算一个检验统计量 T，将其与门限比较进行判决。这种检测器的缺点是：当信号较强时，本来不需要 N 次观测即可进行判决，但它必须完成 N 次观测后才能做出判决；而当信号较弱时，做 N 次观测可能还不够，影响检测的性能。序列检测方法可以克服这一缺点。

序列检测的采样尺度是根据信号强弱决定的，设有高、低两个门限，每观测一次，与前面的采样一起计算一次检验统计量 T，当统计量超过上门限时，判决有信号；当统计量低于下门限时，判决无信号；当统计量处于两门限之间时，不做判决继续观测，直至做出有无信号的判决为止，如图 11.6.1 所示。

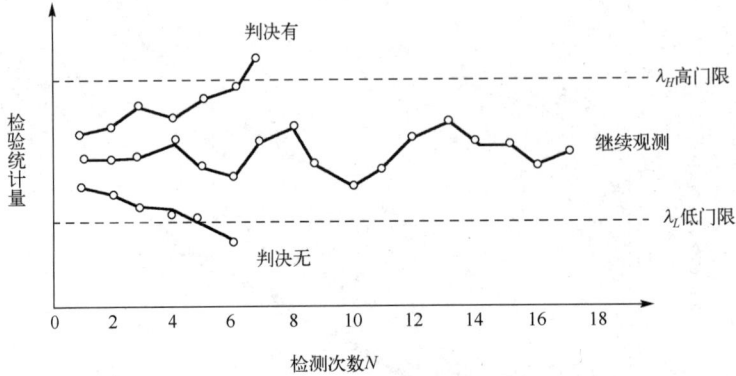

图 11.6.1　序列检测过程示意图

序列检测在修正的 N-P 准则下的应用即为瓦尔德序列检验，具体描述如下。

对于观测矢量 $\boldsymbol{X}_N = [x_1, x_2, \cdots, x_N]^{\mathrm{T}}$，形成检验统计量 $T_N = \dfrac{p(\boldsymbol{X}_N|H_1)}{p(\boldsymbol{X}_N|H_0)}$，设定两个门限，高门限 λ_H 和低门限 λ_L。当 $T_N > \lambda_H$ 时，判决为有信号；当 $T_N < \lambda_L$ 时，判决为无信号；当 $\lambda_L < T_N < \lambda_H$ 时，不做判决，继续进行第 $N+1$ 次观测，然后用观测矢量 $\boldsymbol{X}_{N+1} = [x_1, x_2, \cdots, x_{N+1}]^{\mathrm{T}}$，形成新的检测统计量 $T_{N+1} = \dfrac{p(\boldsymbol{X}_{N+1}|H_1)}{p(\boldsymbol{X}_{N+1}|H_0)}$，重复上述过程直到能够做出判决为止。上述判决可描述为

$$\begin{cases} H_1: & T(\boldsymbol{X}_N) = \dfrac{p(\boldsymbol{X}_N|H_1)}{p(\boldsymbol{X}_N|H_0)} > \lambda_H \\[3mm] \text{继续} N+1 \text{次观测}: \lambda_L < \dfrac{p(\boldsymbol{X}_N|H_1)}{p(\boldsymbol{X}_N|H_0)} < \lambda_H \\[3mm] H_0: & T(\boldsymbol{X}_N) = \dfrac{p(\boldsymbol{X}_N|H_1)}{p(\boldsymbol{X}_N|H_0)} < \lambda_L \end{cases} \tag{11.6.1}$$

如果给定虚警概率为 $P_F = \alpha$，漏检概率为 $P_M = \beta$，从获得的第一个观测量 X_1 开始进行似然比检验，假设各次观测是相互统计独立的，可以推导出检验的两个门限可由错误判决概率 $P_F = \alpha$ 和 $P_M = \beta$ 获得。

似然比函数可表示为

$$\begin{aligned} T(\boldsymbol{X}_N) &= \frac{p(\boldsymbol{X}_N|H_1)}{p(\boldsymbol{X}_N|H_0)} = \prod_{k=1}^{N} \frac{p(x_k|H_1)}{p(x_k|H_0)} \\ &= \frac{p(\boldsymbol{X}_N|H_1)}{p(\boldsymbol{X}_N|H_0)} T(\boldsymbol{X}_{N-1}) = T(\boldsymbol{X}_N) T(\boldsymbol{X}_{N-1}) \end{aligned} \tag{11.6.2}$$

假设条件可表示为

$$\alpha = p(H_1|H_0) = \int_{R_1} p(H_N|H_0)\mathrm{d}\boldsymbol{X}_N \tag{11.6.3}$$

$$1-\beta = 1 - p(H_0|H_1) = p(H_1|H_1) = \int_{R_1} p(H_N|H_1)\mathrm{d}\boldsymbol{X}_N$$

$$= \int_{R_1} p(H_N|H_0)T(\boldsymbol{X}_N)\mathrm{d}\boldsymbol{X}_N \tag{11.6.4}$$

由式（11.6.1）及式（11.6.3）、式（11.6.4）得

$$1-\beta = \int_{R_1} p(H_N|H_0)T(\boldsymbol{X}_N)\mathrm{d}\boldsymbol{X}_N \geqslant \lambda_H \int_{R_1} p(H_N|H_0)\mathrm{d}\boldsymbol{X}_N = \lambda_H \alpha$$

于是

$$\lambda_H \leqslant \frac{1-\beta}{\alpha} \tag{11.6.5}$$

类似可得

$$1-\alpha = p(H_0|H_0) = \int_{R_0} p(H_N|H_0)\mathrm{d}\boldsymbol{X}_N$$

$$= \int_{R_0} \frac{p(H_N|H_1)}{T(\boldsymbol{X}_N)}\mathrm{d}\boldsymbol{X}_N \geqslant \int_{R_0} \frac{p(H_N|H_1)}{\lambda_L}\mathrm{d}\boldsymbol{X}_N = \frac{\beta}{\lambda_L}$$

于是

$$\lambda_L \geqslant \frac{\beta}{1-\alpha} \tag{11.6.6}$$

可以证明，这种序列似然比检验是有终止的。当 N 一定时，似然比落在两个门限之间的概率为零。

在预警系统中，特别是在值更引信中允许有较长的观测时间，这时用序列检测器最为有利，既可及时发现强信号，又可通过充分长观测发现弱信号。

11.7　检测系统平均功耗与预警检测可靠性的关系

长期值守的检测系统需要预警检测，预警检测（值更引信）对长时间工作的检测系统来说是至关重要的。对于长期值守的无人自主检测系统，不但要考虑检测系统的平均功耗，而且还要考虑检测系统的平均功耗与预警监测可靠性的关系，以达到更长的服役时间。一般来说，片面强调值更引信的功耗越小越好或虚警概率越小越好的做法都是不全面的。这里我们通过引信系统平均功耗的分析可以导出值更引信的功耗、检测可靠性与整个引信系统参数的关系。

假定值更引信在一定长时间（如几个昼夜）T' 内发生一次虚警的概率为 P'_{os}，值更报警后引信系统工作一个周期 T_p，引信设定服役期为时间 T_{sum}，值更引信的平均功耗为 W_S，引信系统的平均总功耗为 $W_S + W_B$，则引信系统在不遭遇目标条件下的总能耗为

$$E = W_S T_{sum} + (W_S + W_B)\left(P'_{os}\frac{T_{sum}}{T'}T_p\right)$$

$$= W_S T_{sum} + W_B\left(1+\frac{W_S}{W_B}\right)\left(P'_{os}\frac{T_{sum}}{T'}T_p\right) \tag{11.7.1}$$

导出此式时有一个潜在的假设，即 $T' > T_p$，对于值更引信这种长期值守的检测装置是合理的。式（11.7.1）说明以下两方面内容。

（1）若 $(W_S/W_B) \ll 1$，则应尽量争取减小 P'_{os}，即在保证检测概率的情况下，应尽可能减小值更引信的虚警概率。而在采取各种先进检测方法和技术减小虚警概率的同时，也要考虑限制值更引信的功耗 W_S。

（2）若 $(W_S/W_B) \ll 1$ 的条件不成立，即整个引信系统的功耗也不大时，应寻求式（11.7.1）的极小值，优化值更引信的方案与参数。

习　题

1. 从系统的复杂度、检测性能等方面，对比分析过零检测与周期图谱估计检测方法的特点。
2. 对比分析极性相关与相关检测方法的特点。

第12章 水声微弱信号检测系统的设计

在水声微弱信号检测中，无论是噪声源，还是引起声波反射的障碍物，都可被当作声信号检测的目标。为了合理设计声信号检测系统，设计者必须同时考虑目标的参数（目标反射强度、目标噪声级等）、传播媒质的特征参数（传播衰减）和检测装置的总体参数（检测阈），并且把这些参数有条理地、定量地组合在一个方程中，这个方程就是著名的声呐方程。利用声呐方程进行声呐系统的总体参数设计是本章讲述的主要内容。此外，对于微弱信号检测系统来说，低噪声接收机无疑也是非常重要的。为了有效感知与处理微弱信号，必须设计接收机将微弱信号的幅度放大到可以感知的大小，接收机在放大微弱信号的同时也会放大噪声或引入新的噪声干扰，如何进行低噪声接收机的电子线路设计是实现微弱信号检测的基本保证。本书围绕水声微弱信号检测系统进行讲述，除了一些特殊问题，所提供的方法对其他信号检测系统问题也是适用的。

12.1 声呐参数与声呐方程

声呐方程是指工程上要合理设计一个声呐系统，或在使用过程中要确切地预报某一项声呐系统的性能，都必须把声呐系统的设备性能、信道影响、目标特性等作为一个整体综合起来加以考虑。声呐方程是水声工程设计和水声设备合理使用的有效工具，并被认为是水声工程中的两大分支，即水声物理和水声工程之间的桥梁。按照声呐的工作方式来区分，声呐方程分为主动声呐方程和被动声呐方程。本节将以声呐方程为线索讨论水下主被动声信号检测装置的总体参数设计。

12.1.1 声呐参数

工程上考虑影响声呐设备的工作因素，定义了声呐参数并将其组合成声呐方程。包括：声源级 SL、发射指向性指数 DI_T、传播损失 TL、目标强度 TS、海洋环境噪声级 NL、混响级 RL、接收指向性指数 DI_R 及检测阈 DT。

（1）声源级 SL

声源级 SL 用来描述主动声呐所发射声级或目标辐射声级的强弱，可以表示为

$$\text{SL}=10\lg\frac{I_0}{I_{\text{ref}}} \tag{12.1.1}$$

其中：声源级 SL 单位为分贝（dB），I_0 表示距声源等效声中心 1m 处的辐射声强度，I_{ref} 为参考声强。在水声学中，规定用 $p_{\text{ref}}=1\mu\text{Pa}$ 作为液体声学的基准参考声压值，相应的参考声强为 $I_{\text{ref}}=0.67\times10^{-22}\,\text{W}/\text{cm}^2$，在设计和对照时需要注意单位的统一。

（2）发射指向性指数 DI_T

在主动声呐中，为了提高作用距离，发射换能器通常会设计具有一定的发射指向性，使它所发射的声能主要集中于空间某一方向上，其他方向上发射声能量会很小。利用这种发射

指向性特性，就可以得到较强的回声信号，进而提升接收信噪比。通常发射指向性指数用 DI_T 来描述，表示在相同距离上，有指向性发射换能器声轴上的声级高出无指向性发射换能器辐射声级的分贝数。DI_T 的值越大，表示声能在声轴方向上集中的程度越高，越有利于增强声呐的作用距离。

发射换能器声源级与单位距离处声强度之间的关系为

$$\mathrm{SL} = 10\lg P_a + 170.77 + \mathrm{DI}_T \tag{12.1.2}$$

其中：P_a 的单位为 W，170.77dB 表示声功率为 1W 时无方向性辐射时的声源级，对于无指向性声源式中 $\mathrm{DI}_T = 0$。

（3）传播损失 TL

引起声强在介质中传播衰减的原因，可以归纳为以下三个方面：①扩展损失（几何衰减）：声波波阵面在传播过程中不断扩展引起的声强衰减；②吸收损失：均匀介质的黏滞性、热传导性及其他驰豫过程引起的声强衰减。③散射：介质的不均匀性引起的声波散射导致声强衰减，不均匀性包括：海洋中泥沙、气泡、浮游生物等悬浮粒子及介质本身的不均匀性和海水界面对声波的散射。在计算传播损失时，主要考虑扩展损失和吸收损失，其估算公式为

$$\mathrm{TL} = n \cdot 10\lg r + \alpha r \tag{12.1.3}$$

对于 n 的取值，$n=0$ 适用于管道中的声传播，为平面波传播；$n=1$ 适用表面声道和深海声道，为柱面波传播，相当于全反射海底和全反射海面组成的理想波导中的传播条件；$n=1.5$ 适用计入海底声吸收时的浅海声传播，相当于计入界面声吸收所引起的对柱面波的传播损失的修正；$n=2$ 适用于开阔水域（自由场），为球面波传播。对于 α 的取值，若距声源声学中心 1m 处的声强为 I_0，则距离声源 r 米处的声强为 $I(x) = I_0 10^{-ar/10}$，α 的物理含义为：单位距离损失的分贝数（dB/m），Thorp 给出的吸收系数 α 与频率 f（kHz）之间的经验公式为

$$\alpha = \frac{0.1f^2}{1+f^2} + \frac{40f^2}{4100+f^2} + 2.75 \times 10^{-4} f^2 + 0.003 \quad (\mathrm{dB/km}) \tag{12.1.4}$$

工程上常用的吸收系数 α 与频率 f（kHz）之间的经验公式为

$$\alpha = 0.036 f^{\frac{3}{2}} \quad (\mathrm{dB/km}) \tag{12.1.5}$$

（4）目标强度 TS

对于主动声呐而言，它是利用目标回波来实现检测的。一般目标回波的特性除了和声波本身的特性（如频率、波阵面形状）等因素有关系外，还与目标的特性如几何形状、组成材料等有关。因此，水声技术中通常用目标强度 TS 来定量描述目标反射能量的大小。

定义目标回声强度级：距离目标反射声波的"声中心"1m 处的反射声强度与同一方向的入射平面波声强度之比，取以 10 为底的对数再乘以 10，其公式为

$$\mathrm{TS} = 10\log \frac{I_r}{I_i} \Big|_{r=1} \tag{12.1.6}$$

其中：I_r 为距目标"声中心"1m 处的回波声强度；I_i 为入射平面波声强度。

（5）海洋环境噪声级 NL

在做检测装置的预报时，对于无运动的检测装置通常只考虑海洋环境噪声的干扰，对于

拖曳阵，由于离舰船较远，因此舰船的自噪声影响较小，可忽略不计；对于有运动的检测装置（如航行器），则要考虑海洋环境噪声及自噪声的影响。

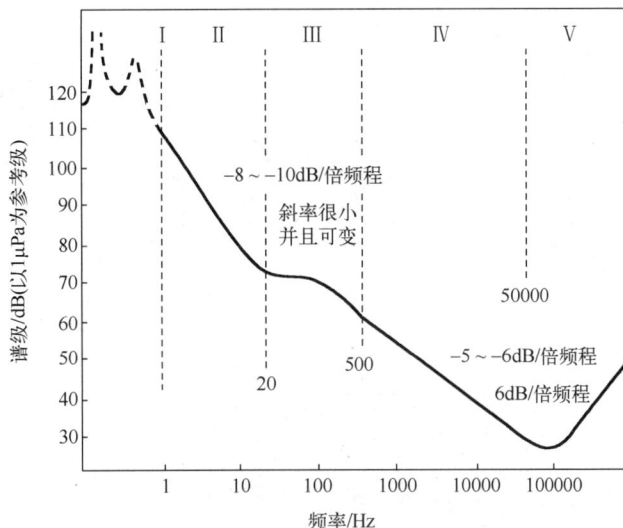

图 12.1.1　5 个分频段斜率不同的深海噪声谱

在深海中，一般认为海洋环境噪声在水平方向上是均匀的，而在垂直方向上则呈现明显的指向性。图 12.1.1 即为典型深海噪声谱的例子，噪声谱由 5 个分频段不同斜率的部分组成。频段 I：1Hz 以下主要来源于水下静压力效应和地球地震活动；频段 II：具有–8～–10dB/倍频程的谱斜率，噪声源最可能来自于大洋湍流；频段 III：噪声谱有一段变平，远处航船起到支配作用，该频段噪声在水平方向上指向性接近最大；频段 IV：是著名的努森（Kundsen）谱，具有–5～–6dB/倍频程的谱斜率，其中 100～1000Hz 频段内航运噪声和海面波浪风成噪声共同作用，而在更高频段则主要噪声源以风成噪声为主；频段 V：主要是由海水分子热运动引起的热噪声所支配，具有 6dB/倍频程的谱斜率。

在实际工程中，一般需要参照不同条件下的平均典型环境噪声谱，图 12.1.2 图中画出了不同航运和风速条件下的预报用曲线。使用时，选择适当的航运和风速条件曲线，与相邻频段的曲线连接起来，近似地预报自然噪声谱。

在微弱信号检测中，通常假设海洋环境噪声谱为平坦谱（即白噪声谱），或对于在不太宽的带宽内为连续的谱，根据图 12.1.2 查出一定条件下频谱中点的环境噪声频谱级 SPL 的值，然后计算出频带内的带宽谱级为

$$\text{NL} = \text{SPL} + 10\lg\Delta f \tag{12.1.7}$$

其中：Δf 为接收机噪声频带的带宽。

对于谱级为非平坦的情况下，可以在全部频带内对声强进行积分求得频带内的带宽谱级。对于海洋环境噪声，一般考虑声强在每个倍频程上减少 6dB，则总声强为

$$I = \int_{f_1}^{f_2} \frac{I_0}{f^2}\mathrm{d}f = I_0\left[-\frac{1}{f}\right]_{f_1}^{f_2} \tag{12.1.8}$$

实际的接收机通常会对其输入进行补偿（预白化），或是在白化的同时将接收信号的带宽处理得足够窄，因此噪声谱可以被视为平坦谱，一般情况下没有必要计算非平坦谱的带宽谱级。

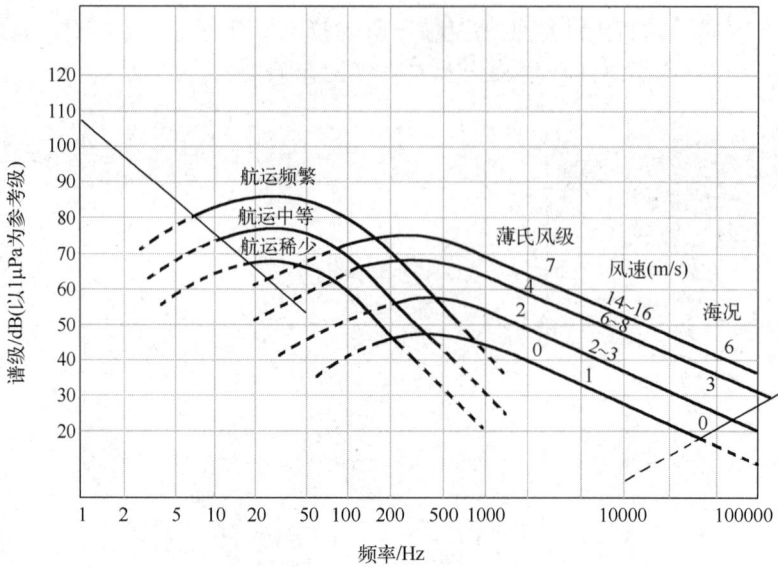

图 12.1.2　深海平均环境噪声谱

（6）混响级 RL

对于主动声呐而言，除了环境噪声干扰，混响也是主要的背景干扰。混响具有紧跟在发射信号之后，并且随时间衰减的特点。混响有时会严重妨碍信号的接收，使声呐作用距离缩短。水体混响在频谱上与发射信号几乎相同，更增加了抑制其干扰的难度。当探测沉底目标特别是沉底小目标时，海底混响则变成了主要干扰。声呐方程中混响级 RL 的定义为

$$\mathrm{RL} = 10\lg\frac{在水听器输出端的混响功率}{对应于参考声强的信号功率} \tag{12.1.9}$$

海洋中的混响分为三种基本的类型：体积混响、海面混响和海底混响。海面混响和海底混响也统称为界面混响（散射体分布是二维的）。

① 体积混响：海水中流砂粒子、海洋生物，以及海水本身的不均匀性等，对声波散射所形成的混响。

② 海面混响：海面的不平整性和波浪形成的气泡层对声波散射所形成的混响。

③ 海底混响：海底及其附近散射体形成的混响。

表征海中混响的基本参数为散射强度，其定义为：单位体积或单位面积在单位距离上的散射声强度 I_{scat} 与入射平面波声强度 I_{inc} 的比值（分贝），即

$$S_{S,V} = 10\log_{10}\frac{I_{\mathrm{scat}}}{I_{\mathrm{inc}}} \tag{12.1.10}$$

散射强度也是在远场测量后再归算到单位距离处的。散射强度是表征混响的一个基本比值，可利用它计算各类混响的等效平面波混响级或进行混响预报；一般体积混响的反向散射强度值为-70dB～-100dB，远小于海面和海底值。

（7）接收指向性指数 DI_R

接收指向性指数是表征接收水听器或基阵抑制非目标方向干扰能力的参数，可定义为

$$\mathrm{DI}_R = 10\lg\frac{无指向性水听器产生的噪声功率}{指向性水听器产生的噪声功率} \tag{12.1.11}$$

指向性水听器的指向性指数，其实就是在各向同性噪声场中，无指向性水听器输出的均方电压和具有同样轴向灵敏度的指向性水听器输出的均方电压的比值，并用 dB 表示。只有对各向同性噪声场中的平面波信号，参数 DI_R 才有意义。阵增益也可以认为是一种获得接收指向性的方法，这里不做更多讨论。

（8）检测阈 DT

检测阈是在一定电平上，根据预定的检测概率实现信号检测所需要的接收机输入端信号功率与 1Hz 带宽内的噪声功率之比（单位为分贝 dB），即

$$DT = 10\log_{10}\frac{S}{N} \tag{12.1.12}$$

其中：S 为接收机输入端接收带宽内的信号功率；N 为接收机输入端 1Hz 带宽内的噪声功率。检测阈是接收机刚好能够正常检测信号所需的处理器输入端信噪比值，也就是输入端需要的信噪比门限。

由检测阈的定义可知，对于实现同样功能的声呐来说，检测阈值越小的设备，其处理能力越强，性能也更好。

12.1.2　主动声呐方程

我们知道，声呐总是在背景干扰环境中工作，因此声呐方程的基本考虑是描述信号级、背景干扰级和检测阈的关系，即

$$信号级 - 背景干扰级 = 检测阈 \tag{12.1.13}$$

在主动声呐工作时，系统向海水中发射带有一定信息的声信号，此信号在海水中传播遇到障碍物，如潜艇、鱼雷、水雷、暗礁、冰山等目标时，就会产生回声信号。回声信号被传播回接收处，由接收换能器将其转换为电信号，经过接收机送入处理器或判别器，进而获取目标的存在性、距离、方位、运动速度及其他物理属性。

考虑一个收发合置的主动声呐，其辐射声源级为 SL，接收阵的指向性指数为 DI，声源到目标的传播损失为 TL，目标强度为 TS，海洋环境噪声级为 NL，时空域的检测阈为 DT。

得到主动声呐方程的表示

$$(SL - 2TL + TS) - (NL - DI) = DT \tag{12.1.14}$$

该方程是适用于各向同性环境噪声干扰时的主动声呐方程，收发合置型声呐。对于收发分开的声呐（如多基地声呐）传播损失不能简单用 2TL 表示。对于收发合置的主动声呐而言，混响也是主要背景干扰，并且为非各向同性的，因此如果主要干扰是混响时，则需要用在接收器输入端测得的等效平面波混响级 RL 来代替 NL - DI 项，主动声呐方程变为

$$SL - 2TL + TS - RL = DT \tag{12.1.15}$$

12.1.3　被动声呐方程

被动声呐方程的信息流程相比主动声呐方程简单，主要表现在三个方面：① 噪声源的辐射声信号不需要往返传播；② 由于不经过目标反射，因此不需要考虑目标强度级 TS；③ 被动声呐的干扰只有海洋环境噪声。可以得到被动声呐方程为

$$SL - TL - (NL - DI) = DT \tag{12.1.16}$$

其中：$SL = 10\lg\dfrac{I_0}{I_{ref}}$ 是指目标的辐射声源级；NL 是环境噪声级。

12.1.4　应用声呐方程的说明

在微弱声信号的检测装置分析与计算中，应用声呐方程时需要注意以下三点。

（1）当被检测目标是发声的且距离很近时，目标噪声是主动回声检测的主要干扰噪声源；但是声呐方程中 I_N/γ 是用来考虑接收机对各向同性均匀分布噪声源的抑制能力的，所以应对 γ（或 DI）值进行实际修正。

（2）在声呐方程中，决定于主动回声检测装置的参数为发射声源级 SL、DT、DI；决定于传播声波媒质的参数为 TL、NL；决定于目标的参数为目标声源级 SL、TS。

（3）历史上曾使用过不同的值作为参考声压，为了方便交流，1969 年，国际上确定用帕斯卡（Pascal，简称 Pa）作为声压单位，$1Pa = 1N/m^2$，并且规定用 $p_{ref} = 1\mu Pa$ 作为液体声学的基准参考声压值，相应地，参考声强为 $I_{ref} = 0.67 \times 10^{-22}\,W/cm^2$，在设计和对照时，需要注意单位的统一。

12.2　水声检测系统总体设计与参数计算

12.2.1　两种主动声呐方程的选择

在主动声呐检测系统中，对于噪声和混响都同时存在的干扰源，在进行声呐方程设计时应该求二者之和，而式（12.1.14）和式（12.1.15）给出了只有一种干扰的声呐方程，以下给出其原因以及主动目标检测系统设计时选取的声呐方程。

对于多个不相干干扰源，其瞬时声压为 p，则声压的有效值为 $p_e = \sqrt{\dfrac{1}{T}\displaystyle\int_0^T p^2 \mathrm{d}t}$，无规相位多个声波的叠加满足

$$p_e^2 = p_{1e}^2 + p_{2e}^2 + \cdots + p_{ne}^2$$

若每个干扰源的噪声谱级为 $NL_n = 10\lg\dfrac{p_{ne}^2}{p_{ref}^2}$，则 n 个噪声谱级为

$$NL = 10\lg\left(\sum_{n=1}^{N} 10^{\frac{NL_n}{10}}\right) = NL_1 \oplus NL_2 \oplus \cdots \oplus NL_N \tag{12.2.1}$$

求和运算 $\oplus$ 与一般线性加法运算一样服从交换律与结合律

$$NL_1 \oplus NL_2 = NL_2 \oplus NL_1 \tag{12.2.2}$$

$$NL_1 \oplus NL_2 \oplus NL_3 = (NL_1 \oplus NL_2) \oplus NL_3 = NL_1 \oplus (NL_2 \oplus NL_3) \tag{12.2.3}$$

分贝求和函数为

$$C_+(\Delta NL) = C_+(NL_2 - NL_1) = 10\lg\left(1 + 10^{-\frac{\Delta NL}{10}}\right) \tag{12.2.4}$$

并且认为 $NL_2 > NL_1$，分贝的求和公式为

$$NL_2 \oplus NL_1 = NL_2 + C_+(\Delta NL) \tag{12.2.5}$$

如果只要精确到分贝的整数位,可用以下的近似值

$$C_+(\Delta NL) = \begin{cases} 3, & \Delta NL = 0,1 \\ 2, & \Delta NL = 2,3 \\ 1, & \Delta NL = 4,5,6,7,8,9 \\ 0, & \Delta NL \geqslant 10 \end{cases} \tag{12.2.6}$$

其函数关系如图 12.2.1 所示。

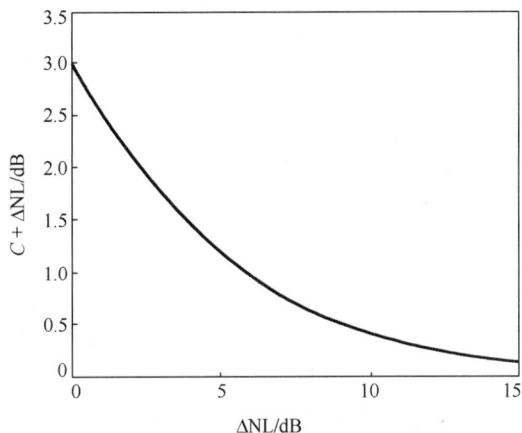

图 12.2.1　分贝运算求和函数 $C_+(\Delta NL)$

　　由以上分析可知,当噪声与混响相差 2dB 以上时,通常只考虑一种干扰,究竟是噪声成为主要干扰还是混响成为主要干扰决定于其大小。混响的大小与检测目标的距离有关,噪声的大小与海况及工作频带有关。

　　根据主动声呐方程画出回声级、混响掩蔽级和噪声掩蔽级随距离的变化曲线,如图 12.2.2 所示,回声和混响都是随距离而衰减的,而噪声保持不变。一般回声级曲线随距离下降的速度比混响掩蔽级曲线的要快,二者相交于混响限制距离 R_r 处(由混响声呐方程确定)。而回声级曲线与噪声掩蔽级相交于噪声限制距离 R_n 处(由噪声声呐方程确定)。如果 $R_r < R_n$,而声呐设备正常工作的距离 $R < R_r$,因此声呐作用距离受混响限制(噪声掩蔽级 I),则选择混响声呐方程;如果 $R_n < R_r$,而声呐设备正常工作的距离 $R < R_n$,因此声呐作用距离受噪声限制(噪声掩蔽级 II),则选择噪声声呐方程。

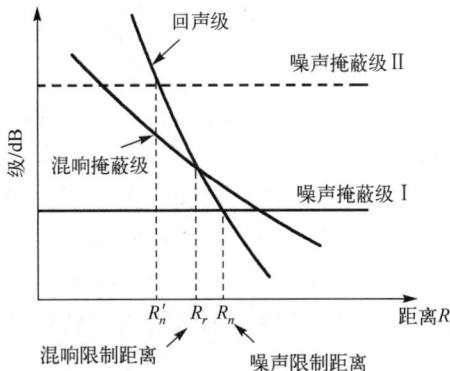

图 12.2.2　回声级、混响掩蔽级和噪声掩蔽级随距离的变化曲线

12.2.2　信号接收机的分类与构成

信号接收机是微弱信号检测系统的重要组成部分，其主要功能如下。

（1）放大信号：接收器所给出的信号经常是微伏级到毫伏级的，要对信号做进一步处理并起自动控制作用，必须使信号经过适当的放大。放大作用由放大器完成。

（2）选择信号：空间物理场除了需要检测的信号，同时存在复杂的干扰噪声。在通常的检测装置中，主要通过滤波的方法选择信号，包括频域滤波和空间（域）滤波。

（3）解调信号：信号检测大都需要完成信号包络的解调，通常检测装置中包络解调由包络检波器完成。

评价一个接收机的性能的主要指标如下。

（1）灵敏度：灵敏度表示接收机接收微弱信号的能力。能接收的信号越弱，接收机的灵敏度越高，接收机灵敏度的极限值受干扰噪声电平的限制。接收机的灵敏度实际上也代表整个检测装置的灵敏度。

（2）噪声特性：这里是指接收机的自噪声，一般用折算到接收机输入端的等效噪声电压来表示。

（3）频率特性。在信号检测装置中，信号接收机按频率特性可分为窄带信号接收机和宽带信号接收机两类。

①　窄带选频信号接收：用频率选择性表示接收机选择所需信号而抑制邻近频率干扰的能力，在工程上选择性用接收机的通频带形状与矩形接近的程度来衡量。

②　宽带信号接收。衡量宽带接收机频率特性的质量指标是给定频率范围内频率响应的不均匀性。一般用分贝表示。

（4）波形失真：波形失真表示接收机输出波形对输入波形失真的程度。波形失真影响对信号检测识别的效果。以矩形脉冲为例，失真会引起脉冲前沿与后沿不再陡直；前沿出现正冲，后沿出现负冲等。这些失真损失了回声探测的分辨率。

（5）动态范围：取决于干扰噪声和信号的特性。在信号检测技术面临的实际问题中，干扰级和信号级变化范围达到几十分贝的情况都是常见的。接收机的动态范围通常需要采用自动增益控制技术。

（6）工作稳定性：是衡量接收机长期工作稳定性的重要指标，主要的要求是：接收机在任何情况下都不应自激，接收机的总体参数（总增益、工作频率、通频带等）不允许因电压的允许变化、环境条件的允许变化及长期工作老化而改变到设计允许范围之外。

接收机的构成因其用途的不同、使用条件的不同而可能会有多种样式。但它的基本结构中总要包括：阻抗匹配级与前置放大器、放大器、滤波器、检波（解调）器与末级输出电路。为了保证接收机有足够的动态范围，在通用测量设备中必须在接收机的适当的放大级之间插入可调衰减器组，在自动检测装置中则插入电控衰减器。本章将仅限于自动检测装置中的一些特殊问题，主要关注阻抗匹配、滤波和自动增益（灵敏度）控制的问题。

给出典型自动检测装置的信号接收机系统总体框图如图 12.2.3 所示。

接收机系统由前级与可控增益放大模块、滤波放大模块、中间级放大模块、末级放大模块与信号的整流、检波与增益控制模块组成。前级放大模块对输入的弱信号进行放大，以利于后级对信号进行处理。自动增益控制功能由可控增益放大模块、滤波放大模块及信号的整流、检波与增益控制模块和中间级放大模块实现，可对信号的输出进行动态范围的压缩，是整个电路的核心。其中滤波放大模块采用带通滤波电路，对特定频率范围的信号进行提取。信号的整流、检波与放大电路是自动增益控制的重要一环，它可以将交流信号变成近似的直流信号，该直流信号进入可控增益放大器中，可控增益放大器依照直流信号的强度大小对电路的增益进行控制，达到压缩输出动态范围的目的。信号输出端接 ADC 模数转化模块，可将模拟信号转换为数字信号，进一步在 CPU 中进行处理。

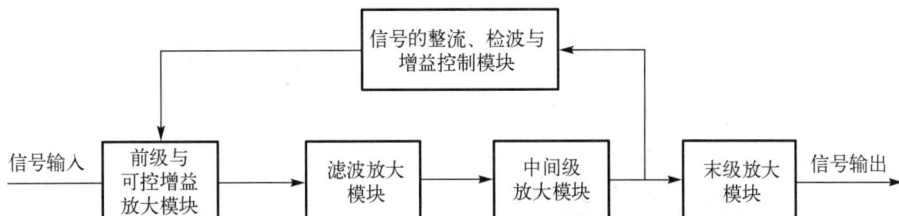

图 12.2.3　典型自动检测装置的信号接收机系统总体框图

12.2.3　主动回声检测的声源级计算

主动回声检测是主动声呐检测的一种典型应用，其工作示意如图 12.2.4 所示。声源在水面附近，被检测的对象是一个水下的障碍物。图中 I_0 表示距声源等效声中心 1m 处的辐射声强度，I_i 表示入射到目标上的声强度，I_c 表示由目标反射后回到声接收器上的回波强度，I_N 表示干扰噪声的强度。

设声辐射器等效声中心距目标散射声源的等效声中心的距离为 r，声波在海水中的吸收衰减系数为 $\alpha\ (0<\alpha<1)$，声波为球面扩展，检测装置为无指向性发射，则发射机辐射到目标的声强度为

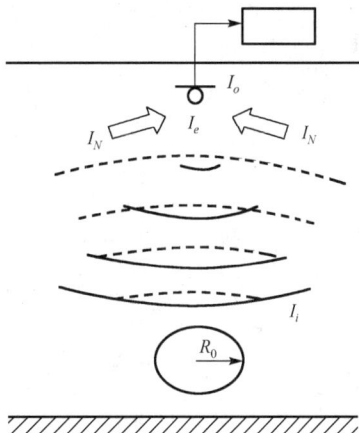

$$I_i = \frac{I_0}{r^2}10^{-0.1\alpha r} \qquad (12.2.7)$$

图 12.2.4　主动回声检测示意图

若目标是半径为 R_0 的刚性球体，其反向声散射截面积为 $S=\pi R_0^2$，球目标在单位时间内所截获的能量为 $W_r=I_iS=\dfrac{I_0\pi R_0^2}{r^2}10^{-0.1\alpha r}$（目标从发射声所获得的功率），目标对所截获的能量全反射，离球目标散射声源等效中心 1m 处反射的回声信号强度为 $I_r=\dfrac{w_r}{S}\Big|_{r=1\mathrm{m}}=\dfrac{I_0R_0^2}{4r^2}10^{-0.1\alpha r}$，则目标反射信号传播到接收器的声强为

$$I_e = \frac{I_r}{r^2}10^{-0.1\alpha r} = \frac{I_0R_0^2}{4r^4}10^{-0.2\alpha r} \qquad (12.2.8)$$

如果声接收器的聚集系数为 γ，在接收通带内的干扰噪声强度为 I_N，则声接收器对噪声的空间抑制能力为 I_N/γ，为了以给定的检测概率检测回声信号所需要的输入信噪比为 $d=S/N$，则可以建立以下方程：

$$I_e = d^2\frac{I_N}{\gamma} \quad 即 \quad \frac{I_0R_0^2}{4r^4}\times10^{-0.2\alpha r} = d^2\frac{I_N}{\gamma} \qquad (12.2.9)$$

对式（12.2.9）两端再同时除以参考声强 I_{ref} ，取对数并乘以 10 可得

$$10\lg\frac{I_0}{I_{ref}}+\left(10\lg\frac{1}{r^4}+10\lg10^{-0.2\alpha r}\right)+10\lg\frac{R_0^2}{4}+10\lg\gamma=10\lg\frac{I_N}{I_{ref}}+10\lg d^2 \quad （12.2.10）$$

其中：$SL=10\lg\dfrac{I_0}{I_{ref}}$——发射声源级；

$TL=20\lg r+\alpha r$——传播衰减级；

$TS=10\lg\dfrac{R_0^2}{4}$——回波强度级（或目标反射强度）；

$DI=10\log_{10}\gamma$——空间增益（DI 也称指向性指数）；

$DT=20\lg d=20\lg\dfrac{S}{N}$——检测阈；

$NL=10\lg\dfrac{I_N}{I_r}$——噪声级；

$EL=SL-2TL+TS$——回声级。

在实际计算声源级时，应该注意到，声呐方程中所包括的参数都是对声源辐射的长脉冲或连续波才成立的。由于水声信道的多径效应和体目标回波的脉冲展宽作用，在发射短脉冲信号时，应对声呐方程中的声源级做相应的修正。经过修正的声源级 SL′ 的表达式为

$$SL'=SL+10\log_{10}\frac{\tau_0}{\tau_e} \quad （12.2.11）$$

其中：τ_0 是发射的脉冲宽度；$\tau_e=\tau_0+\tau_m+\tau_t$ 是接收到的回声脉冲宽度；τ_m 是海水中多径效应引起的脉宽展宽；τ_t 是体目标回波引起的脉宽展宽。回声各部分宽度的典型值如表 12.2.1 所示。

表 12.2.1　回声各部分宽度的典型值

项目	内容	典型值/ms
τ_0	在近距离上发射脉冲宽度	爆炸：0.1
		声呐：100
τ_t	由多途效应引起的宽度	浅海：1
		深海：100
τ_m	由潜艇目标引起的宽度	正横方向：10
		首尾方向：100

典型声呐声源级的范围在 181dB～237dB 之间。设 P 是发射换能器辐射的总功率，该值小于提供给发射换能器上的电功率 P_e ，二者之比就是发射换能器的效率 $\eta=P/P_e\times100\%$ 。发射器效率依赖于带宽，对于可调的窄带发射器，其效率可在 0.2～0.7 之间变化，典型声呐的辐射功率一般为 1W～40kW，方向性指数 DI 的值在 10dB～20dB 之间。

12.2.4　主动声呐的空化现象与近场效应

为了达到主动声呐的最大作用距离，总希望产生的声功率尽可能大到刚好能检测到的回声信号。这时，除了电技术方面的问题，还受到两个特殊因素的限制。其一是空化所引起的，

主要由承受辐射声功率的流体介质的性质决定；另一个是近场效应，由发射器阵中各辐射元的紧密排列所引起。

（1）空化现象

当辐射声功率增大到一定值时，在换能器表面会出现空化气泡，这些气泡的出现是因为声场产生的负压导致了水中空气被激化，使辐射声换能器阻抗降低。这种空化气泡会对声波的散射和吸收造成声功率损失。将开始出现空化现象时，单位面积的辐射声功率的数值称为空化阈，用 I_C 表示，其值为

$$I_C = \frac{[0.707 \times 10^6 P_C]^2}{\rho c} \times 10^{-7} = 0.3 P_C^2 \text{（W/cm}^2) \tag{12.2.12}$$

其中：P_C 为引起空化的声波峰值压力（大气压）。把式（12.2.12）的值乘以辐射器的辐射表面积，则空化阈就表示辐射器功率输出的极限值。

影响空化阈的因素有以下三个。

① 空化阈随发射频率的提高而增大，图 12.2.5 是估算的平均空化阈值曲线。

② 空化阈随辐射脉冲宽度的减小而增大，图 12.2.6 是开阔水域测得的空化阈和脉宽的关系。

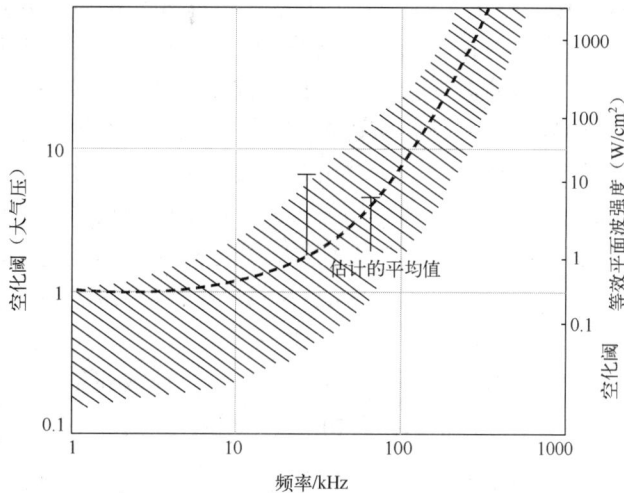

图 12.2.5　一个大气压下淡水中空化阈和频率的关系

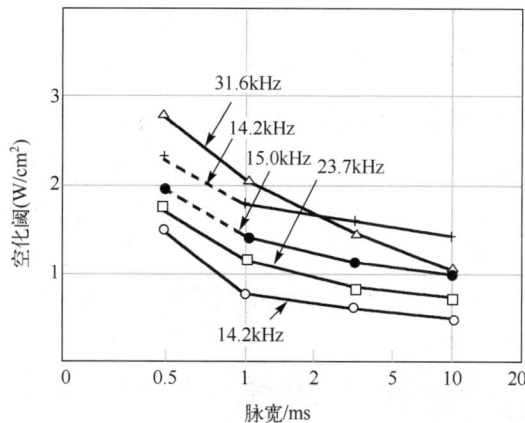

图 12.2.6　对 5 个发射换能器实测空化阈随脉宽的变化

③ 空化阈随深度的增大而增大，其关系为 $P_C(h) = P_C(0) + h/10$。其中：$P_C(h)$ 为深 h 米处的空化阈（大气压）；$P_C(0)$ 为水面处的空化阈（大气压）；h 为水深（m）。或者表示为声强度与深度（m）的关系，则 $I_C = 0.3[P_C(0) + h/10]^2$（W/cm^2）。

（2）近场效应

一个实际的声呐发射换能器是一组基阵，在空间上按要求将其布置成一定的形状。在这种紧密排列的共振发射器元的大型阵列中，存在着近场效应。当发射时，各个发射元的运动速度是不均匀的，同时运动速度的变化十分复杂，有可能一个发射器作为另一个发射器声输出的负源，故虽然说是发射声能，而实际是在吸收声能，甚至可能导致发射器本身的破坏，这种现象称为近场效应。

12.2.5 被动声检测的声源谱级计算

被动声检测系统的信号源是舰船等目标的辐射噪声，其设计目标就是要克服环境噪声和自噪声形成的噪声背景去检测目标辐射噪声。目标辐射噪声的声源级定义为在离声源一定距离上（100m～1000m）测得，并通过球面扩展假设折算到 1m 的标准距离上的声强度与参考声强度之比取对数乘以 10。在正常情况下，在感兴趣的频率范围（10Hz～100kHz）内以三分之一频程带宽内进行测量，并在频带内声强是常量的假设下，将其转化为谱级。

对宽带声源测得的声级是滤波器带宽的函数。为了对不同滤波器的结果进行比较和平均，需要采用频谱级 SPL。频谱级是 1Hz 带宽内的声级，这只在连续谱的情况下才有意义。当使用具有一定带宽的滤波器进行测量时，所算出的谱级只是一个滤波器带宽内的平均声压级。当实际频谱中含有单频分量时，常常被平均掉。只有用窄带滤波器，才能捕捉到线谱分量。由于舰船声场形成的复杂性和影响因素的多样性，至今还无法用一定的数学模型对它进行解析计算，因此这里将以实测资料为基础，对舰船声场辐射噪声级进行简要叙述。

（1）总声级

舰船辐射噪声的总声级代表舰船辐射的总声功率，总声级和总声功率的关系为

$$SL_s = 10\lg P_a + 170.77 \quad (dB/1\mu Pa) \tag{12.2.13}$$

其中：SL_s 代表舰船辐射噪声的总声级；P_a 代表舰船辐射的总声功率。

图 12.2.7 是水面舰艇在 100Hz 以上的总声级与航速的关系。根据资料，对 8～24kn.（节）舰船在 0.1～10kHz 频带内的总声级有以下两种计算方式，即

$$SL_s = 112 + 50\lg U_a/10 + 15\lg T \quad (dB/1\mu Pa) \tag{12.2.14}$$

$$SL_s = 134 + 60\lg U_a/10 + 9\lg T \quad (dB/1\mu Pa) \tag{12.2.115}$$

其中：SL_s 代表 100Hz 以上总声级；U_a 代表航速（kn.）；T 代表吨位（t 吨）。这两个公式为第二次世界大战的各型舰船给出相似的结果。但是现代的大型油船比那时的船大 10 倍，因此，对超过 3 万吨的船建议不使用上述公式。

有时，为了近似估计，也可以应用舰船螺旋桨产生空化噪声的机声转换效率。对各型舰船的计算表明，每兆瓦机械功率产生的声功率介于 0.3～5W 之间，因此螺旋桨的空化噪声机声效率是 $\eta_{max} = 1.5 \times 10^{-6}$，变化范围为 ±6dB。螺旋桨空化噪声的总声功率为

$$P_a = P_m \eta_{max} \tag{12.2.116}$$

其中：P_m 代表机械功率（W）；η_{max} 代表机声效率。

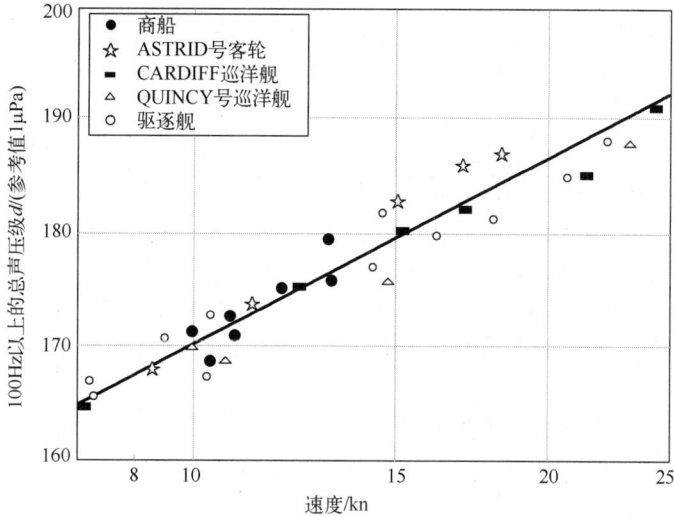

图 12.2.7　水面舰船的总声级（0.1～10kHz）与航速的关系

（2）平均功率谱的简化形式

求功率谱级更合适的方式是写出舰船噪声的平均功率谱。一般认为舰船辐射噪声的功率谱遵守如下形式，即

$$I(f) = \frac{a}{f^n} \qquad (12.2.17)$$

其中：$I(f)$ 为功率谱；n 和 a 是常数。用功率谱级表示，其形式为

$$\mathrm{SL}_f = 10\lg\left(\frac{a}{I_{\mathrm{ref}}}\right) - 10n\lg f \qquad (\mathrm{dB}/1\mu\mathrm{Pa}) \qquad (12.2.18)$$

根据上式，求出两个频率 f_1 和 f_2 的平均功率谱级 SL_{f_1} 和 SL_{f_2}，即可得到 n 和 a 为

$$n = \frac{\mathrm{SL}_{f_1} - \mathrm{SL}_{f_2}}{10(\lg f_2 - \lg f_1)} \qquad (12.2.19)$$

$$\lg a' = 0.1\mathrm{SL}_{f1} + n\lg f1 = 0.1\mathrm{SL}_{f2} + n\lg f2$$
$$a' = a/I_{\mathrm{ref}} \qquad (12.2.20)$$

对于舰船噪声，$n = 2$。

在一个频带 $f_1 \sim f_2$ 范围内，舰船噪声的总功率为

$$I(f_1, f_2) = \int_{f_1}^{f_2} \frac{a}{f^2}\mathrm{d}f = a\left(\frac{f_2 - f_1}{f_1 f_2}\right) \qquad (12.2.21)$$

在窄带条件下（$f_0/\Delta f > 5 \sim 10$），频带的中心频率为 $f_0 = \sqrt{f_1 f_2}$，频带总声强度为

$$I_{\Delta f} = a\frac{\Delta f}{f_0^2} \qquad (12.2.22)$$

或用声强级表示为

$$\mathrm{SL}_{\Delta f} = \mathrm{SL}_{f_0} + 10\log_{10}\Delta f \qquad (12.2.23)$$

在没有得到舰船噪声频谱的条件下，也可按下式求出舰船噪声的功率谱级，即

$$SL_f = SL'_s + 20 - 20\log_{10} f \quad (dB) \tag{12.2.24}$$

其中：SL_f 是功率谱级；SL'_s 是总声级。

12.2.6 海洋环境噪声级与混响级的计算

在做检测装置的预报时，对于无运动的检测装置（如水下预置类平台），通常只考虑海洋环境噪声的干扰；对于拖曳阵，由于离舰船较远，因此舰船的自噪声影响较小，可忽略不计；对于有运动的检测装置（如水下航行器平台），则要考虑海洋环境噪声和自噪声的影响。

（1）海洋环境噪声级

通常假设海洋环境噪声级为平坦谱（即白噪声谱），或对于在不太宽的带宽内为连续的谱，依据图 12.1.2 查出在一定条件下，频谱中点的环境噪声频谱级 SPL 的值，依据式（12.1.7），计算出频带内的带宽谱级为

$$NL = SPL + 10\lg \Delta f \tag{12.2.25}$$

对于谱级为非平坦的情况下，可以在全部频带内对声强进行积分，求得频带内的带宽谱级。对于海洋环境噪声，声强在每个倍频程上都会减少 6dB。总声强为

$$I = \int_{f_1}^{f_2} \frac{I_0}{f^2} df = I_0 \left[-\frac{1}{f} \right]_{f_1}^{f_2} \tag{12.2.26}$$

实际的接收机不是对其输入进行补偿（预白化），就是（白化的同时）将接收信号的带宽处理得足够窄，以至于噪声谱可以被视为平坦谱，所以一般情况下没有必要计算非平坦谱的带宽谱级。

（2）混响级

混响是主动回声检测的干扰。海洋中的混响分为三种基本的类型：体积混响，海面混响和海底混响。

等效体积混响级为

$$RL_V = SL - 40\log_{10} r + S_V + 10\log_{10} V \tag{12.2.27}$$

其中：$V = \frac{c\tau}{2}\Psi r^2$ 称为混响体积，即任意一个时刻产生混响的散射体所占的体积。$r = c\tau/2$，Ψ 是声辐射器和接收器的合成等效束宽。

等效束宽：设声辐射器的指向性函数为 $b(\theta,\varphi)$，声接收器的指向性函数为 $b'(\theta,\varphi)$，则辐射接收器的合成指向性函数为 $b(\theta,\varphi)b'(\theta,\varphi)$。设想一个理想的合成指向性函数，在立体角 ϕ 以内的相对响应为 1，在立体角 ϕ 以外的合成响应为 0，则 Ψ 就是等效束宽角，其值为

$$\Psi = \int_0^{4\pi} b(\theta,\phi)b'(\theta,\phi)d\Omega = \int_0^{\Psi} 1 \times 1 d\Omega \tag{12.2.28}$$

图 12.2.8 是实际的合成指向性函数与等效束宽示意图。在声辐射接收器的指向性图案已知时，Ψ 可求，表 12.2.2 给出了几种简单几何形状换能器的等效合成束宽 Ψ 的计算公式，至于其他形状的发射器（如接收器组合），可通过对式（12.2.28）的积分得到。

海面混响和海底混响都属于一种界面混响，界面混响的混响级为

$$RL_s = SL - 40\log_{10} r + S_S + 10\log_{10} A \tag{12.2.29}$$

其中：$A = c\tau\Phi r/2$，是一个处在理想束宽 Φ 内的散射强度为 S_S 的界面面积。Φ 可以按下式计算，即

$$\Phi = \int_0^{2\pi} b(\theta,\varphi)b'(\theta,\varphi)\mathrm{d}\varphi = \int_0^{\Phi} 1 \times 1\mathrm{d}\varphi \tag{12.2.30}$$

图 12.2.9 是理想束宽 Φ 的示意图。表 12.2.2 也给出了几种简单几何形状换能器的等效合成束宽 Φ 的计算公式。

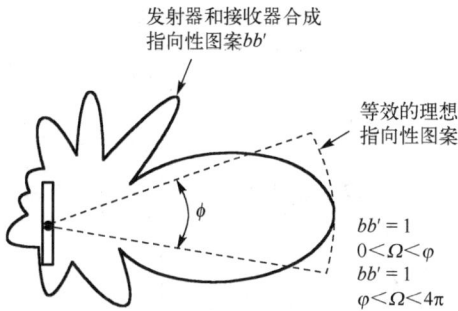

图 12.2.8　实际的合成指向性函数与等效束宽示意图

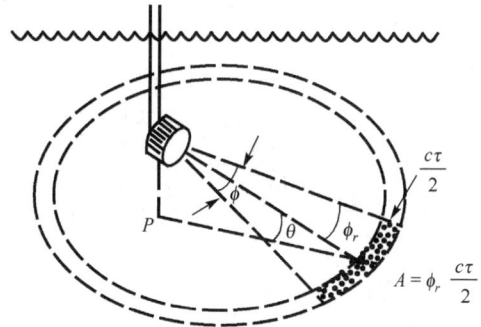

图 12.2.9　理想束宽 Φ 的示意图

表 12.2.2　等效合成束宽的计算公式（以对数为单位）

阵型	$10\lg\Psi$ 相对于 1 立体弧度的分贝值	$10\lg\Phi$ 相对于 1 弧度的分贝值
积分式	$10\lg\int_0^{2\pi}\int_{-\frac{\pi}{2}}^{\frac{\pi}{2}}b(\theta,\varphi)b'(\theta,\varphi)\cos\theta\mathrm{d}\theta\mathrm{d}\varphi$	$10\lg\int_0^{2\pi}b(0,\varphi)b'(0,\varphi)\mathrm{d}\varphi$
置于无限障板中的圆平面阵，半径 $a > 2\lambda$	$20\lg\left(\dfrac{\lambda}{2\pi a}\right) + 7.7$ 或 $20\lg y - 31.6$	$10\lg\left(\dfrac{\lambda}{2\pi a}\right) + 6.9$ 或 $20\lg y - 12.8$
置于无限元板中的矩形阵 a 是水平的，b 是垂直的，$a,b \gg \lambda$	$10\lg\left(\dfrac{\lambda^2}{4\pi ab}\right) + 7.4$ 或 $10\lg y_a y_b - 31.6$	$10\lg\left(\dfrac{\lambda}{2\pi a}\right) + 9.2$ 或 $10\lg y_a - 12.6$
长为 $l > \lambda$ 的水平线	$10\lg\left(\dfrac{\lambda}{2\pi l}\right) + 9.2$ 或 $10\lg y - 12.8$	$10\lg\left(\dfrac{\lambda}{2\pi l}\right) + 9.2$ 或 $10\lg y - 12.8$
无指向性（点状）换能器	$10\lg 4\pi = 11.0$	$10\lg 2\pi = 8.0$

注：y 等于合成的指向性图案或其积中比轴向响应小 6dB 的二个方向之间的夹角之半，以度为单位。
也就是说 y 是合成的指向性图案上 $b(y)b'(y) = 0.25$ 的方向与轴向之间的夹角。
置于矩形阵 y_a，y_b 分别是平行于边 a 和 b 的平面上的同上述相应的角。

有时，海水中的一些散射体是分布在一个一定厚度的层中，在水声学中把这种层的散射当成界面混响来处理。假设层的平均体积散射强度为 S_V，则相应的界面散射强度为

$$S_S = S_V + 10\log_{10} H \tag{12.2.31}$$

其中，H 是层的厚度。

由于引起混响的散射体在海洋中的分布十分复杂多变，所以在进行回声检测装置的设计

时，往往十分关心各种混响的散射强度（$S_{V,S}$）的实验值。现在已经知道，产生体积混响的散射体主要是海洋生物。对于非生物性的散射体，诸如砂粒和尘粒、温度的不均匀性、流（例如船的尾流）等在观测的散射声波中影响很小。因此，实际的体积混响在不同海区、不同时间是不同的。

图 12.2.10 是太平洋中两个海区测得的体积散射强度随深度的变化，可以看出，体积散射强度 S_V 一般随深度而减小，S_V 增大的深度是由生物分布引起的。观测还发现，在 10kHz 以上频率时 S_V 随频率增大而上升，增大的速率大约为（3～5）dB/倍频程。

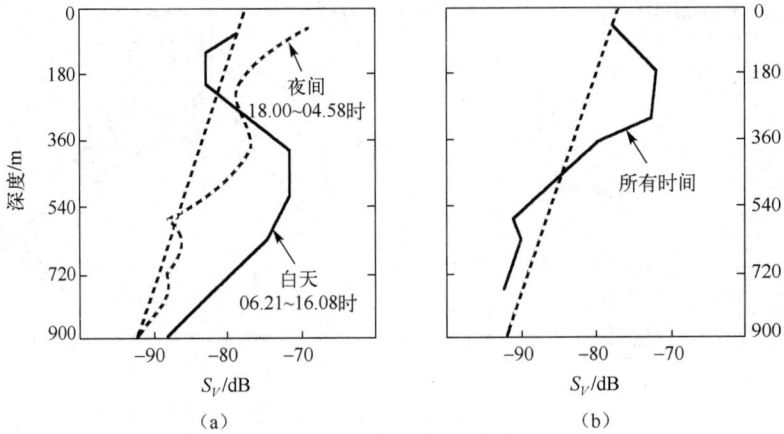

图 12.2.10　体积散射强度随深度的变化

海面混响的强度依赖于声波射到海面的掠射角（入射波声线和海面的夹角）与海面的风速。图 12.2.11 是 60kHz 频率海面射强度 S_S、掠射角和海面风速的关系。

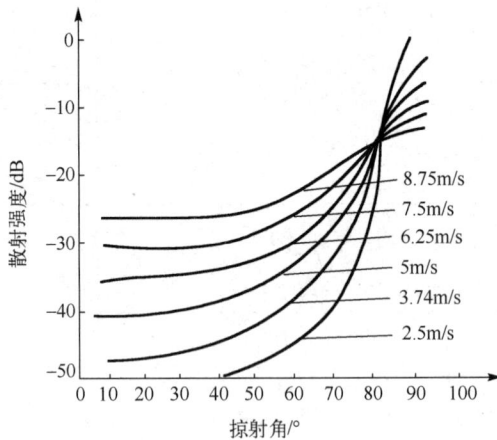

图 12.2.11　60kHz 频率海面射强度 S_S、掠射角和海面风的关系

图 12.2.12 是海底反向散射强度与掠射角度的关系。因为海底地形十分复杂，所以海底散射强度更加多变。图中的曲线是浅海测量的结果，反映了不同底质的影响。另外，舰船的尾流可以造成声波的反向散射。由于舰船尾流是一个气泡层，因此其散射的效应类似于界面混响。密集的鱼群可能造成更强的反向散射，这些散射也可能影响主动回声检测装置的正常工作。

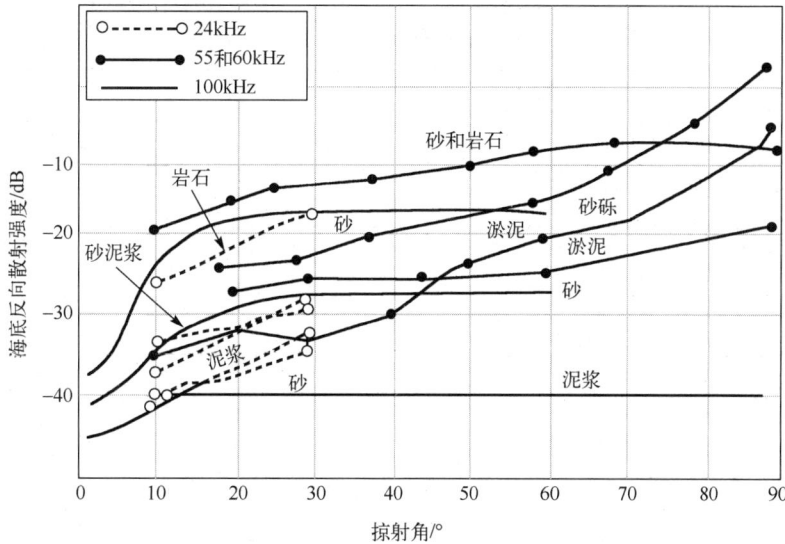

图 12.2.12　海底反向散射强度与掠射角度的关系

12.2.7　回声强度级的计算

（1）一些简单形状物体的回声强度级

计算一个比波长大的刚性、光滑球体的回声强度级。假设声强度为 I_i 的平面声波入射到球体上（见图 12.2.13）。若球的半径为，则该球从入射波中截获的声功率为 $\pi R_0{}^2 I_i$。假设该球将此功率均匀地反射到各个方向上去，则距离球心为 r 米处的反射声强度为 $I_r = \dfrac{\pi R_0{}^2 I_i}{4\pi r^2} = I_i \dfrac{R_0{}^2}{4r^2}$，在 1m 处的参考距离上，反射声强度与入射声强度之比为 $\dfrac{I_r}{I_i}\Big|_{r=1\text{m}} = \dfrac{R_0{}^2}{4}$。因此，球体的目标回声强度级为

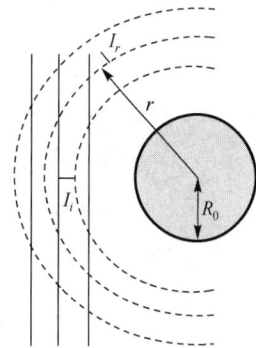

图 12.2.13　回波强度级示意图

$$TS = 10\lg \frac{I_r}{I_i}\Big|_{r=1\text{m}} = 10\lg\frac{R_0{}^2}{4}$$
$$= 20\log_{10}\frac{R_0}{2}$$

（12.2.32）

在推导声呐方程时，我们也导出过目标回声强度级的同一结果。表 12.2.3 给出了一些简单形状物体的目标回声强度级。

（2）潜艇的回声强度级

水中潜艇是声呐探测的典型目标，潜艇的回波来自潜艇外剖面的镜面反射，以及潜艇外壳和耐压壳体结构或其后结构的反射或散射。在声呐的搜索频段内，潜艇背靠海水的外壳，以及包括鳍舵在内的浸于水中的自由表面，实质上是透声的，因而由这些外部表面反射的强度比较低，相比之下，背靠空气的耐压壳体有良好的反射性能，并提供很高的回声强度。

潜艇目标反射强度与方位角、仰角、距离和脉冲宽度有关，下面进行具体描述。

表 12.2.3　一些简单形状物体的目标回声强度级

形状	TS/dB	入射角度	备注
球体	$10\lg(R^2/4)$	任意	R 为半径
凸面体	$10\lg(R_1R_2/4)$	垂直于凸面	R_1、R_2 为主半径
任意形状	$10\lg(A/\lambda)^2$	垂直于平板	A 为平板的面积
矩形平板	$10\lg(ab/\lambda)^2$	垂直于平板	a 与 b 为边长 $a \geqslant b$
	$10\lg(ab/\lambda)^2 + 20\lg(x^{-1}\sin x) + 20\lg\cos\theta$	与法线成 θ 角	$x = (2\pi a/\lambda)\sin\theta$
圆形平板	$10\lg(\pi R^2/\lambda)^2$	垂直	R 为半径
圆柱体	$10\lg(RL^2/2\lambda)$	垂直	R 为半径 L 为长度
	$10\lg(RL^2/2\lambda) + 20\lg(x^{-1}\sin x) + 20\lg\cos\theta$	与法线成 θ 角	$x = (2\pi a/\lambda)\sin\theta$

① 潜艇目标反射强度与方位角的关系。在相关文献中经常会看到潜艇目标反射强度与方位角的关系呈现如图 12.2.14（a）所示的"蝴蝶"图，图 12.2.14（b）是潜艇目标反射强度的两个实测结果。一般地说，在潜艇的正横方位目标反射强度最大，可达 25dB 到 30dB。最大值通常出现在 70°～110°和 250°～290°的方位角范围内。在潜艇的首尾方位，目标反射强度最小，通常在 10dB 左右。其他方位角的目标反射强度在 10～15dB 之间。

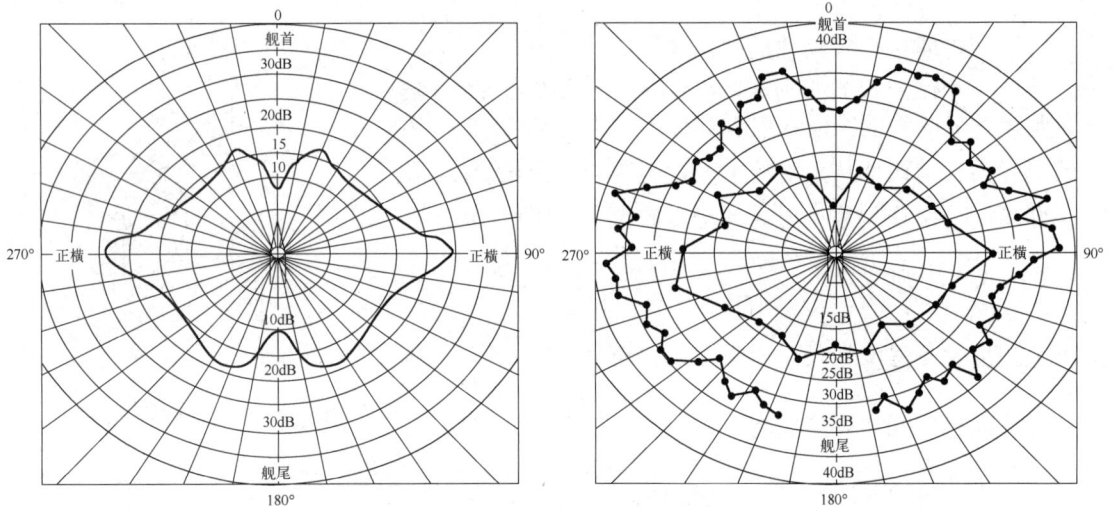

（a）潜艇目标反射强度与方位角的"蝴蝶"图　　（b）潜艇目标反射强度的两个实测结果

图 12.2.14　潜艇目标反射强度与方位角的关系

② 潜艇目标反射强度与仰角的关系。潜艇的目标反射强度也与仰角有关系，这里我们引用意大利"渥尔济其"号潜艇的测量结果来说明目标反射强度与仰角的关系。

图 12.2.15 是该潜艇在不同航向角时目标反射强度与仰角的关系。从图中可以看出，在非弦侧航向角所测得的目标反射强度随仰角的改变差异较大，差数可达 10dB 左右。但是当仰角较大时舰首、舰侧与舰尾航向角所测得的目标反射强度差异较小。

③ 潜艇目标反射强度与距离的关系。在目标距离很远时，目标反射强度实际上与距离无关，仅当目标距声源较近时，目标反射强度随目标的距离减小而变小。这种现象的两个原因是：第一，在离目标很近时，目标反射像一个长圆柱的反射或者一个平面的反射，不能当成球反射来看待。所以回波声强度随距离的下降不服从四次方的规律，如远距离的目标回波。

第二，当目标距离较近时，入射声波不能照射目标的全部，而只照射其表面的一部分，因而使反射强度降低。图 12.2.16 是第二次世界大战期间德国 U-570 潜艇的目标反射强度随距离变化的理论曲线。当距离从 180m 变到 112.5m 时，目标反射强度有显著下降。实际测量目标反射强度与距离的关系有比较多的困难，用模型进行间接测量，其结果与理论曲线符合得很好。

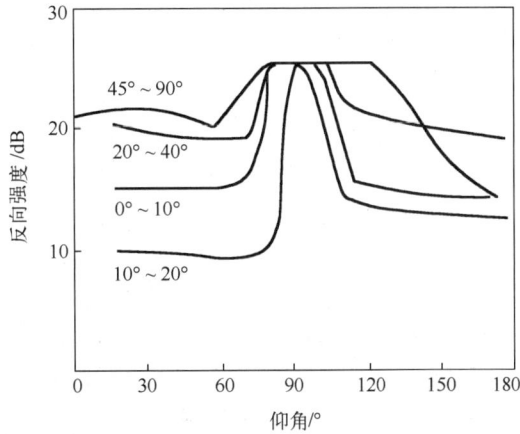

图 12.2.15　潜艇目标反射强度与仰角的关系

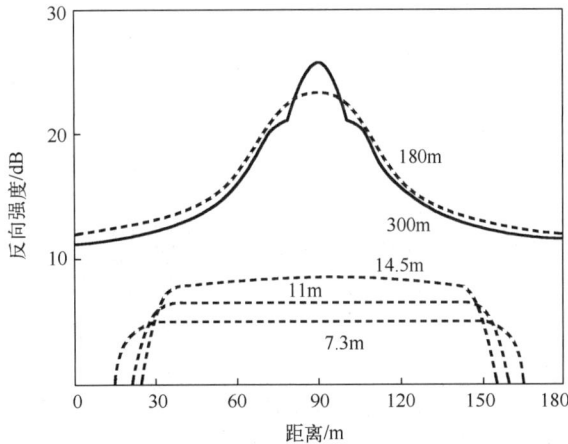

图 12.2.16　德国 U-570 潜艇的目标反射强度随距离变化的理论曲线

④ 潜艇目标反射强度与脉冲宽度的关系：像潜艇之类的具有一定长度的目标，可以预期在沿着其长度方向辐射声波时，目标反射强度随着脉冲宽度的减小而减小，因为短脉冲不能照射到目标的全部。图 12.2.17 表示一个长形目标的目标反射强度随脉冲长度增加的情况，该目标的反射强度一直增长到当脉冲长度足以使目标上各点在某一瞬时均能同时对回声产生贡献之前。目标反射强度随脉冲宽度的增大而增大，增大到一定程度时保持不变。这时的脉冲宽度为 $\tau_0 = 2l/c = 2L\cos\theta/c$，其中 L 是目标长度，θ 为方位角。

当在正横方位测量目标反射强度时，一方面，目标在入射声线方向上的距离小，同时这个方向形成回声的主要过程是镜反射，故目标反射强度随脉冲宽度的变化并不显著。目标的反射强度和潜艇的类型结构、尺寸有直接关系。目标强度的典型值如表 12.2.4 所示。

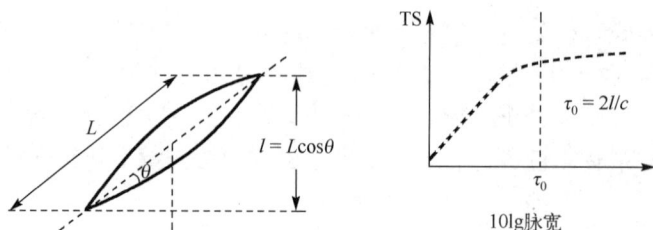

图 12.2.17 一个长形目标的目标反射强度随脉冲长度增加的情况

表 12.2.4 目标强度的典型值

目标	方位	TS/dB		
潜艇	正横	5（小型潜艇）	10（大型潜艇，有涂层）	25（大型潜艇）
	中间	3（小型潜艇）	8（大型潜艇，有涂层）	15（大型潜艇）
	艇首或艇尾	0（小型潜艇）	5（大型潜艇，有涂层）	10（大型潜艇）
水面舰船	正横	25		
	偏离正横	15		
水雷	正横	0		
	偏离正横	−10～−25		
鱼雷	随机	−15		
拖曳基阵	正横	0（最大值）		
鲸鱼，30m	背脊方向	5		
鲨鱼，10m	背脊方向	−4		
冰山	任意	10（最小值）		

12.2.8 接收机检测阈和门限值

声呐方程表明水声检测装置的作用距离是最小可检测信号的函数，而接收机的最小可检测信号决定于最小可检测的信噪比。主动回声检测的声信号存在于干扰噪声或干扰噪声加混响的背景之中，而且干扰和信号都是随机起伏的。接收机的任务就是要判断接收到的信号加噪声的混合波形中有无目标信号的存在。

图 12.2.18 是信号检测过程示意图，门限电路就是一个判决装置，实现检测过程中有无信号的判决，这种门限最常用的就是一个设定的电压。最简单的检测判决方法是当接收到的信号 $x(t)$ 的包络电压超过门限电压时，判决为"有目标"；反之，判决为"无目标"。当然，在比较复杂一些的检测系统中，检测装置不仅鉴别输入波形的幅值，而且要从输入波形中提取信号的一个或几个参量（如信号的上升速度即目标的接近速度、目标出现的方位角等），只有当这些参量在设定的范围以内时，才判决为有信号，发出动作的指令。从概念上容易理解，门限电平的选择与接收机的输入信噪比有关。在声呐方程中，用检测阈 DT 一项表示输入信噪比。

图 12.2.18 信号检测过程示意图

检测阈：在一定电平上，根据预定的检测概率实现信号检测所需要的接收机输入端（图 12.2.18 的 A 点）信号功率与 1Hz 带宽内的噪声功率之比（单位为分贝 dB），即

$$DT = 10\log_{10}\frac{S}{N} \tag{12.2.33}$$

其中：S 为接收机输入端接收带宽内的信号功率；N 为接收机输入端 1Hz 带宽内噪声功率。

从前述章节可知，"门限"电平的高低对检测概率和虚警概率有很大的影响。当门限电平高时，输入混合波形的检测概率和虚警都比较低，将会发生过多的漏检；当门限电平低时，检测概率和虚警概率都变高了，可能因虚警产生较多的误动作。图 12.2.19 表示三个目标信号（回波脉冲）叠加噪声后变成信号加噪声的混合波形在不同门限电平时的判决结果。因此，对于固定的输出信噪比（图 12.2.18 中的 B 点），在不同的门限电平时，有不同的检测概率和虚警概率。

对于几种在高斯背景中有不同程度先验知识的信号的情况，最佳接收机的输出信噪比与输入信噪比的关系如下。

（1）若信号准确已知，即信号作为时间的函数是完全已知的，则最佳接收机就是互相关器，即

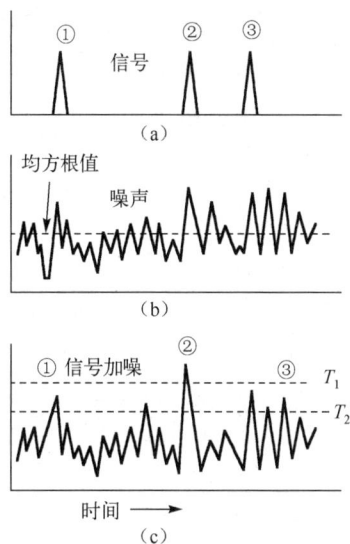

图 12.2.19　不同门限电平时的判决结果

$$d = \frac{2E}{N_0} \tag{12.2.34}$$

其中：d 为接收机的输出信噪比；E 为接收机通带内的信号总能量；N_0 为 1Hz 带宽内的噪声功率。

当信号平稳时，并且其功率为 S，T 是信号脉宽，则 $E=ST$，因此

$$d = \frac{2TS}{N_0} \tag{12.2.35}$$

对于这种情况，可求出检测阈为

$$DT = 10\log_{10}\frac{S}{N} = 10\log_{10}\frac{d}{2T} \tag{12.2.36}$$

（2）高斯噪声背景中信号完全未知。在低信噪比和大时间带宽积条件下，有

$$d = WT\left(\frac{S}{N}\right)^2 \tag{12.2.37}$$

其中：W 为信号带宽；S 为带宽内的信号功率；N 为带宽内的噪声功率。

从中解出 S/N，折合到 1Hz 带宽内的噪声，得 $\dfrac{S}{N_0} = \dfrac{SW}{N} = \sqrt{\dfrac{dW}{T}}$，于是

$$DT = 10\log_{10}\frac{S}{N_0} = 5\log_{10}\frac{dW}{T} \tag{12.2.38}$$

这种情况下的最佳接收机是滤波后的能量检波。可以证明，在高斯背景下，最佳检波器是平方律检波器。由前面章节可知，奈曼-皮尔逊准则是在给定虚警概率的条件下，使检测概率为最大的准则。因此，在总体参数设计中，确定虚警概率具有重要的意义。设计的合理要求是：在允许一定的虚警概率（对其所造成的后果设计者是预料到的并且有条件弥补的）条件下，使检测概率达到最大。在接收机工作特性曲线上，给定虚警概率 P_F，输出信噪比 d，可以求出检测概率 P_D 和门限值 η_0，根据最佳接收机输出信噪比与输入信噪比的关系，就可以确定接收机的检测阈 DT。

12.2.9　接收机灵敏度的计算

若发射器终端电压为 v，则以 dB/V 为单位的发射器灵敏度 S_V 可表示为

$$S_V = 10\lg\left(\frac{I_0}{I_{\text{ref}}}\right) = \text{SL} - 20\lg v \tag{12.2.39}$$

用功率 Pa 表示，则以 dB/W 为单位的发射器灵敏度 S_W 可表示为

$$S_W = \text{SL} - 10\lg P_a \tag{12.2.40}$$

若接收机水听器处感知的声压是 p，装置的开路终端电压是 v，则接收机的灵敏度为

$$S_h = 20\lg\left(\frac{v}{p}\right) = 20\lg v - 20\lg p \tag{12.2.41}$$

12.3　水声低噪声接收机的电路设计

12.3.1　放大器的概述

为了把微弱信号放大到可以感知的水平，必须使用放大电路。但是，放大器在放大有用信号的同时也放大了噪声，放大器本身会产生额外的噪声，甚至不合理的电路结构也可能会引入外部噪声。因此，设计低噪声放大电路对于检测微弱信号是至关重要的。

放大器的等效模型如图 12.3.1 所示。放大器的输入端连接信号源，其电压为 $\dot{U}_S$，内阻为 R_S。它的输入电压为 $\dot{U}_i$，输入电流为 $\dot{I}_i$，其输出端接相应的负载电阻 R_L（Z_L）。放大器的输出电压和输出电流分别为 $\dot{U}_o$ 和 $\dot{I}_o$。放大器的输入和输出通常有一端接地。输入端的 $\dot{U}_i$ 或 $\dot{I}_i$ 作为放大网络的激励，输出端的 $\dot{U}_o$ 和 $\dot{I}_o$ 作为放大网络的响应。

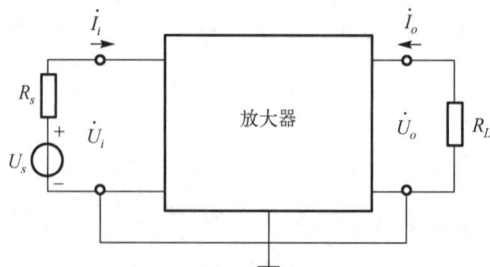

图 12.3.1　放大器的等效模型

放大器的最重要的任务是不失真地放大信号，它的关键指标是放大倍数 $\dot{A}$，也称为增益，

根据输入量和输出量的不同，可以将放大器分为 4 类，分别是电压放大器、电流放大器、互阻放大器、互导放大器，以及 4 种放大倍数 $\dot{A}$，分别是电压放大倍数、电流放大倍数、互阻放大倍数、互导放大倍数。

（1）电压放大器的输入量和输出量均为电压，其电压放大倍数 $\dot{A}_u$ 为

$$\dot{A}_u = \frac{\dot{U}_o}{\dot{U}_i} \tag{12.3.1}$$

（2）电流放大器的输入量和输出量均为电流，其电流放大倍数 $\dot{A}_i$ 为

$$\dot{A}_i = \frac{\dot{I}_o}{\dot{I}_i} \tag{12.3.2}$$

（3）互阻放大器的输入量为电压、输出量为电流，其互阻放大倍数 $\dot{A}_r$ 为

$$\dot{A}_r = \frac{\dot{U}_o}{\dot{I}_i}(\Omega) \tag{12.3.3}$$

（4）互导放大器的输入量为电流、输出量为电压，其互导放大倍数 $\dot{A}_g$ 为

$$\dot{A}_g = \frac{\dot{I}_o}{\dot{U}_i}(1/\Omega) \tag{12.3.4}$$

其中：电压放大倍数 $\dot{A}_u$、电流放大倍数 $\dot{A}_i$ 是无量纲的比例系数，而互阻放大倍数 $\dot{A}_r$ 的量纲为电阻 (Ω)，互导放大倍数 $\dot{A}_g$ 的量纲为电导 $(1/\Omega)$。

12.3.2　放大器的噪声指标与噪声特性

围绕低噪声接收机设计与调试，电路中常用的放大器（如双极型晶体管、场效应管、集成运算放大器等）都有其固有的内部噪声源。从设计与调试的角度出发，噪声系数 F 是衡量有源器件噪声特性的重要指标，主要描述信号被放大和传递过程中信噪比的变化情况。

放大器的噪声系数 F 为

$$F = \frac{P_{no}}{KP_{ni}} \tag{12.3.5}$$

其中：P_{ni} 为放大器的输入噪声功率；P_{no} 为放大器的输出噪声总功率；K 为放大器的功率放大倍数。可以看出，噪声系数 F 表征了放大器在放大信号的同时，内部噪声源使得输出总噪声增加的程度。

设放大器的输入信号的功率为 P_{si}，则其输出信号的功率为 $P_{so} = K_P P_{si}$，可以得到

$$F = \frac{P_{no}}{K_P P_{ni}} = \frac{P_{no}/P_{si}}{K_P P_{ni}/P_{si}} = \frac{P_{si}/P_{ni}}{P_{so}/P_{no}} = \frac{\text{SNR}_{\text{in}}}{\text{SNR}_{\text{out}}} \tag{12.3.6}$$

其中：SNR_{in} 与 SNR_{out} 分别为放大器输入与输出功率信噪比。即对于一个理想的无噪声放大器，$F=1$；对于有内部噪声源的实际放大器，$F>1$。F 越大，说明放大器内部噪声越大，放大器导致的信噪比恶化程度越严重。本章低噪声设计的目的就是要使得放大器的噪声系数尽量小。在实际放大器选型时，噪声系数随放大器的偏置电流、工作频率、温度及信号源输出电源而变化，需要对照上述条件。

电路设计不仅需要考虑各独立噪声元件的噪声特性，整体电路的噪声往往更被关注。在

设计微弱信号检测系统时，为了达到最佳噪声特性，通常需要采用多级放大器级联。系统总的噪声系数可以通过各级放大器的噪声系数、功率增益及内部噪声功率组合来表示。给出 M 级放大器级联系统，如图 12.3.2 所示，各级放大器的噪声系数分别为 $F_1, F_2, \cdots, F_M$；功率增益分别为 $K_1, K_2, \cdots, K_M$；内部噪声功率分别为 $P_1, P_2, \cdots, P_M$。

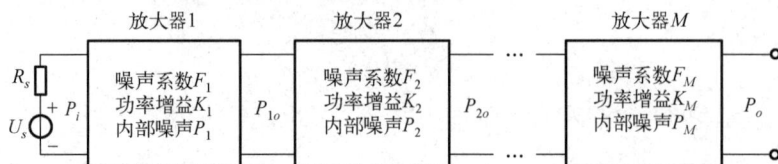

图 12.3.2　M 级放大器级联系统

设第一级放大器输入噪声功率为 P_i，则最后一级的输出噪声功率 P_o 可表示为

$$P_o = K_1 K_2 \cdots K_M P_i + K_2 \cdots K_M P_1 +, \cdots, + P_M \tag{12.3.7}$$

系统总增益 $K_P = K_1 K_2 \cdots K_M$，可得系统总噪声系数 F 为

$$F = \frac{P_o}{K_P P_i} = \frac{P_o}{K_1 K_2 \cdots K_M P_i} = 1 + \frac{P_1}{K_1 P_i} +, \cdots, + \frac{P_M}{K_1 K_2 \cdots K_M P_i} \tag{12.3.8}$$

对于任意一级放大器的噪声系数，有

$$F_N = \frac{K_N P_i + P_N}{K_N P_i} = 1 + \frac{P_N}{K_N P_i} \quad (N = 1, 2, \cdots, M) \tag{12.3.9}$$

可推导出 M 级放大器级联系统的总噪声系数为

$$F = F_1 + \frac{F_2 - 1}{K_1} + \frac{F_3 - 1}{K_1 K_2} +, \cdots, + \frac{F_M - 1}{K_1 K_2 \cdots K_{M-1}} \tag{12.3.10}$$

式（12.3.10）称为弗里斯公式。其说明了级联放大器各级的噪声系数对于系统的总噪声系数影响是不同的，越是前级影响越大，第一级（前置级）的影响最大。如果第一级的功率增益 K_1 足够大，则系统的总噪声系数 F 主要取决于第一级放大器的噪声系数 F_1。因此，从降低系统总噪声系数的角度出发，在设计低噪声接收机时，必须确保前置级的噪声系数足够小，即前置放大器的器件选择和电路设计是至关重要的。

在放大器的噪声分析、噪声指标计算及低噪声电子设计中，一般都把内部噪声源折合到放大器的输入端，用输入端的等效噪声源来表示。等效噪声通常用一定带宽内的输入端噪声电压与电流的平方根谱密度表示。例如，在低噪声运算放大器集成电路的说明书中，一般都会给出一定工作条件下（如工作频率）的输入电压 e_n 与输入电流 i_n 的平方根谱密度，单位常用 $\mathrm{nV}/\sqrt{\mathrm{Hz}}$ 或 $\mathrm{pA}/\sqrt{\mathrm{Hz}}$ 表示。噪声系数也可以表示为等效噪声源平方根谱密度的形式，即

$$F = 1_1 + \frac{e_n^2 + i_n^2 R_s^2}{4kTR_s} \tag{12.3.11}$$

其中：k 为玻尔兹曼（Boltzmann）常数，$k = 1.38 \times 10^{-23} \mathrm{J/K}$；$T$ 为电阻的绝对温度，单位为开尔文（K）；R_s 为信号源输出电阻，单位为 Ω。在室温下（17℃或290K），$4kT \approx 1.6 \times 10^{-20} \mathrm{V}^2/(\mathrm{Hz} \cdot \Omega)$。

12.3.3　放大器的有源器件选择

对于微弱信号检测系统，低噪声设计首先需要关注多级放大器的前置级。根据弗里斯公

式，整个系统的噪声系数主要取决于前置放大器的噪声系数。前置放大器的噪声系数对于整个系统的噪声特性具有决定性的作用，因为它产生的噪声会被后续的各级放大器进一步放大。前置放大器一般都是直接与被检测信号的传感器相连接的，只有在放大器的最佳源电阻等于信号源输出电阻的情况下，才能使电路的噪声系数最小，因此对于前置放大器还必须考虑噪声匹配的问题。

根据式（12.3.11），放大器的噪声系数受源电阻 R_s 的影响很大，只有当源电阻小时，噪声系数 F 才能达到其最小值 $F_{\min}$，这种情况称为噪声匹配。为了求得最佳源电阻 R_{so}，令 $\partial F / \partial R_s = 0$，得

$$R_{so} = \frac{e_n}{i_n} \tag{12.3.12}$$

则噪声系数的最小值为

$$F_{\min} = 1 + \frac{e_n i_n}{2kT} \tag{12.3.13}$$

式（12.3.13）为低噪声前置放大器有源器件选型的依据，一般选型建议如下。

（1）低噪声放大器应该尽量选择在被检测信号频率范围内噪声 $e_n i_n$ 小的器件，使得噪声系数达到其最小值。通常双极型晶体管噪声水平低，输入噪声电压可低至 $0.5\text{nV}/\sqrt{\text{Hz}} @ 1\text{kHz}$；一般性集成运算放大器噪声大于 $10\text{nV}/\sqrt{\text{Hz}} @ 1\text{kHz}$，当然目前国外也有超低噪声，可低至 $1\text{nV}/\sqrt{\text{Hz}} @ 1\text{kHz}$；通常结型场效应管的噪声为约 $2\text{nV}/\sqrt{\text{Hz}} @ 1\text{kHz}$；MOS 型场效应管的噪声约 $12\text{nV}/\sqrt{\text{Hz}} @ 1\text{kHz}$。上述结果可供选择时参考，具体性能差别应对照芯片手册。

（2）根据信号源电阻的大小，选用合适类型的放大器件，使得最佳源电阻 $R_{so} \approx R_s$，以达到噪声匹配的目的。

一般来说，双极型晶体管的 e_n 较小，比较适合源电阻较小的情况；而场效应管的 i_n 较小，比较适合于源电阻较大的情况。图 12.3.3 给出了不同类型有源器件的源电阻选型适用范围。

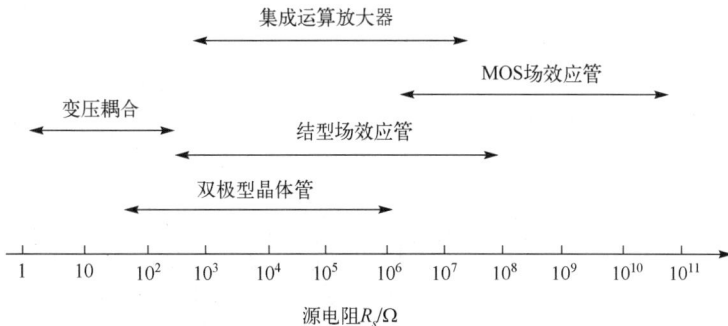

图 12.3.3　不同类型有源器件的源电阻适用范围

为了使前置放大器获得最佳的噪声性能，必须根据噪声匹配的要求，选用合适的有源器件。当源电阻很小时，可以考虑使用变压器耦合来使放大电路达到噪声匹配。可以看出，双极型晶体管（BJT）的源电阻在几十欧到 $1\text{M}\Omega$ 的范围内，其中 PNP 晶体管的基区载流迁移率高，可以用在源电阻较小的场合；而 NPN 晶体管的 β_0、f_T 和最佳输入电阻都比较大时，适合于源电阻较大的情况。如果源电阻更大，则考虑使用结型场效应管（JFET）。MOSFET 的 $1/f$ 噪声相对大，一般不宜用作低频或高频的前置放大器。

（3）对于低频范围，有源器件的$1/f$噪声拐点频率很重要，应该越低越好。通常使双极型晶体管的$1/f$噪声拐点频率较低，因此对于低频段的接收机一般多采用双极型晶体管作为前置级。

（4）集成运算放大器是集成化的晶体管多级直流放大器，内部各环节是直接耦合的，性能非常接近理想运算放大器的特性。实际用集成运算放大器构成的运算电路与设计值在工程上可以基本"一致"，容易实现极高的开环电压增益，获得极高的共模抑制比，具有极低的输入偏置电流和输入失调电压、电流，可得到高输入阻抗甚至极高的输入阻抗等，能够适用于各种源电阻的情况。其优势是毋庸置疑的，但是总体噪声要高于分立元件，一般不作为低噪声接收机的前置级，在滤波放大、中间级等被广泛采用。

12.3.4　常用的晶体管放大电路

典型晶体管放大电路主要有三种组态，分别为共射极组态放大器、共集电极组态放大器以及共基极组态放大器。三种组态晶体管放大电路的典型电路分别如图 12.3.4、12.3.5、12.3.6所示。

三种组态放大电路的特点如下。

（1）共射极组态放大器信号从基极输入、从集电极输出，输入和输出信号反相，因为发射极为共同接地端，故命名共射极放大电路。其输入电阻 $R_i = R_{B1} // R_{B2} // r_{be} \approx r_{be}$ ，一般为几千欧数量级，输出电阻 $R_0 \approx R_C$ ，其电压放大倍数 $A_u = -\dfrac{\beta R_L'}{r_{be}}$ 。共射放大器一般作为多级放大器的主放大器。

通常共射放大器输入阻抗较大，并且电压放大倍数受电阻影响大，方便调节，可选择共射放大器作为接收系统前级低噪声放大器。

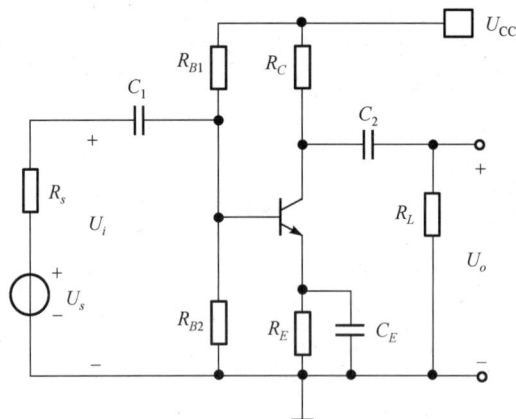

图 12.3.4　共射组态晶体管放大电路

（2）共集电极组态放大器信号从基极输入、从发射级输出，输入和输出信号同相，也称为射极跟随器。其输入电阻 $R_i = R_{B1}//R_{B2}//[r_{be} + (1+\beta)(R_E//R_L)]$ ，比一般共射极组态电路的输入电阻大很多；输出电阻 $R_o = \dfrac{r_{be} + R_s}{1+\beta}$ ，输出电阻很小，一般为几十欧到几百欧之内，比共发射极电路的输出电阻小得多。电压放大倍数 $A_u \approx 1$ ，尽管没有电压放大能力，但由于电路深度负反馈的作用，该电路具有工作稳定、频响宽、输入电阻大和输出电阻小等突出优点。一般可以作为多级放大器的输入级、中间级（R_i 大、R_o 小，有阻抗变换功能）或输出级（R_o 小，带负载能力强）。也可用它连接两电路，减少电路间直接相连所带来的影响，起缓冲作用。

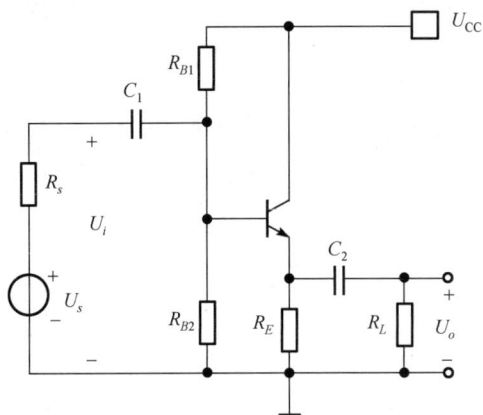

图 12.3.5　共集电极组态晶体管放大电路（射极跟随器）

（3）共基极组态放大器信号从射级输入、从集电极输出，输入和输出信号同相。电压放大倍数为 $A_u = \dfrac{\beta(R_c // R_L)}{r_{be}}$，输入电阻为 $R_i = \dfrac{26\text{mV}}{I_{CQ}}$，输出电阻 $R_o = R_c$。其电压放大倍数较大，但其输入电阻太小，故实际的电源放大倍数很小。但其高频特性好，一般常用于高频电路中，因为水声接收系统处理的信号频率较低，故共基放大器不适合在水声接收系统中使用。

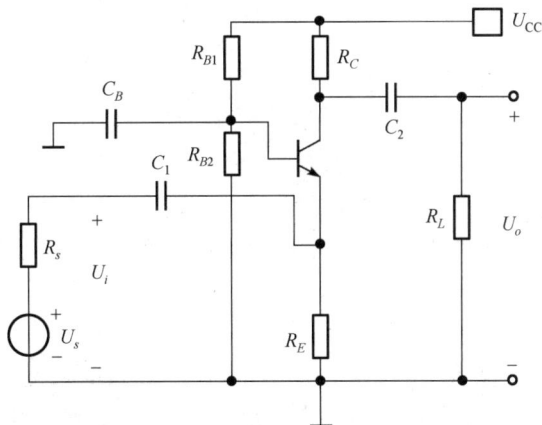

图 12.3.6　共基极组态晶体管放大电路

可以看出，共基放大器的高频特性好，一般常用于高频电路中，因水声接收系统处理的信号频率较低，故共基放大器不适合在水声接收系统中使用。共集放大器电压放大倍数太小且接近 1，不方便调节，也不是最佳的选择。而共射放大器输入电阻较大，且电压放大倍数受电阻影响大，方便调节，故一般选择共射放大器作为接收系统前级低噪声放大器。

12.3.5　负反馈运算放大器电路

在设计接收机过程中，为了获得足够的增益，一般采用多级放大器，利用负反馈可以加宽通频带，同时还可以稳定电路增益、改变输入/输出阻抗及降低失真等。因此，都会为低噪声运算放大器电路设计某种组态的负反馈。

集成运算放大器是将电路集成在硅片上的放大器，通常用字母 A 表示。它有两个输入端，一个称为"同相输入端（+）"，即该端的输入信号与输出信号的相位相同；另一个称为"反相输入端（−）"，即该端输入信号与输出信号的相位相反。其中 u_i 表示输入端对地的输入电压；u_o 表示输出电压。

给出运放的两种典型负反馈组态，分别是反相比例放大器和同相比例放大器，其基本原理图如图 12.3.7 和图 12.3.8 所示。

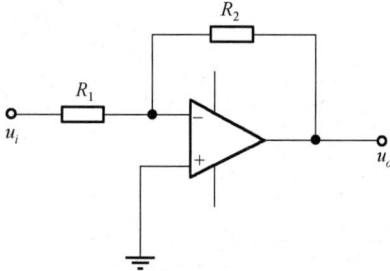

图 12.3.7　反相比例放大器　　　　图 12.3.8　同相比例放大器

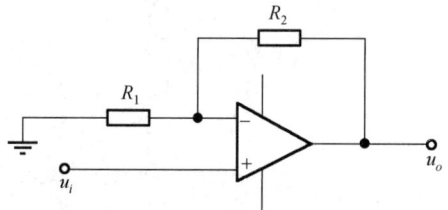

反相比例放大器的特点如下。

（1）信号从反相端输入，输出信号与输入信号反相。

（2）由于同相端接地，电压为零，因此反相端出现"虚断"特性，故 $U_- = U_+ = 0$。

（3）闭环放大倍数 $A_{uf} = -\dfrac{R_2}{R_1}$。

（4）闭环输入电阻较小，即 $R_{if} \approx R_1$。

（5）闭环输出电阻 R_{of} 趋于 0。

同相比例放大器的特点如下。

（1）信号从同相端输入，输出信号与输入信号同相。

（2）反相端电压与同相端电压相等，呈现"虚短"特性，即 $U_+ = U_- \neq 0$。

（3）闭环放大倍数大于等于 $A_{uf} = 1 + \dfrac{R_2}{R_1}$。

（4）闭环输入阻抗趋于理想化（$R_{if} \to \infty$），即闭环输入电阻 R_{if} 非常大。

（5）闭环输出电阻 R_{of} 也更加趋于理想化（$R_{of} \to 0$）。这是因为电压负反馈使输出电压 u_o 更加稳定。

由于运算放大器电路性能稳定，并且放大性能较为优异，因此接收系统通常使用一定数量的运算器组成运算放大电路，来实现信号的放大功能。但是对于输入端的前置级，晶体管放大器放大微弱信号的能力较运算放大器优异，因此一般选用晶体管放大电路位于前级放大电路的第一级，运算放大电路位于后面几级。当然目前也有新型低噪声的运算放大器件噪声水平很低，根据不同应用场景在前置级选型中也可以直接采用这类低噪声运算放大器。

对于两种组态的放大器选择，从放大的角度来看，两种电路都属于比例放大器，形式上并无实质的区别。但是，两种电路形式的负反馈组态不同使得它们在特点和使用上会有区别。如当作为传感器前置放大器时，传感器的输出源电阻 R_s 会成为反相比例放大器中 R_1 的一部分，因此 R_s 的变化会影响反向比例放大器输出。而同相比例放大器则不会存在这个问题。考虑传感器输出阻抗随工作状态、环境而变化的可能，因此接收机前级建议采用同相比例放大器。

特别地，如果 $R_2 = 0$ ，$R_1 = \infty$ ，则 $A_{uf} = 1$ ，这种放大器的 $u_o = u_i$ ，即输出信号完全与输入信号相同，该放大器又被称为"电压跟随器"，如图 12.3.9 所示。

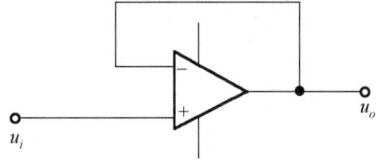

图 12.3.9　电压跟随器

电压跟随器的显著特点就是，输入阻抗高，而输出阻抗低。一般来说，输入阻抗可以达到几兆欧姆，而输出阻抗低，通常只有几欧姆，甚至更低。在电路中，电压跟随器一般用作缓冲级及隔离级。

12.3.6　接收机的阻抗匹配

对于微弱信号检测系统，接收机的前置级设计十分关键。针对压电型微弱信号的检测系统接收机，如当压电水听器、振动接收器（加速度）等做宽带接收时，其低频的输出阻抗很高，所以前置级需要进行高输入阻抗和低输出阻抗设计，这样才能将传感器的微弱信号更好地传递至接收机电路中。输入阻抗高表示该电路吸收的电源（或前一级电路的输出）功率小，电源或前级能带动更多的负荷；而输出阻抗低表示它有较大的输出能力，更易于和后级匹配。

对于放大器前置级的设计，提高输入阻抗的方式通常有三种：① 利用高阻抗的场效应管；② 用自举接法提高输入阻抗；③ 采用共集放大电路作为放大电路的输入级。

场效应管属于电压控制型半导体器件，具有输入电阻高、噪声小、功耗低、没有二次击穿现象、安全工作区域宽、受温度和辐射影响小等优点，特别适用于高灵敏度和低噪声的电路。由于场效应管本身的输入阻抗很高，并且噪声系数很小，因此在很多接收机设计中，也会直接选择场效应管组成输入级来提高输入阻抗。输入阻抗高达 $71\text{M}\Omega$，等效输入电压噪声约为 $0.87\text{nV}/\sqrt{\text{Hz}}$ 。

晶体管放大器获得高输入阻抗的一般途径有两种：一是选择很小的静态工作电流；二是利用串联负反馈。在微功耗放大器电路设计中，获得 $1\sim2\text{M}\Omega$ 的输入阻抗是可能的，但进一步提高放大器输入阻抗需要采用一些特殊的技术。

（1）采用达林顿结构提高输入管的共射级电流放大倍数 β 。达林顿结构（图 12.3.10）的等效参数为

$$\alpha = \frac{i_c}{i_e} = I - (I - \alpha_1)(I - \alpha_2) \tag{12.3.14a}$$

$$\beta = \frac{i_c}{i_d} \approx \frac{1}{(I - \alpha_1)(I - \alpha_2)} \tag{12.3.14b}$$

所以其输入端阻抗为 βR_L （ R_L 为射级负载电阻）。这种电路的电压增益总小于 1。为得到输入阻抗同时又有电压增益，可采用辅助对称结构（见图 12.3.11）。这种复合结构的等效值 β 为

$$\beta = \frac{\alpha_1}{(I - \alpha_1)(I - \alpha_2)} \tag{12.3.15}$$

忽略信号在第一个晶体管发射结上的压降，可得

$$U_{in} = R_f \left[\frac{I - \alpha_2}{\alpha_1} + \alpha_2 \right] i \tag{12.3.16}$$

$$U_0 = U_{in} + R_2 \alpha_2 i_e \tag{12.3.17}$$

$$A_u = \frac{U_0}{U_{in}} = 1 + \frac{R_2}{R_1} \left[\frac{\alpha_2}{\frac{I - \alpha_2}{\alpha_1} + \alpha_2} \right] \approx 1 + \frac{R_2}{R_1} \tag{12.3.18}$$

显然这种电路的输入阻抗也可提高到 βR_L ，但有电压增益。

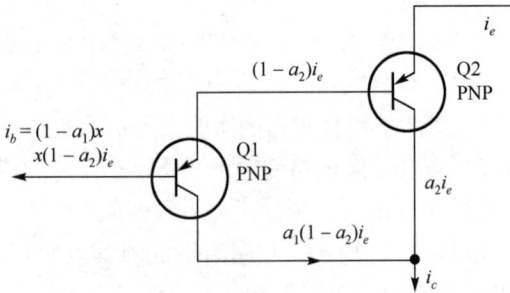

图 12.3.10　达林顿结构　　　　　　　图 12.3.11　辅助对称结构

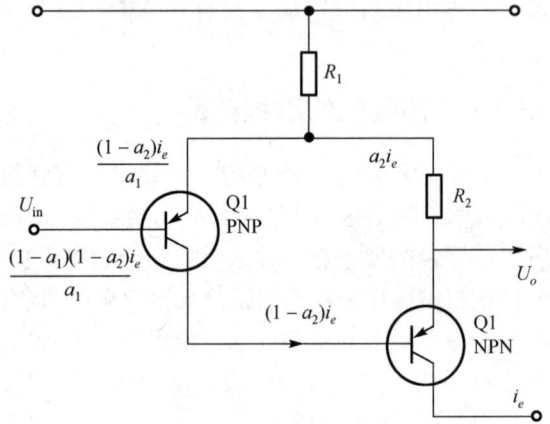

（2）偏置电阻的自举。输入阻抗的提高受到偏置电阻的限制，这种限制可以用自举方法加以改善。图 12.3.12 是两种自举电路方案。自举提高了偏置电阻 R_B 的视在值。用 i_{R_B} 表示通过偏置电阻 R_B 的信号电流，则无自举和有自举时的 i_{R_B} 值分别为

$$\begin{cases} i_{RB} = \dfrac{U_{in}}{R_B}, & \text{无自举} \\[4mm] i_{RB} = \dfrac{U_{in}(1 - A_u)}{R_B} = \dfrac{U_{in}}{R_B / (1 - A_u)}, & \text{有自举} \end{cases} \tag{12.3.19}$$

所以有自举时 R_B 的视在值为

$$R_{BC} = \frac{R_B}{1 - A_u} \tag{12.3.20}$$

（3）晶体管 r_c 的自举。基极-集电极电阻 r_c 也限制输入阻抗的提高，并且也可用自举来改善。图 12.3.13（a）为 r_c 自举电路原理图。利用图 12.3.13（b）的电路，有人曾获得 250MΩ（1.5Hz）和 1000MΩ（10Hz）的输入阻抗。

对于直流放大器，可使用齐纳二极管代替电容实现自举原理（见图 12.3.14）。

当运算放大器作为前置放大时，也可利用自举原理提高输入阻抗。图 12.3.15 是一种简单的自举原理图，其输入阻抗决定于 R_B 的视在值。如果令 $u_a / U_{in} = \dot{A}_u$ ，则 R_S 的视在值可用式（12.3.18）计算并可获得电压增益

$$A_u = 1 + \frac{R_3}{R_2} \tag{12.3.21}$$

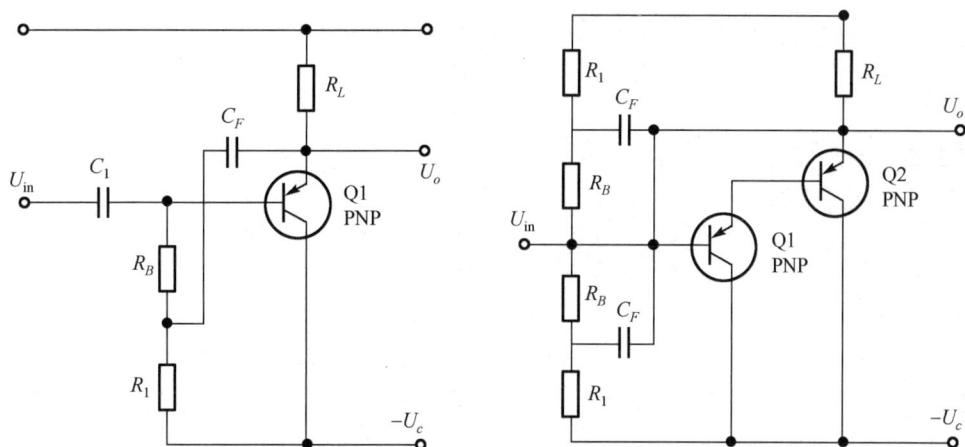

图 12.3.12　偏置电阻的两种自举电路

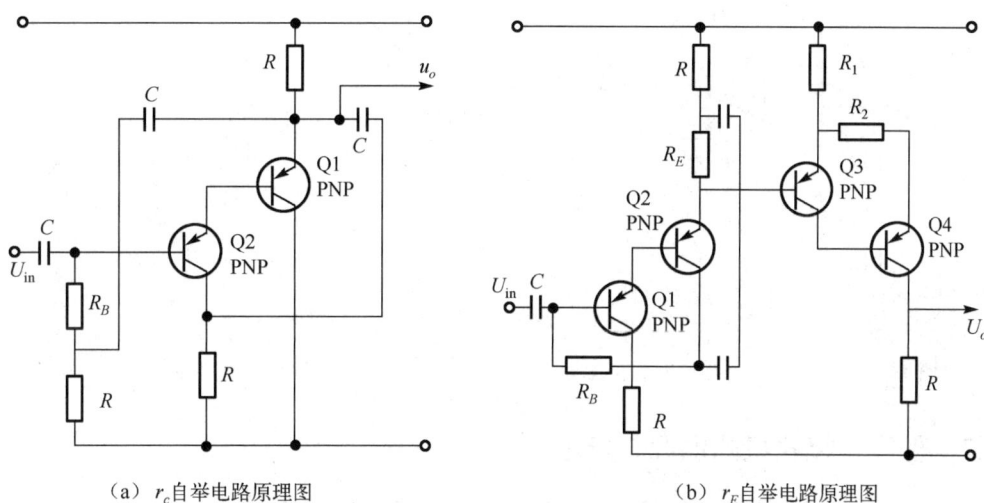

（a）r_c自举电路原理图　　　　　　　　（b）r_E自举电路原理图

图 12.3.13　晶体管的自举电路

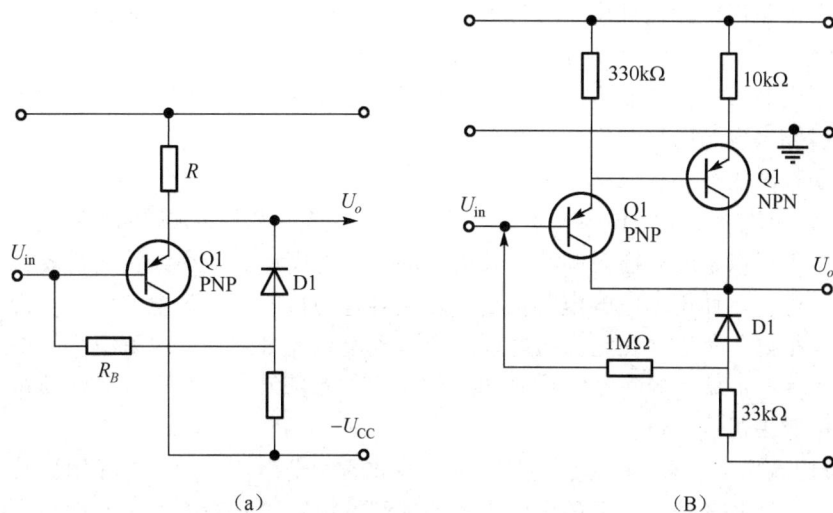

（a）　　　　　　　　　　　　（B）

图 12.3.14　直流放大器中的自举电路

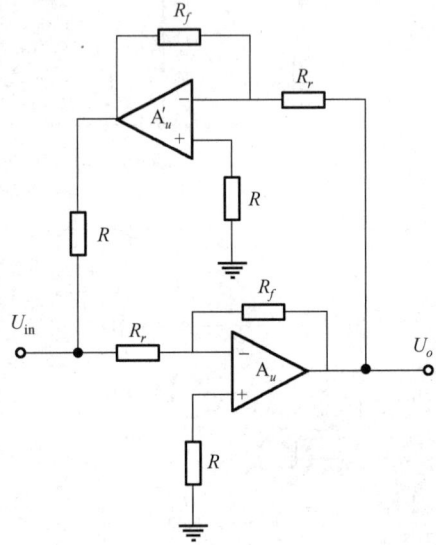

图 12.3.16 是一种带辅助放大器的自举电路，它的输入阻抗为

$$R_{\text{in}} = \frac{R_r R}{-R_r + R} \qquad\qquad (12.3.22)$$

式（12.3.22）的条件是 $R'_r = R_f, R'_f = 2R_r$。

电路的电压增益等于

$$A_u = \frac{R_f R'_f}{R_r R'_f} \qquad\qquad (12.3.23)$$

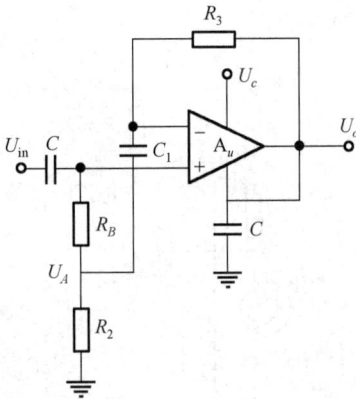

图 12.3.15　运算放大器中的自举电路　　　　图 12.3.16　带辅助放大器的自举电路

12.3.7　低噪声接收机的电源与接地

在要求较高的低噪声接收机设计中，需要注意电源与接地问题。

（1）电源的影响

电源的噪声是由电源内部电子元件产生的，这些噪声在 0.1～1 μV 的数量级。实际中电源的纹波对接收机的影响更大，电源的纹波会随同直流电压一起加到低噪声放大器的输入级，直接影响对有用信号的检测能力，这就要求有高稳定度的电源。对要求在纳伏级范围的放大器来说，一般要求电源的纹波不大于 0.1 μV。

一般减弱纹波的方法有以下 5 种。

① 加大输出电感和输出电容来进行滤波。这种也是最简单、方便的一种滤波手段，因为加大输出电容值可以延缓导通时间，延长电源的调节时间达到减小纹波的目的；通常的做法是，对于输出电容，使用铝电解电容以达到增大容量的目的。但是电解电容在抑制高频噪声方面效果不是很好，所以会在它旁边并联一个陶瓷电容，来弥补铝电解电容的不足；同时，在开关电源工作时，输入端的电压 V_{in} 不变，但是电流是随开关变化的，这时通常在靠近电流输入端并联电容来提供电流。

② 在输出端增加一级 LC 滤波线路。LC 滤波器对噪声纹波的抑制作用比较明显，根据要除去的噪声纹波频率选择合适的电感电容构成滤波电路，一般能够很好地减小噪声纹波。

③ 在开关电源输出之后接 LDO 滤波。这种方法是减少纹波和噪声最有效的办法，输出电压恒定，不需要改变原有的反馈系统，但是也是成本最高、功耗最高的方法，该方法一般使用在需要高精度输出的高端开关电源上。在多数的水声检测系统中，LDO 滤波的方法通常为首选方案。

④ 在二极管上并电容 C 或 RC，这种方法是有风险的，因为在二极管上并上一个电容或者 RC 线路，就有可能会构成振荡线路，如果参数没有调整好，那么就有可能令电源发生振荡现象。

⑤ 在输出二极管后再接一个 π 型线路进行滤波，这种方法是中高端电源常用的一种滤波手段，这种手段比 LC 的滤波效果会好一点，也被称为 CLC 滤波器。

如果在增加滤波后还是无法达到要求，并且确认是电源的纹波影响，那么可以直接采用电池供电。电池是低噪声放大的理想电压源，它不是噪声源，只是在接近耗尽时噪声才会增大，这时就需要及时更换电池。

（2）接地

接地的意义可以理解为一个等电位点或等点位面。它是电路或系统的基准电位，但不一定是大地电位。对于微弱信号检测系统，接地的主要目的是为信号电压提供一个稳定的零电位参考点（信号地或系统地）。地线设计的目的是要保证地线电位尽量稳定，从而消除干扰现象。信号接地的方式一般有三种：浮地、单点接地、多点接地。

① 浮地：浮地的目的是使电路或设备与公共地线可能引起环流的公共导线隔离起来，浮地还使不同电位的电路之间配合变得容易。缺点是容易出现静电积累引起强烈的静电放电，一般需要接入泄放电阻。

② 单点接地：单点接地是指所有电路的地线接到公共地线的同一点，进一步还可分为串联单点接地和并联单点接地。这种接法最大的好处就是没有地环路，相对简单，但是地线往往过长，导致地线阻抗过大。一般在工作频率低（<1MHz）情况下，主要采用单点接地式，不适宜用于高频场合。在低频率、小功率和相同电源层之间，单点接地是最为适宜的，通常应用于模拟电路中。

③ 多点接地：在工作频率高的情况下，一般采用多点接地式（即在该电路系统中，用一块接地平板代替电路中每部分各自的接地回路）。因为接地引线的感抗与频率、长度成正比，当工作频率高时，将增大共地阻抗，从而将增大共地阻抗产生的电磁干扰，所以要求地线的长度尽量短。当采用多点接地时，尽量找最接近的低阻值接地。对于高频率的数字电路就需要并联接地，一般通过地孔的方式进行较为简单的处理。在 PCB 设计中的大面积敷铜接地，其实就是多点接地，所以单面 PCB 也可以实现多点接地，多层 PCB 大多为高速电路，地层的增加可以有效提高 PCB 的电磁兼容性，是提高信号抗干扰的基本手段，同样由于电源层、地层和不同信号层的相互隔离，减轻了 PCB 的布通率也增加了信号间的干扰。

通常在系统中会因为电平、数字模拟等设计两个或多个地线，就需要对地平面进行分割，其连接方法如下。

① 地间电路板普通走线连接：使用这种方法可以保证两个地线之间可靠的低阻抗导通，但仅限于中低频信号电路地线之间的接法。

② 地间大电阻连接：大电阻的特点是一旦电阻两端出现压差，就会产生很弱的导通电流，把地线上电荷泄放掉之后，最终实现两端的压差为零。

③ 地间电容连接：电容的特性是直流截止和交流导通，应用于浮地系统中。

④ 地间磁珠连接：磁珠等同于一个随频率变化的电阻，它表现的是电阻特性。应用于快速小电流波动的弱信号的地与地之间。

⑤ 地间电感连接：电感具有抑制电路状态变化的特性，可以削峰填谷，通常应用于两个有较大电流波动的地与地之间。

⑥ 地间小电阻连接：小电阻增加了一个阻尼，阻碍地电流快速变化的过冲；在电流变化时，使冲击电流上升沿变缓。

模拟信号和数字信号都要回流到地，因为数字信号变化速度快，从而在数字地上引起的噪声就会很大，而模拟信号是需要一个"干净"的地参考工作的。如果模拟地和数字地混在一起，噪声就会影响到模拟信号。一般来说，首先要将模拟地和数字地分开处理，然后通过细的走线连在一起，或者单点磁珠连接在一起。总的思想是尽量阻隔数字地上的噪声窜到模拟地上。

屏蔽电缆的屏蔽层、信号包地都要接到单板的接口地上而不是信号地上，这是因为信号地上有各种噪声，如果屏蔽层接到了信号地上，那么噪声电压就会驱动共模电流沿屏蔽层向外干扰，所以设计不好的电缆线一般都是电磁干扰的最大噪声输出源。

12.4　接收机的频带选择与增益控制

12.4.1　水声最佳工作频率

在一定的声源级下，主被动声检测装置的作用距离决定于一系列与频率有关的物理量，主要有噪声级 NL、接收指向性指数 DI、传播损失 TL、接收机通频带 Δf 等。可以证明，存在一个最佳频率，使得声检测的作用距离达到最大值。或者换一种方式说，当要求的作用距离一定时，存在着一个最佳频率使需要的声源级最小。

在声呐的最佳频率研究工作中，许多人导出过各种不同形式的最佳频率表达式，这些表达式在形式上的差异是由于导出过程中考虑的因素不同。

（1）最佳频率的一般形式

根据声呐方程可以建立以下两个等式。

对于被动声检测，有

$$TL = FM \qquad\qquad (12.4.1)$$

对于主动回声检测，有

$$2TL = FM \qquad\qquad (12.4.2)$$

其中：TL 是海水中的传播损失（见式（12.1.3）），FM 称为优质因数。优质因数的定义为

$$FM = SL - (NL - DI + DT) \qquad\qquad (12.4.3)$$

在被动声检测中，优质因数等于最大的单程传播损失；在主动回声检测中，优质因数是目标反射强度 TS = 0 时的最大允许双程传播损失。

对被动声检测，有

$$FM = TL = 20\lg r + \alpha r \qquad\qquad (12.4.4)$$

因为当其他条件不变时，最佳频率时的作用距离 r 是最大的，所以对式（12.4.5）求微分得

$$20\frac{1}{r}\frac{\mathrm{d}r}{\mathrm{d}f} + \alpha\frac{\mathrm{d}r}{\mathrm{d}f} + r\frac{\mathrm{d}\alpha}{\mathrm{d}f} = \frac{\mathrm{d}(\mathrm{FM})}{\mathrm{d}f} \tag{12.4.6}$$

令 $\dfrac{\mathrm{d}r}{\mathrm{d}f} = 0$ 得，则有

$$r\frac{\mathrm{d}\alpha}{\mathrm{d}f} = \frac{\mathrm{d}(FM)}{\mathrm{d}f} \tag{12.4.7}$$

$\dfrac{\mathrm{d}(\mathrm{FM})}{\mathrm{d}f}$ 的单位是 dB/kHz，表示优质因数随频率的改变率。实际上经常使用简单的单位：dB/Oct.，所以

$$\frac{\mathrm{d}(\mathrm{FM})}{\mathrm{d}f}\bigg|_{\mathrm{dB/kHz.}} = \frac{f}{\sqrt{2}} \times \frac{\mathrm{d}(\mathrm{FM})}{\mathrm{d}f}\bigg|_{\mathrm{dB/Oct.}} \tag{12.4.8}$$

这个公式成立是由于几何平均频率为 f 的一个倍频程的宽度为 $f/\sqrt{2}$。因此，可将式（12.4.7）变成

$$\frac{f}{\sqrt{2}}r\frac{\mathrm{d}\alpha}{\mathrm{d}f} = \frac{\mathrm{d}(\mathrm{FM})}{\mathrm{d}f}\bigg|_{\mathrm{dB/Oct}} \tag{12.4.9}$$

利用代入 α 的表达式（12.1.5）可求得最佳频率的一般值。

被动声检测的最佳频率为

$$f_0 = \left[\frac{26.2}{r_0} \times \frac{\mathrm{d}(\mathrm{FM})}{\mathrm{d}f}\bigg|_{\mathrm{dB/Oct.}}\right]^{\frac{2}{3}} \tag{12.4.10}$$

主动回声检测的最佳频率为

$$f_0 = \left[\frac{13.1}{r_0} \times \frac{\mathrm{d}(\mathrm{FM})}{\mathrm{d}f}\bigg|_{\mathrm{dB/Oct.}}\right]^{\frac{2}{3}} \tag{12.4.11}$$

（2）最佳频率的具体形式

最佳频率的具体形式取决于 $\dfrac{\mathrm{d}(\mathrm{FM})}{\mathrm{d}f}$ 的计算结果。由式（12.4.3）可知

$$\frac{\mathrm{d}(\mathrm{FM})}{\mathrm{d}f} = \frac{\mathrm{d}(\mathrm{SL})}{\mathrm{d}f} - \frac{\mathrm{d}(\mathrm{NL})}{\mathrm{d}f} + \frac{\mathrm{d}(\mathrm{DI})}{\mathrm{d}f} - \frac{\mathrm{d}(\mathrm{DT})}{\mathrm{d}f} \tag{12.4.12}$$

对于不同的检测设备，对式（12.4.9）右端做不同的处理，最佳频率的形式是不同的。例如，可认为 DI 是与频率有关的，但是有时为了保证有固定的波束角度，应取 DI 为常数，即与频率无关。以下导出 DI 为常数的最佳频率。如果取接收带宽正比于工作频率，即

$$\Delta f = Kf \tag{12.4.13}$$

则式（12.4.12）右端各项为 $\dfrac{\mathrm{d}(\mathrm{SL})}{\mathrm{d}f} = 0$，这是因为辐射功率为常数；$\dfrac{\mathrm{d}(\mathrm{DI})}{\mathrm{d}f} = 0$，这是因为取 DI 为常数；$\dfrac{\mathrm{d}(\mathrm{DT})}{\mathrm{d}f} = 0$，假设检测阈与频率无关。

然后把式（12.4.13）代入频带噪声强度的表达式（12.1.8）得

$$I_{\Delta f} = K\alpha \frac{1}{f} \tag{12.4.14}$$

频率变化 1 倍频程时 NL 的变化率为

$$\frac{d(NL)}{df} = 10\log_{10}\frac{K\alpha\frac{1}{25}}{K\alpha\frac{1}{f}} = 10\log_{10}\left(\frac{1}{2}\right) = -3\text{dB} \tag{12.4.15}$$

将式（12.4.15）代入式（12.4.12）得 $\dfrac{d(FM)}{df} = 3$，再代入式（12.4.11）得主动回声检测的最佳频率为

$$f_0 = 11.6 r_0^{-\frac{2}{3}} \tag{12.4.16}$$

如果取接收带宽与频率无关，即 $\Delta f =$ 常数，这时 $I_{\Delta f} = \alpha\dfrac{\Delta f}{f^2}$，则有

$$\frac{d(NL)}{df} = -6(\text{dB}), \quad \frac{d(FM)}{df} = 6 \tag{12.4.17}$$

相应的主动回声检测的最佳频率为

$$f_0 = 18.3 r_0^{-\frac{2}{3}} \tag{12.4.18}$$

（3）用求极值法求最佳频率

假定仍取 DI 为常数，则 γ（聚集系数）与频率无关，可得

$$I_N = I_{\Delta f} = \frac{a}{f^n}\Delta f = \frac{a}{f^n}Kf = \frac{aK}{f^{n-1}} \tag{12.4.19}$$

代入式（12.1.7）可以导出

$$\frac{I_0 R_0^2}{4r^2}\frac{1}{d^2}\gamma\frac{1}{aK} = 10^{0.2\alpha r}\frac{1}{f^{n-1}} \tag{12.4.20}$$

式（12.4.20）左侧与频率无关。令 $\beta = \alpha_1 f + \alpha_2 f^2$，并令右侧对频率的导数为零，即得

$$0.46 \times 2\alpha_2 rf^2 + 0.46\alpha_1 rf - (n-1) = 0$$

$$f^2 + \frac{\alpha_1}{2\alpha_2}f - 1.09\frac{n-1}{\alpha_2 r} = 0 \tag{12.4.21}$$

根据式（12.4.21）得主动回声检测的最佳频率为

$$f_0 = -\frac{\alpha_1}{4\alpha_2} + \sqrt{\left(\frac{\alpha_1}{4\alpha_2}\right)^2 + 1.09\frac{n-1}{\alpha_2 r}} \tag{12.4.22}$$

若已知功率谱的参数 n、α、衰减系数 β 的参数 α_1 及 α_2，即可估计最佳频率。推导式（12.4.22）时认为接收带宽 Δf 与频率 f 是成正比的。

（4）工作频率的确定

声信号检测最佳工作频率只有统计平均的意义，因为声呐方程中的许多参数都只有统计

平均的意义，所以最佳频率只能作为确定设备工作频率的参考。尤其是对被动声检测来说，工作频率的确定首先决定于声信号检测装置的总体方案。例如，当采用宽带接收方案时，工作频率范围主要决定于声信号检测的目的，以及需要测量低频成分、高频成分或取得更宽频带（如 20Hz～20kHz）的信息和信号频谱的特点。这时并不需要进行最佳频率的计算。

12.4.2　接收机的通频带

（1）主动声检测的接收机通频带

主动回声检测的回波信号能量应集中在有限带宽内，因为干扰噪声功率与接收带宽 Δf 成正比，若接收机带宽比实际的回波信号带宽是不利的，所以设计合理的接收机带宽是微弱信号检测需要考虑的问题。接收机带宽受到一些因素的限制，这些因素主要有：信号频谱占有的频带，多普勒现象造成的频率偏移以及发射机工作频率不稳定造成的频率变化。

对于具有正弦填充频率的矩形脉冲，如果要求接收到的脉冲在宽度 τ 的时间内上升到其稳态值的 95%，则需要的通频带宽度为

$$\Delta f_\tau = \frac{1}{\tau} \tag{12.4.23}$$

我们知道，当目标与探测装置之间发生相对运动时，会由于多普勒效应引起接收机接收到信号频率的改变。若声发射信号的频率为 f_1，则信号源和目标之间的运动速度分别为 v_1 和 v_2，信号源运动方向与信号源、目标连线间的夹角为 α_1，目标运动方向与信号源、目标连线间的夹角为 α_2，如图 12.4.1 所示，水中声速为 c，假设目标反射时的运动为匀速运动，则接收系统收到的回波信号频率为

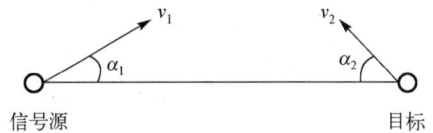

图 12.4.1　信号源与目标的相对运动

$$f_2 = f_1\left(1 + 2\frac{v_1\cos\alpha_1 + v_2\cos\alpha_2}{c + v_1\cos\alpha_1 + v_2\cos\alpha_2}\right) \tag{12.4.24}$$

由于 $c \gg v_1\cos\alpha_1 + v_2\cos\alpha_2$，则式（12.4.24）可表示为

$$f_2 \approx f_1\left(1 + 2\frac{v_1\cos\alpha_1 + v_2\cos\alpha_2}{c}\right) \tag{12.4.25}$$

如果检测装置是静止的，则仅需考虑目标运动引起的多普勒频移，即

$$\Delta f_D = 2f_1\frac{v_2\cos\alpha_2}{c} \tag{12.4.26}$$

由于 $\cos\alpha_2$ 的值可正可负，因此多普勒频移的总带宽为

$$|\Delta f_D| = 4f_1\left|\frac{v_2\cos\alpha_2}{c}\right| \tag{12.4.27}$$

发射机的频率不稳定性是由发射机电路的方案和质量决定的，一般在设计上可以提出要求使得发射机频率变化的范围不得超过规定值，即

$$\Delta f_1 = Kf_1 \tag{12.4.28}$$

K 是以百分比表示的系数。接收带宽表示为

$$\Delta f = \Delta f_\tau + \Delta f_D + \Delta f_1 \qquad (12.4.29)$$

在工程应用中，通常 $\tau = \dfrac{50 \sim 100}{f_1}$，并且 Δf_D 与 Δf_1 均正比于 f_1，可以认为

$$\Delta f = K f_1 \qquad (12.4.30)$$

（2）被动声检测的接收机通频带

被动声信号检测可以选用窄带接收，也可以选用宽带接收。窄带接收的好处是：第一，声呐接收机可以工作在谐振状态，有比较高的声电转换灵敏度；第二，对信号进行某些处理时，电路比较简单（如定向、动作区域控制等电路处理）。被动声信号检测也常常采用宽带接收。如果信号与干扰噪声具有相似的谱结构，则滤波不会提高信噪比，但在大多数实际情况下，目标噪声含有频域的特征，所以应该合理地选择接收机的频域和频带的宽度。

12.4.3　接收机常用有源滤波器的设计

电气滤波器是一个频率选择部件，它可以通过某些频率的信号而抑制或衰减另外一些频率的信号。选频滤波器一般分为低通（通过低频抑制高频）、高通（通过高频抑制低频）、带通（通过某一频带抑制高于和低于这一频带的信号）和带阻（抑制某一频率而过高于和低于这一频带的信号）4种。从滤波器的实现方式上，可以分为有源滤波器和无源滤波器两种。在滤波器设计中，设计人员时常会遇到选择有源滤波器还是无源滤波器的问题。

无源滤波器由电阻、电感和电容构成，这些都属于无源元件。无源滤波器在某些频率范围内是适用的，但是在低频段，如频率低于 0.5MHz 时就不适用了。这是因为低频运用所需的电感元件体积过大，不易达到理想的性能。而且不能像电阻、电容那样适应集成化技术。因此在低频应用中总是希望去掉电感元件，采用有源滤波器便可以达到这个目的。

有源滤波器由电阻、电容、有源元件，以及相应的独立电源等构成。常用的有源器件就是集成电路运算放大器。使用这种有源器件除了可以实现巴特沃斯（Butterworth）、切比雪夫（Chebyshev）、反切比雪夫（Inverse Chebyshev）与椭圆函数（Elliptic）滤波器，还可以实现相移、贝塞尔及恒定延时滤波器等等。本书给出了巴特沃斯与切比雪夫型滤波器的设计方法。

一个滤波器的性能用它的传递函数 $H(s)$ 表示为

$$H(s) = \frac{V_2(s)}{V_1(s)} \qquad (12.4.31)$$

其中：V_1 和 V_2 分别为滤波器的输入电压和输出电压，复频率 $s = j\omega$，传递函数也可以写成

$$H(j\omega) = |H(j\omega)| e^{j\varphi_{(\omega)}} \qquad (12.4.32)$$

其中：$|H(j\omega)|$ 是幅度；$\varphi_{(\omega)}$ 是相角。从滤波器的幅频特性中，可以得到通带、截止频率、过渡带和阻带。但理想的滤波器是不可能实现的，而用电路元件可以制作出接近理想性能的滤波器。它的传递函数可以表示成两个多项式的比。为了便于应用，我们令

$$\begin{aligned}
H(s) &= \frac{V_2(s)}{V_1(s)} \\[2mm]
&= \frac{\alpha_m s^m + \alpha_{m-1} s^{m-1} + \cdots + \alpha_1 s + \alpha_0}{b_n s^n + b_{n-1} s^{n-1} + \cdots + b_1 s + b_0}
\end{aligned} \qquad (12.4.33)$$

其中：α,b 为常数，以及 $m,n = 1,2,3,\cdots(m < n)$，分母多项式的幂次 n 即为滤波器的阶数。一般高阶滤波器的幅度特性优于低阶滤波器的，即更加接近理想情况。但高阶滤波器电路复杂、造价较高。滤波器设计的宗旨就是以最低代价实现符合要求的滤波特性。

若给定 n 阶传递函数，则可以用若干种方法进行滤波器电路的计算。一种常用的方法是，先把传递函数分解为 $H_1, H_2, \cdots, H_m$ 各因式的乘积，相应地，每个因式构成一个滤波节，或称一级滤波器电路，即 $N_1, N_2, \cdots, N_m$。再把各节电路按照如图 12.4.2 所示的结构级联起来。注意，第一节输出连接第二节输入，依此类推。如果分别变化每节的传递函数而彼此不存在相互影响，则级联后即可获得原来的 n 阶传递函数。由于运

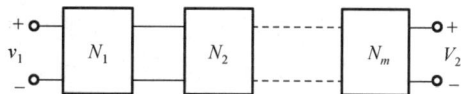

图 12.4.2　滤波节的级联

放具有非常高的输入阻抗和零输出阻抗，因此各节之间互不影响的要求是不难满足的。

对于一阶滤波器，传递函数为

$$\frac{V_2}{V_1} = \frac{P(s)}{s + C} \tag{12.4.34}$$

其中：C 为常数；$P(s)$ 为一次或零次多项式。

二阶滤波器的传递函数为

$$\frac{V_2}{V_1} = \frac{P(s)}{s^2 + Bs + C} \tag{12.4.35}$$

其中：B 和 C 为常数；$P(s)$ 为幂次不高于 2 的多项式。

对于 $n > 2$ 的情况：若 n 为偶数，常用 $n/2$ 节二阶电路级联构成，每节的传递函数为通式（12.4.32）；若 n 为奇数，则整个滤波器由 $(n-1)/2$ 节二阶电路与一节一阶电路级联构成，其中各二阶电路节的传递函数为通式（12.4.35），而一阶电路节的传递函数为通式（12.4.34）。

在式（12.4.35）中，我们定义极偶频率（pole-pair frequency）为

$$\omega_p = \sqrt{C} \tag{12.4.36}$$

以及极偶品质因数（pole-pair quality）为

$$Q_p = \frac{\sqrt{C}}{B} \tag{12.4.37}$$

这样传递函数可以写成

$$\frac{V_2}{V_1} = \frac{P(s)}{s^2 + \left(\omega_p / Q_p\right)s + \omega_p^2} \tag{12.4.38}$$

若式（12.4.38）中的 Q_p 较小，如在 0~5 之间，则比较简单的电路即可获得式（12.4.35）的传递函数；若 Q_p 较大，如大于 10，则需要使用比较复杂的电路。

在接收机设计中，常用的有源滤波器包括巴特沃斯滤波器、切比雪夫滤波器、贝塞尔滤波器与椭圆滤波器。

（1）巴特沃斯滤波器

巴特沃斯滤波器在利用现代设计方法设计的滤波器中，是最为有名的滤波器，由于它设

计简单，因此其通频带的频率响应曲线最平滑，构成滤波器的元件 Q_p 值较小，因此易于制作且易于达到设计性能，故得到了广泛应用。其传递函数为

$$|H(\omega)|^2 = \cfrac{1}{1+\left(\cfrac{\omega}{\omega_c}\right)^{2v}} = \cfrac{1}{1+\varepsilon^2\left(\cfrac{\omega}{\omega_p}\right)^{2v}} \qquad (12.4.39)$$

其中：ω_p 为滤波器的阶数；ω_c 为截止频率，即振幅下降 $-3\mathrm{dB}$ 时的频率；ω_p 为通频带边缘频率。

巴特沃斯滤波器的幅频响应如图 12.4.3 所示。可以看出，巴特沃斯滤波器在通带内幅频特性十分平坦，没有纹波，而且在过渡带、阻频带内单调下降。从某一边界角频率开始，振幅随角频率的增大而逐步减小，最终趋向负无穷大。一阶巴特沃斯滤波器的衰减率为每倍频 6dB\每十倍频 20dB；二阶巴特沃斯滤波器的衰减率为每倍频 12dB；三阶巴特沃斯滤波器的衰减率为每倍频 18dB，依此类推。滤波器阶数越高，在阻频带振幅衰减速度越快。

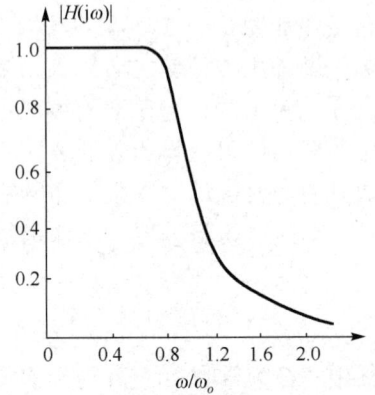

图 12.4.3　巴特沃斯滤波器的幅频响应

（2）切比雪夫滤波器

切比雪夫滤波器又称为车比雪夫滤波器，是在通带或阻带上频率响应幅度等波纹波动的滤波器。其传递函数为

$$|H(\omega)|^2 = \cfrac{1}{1+\varepsilon^2 T_n^2 \cfrac{\omega}{\omega_c}} \qquad (12.4.40)$$

其中：ε 为决定通带内波动起伏大小的系数；ω_c 为通带截止频率；T_n 为 n 阶切比雪夫多项式。

切比雪夫滤波器可分为Ⅰ型和Ⅱ型两种，Ⅰ型切比雪夫滤波器在通带（或称通频带）上频率响应幅度等波纹波动，Ⅱ型切比雪夫滤波器在阻带（或称阻频带）上频率响应幅度等波纹波动。两种切比雪夫滤波器的幅频响应如图 12.4.4 所示。切比雪夫滤波器的过渡带比巴特沃斯滤波器衰减相对较快，但是其通带与阻带特性不够平坦。切比雪夫滤波器和理想滤波器的频率响应曲线之间的误差最小，但是在通频带内存在幅度波动。

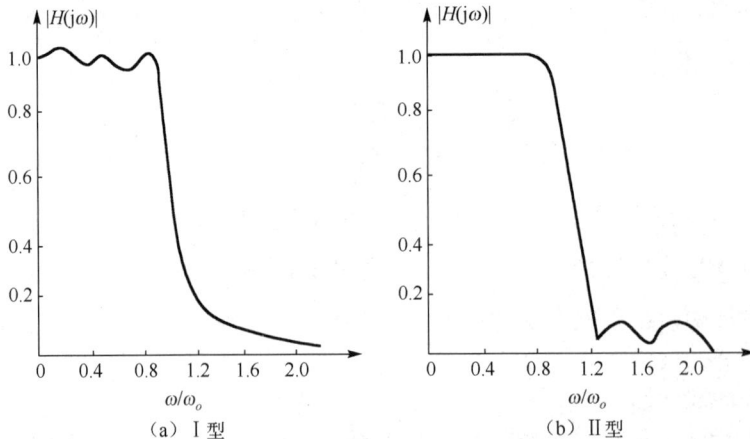

（a）Ⅰ型　　　　　　　　　　　　（b）Ⅱ型

图 12.4.4　两种切比雪夫滤波器的幅频响应

（3）贝塞尔滤波器

贝赛尔滤波器是具有最大平坦的群延迟（线性相位响应）的线性过滤器，即最平坦的幅度和相位响应。其带通的相位响应近乎线性。贝塞尔滤波器传递函数为

$$T_v(s) = \frac{B_v(0)}{B_v(s / \omega_0)} \tag{12.4.41}$$

其中：ω_0 为期望截止频率。

贝塞尔滤波器的幅频响应曲线如图 12.4.5 所示，与同阶数的其他滤波器相比，贝塞尔滤波器过渡带不够陡峭，通带也不够平坦，一般需要设计成高阶数的滤波器来达到相应的阻带衰减水平。

（4）椭圆滤波器

椭圆滤波器是一种在通带和阻带具有等波纹特性的滤波器。相比其他类型的滤波器，在相同阶数条件下有着最小的通带和阻带波动。椭圆滤波器的幅频响应曲线如图 12.4.6 所示。相比其他滤波器其阻带下降最快，过渡带更为陡峭、更窄。也就是说，对于相同的性能要求，它所需要的阶数是最低的。但是通带和阻带都是等波纹的，也就是说，过渡带的特性是由牺牲阻带和通带的稳定性换来的。

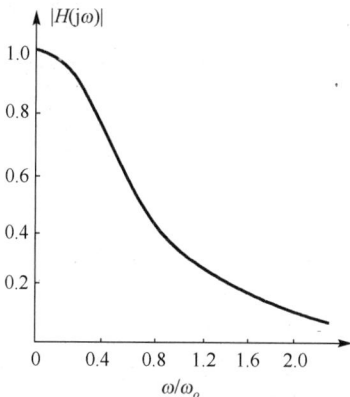

图 12.4.5 贝塞尔滤波器的幅频响应曲线

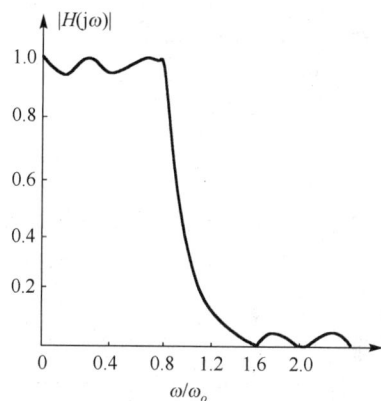

图 12.4.6 椭圆滤波器的幅频响应曲线

椭圆滤波器传输函数是一种较复杂的逼近函数，利用传统的设计方法进行电路网络综合设计要进行烦琐的计算，还要根据计算结果进行查表，整个设计、调整都十分困难，因此椭圆滤波器的设计相对比较复杂。在 MATLAB 中，可通过库函数快速实现，即 ellipord 函数和 ellip 函数。

设计椭圆滤波器的振幅平方函数为

$$\left|H_a(\mathrm{j}\omega)\right|^2 = \frac{1}{1 + \varepsilon^2 R_N^2(\omega / \omega_p)} \tag{12.4.42}$$

其中：R_N 为雅可比（Jacoboi）椭圆函数；ε 为通带波动系数。

12.4.4 两类常用有源滤波器电路的拓扑结构

给出两类常用的二阶有源滤波器电路拓扑结构，二阶压控电压源（Shallen-Key）型和二阶无限多路反馈（MFB）型。

（1）二阶压控电压源型有源滤波器

二阶压控电压源型有源滤波器也称为有限增益正反馈滤波器，在工程上应用较为广泛。

所谓二阶电路包含了两个独立的储能元件，即两个电容。增加阶数和引入正反馈主要是为了增大 Q 值，进而缩小过渡带。压控电压源型有源滤波器如图 12.4.7 所示。其传递函数为

$$H = \frac{A_F Y_1 Y_3}{Y_5(Y_1 + Y_2 + Y_3 + Y_4) + Y_3[Y_1 + Y_4 + Y_2(1 - A_F)]} \tag{12.4.43}$$

只要适当选取元件来代替 $Y_1 \sim Y_5$ 中相应的导纳就可构成不同类型的二阶有源滤波电路。

例如，设 $Y_1 = 1/R_1, Y_2 = sC_2, Y_3 = 1/R_3, Y_4 = 0, Y_5 = sC_5$，就可构成二阶压控电压源型有源低通滤波器，如图 12.4.8 所示。

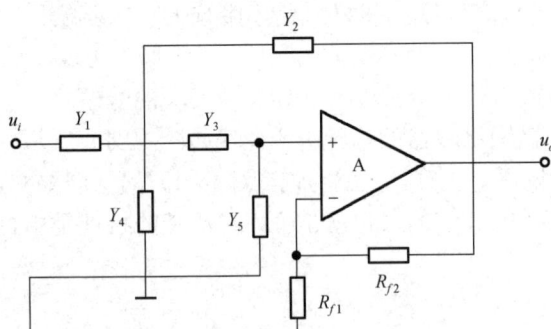

图 12.4.7 压控电压源型有源滤波器

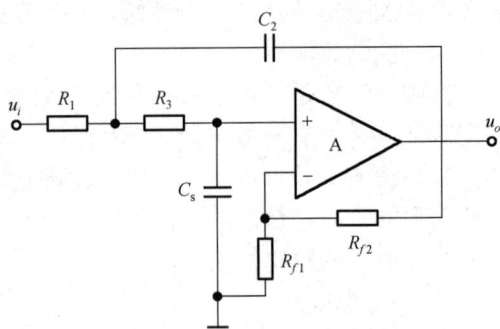

图 12.4.8 二阶压控电压源型有源低通滤波器

设 $Y_1 = sC_1, Y_2 = 1/R_2, Y_3 = sC_3, Y_4 = 0, Y_5 = 1/R_5$，就可构成二阶压控电压源型有源高通滤波器，如图 12.4.9 所示。

（2）二阶无限多路反馈型有源滤波器

二阶无限多路反馈型有源滤波器如图 12.4.10 所示。其在工程上的应用不如二阶压控电压源型有源滤波器广泛。

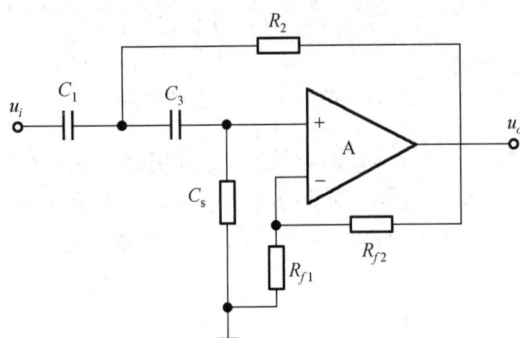

图 12.4.9 二阶压控电压源型有源高通滤波器

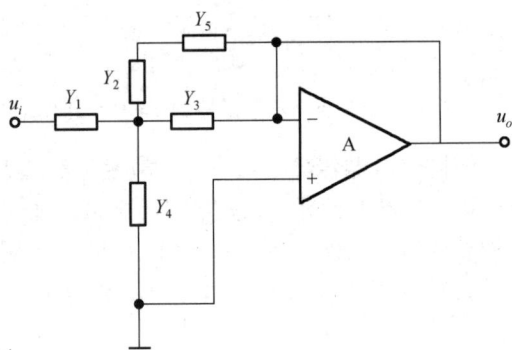

图 12.4.10 二阶无限多路反馈型有源滤波器

其传递函数为

$$H = \frac{-Y_1 Y_3}{Y_5(Y_1 + Y_2 + Y_3 + Y_4) + Y_2 Y_3} \tag{12.4.44}$$

通过适当选择元件代替 $Y_1 \sim Y_5$，即可构成不同类型的二阶有源滤波器。

例如，设 $Y_1 = 1/R_1, Y_2 = 1/R_2, Y_3 = 1/R_3, Y_4 = sC_4, Y_5 = sC_5$，就可构成二阶无限多路反馈型有源低通滤波器，如图 12.4.11 所示。

设 $Y_1 = sC_1, Y_2 = sC_2, Y_3 = sC_3, Y_4 = 1/R_4, Y_5 = 1/R_5$，就可构成二阶高通滤波器，如图 12.4.12 所示。

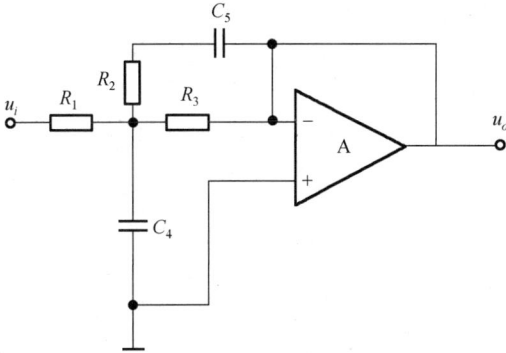

图 12.4.11　二阶无限多路反馈型有源低通滤波器　　　图 12.4.12　二阶无限多路反馈型有源高通滤波器

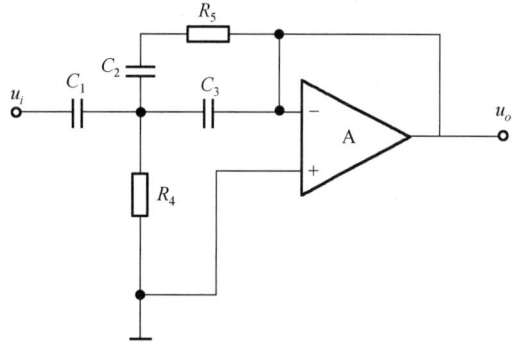

由于二阶压控电压源型结构在工程中应用比较广泛，综合考虑，本章接收系统使用二阶压控电压源型结构来设计滤波器，也就是电压控制电压源（VCVS）型椭圆滤波器。

12.4.5　接收机自动增益控制电路的原理及指标

对于一定声源级的目标，信号随传播距离衰减，故接收机接收到的信号强度可能相差巨大，实际中水声接收信号可能从几微伏到几十毫伏变化，相差几千、几万倍。对于微弱信号检测的接收机设计，通常模数转化的 ADC 采样端需要有足够大的信号才能保证小的量化误差，这时接收机就需要具备对不同强度的信号进行自动增益调整，使得对小幅度信号（远距离）有足够大的放大倍数，而对大幅度信号（近距离）要少放大、不放大，甚至缩小其幅度以避免强信号饱和失真。

自动增益控制（Automatic Gain Control，AGC）是一种使放大电路增益地随信号强度而自动调整的控制方法。当输入信号电压变化很大时，可以保持接收机输出电压恒定或在一定参考范围内基本不变。具体地说，当输入信号很弱时，接收机的增益大，自动增益控制电路不起作用；当输入信号很强时，自动增益控制电路进行控制，使接收机的增益减小。因此对 AGC 电路的要求是：在输入信号较小时，AGC 电路不起作用，只有当输入信号增大到一定程度后，AGC 电路才起控制作用，使增益随输入信号的增大而减少。也可以说，AGC 系统就是一个动态范围压缩装置。

AGC 电路是接收机设计中的重要部分，实现这种功能的电路简称 AGC 环。根据参考电压的有无，AGC 电路可以分为简单 AGC 电路和延迟 AGC 电路；根据控制电压产生的位置的不同，AGC 电路可以分为前置 AGC 电路和后置 AGC 电路；根据电路实现的途径，也可以分为模拟 AGC 和数字 AGC 电路两种。

在简单 AGC 电路中，参考电平 $u_r = 0$。只要输入信号振幅 u_i 增大，AGC 就会起控，使 K_V 减小，从而使输出信号振幅 u_o 减小。这种电路的优点是简单，没有设置参考电压，也就不存在电压比较器，功耗也较小。主要缺点是一旦有外来信号，AGC 就立即起控，接收系统的增益就受控制而减小，这不利于提高接收系统的灵敏度。延迟 AGC 电路的特点是在电路中存在一个起控门限，即比较参考电压 U_r，对应于输入信号振幅 $U_{i\min}$。当 U_i 大于 $U_{i\min}$ 时，检波器、放大器、低通滤波器接通，AGC 电路才开始发挥作用。考虑到低功耗的要求，一般建议采用简单 AGC 的方式实现可控增益放大器的功能。这样可以避免设置参考电压，从而省略一系列和产生参考电压相关的电路，最大限度降低了功耗。

对于自动增益控制电路，通过检测信号的大小，调整链路增益的大小。根据检测信号的不同，一般分为前馈式和反馈式两种结构。前馈式 AGC 电路，检测电路输入信号的幅度大小，调整增益大小；反馈式 AGC 电路，检测电路输出信号的幅度大小，调整增益大小。由于反馈式 AGC 电路能够提供更高的线性度，因此它的应用更加广泛。但是前馈式 AGC 电路能够应用在更宽的带宽内，并且稳定时间更短。

两类 AGC 电路的框图如图 12.4.13 和图 12.4.14 所示。

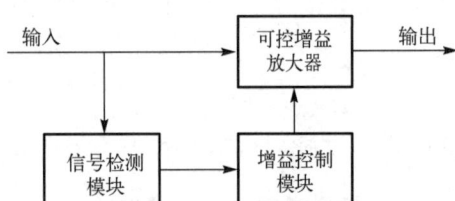

图 12.4.13　前馈式 AGC 框图　　　　图 12.4.14　反馈式 AGC 框图

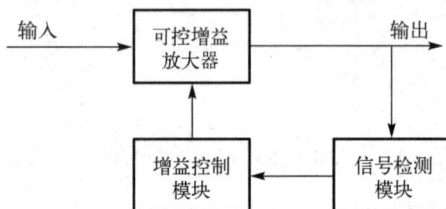

前馈式 AGC 是指在解调前提取信号进行检测，将检测得到的输入信号的强度通过检波、低通滤波和直流放大来控制放大器的增益。前馈式 AGC 的动态范围与增益控制模块的级数、增益及控制信号的强度大小有关。由于信号检测模块需要检测输入信号的全部动态变化范围，因此这种电路对检测器的线性度要求很高。而且由于检测器需要保持线性，因此会出现较大的功率损耗。

反馈式 AGC 是指在解调后提取信号进行检测，将检测得到的输出信号的强度通过检波、低通滤波和直流放大来控制放大器的增益。由于信号在解调后信噪比较高，AGC 就可以对信号电平进行有效控制。其易出现的问题是当 AGC 环路增益较大时，系统容易产生振荡，因此为了电路能够稳定工作，要求滤波器具有较大的带宽。

AGC 电路的主要性能指标有 4 个：响应时间、动态范围、稳定性、噪声系数。

（1）响应时间

AGC 响应其输入变化具有一定的时间延迟。这个时间延迟是响应时间。响应时间的长短由低通滤波器的特性，放大器的选择性和响应特性以及带通滤波器的延迟特性决定。例如，低通滤波器带宽不应太宽或太窄。低通滤波器的带宽太窄，会导致接收机的增益无法及时调整；低通滤波器的带宽太宽，会导致响应时间太短，容易产生反调制。反调制现象是指当输入一定幅度的调制信号时，幅度调制波的有用幅度变化被 AGC 电路的控制动作抵消。

（2）动态范围

AGC 的动态范围是在给定输出信号的幅度变化范围内，所允许的输入信号幅度的变化范围。AGC 电路是一个自动控制电路，它利用电压误差信号来消除输出信号和输出信号之间的电压误差。故当电路达到平衡时，仍然会出现电压误差。而在实际电路中，需要输入信号幅度的变化范围尽可能大，即具有较大的动态范围；同时希望输出信号幅度的变化要小，即电压误差要尽可能小。

（3）稳定性

AGC 是一个闭环控制系统。若电路设置不好，则可能会导致自激振荡等不稳定的情况。因此，在设计多级、大动态范围 AGC 电路时，第一级可采用处理大信号能力强的电路，如

PIN 二极管电路；第二级可采用可变增益线性度好的放大电路。

（4）噪声系数

对于 AGC 电路而言，由于电路的增益在一定的范围内变化，通常无法直接测量 AGC 电路的噪声系数。如需测试，可以将 AGC 电路设成开环的状态。同时，电路的噪声系数与增益成反比，因此设置为最大增益时有最小噪声系数。对于使用 VGA 的电路，在 VGA 设计时为了达到扩展带宽、改善噪声等目的，一般还需要额外增加匹配网络。

12.4.6 接收机自动增益控制电路的实现方式

由于前馈式 AGC 方式需要检测输入信号的全部动态范围，对检测器的线性度要求较高，这样会增大系统功耗，不是水声通信接收系统中 AGC 的理想方式。故一般使用反馈式 AGC 的方式来实现自动增益控制，这样降低了检测器的线性度要求，最大程度降低系统的功耗。当然，也有采用混合环路 AGC，这种电路可以克服前馈 AGC 和反馈 AGC 两者的缺点，尤其适合快速衰落信道，但是受到体积、成本、功耗和复杂度等因素的影响，在实际中应用不是很广泛。

考虑一个负反馈的 AGC 闭环电子电路系统，它可以总分为增益受控放大电路和控制电压形成电路两部分。增益受控放大电路位于正向放大通路，其增益随控制电压而改变。而控制电压形成电路的基本部件是 AGC 检波器和低通平滑滤波器，有时也包括门电路和直流放大器等部件。给出一种典型自动增益控制电路原理结构框图，如图 12.4.15 所示，包括检波器、滤波器、可控增益放大器、直流放大器、电压比较器、控制信号发生器等。图 12.4.15 中，U_{sr} 代表输入信号电压的幅度，在考虑干扰及传播过程中的衰落等因素的情况下，通常被看成随机变量。U_{sc} 代表经过 AGC 系统后的输出信号电压幅度。检波器、滤波器与直流放大器用于检测输出信号的强度，滤除杂散分量，进行放大后得到反馈电压 U_f，将这个反馈电压与参考电压 U_r 进行比较，产生误差信号 U_e。这个误差信号通过控制信号发生器产生控制电压 U_c 去控制可控增益放大器的增益。

可以看到，在 AGC 环中必须有一个能随输入信号强弱而变化的控制电压或电流信号，利用这个信号对放大器的增益进行自动控制。在调幅中频信号经幅度检波后，在它的输出中除音频信号外，还含有直流分量，直流分量大小与中频载波的振幅成正比。因此，可将检波器输出的直流分量作为 AGC 控制信号。工程上一般的设计思路是对放大电路的输出信号 u_0 经检波、滤波，产生用以控制增益受控放大器的电压 u_c。当输入信号 u_i 增大时，u_0 和 u_c 也随之增大，当 u_c 增大时，会使放大电路的增益下降，从而使输出信号的变化量（动态范围）显著小于输入信号的变化量（动态范围），达到自动增益控制的目的。这里特别说明，检波回路的实现可以通过搭建模拟电路或者直接通过单片机、DSP 等实现。

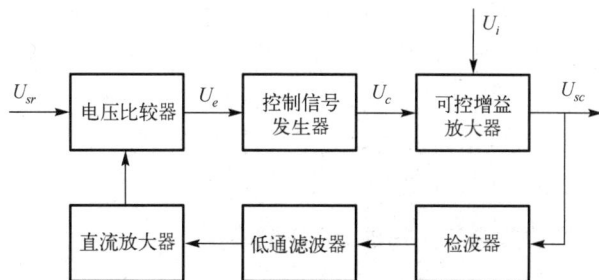

图 12.4.15 典型自动增益控制电路原理结构框图

考虑控制信号发生器的实现途径有很多种，目前工程上常用的 AGC 电路实现途径主要分为以下两种。

（1）使用模拟器件搭建 AGC 可控增益放大器和其他 AGC 电路。

（2）使用专用可变增益放大芯片搭建 AGC 电路，配合单片机、DSP 通过编程实现自动增益控制功能。

前者可实现的应用范围较广，各个频段、低噪、低功耗产品的应用广泛，但整体实现需要大量元件，电路设计及调试相对较复杂；后者通常带宽较小，如在选型有满足要求的可变增益放大芯片时，电路实现简单，但是一般功耗较大，对于要求功耗小的应用场景并不适用。

12.4.6.1 模拟器件搭建 AGC 电路

使用模拟器件搭建 AGC 可控增益放大器，其本质上是利用检波后的电压去控制一种可变增益放大器的放大倍数（或者控制一种可变衰减电路的衰减量）。目前典型的实现方式是在放大器各级间插入电控衰减器或利用电控可变电阻作放大器负载等。给出两种典型的电路实现方法：① 将运算放大器与结型场效应管结合，将 AGC 电压作用于结型场效应管的栅极，通过改变场效应管源漏极间的电阻来控制运算放大器的放大倍数，进而达到自动增益控制的目的；② 可以通过硅二极管等其他元件来达到控制衰减的目的，如硅二极管的导通电压较大，并且具有一定的内阻，故利用其特性的不理想性，可以较好地实现可控增益放大器的功能。如图 12.4.16 所示，给出一种基于可控硅二极管的 AGC 可控增益放大器设计。

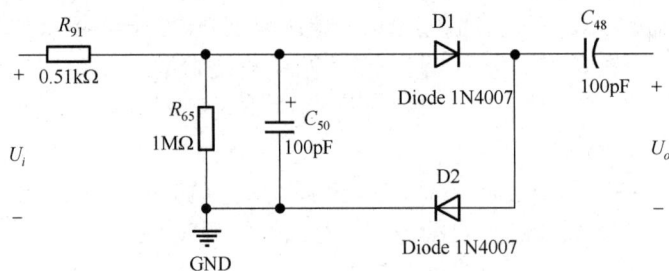

图 12.4.16　AGC 可控增益放大器电路图

该可控增益放大器可以实现对电路增益的有效控制。输入信号为近似直流的控制信号。当输入信号强度小于二极管的导通电压时，两个二极管截止，AGC 可控增益放大器处于不起控的状态。当输入信号继续增大，二极管 D1 和 D2 开始发挥作用，由于二极管特性的不理想性，因此其直流电阻并不是一直不变的，会随着输入信号强度的变化而变化。当输入信号强度变大时，二极管的直流电阻变大；当输入信号强度变小时，二极管的直流电阻变小。这就导致整个 AGC 可控增益放大器的电阻值随输入信号的强度变化而变化，从而导致输出信号的强度随输入信号强度的变化而变化。当输入信号强度非常大时，二极管全部导通，这时的二极管相当于导线，AGC 可控增益放大器处于失控状态。可见，AGC 的可控增益放大器对信号进行控制的范围与二极管的特性密切相关。

12.4.6.1 专用可变增益放大芯片搭建 AGC 电路

随着专用可变增益放大芯片的不断更新，利用专用芯片搭建 AGC 电路因其结构简单而在很多应用场景被采用，尤其是一些增益可编程的器件。表 12.4.1 给出了一些常用可完成 AGC

控制功能的芯片元件，以及每个功能芯片用作 AGC 电路的选用参考特点，供读者参考选型，更详细的数据表格参见器件制造厂家给出的器件使用说明和工作特性手册。

表 12.4.1　一些常用可完成 AGC 控制功能的芯片元件

型号	生产厂家	带宽	增益范围	参考特点
AD602	Analog Decices	35MHz	$-10\sim+30$dB	低失真、低噪声、低功耗
AD603	Analog Decices	90MHz	$-11\sim+31$dB	低噪声、增益可编程
AD605	Analog Decices	40MHz	$-14\sim+34$dB	低噪声、增益可编程、单电源供电
AD8336	Analog Decices	115MHz	$-14\sim+36$dB	低噪声、通用
AD8367	Analog Decices	500MHz	$-2.5\sim+42.5$dB	高性能、内含 AGC 检测器
MAX9814	Maxim	20kHz	$0\sim+20$dB	具有 AGC 功能的话筒放大器
LTC6412	Linear	800MHz	$-14\sim+17$dB	77dB 范围、低噪声、小封装
SL6140	MITEL	400MHz	70dB	宽 AGC 范围、宽带宽
VCA610	德州仪器（TI）	15MHz	$-38.5\sim+38.5$dB	低噪声、差分输入、单端输出、输出电流大
VCA810	德州仪器（TI）	25MHz	>40dB	低噪声、差分输入、单端输出、输出电流大
VCA820	德州仪器（TI）	150MHz	>40dB	低噪声、差分输入、单端输出、输出电流大
LMH6503	德州仪器（TI）	135MHz	70dB	70dB、高摆率、高输出电流、低功耗
LMH6505	德州仪器（TI）	150MHz	80dB	80dB、高摆率、高输出电流、低功耗
TL026C	德州仪器（TI）	50MHz	50dB	宽带宽、低失真

考虑编程实现自动增益控制，给出一种典型 AGC 环电路的工作原理如图 12.4.17 所示。由于前馈式 AGC 方式需要检测输入信号的全部动态范围，因此对检测器的线性度要求较高。

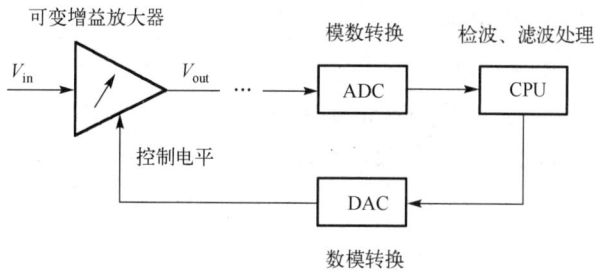

图 12.4.17　编程实现自动增益控制的工作原理

12.4.7　典型水声低功耗接收机的自动增益控制电路设计

在水声主、被动信号检测系统中，AGC 控制的目的是在输出端保持平稳，既不损失信号的信息，又尽量提高 A/D 采样的精度。

接收机增益控制的总倍数可表示为

$$p = \frac{m_1 m_2}{m_3} \tag{12.4.45}$$

其中：p 为总倍数；m_1 是信号与背景噪声平均值的变化倍数；m_2 是放大器增益储备的系数；m_3 是输出电压允许变化的倍数。如果一个受控放大级的增益可控倍数为 p_1，则需要的增益受控级数 n 为

$$p = p_1^{\ n} \tag{12.4.46}$$

$$n = \frac{\log_{10} p}{\log_{10} p_1} \tag{12.4.47}$$

一般 n 取 2~3 级，n 过大则容易引起放大系统的自激。

在确定受控级的位置时，应该考虑下列三点要求。

① 要保证接收机各级都不会饱和。

② 要保证接收机有最大信噪比，不引起噪声系数的增大。

③ 要保证接收机受控级的动态特性有良好的线性。

为了满足第①和第③的要求，受控级应尽量设置在放大器的前几级，但为了保证放大器的噪声系数不致增大，受控级不应放在第一级，所以受控级通常是从第二级或第三级开始。图 12.4.18 给出了一种典型水声 AGC 系统的组成框图，信号经过前置放大级后输入受控级，在经过滤波放大后检波、直流放大反馈给电控衰减器，形成 AGC 环路，V_{out} 后一般接末级放大、跟随等连接至 ADC。

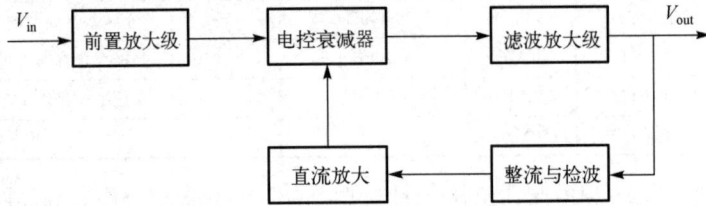

图 12.4.18　典型水声 AGC 系统的组成框图

图 12.4.19（a）给出了典型水声 AGC 系统的增益控制特性，虚线为无增益控制的特性，增益 K 为常数，输出 U_0 与输入 U_i 成正比。实线为有增益控制的特性，当 U_i 超过某一个起始电压 $U_{i\min}$ 时，增益线性下降，输出电压保持不变。实际上，采用模拟器件搭建 AGC 电路在增益可控范围内的输出电压 U_0 并不是恒定不变的，因为如果 U_0 不变，则当 U_i 增大时，控制电压 U_c 就不会增大，从而受控放大器的增益就不会减小，因而必然导致 U_0 成比例增大。所以 U_0 是不可能恒定不变的，如图 12.4.8（b）所示。在增益受控范围内 $U_0(U_i)$ 曲线是一条略为倾斜的直线。比值 $U_{0\max}/U_{0\min}$ 是衡量增益控制性能的指标之一。这个比值越小，增益控制性能越好。它的容许值通常是零点几到几个分贝，视实际需要而定。适当设置平滑滤波器的时间常数，可以保证增益控制电路在信号持续时间内不起控制作用，当连续背景的作用时间超过信号持续时间时，起控制作用。所以电路可以抑制慢变化背景噪声而信号却能在背景中"跳"出来。

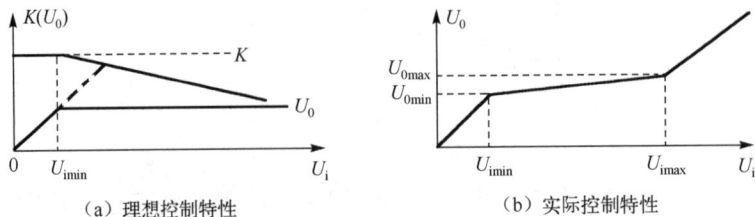

（a）理想控制特性　　　（b）实际控制特性

图 12.4.19　典型水声 AGC 系统的增益控制特性

按照图 12.4.19（b）要求的增益控制特性可求出 m_3 为

$$m_3 = \frac{U_{0\min} + \Delta U_0}{U_{0\min}} \tag{12.4.48}$$

$$\Delta U_0 = U_{0\max} - U_{0\min} \tag{12.4.49}$$

给定 m_1 和 m_2，可按式（12.4.6）求出需要的增益控制总倍数 p。确定了每级控制倍数 p_1、受控制的级数为 n，就可选定电控衰减器的电路形式和所需的控制电压 U_c 的动态范围，因而可以确定增益控制环节的增益，即

$$K_{\text{AGC}} = \frac{U_c}{U_{0\max} - U_{0\min}} \tag{12.4.50}$$

从原理上来看，硬件实现 AGC 电路不可能达到理想控制特性，但是利用编程实现增益控制是可以近似达到的。如采用 AD603 来进行增益控制，在确定增益大小时，控制电平可以固定，这时后续的信号将保持一个固定的放大倍数，近似于理想的控制特性。

对于信号的整流与检波电路设计，这里给出典型精密半波整流电路和二极管峰值包络检波器电路作为参考设计案例。

12.4.7.1 精密半波整流电路

一般二极管整流电路如图 12.4.20 所示。这种电路由于存在二极管死区电压 $U_{D(\text{on})}$，故当信号较小时，二极管可能会不导通或导通不良，影响整流性能；而且其整流效率较低，只有百分之四十左右，故这种电路的应用较少。为了提高整流性能，人们提出了精密整流电路的概念。典型的精密半波

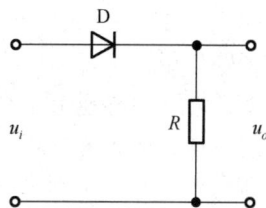

图 12.4.20　一般二极管整流电路

整流电路如图 12.4.21 所示。当 $|U_o'| < U_{D(\text{on})}$ 时，D1 和 D2 均截止，运放处于开环工作状态，其开环放大倍数极大；当 $|U_o'| \geqslant U_{D(\text{on})}$ 时，D1 或 D2 导通，电路进入正常的限幅状态。若要使 $|U_o'| \geqslant U_{D(\text{on})}$，则电压只需大于二极管死区电压 $U_{D(\text{on})}$ 与运放开环放大倍数的比值，而运放开环放大倍数极大。可见，这种设计消除了由于二极管特性的不理想而对电路造成的影响，提高了整流性能。

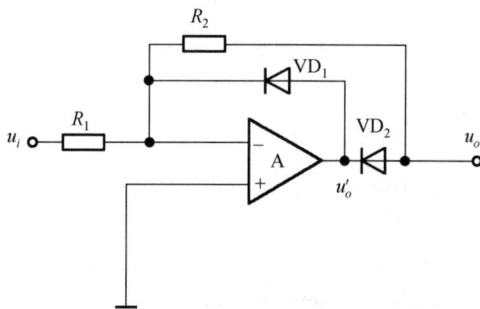

图 12.4.21　典型精密半波整流电路

该电路工作过程如下。

（1）当 $u_i > 0, u_o' < 0$ 时，D1 截止，D2 导通，R_1 与 R_2 构成反相比例放大器，这时输出电压 u_o 为

$$u_o = -\frac{R_2}{R_1} u_i \tag{12.4.51}$$

（2）当 $u_i < 0, u_o' > 0$ 时，D1 导通，D2 截止，$u_o = 0$，而 D 导通，保证了运放仍处于闭环工作。该电路的输入/输出波形如图 12.4.22 所示。

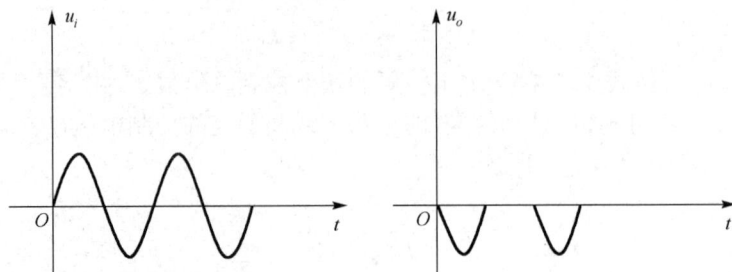

（a）输入波形　　　　　　　　　（b）输出波形

图 12.4.22　精密半波整流电路的输入/输出波形

12.4.7.2 二极管峰值包络检波器

图 12.4.23 是二极管峰值包络检波器的电路。RC 电路相当于一低通滤波器，可以起到电流的旁路作用，也可以作为检波器的负载。二极管 VD 通常选用导通电压小的锗管。

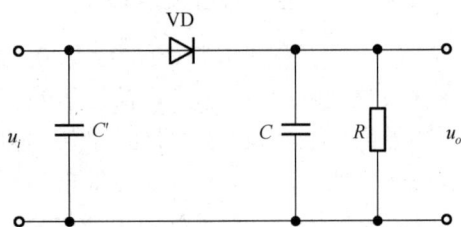

图 12.4.23　二极管峰值包络检波器电路原理图

这种电路的检波过程如下。

加电压前电容上的电荷几乎为零，当 u_i 从零开始增大时，由于电容的阻抗较小，u_i 几乎全部加到二极管 VD 两端，VD 导通，电容器 C 被迅速充电，这个电压又反向加到二极管上，这时二极管 VD 上的电压 u_D 为信号源 u_i 与电容电压 u_C 之差。当 u_C 达到一定值时，$u_D = u_i - u_C = 0$，而且之后 u_i 会继续下降，VD 截止一段时间。在这段时间内，电容器 C 在导通期间储存的电荷通过 R 缓慢放电。在 u_C 值下降不多时，u_i 的下一个正半周已经到来。当 $u_i > u_c$ 时，VD 再次导通，电容 C 在原有积累电荷量的基础上得到补充，u_C 进一步提高。然后，继续上述充、放电过程直到 VD 导通时 C 的充电电荷量等于 VD 截止时 C 的放电电荷量，便达到动态平衡状态，这时电路达到稳定工作状态，其工作波形如图 12.4.24 所示。

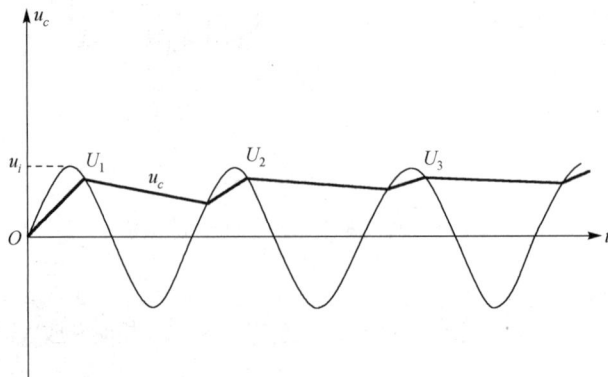

图 12.4.24　二极管峰值包络检波器的工作波形

由以上分析可得，由于二极管单管整流电路性能较差，而精密半波整流电路性能远远好于二极管整流电路，因此本接收系统使用典型的精密半波整流电路，并且检波电路使用简单的峰值包络检波器。这些电路可以很好地实现整流与检波的功能，并且结构简单、便于调节。

习　　题

1. 从水面向水中投射无人水下航行器，已知信号检测系统在水下 5m～15m 工作，以 28kn 的速度航行；现在要探测水下 4～24kn 以下航速，距离为 5km～7km，目标反射强度为 15dB 的航行器，海深为 500m，海况为 3 级，目标可在水下 400m 以内的深度活动。要求虚警概率为 3%，设计该系统。系统参数包括：系统的阵列设计及波束角、工作频带、发射 CW 信号的脉宽、发射声源级、接收机的自动增益范围、信号处理方法，最后给出所设计系统的检测性能。

2. 从海底 500m 向水面以 45°角度发射一个水下航行器，航行器的速度 70kn。现在要探测水面距离为 5km～7km，航速为 24～32kn，反射强度 15dB 的目标，并且海况为 3 级。要求虚警概率为 3%，设计该系统。系统参数包括：系统的阵列设计及波束角、工作频带、发射 CW 信号的脉宽、发射声源级、接收机的自动增益范围、信号处理方法，最后给出所设计系统的检测性能。

附录 A 一些常用随机变量的分布

检测器性能的评估取决于解析地或数值地确定数据样本函数的概率密度函数，熟悉常用的概率密度函数及其性质对于进行检测性能评估是十分必要的。当不能确定概率密度分布时，必须借助蒙特卡罗计算机模拟。本节将简要地讨论。

A.1 高 斯 分 布

高斯分布（正态分布）是许多应用中广泛采用和研究方便的一种分布。如海洋中的环境噪声，其幅值服从高斯分布。对于标量型是随机变量 x，其一维概率密度函数可表示为

$$p(x) = \frac{1}{\sqrt{2\pi}\sigma} \exp\left[-\frac{(x-\mu)^2}{2\sigma^2}\right], \quad -\infty < x < \infty \tag{A.1.1}$$

其中：μ 为数学期望值，也就是均值；σ^2 为方差。用 $x \sim N(\mu, \sigma^2)$ 表示 x 服从均值为 μ、方差为 σ^2 的高斯分布。可用图 A.1.1 表示，μ 表示分布中心，σ 表示集中的程度。

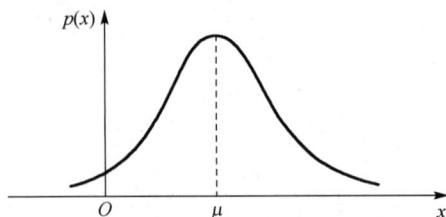

图 A.1.1　高斯分布随机变量的 PDF 曲线（$\mu > 0$）

对不同的 μ，表现为 $p(x)$ 的图形左右平移；对不同的 σ，$p(x)$ 的图形将随 σ 的减小而变高和变窄。当 $\mu = 0, \sigma = 1$ 时，相应的正态分布称为标准化正态分布，这时其一维概率密度函数为

$$p(x) = \frac{1}{\sqrt{2\pi}} \exp\left[-\frac{x^2}{2}\right] \tag{A.1.2}$$

高斯分布的概率分布函数为

$$\begin{aligned}
F(x) &= \int_{-\infty}^{x} p(z)\mathrm{d}z = \int_{-\infty}^{x} \frac{1}{\sqrt{2\pi}\sigma} \exp\left[-\frac{(z-\mu)^2}{2\sigma^2}\right]\mathrm{d}z \\
&= \frac{1}{\sqrt{2\pi}\sigma} \int_{-\infty}^{x} \exp\left[-\frac{(z-\mu)^2}{2\sigma^2}\right]\mathrm{d}z
\end{aligned} \tag{A.1.3}$$

这个积分不易计算，人们已编制了 $\Phi(x) = \frac{1}{\sqrt{2\pi}} \int_{-\infty}^{x} \mathrm{e}^{-\frac{t^2}{2}}\mathrm{d}t$ 的函数值表，可供查阅。对于式

（A.1.3）可用变量代换的方法，令 $u = \dfrac{t - \mu}{\sigma}$ 得高斯分布函数为

$$F(x) = \frac{1}{\sqrt{2\pi}} \int_{-\infty}^{\frac{x-\mu}{\sigma}} e^{-\frac{u^2}{2}} \mathrm{d}u = \Phi\left(\frac{x-\mu}{\sigma}\right) \qquad\text{（A.1.4）}$$

为了在检测中方便描述，定义右尾概率为 $Q(x) = \displaystyle\int_{x}^{\infty} \frac{1}{\sqrt{2\pi}} \exp\left(-\frac{1}{2}t^2\right)\mathrm{d}t$ ，表示超过某个给定值的概率， $Q(x) = 1 - \Phi(x)$ 。

A.2　瑞利分布

如果随机变量 $x_1 \sim N(0, \sigma^2)$, $x_2 \sim N(0, \sigma^2)$ ，且 x_1、x_2 相互独立，则 $x = \sqrt{x_1^2 + x_2^2}$ 服从瑞利分布，其一维概率密度函数为

$$p(x) = \begin{cases} \dfrac{x}{\sigma^2}\exp\left(-\dfrac{1}{2\sigma^2}x^2\right), & x > 0 \\ 0, & x < 0 \end{cases} \qquad\text{（A.2.1）}$$

图 A.2.1 画出了其概率密度函数。均值为 $E(x) = \sqrt{\dfrac{\pi\sigma^2}{2}}$ ，方差为 $\mathrm{Var}(x) = \left(2 - \dfrac{\pi}{2}\right)\sigma^2$ ，右尾概率为 $\displaystyle\int_{x}^{\infty} p(t)\mathrm{d}t = \exp\left(-\dfrac{x^2}{2\sigma^2}\right)$

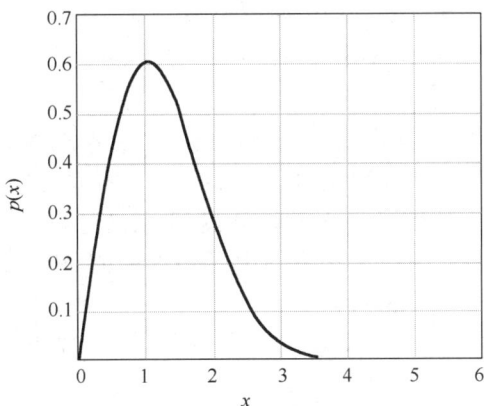

图 A.2.1　瑞利分布随机变量的 PDF 曲线（σ^2=1）

在实际中，高斯过程通过窄带线性系统后成为窄带高斯过程，其包络的分布属于瑞利分布；当信号在信道中传输时，其幅度的衰落通常也认为是服从瑞利分布的。

A.3　广义瑞利分布

广义瑞利分布也称为 Rician 分布。如果随机变量 $x_1 \sim N(\mu_1, \sigma^2)$, $x_2 \sim N(\mu_2, \sigma^2)$ ，并且 x_1、x_2 相互独立，则 $x = \sqrt{x_1^2 + x_2^2}$ 服从广义瑞利分布，其一维概率密度函数为

$$p(x) = \begin{cases} \dfrac{x}{\sigma^2} \exp\left[-\dfrac{1}{2\sigma^2}(x^2 + a^2) \right] I_0\left(\dfrac{ax}{\sigma^2} \right), & x \geq 0 \\ 0, & x < 0 \end{cases} \tag{A.3.1}$$

其中：$a^2 = \mu_1^2 + \mu_2^2$，$I_0(\cdot)$ 为第一类零阶修正贝塞尔函数（Bessel function）。

$$I_0(u) = \frac{1}{\pi} \int_0^\pi \exp(u\cos\theta)\mathrm{d}\theta = \int_0^{2\pi} \exp(u\cos\theta)\frac{\mathrm{d}\theta}{2\pi} \tag{A.3.2}$$

实际中，正弦信号加窄带高斯过程其包络的分布也服从广义瑞利分布。设正弦信号的振幅为 a，相位 θ 在 $(-\pi, \pi)$ 上均匀分布，高斯过程的均值为 0，方差为 σ^2，则其和也服从广义瑞利分布。

A.4　χ 和 χ^2 分布

设 $x_k(\zeta)$ $(k = 1, 2, \cdots, N)$ 是 N 个均值为零，方差为 $\sigma_{x_k}^2 = \sigma_x^2$ 的相互统计独立的高斯分布随机变量，其 N 维联合概率密度函数为

$$p(x_1, x_2, \cdots, x_N) = \left(\frac{1}{2\pi\sigma_x^2} \right)^{\frac{N}{2}} \exp\left(-\frac{x_1^2 + x_2^2 + \cdots + x_N^2}{2\sigma_x^2} \right) \tag{A.4.1}$$

构造随机变量，即

$$\chi(\zeta) = [x_1^2(\zeta) + x_2^2(\zeta) + \cdots + x_N^2(\zeta)]^{\frac{1}{2}} \tag{A.4.2}$$

则它是具有 N 个自由度的 χ 统计量。而随机变量为

$$y(\zeta) = \chi^2(\zeta) = x_1^2(\zeta) + x_2^2(\zeta) + \cdots + x_N^2(\zeta) \tag{A.4.3}$$

是具有 N 个自由度的 χ^2 统计量。

相互独立的 χ^2 随机变量之和仍然是 χ^2 随机变量，这是 χ^2 统计量的重要特性之一。具体地说，若 $y_1(\zeta)$ 和 $y_2(\zeta)$ 是相互统计独立的 χ^2 随机变量，并且分别具有 N 和 M 个自由度，则它们的和 $y(\zeta) = y_1(\zeta) + y_2(\zeta)$ 是具有 $N+M$ 个自由度的 χ^2 统计量。

首先利用随机变量的特征函数求 χ^2 统计量的概率密度函数 $p(y)$；然后用一维雅克比变换法，求 χ 统计量的概率密度函数 $p(\chi)$。

因为 $x_k(\zeta)$ $(k = 1, 2, \cdots, N)$ 是均值为零、方差为 σ_x^2 的相互统计独立的高斯随机变量，所以，$x_k^2(\zeta)$ 的特征函数为

$$\begin{aligned} G_{x_k^2}(\omega) &= \int_{-\infty}^{\infty} p(x_k) \exp(\mathrm{j}\omega x_k^2)\mathrm{d}x_k \\ &= \int_{-\infty}^{\infty} \exp\left(-\frac{x_k^2}{2\sigma_x^2} \right) \exp(\mathrm{j}\omega x_k^2)\mathrm{d}x_k \\ &= \left(\frac{1}{2\pi\sigma_x^2} \right)^{\frac{1}{2}} \int_{-\infty}^{\infty} \exp\left[-\frac{(1 - \mathrm{j}2\omega\sigma_x^2)x_k^2}{2\sigma_x^2} \right] \mathrm{d}x_k \\ &= \frac{1}{(1 - \mathrm{j}2\omega\sigma_x^2)^{\frac{1}{2}}} \end{aligned} \tag{A.4.4}$$

而 $y(\zeta)$ 的特征函数为

$$G_y(\omega)=\frac{1}{(1-\mathrm{j}2\omega\sigma_x^2)^{\frac{N}{2}}} \qquad (A.4.5)$$

利用傅里叶逆变换公式

$$\mathrm{IFT}\left[\frac{b}{(a-\mathrm{j}\omega)^{\frac{N}{2}}}\right]=\frac{b}{\Gamma(N/2)}y^{\frac{N}{2}-1}\exp(-ay),\quad y\geqslant 0 \qquad (A.4.6)$$

得 $y(\zeta)$ 的概率密度函数为

$$p(y)=\begin{cases}\dfrac{1}{(2\sigma_x^2)^{N/2}\Gamma(N/2)}y^{\frac{N}{2}-1}\exp\left(-\dfrac{y}{2\sigma_x^2}\right), & y\geqslant 0\\[2mm] 0, & y<0\end{cases} \qquad (A.4.7)$$

其中：$\Gamma(u)=\displaystyle\int_0^{\infty}t^{u-1}\exp(-t)\mathrm{d}t$ 为伽马（Gamma）函数，因此，$p(y)$ 称作伽马分布。对于任意的 u，有 $\Gamma(u)=(u-1)\Gamma(u-1)$，$\Gamma\left(\dfrac{1}{2}\right)=\sqrt{\pi}$，对于整数 n，有 $\Gamma(n)=(u-1)!$，因为 $\chi=y^{1/2}$，所以 $y=\chi^2$，$\mathrm{d}y/\mathrm{d}\chi=2\chi$。利用一维雅可比变换，得 χ 统计量的概率密度函数为

$$p(\chi)=\begin{cases}\dfrac{1}{(2\sigma_x^2)^{N/2}\Gamma(N/2)}\chi^{N-1}\exp\left(-\dfrac{\chi^2}{2\sigma_x^2}\right), & \chi\geqslant 0\\[2mm] 0, & \chi<0\end{cases} \qquad (A.4.8)$$

其概率密度函数的分布曲线如图 A.4.1 所示。

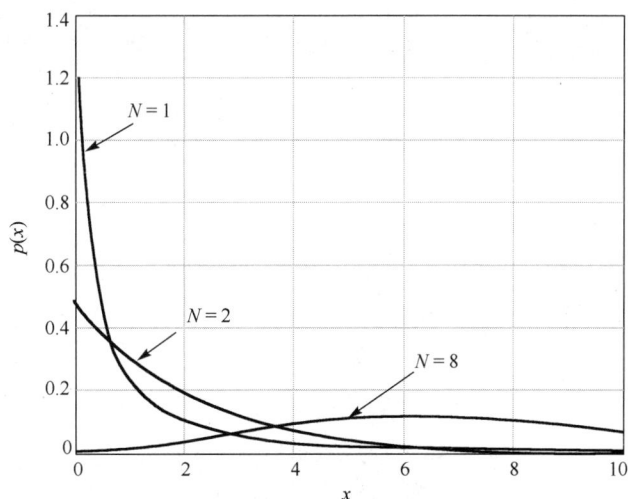

图 A.4.1　χ^2 分布随机变量的 PDF 曲线

相互独立的 χ^2 随机变量之和仍然是 χ^2 随机变量，这是 χ^2 统计量的重要特性之一。具体地说，若 $y_1(\zeta)$ 和 $y_2(\zeta)$ 是相互统计独立的 χ^2 随机变量，且分别具有 N 和 M 个自由度，则它

们之和 $y(\zeta) = y_1(\zeta) + y_2(\zeta)$ 是具有 $N+M$ 个自由度的 χ^2 统计量。

当 $\sigma^2 = 1$ 时，可以证明对于偶数 N 有

$$Q_{\chi_N^2}(x) = \int_x^\infty p(t)\mathrm{d}t = \exp\left(-\frac{1}{2}x\right)\sum_{k=0}^{\frac{N}{2}-1}\frac{\left(\dfrac{x}{2}\right)^k}{k!}, \quad N \geq 2 \tag{A.4.9}$$

对于奇数 N，有

$$
\begin{aligned}
Q_{\chi_N^2}(x) &= \int_x^\infty p(t)\mathrm{d}t \\
&= \begin{cases}
2Q(\sqrt{x}), & N = 1 \\
2Q(\sqrt{x}) + \dfrac{\exp\left(-\dfrac{1}{2}x\right)}{\sqrt{\pi}}\exp\left(-\dfrac{1}{2}x\right)\sum_{k=1}^{\frac{N-1}{2}}\dfrac{(k-1)!(2x)^{k-\frac{1}{2}}}{(2k-1)!}, & N \geq 3
\end{cases}
\end{aligned}
\tag{A.4.10}
$$

A.5　非中心化 χ^2 分布

设 $x_k(\zeta)$ $(k=1,2,\cdots,N)$ 是 N 个均值为 μ_k、方差为 1 的相互统计独立的高斯分布随机变量，则随机变量

$$y(\zeta) = \chi^2(\zeta) = x_1^2(\zeta) + x_2^2(\zeta) + \cdots + x_N^2(\zeta) \tag{A.5.1}$$

是具有 N 个自由度的非中心 χ'^2 统计量，非中心参量为 $\lambda = \sum_{k=1}^N \mu_k^2$。该概率密度函数非常复杂，必须使用积分或无穷级数表示。利用积分表示为

$$p(y) = \begin{cases}
\dfrac{1}{2}\left(\dfrac{y}{\lambda}\right)^{\frac{N-2}{4}}\exp\left[-\dfrac{1}{2}(y+\lambda)\right]I_{\frac{N}{2}-1}(\sqrt{\lambda y}), & y \geq 0 \\
0, & y < 0
\end{cases} \tag{A.5.2}$$

其中：$I_r(u)$ 是 r 阶第一类修正贝塞尔（Bessel）函数，其定义为

$$
\begin{aligned}
I_r(u) &= \frac{\left(\dfrac{1}{2}\mu\right)^r}{\sqrt{\pi}\,\Gamma(r+\tfrac{1}{2})}\int_0^\pi \exp(u\cos\theta)\sin^{2\gamma}\theta\,\mathrm{d}\theta \\
&= \sum_{k=0}^\infty \frac{(\tfrac{1}{2}\mu)^{2k+\gamma}}{k!\,\Gamma(r+k+1)}
\end{aligned}
\tag{A.5.3}
$$

用无穷级数表示为

$$p(y) = \frac{y^{\frac{N}{2}-1}\exp\left[-\dfrac{1}{2}(y+\lambda)\right]}{2^{\frac{N}{2}}}\sum_{k=0}^\infty \frac{\left(\dfrac{\lambda y}{4}\right)}{k!\,\Gamma\left(\dfrac{N}{2}+k\right)} \tag{A.5.4}$$

注意：当 $\lambda = 0$ 时，非中心 χ'^2 概率密度函数可简化成 χ^2 概率密度函数。自由度为 N、非中心参量为 λ 的非中心 χ'^2 用 $\chi_N^2(\lambda)$ 表示，其均值为 $E(x) = N + \lambda$，方差为 $D(x) = 2N + 4\lambda$。

A.6 α稳定分布

α 稳定分布（Symmetric α stable，$S\alpha S$）模型是一种广义的噪声分布模型（也称列维分布），是满足广义中心极限定理的唯一分布，对具有显著脉冲的尖峰态噪声具有好的适配性，甚至可以描述许多不满足中心极限定理的数据。α 稳定分布不存在封闭的概率密度函数，一般用统一的特征函数来表示，弱变量 X 服从 α 稳定分布，记为 $X \sim S(\alpha,\beta,\sigma,\mu)$，其特征函数为，

$$\Phi(t) = \begin{cases} \exp\left\{-\sigma^\alpha |t|^\alpha \left[1 - j\beta \operatorname{sgn}(t)\tan\left(\dfrac{\alpha\pi}{2}\right)\right] + jt\mu\right\}, & \alpha \neq 1 \\ \exp\left\{-\sigma^\alpha |t|\left[1 + j\beta\dfrac{\pi}{2}\operatorname{sgn}(t)\log(|t|)\right] + jt\mu\right\}, & \alpha = 1 \end{cases} \tag{A.6.1}$$

其中：$\alpha \in (0,2]$，$\beta \in [-1,1]$，$\sigma \in (0,\infty)$，$\mu \in R$，$\operatorname{sign}(k)$ 为符号函数，因此列维分布的特征函数完全由 α, β, σ, μ 这 4 个参数唯一确定。

（1）$\alpha \in (0,2]$ 为特征指数，它决定了列维分布概率密度函数的拖尾厚度，其值越小，分布的拖尾就越厚，偏离中值的样本个数越多，分布的冲击性就越强，随着特征指数的增大，分布的拖尾将变浅，冲击强度降低，特别地，当 $\alpha=2$ 时，列维分布退化为高斯分布，当 $\alpha=1$ 且 $\beta=0$ 时，为著名的柯西分布。

（2）$\beta \in [-1,1]$ 为偏斜参数，它决定了分布的对称程度，当 $\beta=0$ 时该分布为对称分布，$\beta>0$ 和 $\beta<0$ 分别对应分布的左偏和右偏，高斯分布和柯西分布都属于对称分布。

（3）$\sigma \in (0,\infty)$ 为尺度参数，它是关于分布样本偏离其均值的一种度量，其意义类似于高斯分布是的方差。

（4）$\mu \in R$ 为位置参数，当 $0<\alpha \leqslant 1$ 时，位置参数表示分布的中值，当 $1<\alpha \leqslant 2$ 时，位置参数表示分布的均值。

α 稳定分布具有以下三个重要的性质。

（1）可加性

若 $X_1 \sim L(\alpha_1,\beta_1,\sigma_1,\mu_1)$ 和 $X_2 \sim L(\alpha_2,\beta_2,\sigma_2,\mu_2)$ 均为稳定独立的随机变量，则有 $X_1+X_2 \sim L(\alpha,\beta,\sigma,\mu)$，其中

$$\sigma = (\sigma_1^\alpha + \sigma_2^\alpha)^{1/\alpha}, \quad \beta = \frac{\beta_1\sigma_1^\alpha + \beta_2\sigma_2^\alpha}{\sigma_1^\alpha + \sigma_2^\alpha}, \quad \mu = \mu_1 + \mu_2$$

（2）对称性

当且仅当 $\beta=0$ 时，列维分布是关于位置参数 μ 对称的；当且仅当 $\beta=0$、$\mu=0$ 时，列维分布是关于 0 对称的。

（3）无矩性

若 $X \sim L(\alpha,\beta,\sigma,\mu)$，则当 $0<\alpha<2$ 时，对任意的 $0<p<\alpha$，有 $E|X|^p < \infty$，对于任意的 $p \geqslant \alpha$，有 $E|X|^p = \infty$，即当 $1<\alpha<2$ 服从列维分布的变量不存在有限的二阶矩；当 $0<\alpha \leqslant 1$ 时，变量不存在有限的一阶矩。

附录 B　检测中常用随机过程的特征

在微弱信号检测系统中，大多数信号的噪声干扰都是随机变化或不可预测的，统称为随机过程，需要用平均值、方差、相关函数等对随机过程进行描述。以下简要地介绍随机信号分析的一些常用特性。

B.1　各态历经性的随机过程的时间平均与统计平均

设 $\{S(t), t \in T\}$ 为一个实平稳随机过程，在整个 T 上对 $S(t)$ 进行一次观测，可得到一个样本函数 $s(t)$，反复进行 N 次观测，就得到 N 个样本函数，记为 $s_1(t), s_2(t), \cdots, s_N(t)$，根据随机过程的定义，对于每个确定的 t_1，$S(t_1)$ 是随机变量，因此 $s_1(t_1), s_2(t_1), \cdots, s_N(t_1)$ 就可以看成随机变量 $S(t_1)$ 的容量为 N 的样本（子样）。按数理统计点估计理论，$S(t_1)$ 的均值、方差的点估计为

$$\hat{E}\left[S(t_1)\right] = \frac{1}{N}\sum_{k=1}^{N} s_k(t_1) = \overline{s}(t_1)$$

$$\hat{D}\left[S(t_1)\right] = \frac{1}{N}\sum_{k=1}^{N}\left[s_k(t_1) - \overline{s}(t_1)\right]^2$$

对于两个确定的时刻 t_1 和 m_1，则实平稳随机过程 $\{S(t), t \in T\}$ 的自相关函数、协方差函数的点估计分别为

$$\hat{R}_S(m_1 - t_1) = \frac{1}{N}\sum_{k=1}^{N} s_k(m_1) s_k(t_1)$$

$$\hat{C}_S(m_1 - t_1) = \frac{1}{N}\sum_{k=1}^{N}\left[s_k(m_1) - \overline{s}(m_1)\right]\left[s_k(t_1) - \overline{s}(t_1)\right]$$

对 T 中的每个 t 或 m 都做上述估计，就可以得出均值函数、方差函数、自相关函数和协方差函数的估计式

$$\hat{u}_S(t) = \frac{1}{N}\sum_{k=1}^{N} s_k(t)$$

$$\hat{D}[S(t)] = \frac{1}{N}\sum_{k=1}^{N}\left[s_k(t) - \hat{\mu}_S(t)\right]^2$$

$$\hat{R}_S(m - t) = \frac{1}{N}\sum_{k=1}^{N} s_k(m) s_k(t)$$

$$\hat{C}_S(m - t) = \frac{1}{N}\sum_{k=1}^{N}\left[s_k(m) - \hat{\mu}_S(t)\right]\left[s_k(t) - \hat{\mu}_S(t)\right]$$

也就是说，若要得到上述均值函数、方差函数、自相关函数和协方差函数的估计，必须在整

个 T 上进行 N 次观察，并且 N 还要充分大。在实际工作中，很难或无法取得充分大的 N 个样本函数，因此定义各态历经随机过程。

假设实平稳过程 $\{S(t), t \in (-\infty, \infty)\}$ 为均方连续的平稳过程，如果均方极限 $\lim\limits_{T \to \infty} \dfrac{1}{2T} \int_{-T}^{T} S(t) \mathrm{d}t$ 存在，则称它为具有均方连续的时间平稳过程的时间均值，或称为时间平均，记为

$$\langle S(t) \rangle = \lim_{T \to \infty} \frac{1}{2T} \int_{-T}^{T} S(t) \mathrm{d}t \tag{B.1.1}$$

如果均方极限为 $\lim\limits_{T \to \infty} \dfrac{1}{2T} \int_{-T}^{T} S(t)\overline{S}(t+\tau) \mathrm{d}t$，则称它为均方连续的平稳过程的时间自相关函数，记为

$$S(t)\overline{S}(t+\tau) = \lim_{T \to \infty} \frac{1}{2T} \int_{-T}^{T} S(t)\overline{S}(t+\tau) \mathrm{d}t \tag{B.1.2}$$

设 $\{S(t), t \in (-\infty, \infty)\}$ 是均方连续的平稳过程，各态历经过程的定义如下。

（1）如果

$$\langle S(t) \rangle = E[S(t)] = \mu_S \tag{B.1.3}$$

依概率 1 成立，即对任意的 $\varepsilon > 0$，有 $\lim\limits_{\varepsilon \to 0} P\{| \langle S(t) \rangle - E(S(t)) |< \varepsilon\} = 1$，则称均方连续的平稳过程的均值具有各态历经性。

（2）如果

$$\langle S(t)\overline{S}(t+\tau) \rangle = E[S(t)\overline{S}(t+\tau)] = R_S(\tau) \tag{B.1.4}$$

依概率 1 成立，即对任意的 $\varepsilon > 0$，有 $\lim\limits_{\varepsilon \to 0} P\left\{\left| \langle S(t)\overline{S}(t+\tau) \rangle - R_S(\tau) \right| < \varepsilon\right\} = 1$，则称均方连续的平稳过程的自相关函数均值具有各态历经性。

（3）如果均方连续的平稳过程的均值和自相关函数均具有各态历经性，则称该随机过程为各态历经过程或过遍历过程。

在不太严格的意义上可以说：**如果随机过程的时间平均值等于它的统计平均值，则随机过程是各态历经过程。** 显然，各态历经过程必须是平稳随机过程。在信号检测系统中，通常假设随机过程 $\{S(t), t \in (-\infty, \infty)\}$ 是各态历经的过程，若 $s(t)$ 为该随机过程的一个样本函数，通常用该样本函数 $s(t)$ 的时间平均代替其统计平均；时间自相关函数代替其统计自相关函数即

$$E[S(t)] = \lim_{T \to \infty} \frac{1}{2T} \int_{-T}^{T} s(t) \mathrm{d}t \tag{B.1.5}$$

$$R_{SS}(\tau) = E[S(t)S(t+\tau)] = \lim_{T \to \infty} \frac{1}{2T} \int_{-T}^{T} s(t)s(t+\tau) \mathrm{d}t \tag{B.1.6}$$

在信号处理实践中，平稳随机过程的各态历经性质是一种非常重要和方便的性质。要用试验证明随机过程是各态历经过程是十分烦琐的。通常可以假定：如果过程是平稳的或过程的一段长样本是平稳的，就认为随机过程也是各态历经的。

B.2 随机过程的平稳性

随机过程是随机变量概念的扩展，具有随机变量的一切统计特性，如均值、方差、混合

矩等，这些统计特性与随机变量的概率密度函数有关。如果指定两个特定的时间，则随机过程变为两个随机变量，并具有二维的随机变量的统计特性，并且与 N 维随机变量的联合概率密度函数有关。**如果所有的统计特性都与时间无关，则随机过程被称为平稳随机过程，否则称为非平稳随机过程。**

随机过程的平稳性有不同级别，最有用的一种形式是"广义平稳随机过程"。若 $\{S(t), t \in T\}$ 是一个复或实二阶矩随机过程，则宽平稳或广义平稳的条件是

$$E[S(t)] = \mu_S(t) = \mu_S (\text{const})$$
$$E[S(t)\bar{S}(t+\tau)] = R_{SS}(\tau)$$

（B.2.1）

其中：$R_{SS}(\tau)$ 为自相关函数。也就是说，对任意指定的时间 t，"广义平稳随机过程"的均值为常数；对任意指定的两个时间 t 和 $t+\tau$，两随机变量的相关矩 $E[S(t)S(t+\tau)]$ 仅与时间差 τ 有关。

B.3　随机过程的正交、不相关和统计独立

在信号检测中，常用多个不同时刻的采数据进行判决，因此，随机过程 $S(t)$ 的任意两个不同时刻的随机变量 $S(t_i)$ 和 $S(t_j)$ 是否正交、相关或独立，决定了检验统计量的表征，是重要的统计特性。以下讨论这些特性及其相互之间的关系。

设 $S(t_i)$ 和 $S(t_j)$ 是随机过程 $S(t)$ 任意两个不同时刻的随机变量，其均值分别为 $\mu_S(t_i) = E[S(t_i)]$ 和 $\mu_S(t_j) = E[S(t_j)]$，自相关函数为 $R_{SS}(t_i,t_j) = E[S(t_i)S(t_j)]$，自协方差函数为 $C_S(t_i,t_j) = E[S(t_i) - \mu_S(t_i)][S(t_j) - \mu_S(t_j)]$，则正交、不相关、统计独立的定义如下。

（1）正交：如果 $R_{SS}(t_i,t_j) = 0, i \neq j$，则称 $S(t)$ 是相互正交的随机变量过程；对于平稳随机过程 $S(t)$，如果 $R_{SS}(\tau) = 0, \tau = t_i - t_j, i \neq j$，则称 $S(t)$ 是相互正交的随机变量。

（2）不相关：如果 $C_S(t_i,t_j) = 0, i \neq j$，则称 $S(t)$ 是互不相关的随机变量过程。此时 $C_S(t_i,t_j) = R_{SS}(t_i,t_j) - \mu_S(t_i)\mu_S(t_j) = 0$，即 $R_{SS}(t_i,t_j) = \mu_S(t_i)\mu_S(t_j), i \neq j$ 是互不相关的随机变量的等价条件；对于平稳随机过程 $S(t)$，如果 $C_S(\tau) = 0, \tau = t_i - t_j, i \neq j$，则称 $S(t)$ 是互不相关的随机变量过程

（3）统计独立：如果 $S(t_1),S(t_2),\cdots,S(t_N)$ 是随机变量 $S(t)$ 在不同时刻 $t_i, i = 1,2,\cdots,N$ 的随机变量，并且其 N 维联合概率密度函数对于任意形式的 $N \geq 1$ 的任意时刻 $t_i, i = 1,2,\cdots,N$ 都能表示为各自一维概率密度函数之积的形式，即

$$p(x_1,x_2,\cdots,x_n;t_1,t_2,\cdots,t_n) = p(x_1;t_1)p(x_2;t_2)\cdots p(x_N;t_N) = \prod_{i=1}^{n}p(x_i;t_i)$$

则称 $S(t)$ 是互不统计独立的随机变量过程。

正交、相关、统计独立之间的关系如下。

（1）独立是不相关的充分条件，即如果 $S(t)$ 是一个相互统计独立随机变量过程，则一定是互不相关随机变量过程相互独立的随机过程；而不相关的随机变量过程则不一定相互统计独立。高斯随机过程的统计独立和不相关等价。

（2）均值为零是不相关和正交的充要条件，如果 $\mu_S(t_i) = \mu_S(t_j) = 0, i \neq j$，则相互正交随机变量过程等价为互不相关随机变量过程。

B.4 随机过程的功率谱密度

确知信号 $s(t)$ 的傅里叶变换就是它的傅里叶频谱 $S(\omega)$，表示每赫兹信号的幅度和相位。当频谱 $S(\omega)$ 已知时，也可用傅里叶反变换求时域信号 $s(t)$，换句话说，$S(\omega)$ 可以完整地描述 $s(t)$。由于平稳随机过程的持续时间无限长，不满足绝对可积条件，故其频谱密度不存在，但是随机过程的平均功率却总是有限的，对于平稳且各态历经的随机过程 $S(t)$，若 $s(t)$ 是随机过程 $S(t)$ 的样本函数，其平均功率满足

$$P = \lim_{T \to \infty} E\left[\frac{1}{2T}\int_{-\infty}^{\infty}|s(t)|^2 \, dt\right] < \infty \tag{B.4.1}$$

可由维纳–辛钦（Wiener-Khinchin）定理给出一个均方连续的平稳随机过程的功率谱密度函数 $P_S\left(e^{j\omega}\right)$ 或 $P_S(\omega)$。维纳–辛钦定理表明：**功率谱密度与自相关函数的时域平均形成傅里叶变换对**。

如果随机过程至少是广义平稳过程，即 $E[S(t)S(t+\tau)] = R_{SS}(\tau)$，则有

$$P_S(\omega) = \int_{-\infty}^{\infty} R_{SS}(\tau)e^{-j\omega\tau}d\tau \tag{B.4.2}$$

$$R_{SS}(\tau) = \frac{1}{2\pi}\int_{-\infty}^{\infty} S_{SS}(\omega)e^{j\omega\tau}d\omega \tag{B.4.3}$$

式（B.4.2）和式（B.4.2）是随机信号理论的一个十分重要的关系。

定义一个实随机过程 $W(t)$，它是两个随机过程 $X(t)$ 与 $Y(t)$ 的和，即

$$W(t) = X(t) + Y(t) \tag{B.4.4}$$

实随机过程 $W(t)$ 的自相关函数为

$$\begin{aligned}
R_{WW}(t, t+\tau) &= E[W(t) \cdot W(t+\tau)] \\
&= E[\{X(t) + Y(t)\} \cdot \{X(t+\tau) + Y(t+\tau)\}] \\
&= R_{XX}(t, t+\tau) + R_{XY}(t, t+\tau) + R_{YX}(t, t+\tau) + R_{YY}(t, t+\tau)
\end{aligned} \tag{B.4.5}$$

对式（B.4.5）进行傅里叶变换，可得

$$P_{WW}(\omega) = P_{XX}(\omega) + P_{YY}(\omega) + \mathbb{F}\{[R_{XY}(t, t+\tau)] + \mathbb{F}\{[R_{XX}(t, t+\tau)\} \tag{B.4.6}$$

其中：符号 $\mathbb{F}\{\bullet\}$ 为傅里叶变换运算符号。显然，等式左侧就是 $W(t)$ 的功率谱。等式右侧前两项分别是随机过程 $X(t)$ 和 $Y(t)$ 的功率谱。后两项则定义为随机过程 $X(t)$ 和 $Y(t)$ 的互功率谱。

如果 $X(t)$ 和 $Y(t)$ 至少是联合广义平稳随机过程，则

$$P_{XY}(\omega) = \int_{-\infty}^{\infty} R_{XY}(\tau)e^{-j\omega\tau}d\tau$$

$$P_{YX}(\omega) = \int_{-\infty}^{\infty} R_{YX}(\tau)e^{-j\omega\tau}d\tau$$

$$R_{XY}(\tau) = \frac{1}{2\pi}\int_{-\infty}^{\infty} S_{XY}(\omega)e^{j\omega\tau}d\omega$$

$$R_{YX}(\tau) = \frac{1}{2\pi}\int_{-\infty}^{\infty} S_{YX}(\omega)e^{j\omega\tau}d\omega$$

参 考 文 献

[1] 相敬林，王海燕等. 微弱信号检测技术与近感系统[M]. 西安：西北工业大学出版社，2001.

[2] 赵书杰，赵建勋编. 信号检测与估计理论[M]. 北京：清华大学出版社，2008.

[3] Steven M. Kay 著，罗鹏飞等译. 统计信号处理基础——估值与检测理论[M]. 北京：电子工业出版社，2011.

[4] 朱埜著. 主动声呐检测信息原理[M]. 北京：海洋出版社，1990.

[5] 胡广书. 数字信号处理[M]. 北京：清华大学出版社，1997.

[6] Smart antennas and signal processing for communications, biomedical, and radar systems[M]. Wit Pr/Computational Mechanics, 2001.

[7] BarrarR, Wilcox C. On the fresnel approximation[J]. IRE Transactions on Antennas and Propagation, 1958, (1): 43-48.

[8] 张之琛. 基于时反的水下目标弱回波探测技术[D]. 西安：西北工业大学，2022.

[9] 梁红，张效民编著. 信号检测与估值（第二版）[M]. 西安：西北工业大学出版社，2020.

[10] 张贤达，现代信号处理[M]. 北京：清华大学出版社，1999.

[11] Lii, K, S, et al. Deconvolution and Estimation of Transfer Function Phase and Coefficients for Nongaussian Linear Processes[J]. The Annals of Statistics, 1982, 10(4): 1195-1208.

[12] C. L. Nikias, Higher Order Spectra Analysis, Englewood Cliffs, NJ:Prentice—Hall, INC.,1993.

[13] Rice S O. Statistical properties of a sine wave plus random noise[J]. The Bell System Technical Journal, 1948, 27(1): 109-157.

[14] CHEN H, VARSHNEY P K, KAY S M, et al. Theory of the stochastic resonance effect in signal detection: Part I—Fixed detectors[J]. IEEE transactions on Signal Processing, 2007, 55(7) : 3172－3184.

[15] 胡茑庆. 随机共振微弱特征信号检测理论与方法 [M]. 北京：国防工业出版社，2012.

[16] 董海涛. 匹配随机共振理论及水中目标甚低频被动探测技术研究[D]. 西安：西北工业大学，2021.

[17] 高晋占. 微弱信号检测[M]. 北京：清华大学出版社，2004.

[18] Arthur B. Williams 著. 模拟滤波器与电路设计手册[M]，路秋生译. 北京：电子工业出版社，2016.